Technology by
TEXAS INSTRUMENTS MSP430 中国大学计划教材

从零开启大学生电子设计之路
——基于 MSP430 LaunchPad 口袋实验平台

杨 艳　傅 强　编著

北京航空航天大学出版社

内 容 简 介

本书基于 MSP-EXP430G2 LaunchPad 口袋实验平台,内容包括:8 章基础知识,讲解了扩展板的硬件原理、CCS 开发软件的使用、编程基础知识、串行通信原理、LCD 显示控制、存储器原理、模/数转换器原理等;11 章单片机片内外设,讲解了 G2 系列单片机的系统时钟、GPIO、Timer_A 定时器、WDT 看门狗定时器、电容触摸、USCI_UART 通信、USCI_SPI 通信、USCI_I2C 通信、Flash 控制器、比较器 Comparator_A+、模/数转换器 ADC10;3 个综合设计实验,包括 PWM 原理实验、DAC 应用实验和自校准 DCO 频率实验。

本书可作为高等院校计算机、电子、自动化相关专业 MSP430 单片机课程的教材,也适合广大从事单片机应用系统开发的工程技术人员作为学习、参考用书。

图书在版编目(CIP)数据

从零开启大学生电子设计之路:基于 MSP430 LaunchPad 口袋实验平台 / 杨艳,傅强编著. --北京:北京航空航天大学出版社,2014.8

ISBN 978-7-5124-1568-3

Ⅰ.①从… Ⅱ.①杨… ②傅… Ⅲ.①单片微型计算机 Ⅳ.①TP368.1

中国版本图书馆 CIP 数据核字(2014)第 170863 号

从零开启大学生电子设计之路
——基于 MSP430 LaunchPad 口袋实验平台

杨艳 傅强 编著

责任编辑 张冀青

*

北京航空航天大学出版社出版发行

北京市海淀区学院路 37 号(邮编 100191) http://www.buaapress.com.cn
发行部电话:(010)82317024 传真:(010)82328026
读者信箱:emsbook@gmail.com 邮购电话:(010)82316524
涿州市新华印刷有限公司印装 各地书店经销

*

开本:700×1 000 1/16 印张:29 字数:618 千字
2014 年 8 月第 1 版 2020 年 4 月第 2 次印刷 印数:4 001~5 500 册
ISBN 978-7-5124-1568-3 定价:59.00 元

序 言

自 TI 公司推出超低功耗 MSP430 单片机以来，MSP430 凭借其优越的性能、丰富的外设、易于上手的特性备受业内工程师的欢迎。超高性价比 Value Line 系列的横空出世，使得 MSP430 在性价比上更具有其他单片机无法比拟的优势。

TI 中国大学计划一直致力于将 TI 先进技术、高性能器件推广到高校中。近几年更是加大了在"单片机与模拟大学计划"项目上的投入，在相关教学改革、学生创新与竞赛等方面加强与大学合作。2012 年，TI 中国大学计划开始与全国各高校合作成立了基于 MSP – EXP430G2 LaunchPad 的口袋实验室，使学生对单片机以及电路的入门学习不再局限于实验室，做到"一人一板，随时学习"。这一概念受到广大师生的欢迎和好评。

在实践的过程中，由于 MSP – EXP430G2 LaunchPad 自带的硬件资源较少，而 MSP430G2553 的集成外设相当丰富（ADC、Timer、Comparator、Touch Key、SPI、I^2C、UART 等），为了学习到每一个外设，老师和同学们投入了相当多的精力和时间来开发相应的外围模块，以便能够完整地学习 MSP430G2553。其中，青岛大学的杨艳和傅强老师在开展口袋实验室教学的过程中积累了大量的经验，开发了一系列外围模块。为了向更多的兄弟院校以最简单便捷的方式推广他们的成功案例，TI 中国大学计划与两位老师共同设计开发了一套 G2 全功能"迷你"扩展板，作为 TI MCU 生态系统的一个组成部分：在和 LaunchPad 同等大小的 PCB 上，集成了多款 TI 模拟和数字器件来提供声、光、电相结合的实验，集学习性与趣味性于一体。这套实验板卡和配套材料一方面继承了口袋实验室的理念——所有实验都可以脱离实验室完成；另一方面，将单片机和模拟器件完美地结合在一起，通过该"迷你"扩展板，不仅可以学习到 MSP430 的所有外设，还可以学习基本的模拟知识和系统设计方法，可谓一举多得。

为方便大家的自学，杨艳和傅强两位老师付出了大量的心血和努力，历经一年，甚至牺牲了春节的休息时间，为大家精心准备了配套的学习资料，包括本书（特别推荐书中那些化繁为简、平实易懂的语言，绝对是帮助大家理解 MSP430 及其外围电路的好帮手）、PPT、参考例程、实验教学视频。这些资料将在 TI 第三方合作伙伴"艾研信息"网站 http://www.hpati.com/上提供更新及下载。在此,特地向杨艳老师、傅强老师及其学生的辛勤与努力,表示衷心的感谢!

祝大家在学习中满载而归的同时,也享受到其中的乐趣,这是 TI 大学计划和合作老师们的一致追求! 如对 TI 中国大学计划有任何意见或建议,请发邮件到 frank-huang@ti.com。

中国大学计划总监

德州仪器半导体技术(上海)有限公司

2014 年 4 月

前 言

  MSP‐EXP430G2 LaunchPad（以下简称 G2）是 TI 公司推出的一款 MSP430 开发板。它提供了具有集成仿真功能的 14/20 引脚 DIP 插座目标板，可通过 Spy Bi‐Wire（二线 JTAG）协议对系统内置的 MSP430 超值系列器件（G 系列）进行快速编程和调试。

  MSP‐EXP430G2 的价格极具亲和力，特别适用于在校学生单片机入门学习。受 TI 中国大学计划部委托，特别设计了一款 MSP‐EXP430G2 口袋实验平台扩展板。该扩展板基于 MSP430G2553 单片机设计，面积与 MSP‐EXP430G2 大小相等，两者对插后可为 G2 提供丰富的实验外设。

  本书编写的初衷是为扩展板编写实验教程，换句话说，书是扩展板的衍生品。但随着编写工作的深入，对于本书的定位和理解发生了重大变化。关于 G2 的定位，应该是针对单片机入门学生的，如果仅抛出一个个孤立的实验，"显摆"单片机和扩展板有多能耐，是不能真正帮助学生入门的。因此，编写思路最终为，书是引领单片机入门学习的主线，扩展板几经修改后成为辅助教学的得力工具。

  第 1 章为扩展板硬件原理。本章最重要的知识是关于电源单元的讨论，包含耦合干扰、滤波、去耦、地线冲突等诸多知识，而其他硬件单元仅为概括性阐述，在本书后面的章节里会有更详细的论述。

  第 2 章为 CCS 软件。大多数教程对于单片机开发软件的安装使用，仅限于"自古华山一条路"的教法，完全建立在没有任何意外和"创意"的情况下。人不是机器，人会犯各种错误，会迸发各种靠谱、不靠谱的创意，如果为了一个小小的软件问题困扰几天，那么仅有的一点学习激情将会耗尽。因此，在本章最后，专门开辟一节常见问题解答，将作者自己遇到过的、学生问过的各种软件问题集中起来解答。

  第 3 章为基础知识。单片机的学习绝没有"XX 天学会""XX 小时入门"的可能性，但也不是非得受过多"高等"的教育才能学。学单片机只要会一点 C 语言的皮毛就行，本章就是帮助大家梳理学习单片机前需要掌握的一些知识。任何知识都不是灌输能够教会的，基础知识也不例外，在初次学习时，能记住多少记多少，有个大概印象就行。在后面学习的过程中，遇到问题，再带着问题翻回基础知识部分复习，这也是学以致用、消化知识的过程。

第 4 章为 MSP430x2xx 系列单片机的系统时钟。从这一章开始，将以 MSP430G2553 单片机的片内外设为主线，讲解 MSP430 单片机的原理。这一章对初学者来说会有些枯燥，可以采用跳读的方法学习，但最根本的是要掌握用调取出厂校验参数的方法快速设定时钟，并理解低功耗实现的原理。待到本书最后一章，我们将返回时钟部分，将其彻底搞定。

第 5 章为 GPIO。控制单片机最基本的就是控制其输入/输出口（I/O），本章将介绍 MSP430 单片机 I/O 的控制方法和 I/O 中断的使用方法。另外，还有关于经典的上拉、下拉、图腾柱输出的科普知识。可以说，I/O 不吃透，就不要再往下翻了。

第 6 章为 Timer_A 定时器。定时器是单片机中最重要的片内外设。没有定时器，其他花哨的外设都是浮云。Timer_A 定时器除了普通闹钟用途外，最拿手的两个"本领"是捕获脉冲边沿和比较输出波形。本章的重点是捕获和比较的实现原理。本章最后，一劳永逸地将 TA 生成 PWM 写成库函数文件，以便在将来使用 PWM 的时候，事半功倍。

第 7 章为 WDT 定时器。在大多数单片机中，WDT 定时器仅是一个"非正式"的定时器，除了 WDT 复位，一般不会去用它。但在 MSP430G2 系列单片机中，由于没有基础定时器（Basic Timer），WDT 定时器就担当起闹钟的职责。类似于闹钟原理的定时节拍用法，是定时器使用的精华，本章将 WDT 定时器用到了极致，通过大量的例程，让大家深刻认识定时器在单片机编程中的巨大作用。本章没有学会，也不用往下翻了，先安心、耐心、细心地"养好"那只忠诚、可靠、能干的看门狗吧。

第 8 章为电容触摸。电容触摸属于比较花哨的内容，其实质是通过 Timer_A 的计数功能和看门狗的定时功能相结合而实现的。本章是对前面章节知识的总结，可在本章稍做休整和总结。觉得自己真的有所心得，准备好了，再开始新的征程。

第 9 章为串行通信原理。本章内容既不包括 MSP430G2553 单片机的片内外设，也不包含任何一行代码，而是从科普角度介绍串行通信的原理。本章没有什么内容是必须掌握的，能够领悟串行通信的思想最好，不能领悟就当成字典以便将来翻看查找也行。

第 10 章为 USCI 的 UART 模式。主要介绍如何用 CCS 辅助初始化 UART 异步串行通信模块，如何通过 UART 与上位机通信从而实现人机交互。本章代码中，理解 FIFO 的原理和使用是亮点，需很好地掌握。

第 11 章为 USCI 的 SPI 模式。内容包括两个部分：一是如何真正使用硬件 SPI 模块，为其编写库函数文件；二是 SD 卡的初始化、读扇区、写扇区原理，以及为其编写库函数文件。在硬件 SPI 的使用上，与硬件 UART 有很大区别，需要用库函数将其封装起来才能用得顺手。像 SD 卡这种外设，说明书"规定"怎么操作，就得怎么操作。SD 卡内容比较多，但都是依照操作时序按部就班地进行，也是需要封装成库函数才好使用，都是一劳永逸的事情。

第 12 章为 USCI 的 I²C 模式。内容包括两个部分：一是如何真正使用硬件 I²C 模块，为其编写库函数文件；二是基于 I²C 接口的 I/O 扩展芯片 TCA6416A 的使用。硬件 I²C 模块要真正用起来，比 SPI 更复杂些，必须封装成库函数才能用。至于 TCA6416A 则是调取 I²C 库函数，按说明书的时序操作就行，同样要再次封装成 TCA6416A 的库函数。在学完 TCA6416A 后，扩展板的功能才算是被"激活"了，按键和显示单元才能谈怎么用。

第 13 章为软件串行通信与条件编译。在任何情况下，都可以使用软件方法来模拟串行通信，这里面饱含"我命由己不由天"的英雄气概。对于硬件 SPI 和硬件 I²C 的库函数文件，想要看明白、想明白其实是很不容易的。这是因为，半硬半软的库函数受硬件掣肘颇多，库函数在编写过程中常有"憋屈"的感觉。而纯软件编写串行通信库函数，反倒感觉一气呵成，条理清楚。学完本章之后，再返回去看硬件 SPI 和 I²C，一定会有新的认识。

第 14 章为 LCD 段式液晶。本章分为 LCD 顶层库函数和 LCD 硬件驱动 HT1621 函数两个部分。在已知显示内容的情况下，如何计算出控制 LCD 显示的"显存"数据是一个难点。耐心、细心再加上手指头、脚趾头一定可以算出来的！这部分内容来不得半点跳读，你骗书，书就骗你。单看 HT1621 的说明书，不过是按时序进行控制。但扩展板上是用 I²C 协议的扩展 I/O 间接控制 HT1621，一想到这里，别说是 CPU，人脑子都要当机了。其实无论是用什么类型的 I/O 进行控制，都可以编写与硬件无关的 HT1621 库函数文件，这就是硬件隔离的编程思想。学会如何通过 TCA6416A 间接控制 HT1621，再控制 LCD 显示，就像打通了任督二脉，以后多复杂的控制程序都不是问题。

第 15 章为存储器。存储器是单片机系统的重要组成部分，本章于是对各种存储器原理做一综述，本身与 MSP430 单片机无关，也不包含任何一行代码。如果作为科普知识来阅读，可对存储器有比较宏观的了解，对入门后的学习会大有裨益。

第 16 章为 Flash 控制器。MSP430 全系列单片机都提供了 Flash 控制器，可以实现程序运行中擦写 Flash ROM，这意味着，可将 Flash ROM 作为掉电不失存储器来使用。本章内容不涉及其他模块知识，主要是按"规定"操作寄存器，用数组搬运数据。编写 Flash 库函数文件可以方便地使用这一片内外设。

第 17 章为比较器 Comparator_A+。乍看这个章节的内容时，还以为标题写错了，怎么都觉得是在写模/数转换器（ADC）的。没错，比较器实际就是构成模/数转换器的核心器件。本章的前半部分是谈如何用比较器实现 ADC 的原理，后半部分是介绍一种只用一个比较器就能实现 Slope 型 ADC 的方法。最后，配以一个生动有趣的例程，在展示 Slope 型 ADC 性能的同时，学习代码移植的方法。

第 18 章为模/数转换器。本章也是科普章节，内容多且有一定难度。如果只是想要 ADC 出个数据，可以不看这一章；但是要想用好 ADC，本章内容还仅仅是抛砖。ADC 采样的知识需要不断地在实践中积累。本章最后给出了单极性 ADC 采集双极性信号的方法,为重点掌握内容。

第 19 章为 ADC10。有了前两章的浓墨铺垫,本章的内容显得轻松惬意。片内 ADC 的使用通常都非常简单,就是"吱一声"的事儿。最后,本章借温度传感器采样的例程,介绍了如何从 CCS Example 中移植修改代码。

第 20 章为 PWM 波形合成与双极性信号采样。从本章开始,进入综合实验部分。虽然在第 6 章已经介绍了 PWM 是什么,但只有经过本章的学习,才能真正领悟 PWM 的精髓。相信会给大家带来全新的收获。

第 21 章为 DAC 与 AWG。对于初学者来说,ADC 和 DAC 就像是单片机学习的双枪一样,少了 DAC 好像人生都不完美了。但是,DAC 到手后拿来干什么是个问题,本章用 AWG 任意波形发生器的例子展示了 DAC 的非凡魅力,看完本章后对于扩展板上不到半粒米大小的 DAC 转换芯片,你肯定会刮目相看。为了让没有示波器的同学也能共享"发展成果",特别加了音频功率放大器来驱动喇叭,如果从 TF 卡中读取音频文件来生成 AWG,那么喇叭就可以播放音乐了。

第 22 章为自校准 DCO。对于 MSP430G2553 的学习,是从系统时钟开始的,最后又回到时钟。出厂时,MSP430G2553 单片机的 DCO 校准了 1 MHz、8 MHz、12 MHz、16 MHz 四个频率点。当全部内容学完后,投桃报李,还以颜色,可以校准任意频率点,而且精度高于出厂校准,为本书的学习画上完美的句号。

本书由杨艳、傅强编著。其中,杨艳编写第 4～8 章、第 10～14 章、第 16～17 章、第 19～22 章,傅强编写第 1～3 章、第 9 章、第 15 章和第 18 章。王景兵调试了全书的实验例程代码,周道亮校对了全书图表及文字。

美国德州仪器(TI)公司大学计划的黄争经理和崔萌工程师对本书的编写给予了极大的支持,就本书的内容提出了许多建设性意见。

作　者

2014 年 4 月

于青岛大学

目　录

从零开启大学生电子设计之路——基于 MSP430 LaunchPad 口袋实验平台

从零开启大学生电子设计之路——基于 MSP430 LaunchPad 口袋实验平台

从零开启大学生电子设计之路——基于 MSP430 LaunchPad 口袋实验平台

第 **1** 章

扩展板硬件原理

1.1 概　述

　　LaunchPad 系列口袋实验平台有两个特点：一是体积小，基本上与 LaunchPad 系列电路板一样大小；二是能够脱离实验室仪器在宿舍里自行学习。MSP - EXP430G2 口袋扩展板就是满足这样两个要求的口袋实验平台。

　　图 1.1 所示为口袋扩展板与 MSP - EXP430G2 电路板对插的实物图。两者的外形尺寸完全一致，配色方面也很吻合。图 1.2 为口袋扩展板正反两面的主视图。下面分单元讲解扩展板的硬件组成。

图 1.1　MSP - EXP430G2 及其扩展板

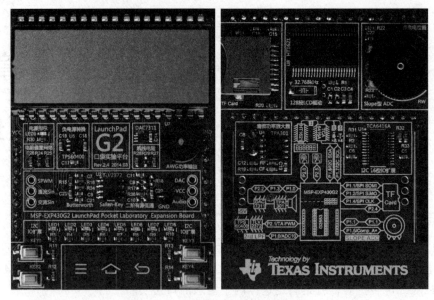

图 1.2　G2 扩展板正反两面主视图

1.2　供电单元

扩展板的 3.6 V 供电引自于 MSP - EXP430G2 底板的两列公插针,扩展板上供电单元的主要功能包括指示电源的工作状态、提供某些芯片所需负电压,以及对用电芯片去耦。

1.2.1　电源指示

电源指示也就是用 LED 指示电源状态,看似很简单,但是其中还是有学问的。图 1.3(a)所示为扩展板的电源指示方案,LED 接于正负电源之间,且串联了比较大的限流电阻(103,即 10 kΩ)。这种接法,无论是正电源还是负电源工作不正常,LED 都将变得极暗。更优的方案如图 1.3(b)所示:在 LED 上再串联一个稳压二极管。这种接法可以精确控制 LED 的亮灭条件,例如只要电源电压降低 0.2 V,LED 就不亮。这种方案常用于电池供电设备的指示中,因为可以不待电池逐渐耗尽,指示灯便可提前熄灭,提醒更换电池。

下面简要说明常用元件数值标注方法:

1) 没有单位的,通常默认电阻值单位为 Ω,电容为 pF,电感为 μH。数值采用科学计数法读取,如 103 表示 10×10^3,512 表示 51×10^2,以此类推。

2) 有单位的,通常以单位为准,数值为真实数值,如 10 kΩ、1 nF、100 μH。

3) 单位兼职小数点。由于元件上印小数点容易被抹掉,所以一般用单位充当小数点。例如,电容 4n7 表示 4.7 nF,电阻 1R1 表示 1.1 Ω、R001 表示 0.001 Ω。

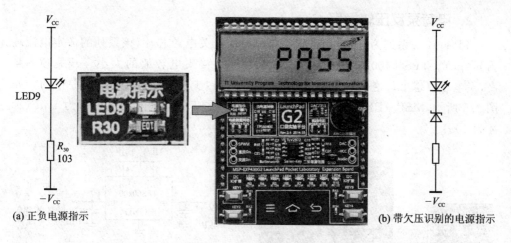

(a) 正负电源指示　　　　　　　　　　　　　　　　　　　　　　(b) 带欠压识别的电源指示

图 1.3　电源指示灯方案

1.2.2　负压的产生

扩展板上滤波器功能模块需要对双极性信号进行滤波,那么组成滤波器的运放也必须是双极性供电。由于负电压使用情况少,即使使用负压,功率也不大,所以大多数电路板上都不会有专门的负电源。

那么负压如何获取呢? 由正电压转换为负电压的电路拓扑有很多种,其中电荷泵原理最适合提供小电流的负电压。由于电荷泵中没有电感,所以这种类型的开关电源芯片对电路板上其他元件的干扰也小。

1. 电荷泵反压电路原理

电荷泵反压原理如图 1.4 所示。

1) Q1 和 Q3 闭合,飞电容器(flying capacitor)值 C 被正电源充上左正右负的电压。

2) Q1 和 Q3 断开后,Q2 和 Q4 闭合,飞电容 C 给滤波电容 C_F 充电(电极为下正上负)。

飞电容 C 周而复始地扮演着电荷搬运工的角色,C_F 就可以稳定地提供反压了。基于这种"搬运工"原理,飞电容 C 如果对

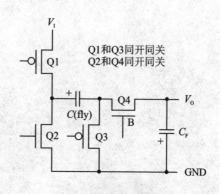

图 1.4　电荷泵原理

两只以上电容器充电就可以升压。想象一下,一节 1.5 V 干电池,两只电容,你能做出一个短暂的 3 V 电压出来吗?

采用电荷泵方法得到的电源,一般其额定电流都小于百毫安,过大的负载电流将会使 C_F 的压降波动过大,无法作为恒定电压(电压源)来使用。

从零开启大学生电子设计之路——基于 MSP430 LaunchPad 口袋实验平台

2. 电荷泵反压转换器

TPS6040x 系列为 TI 推出的电荷泵型反压开关电源芯片,该系列的额定电流均为 60 mA。TPS60400/1/2/3 之间的区别在于外接飞电容值的大小。开关频率越高,飞电容值越小。这个道理就像"多拉慢跑"和"少拉快跑"的效果是一样的。如图 1.5 所示,MSP - EXP430G2 扩展板上使用的是 TPS60400,飞电容值为 1 μF(标注为 105)。

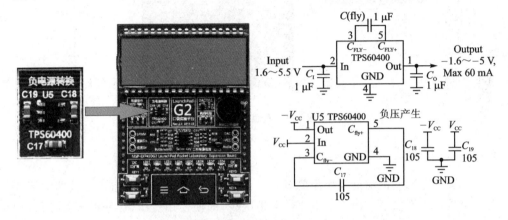

图 1.5　TPS60400 硬件原理图

如图 1.6 所示,用示波器的两个探头分别测量飞电容 C_{17} 两端的对地电压,并用示波器的 MATH 功能将两信号相减,得到中间的波形(F1)即为飞电容 C_{17} 两端电压。

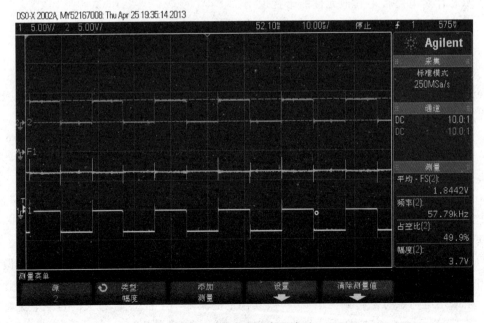

图 1.6　飞电容端电压波形

从示波器波形图测量数据中可以看出，电荷泵开关切换的频率为 57.79 kHz，开关的占空比为 49.9％（50％），飞电容 C_{17} 两端电压为恒定值；对地电压由于开关的作用，形成占空比为 50％的方波。

如果没有指明示波器探头通道 CH1 和通道 CH2 各接在飞电容的哪一端，通过波形可以分析出来吗？答案是可以的。可以肯定 CH2（上方波形）接的是飞电容的正极，而 CH1（下方波形）接的是负极。

1.2.3　仪器仪表的共地问题

在前面测量飞电容两端电压时，为什么不直接用一个探头跨接在飞电容两端呢？请特别注意，不要随便用单个示波器探头去测量电路中非接地元件的两端电压，那样做极易造成地线短路。

参考图 1.7，地线容易短路的原因如下：

1）示波器探头的地线夹与示波器电源线的地线在示波器内部已经连在了一起。

2）大多数测量仪器（除了稳压电源）的电源线地和信号线地在仪器内部都是连在一起的。

3）不同仪器的地也通过电源插排连在一起。

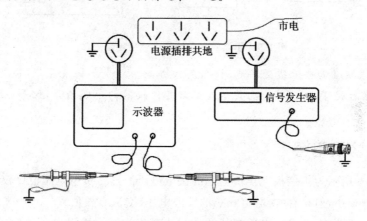

图 1.7　仪器仪表共地示意图

示波器探头安全使用的几条原则：

1）两个示波器通道的探头地，从安全考虑，最好只接一个（因为在示波器内部它们是相连的），并且接在地电平上。

2）如果确需使用两个地线夹（例如测量高频信号），则一定要保证两个地线夹连的都是地电平。

3）如果要用示波器探头测量浮地信号，最好使用两探头信号相减的办法。示波器探头不正确接地可能导致电路错误，甚至是短路。图 1.8 中，如果试图用 1 个探头测量 R_2 两端的电压，后果是 R_1 和 R_2 被地线旁路掉。图 1.9 中，如果试图测量 R_3 两端电压，后果是电源通过示波器探头地线短路，可能损坏示波器。

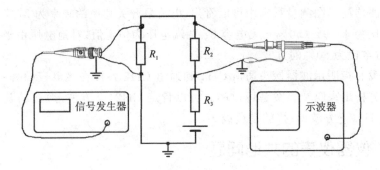

图 1.8 示波器探头地线夹改变电路结构

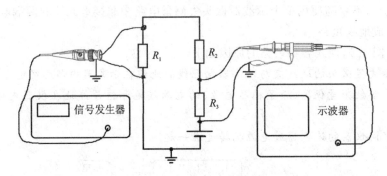

图 1.9 示波器探头地线夹造成电路短路

4）如果实在需要地线夹浮地测量，怎么办呢？首先要搞清原理（即为什么会地线冲突），然后就可以采取措施，将示波器与其他仪器的地线断开，比如，让示波器插头的地"消失"。

1.2.4 滤波电容

图 1.10 所示为扩展板上正负电源的供电电压波形。负电压值比较准确，与正电压的误差很小，但是存在约 30 mV 的纹波电压（交流有效值）。

作为电压源，当然希望电压幅值波动越小越好。减小电源电压纹波的主要方法是依靠滤波电容，那么并联多大的滤波电容比较合适呢？什么因素影响滤波效果呢？对于滤波电容来说，有一个重要参数，即等效串联电阻 ESR。

如图 1.11 所示，实际电容可以看成是理想电容与 ESR 串联。理想电容两端电压是稳定的，不会因为吞吐电流而突变；但是流经 ESR 的电流会产生压降，造成实际电容两端产生电压纹波。这也就解释了为什么接了电容后电压波形上也会有"毛刺"，总是想象成理想电容就会无法理解。

好的滤波电容应该是等效串联电阻 ESR 尽可能小的电容。钽电容就具备这种优良特性，所以在有的器件说明书中，会看到"此处接 1 μF 钽电解电容或 10 μF 铝电解电容"这样的标注。可见，电容值并不是决定滤波效果的唯一因素。

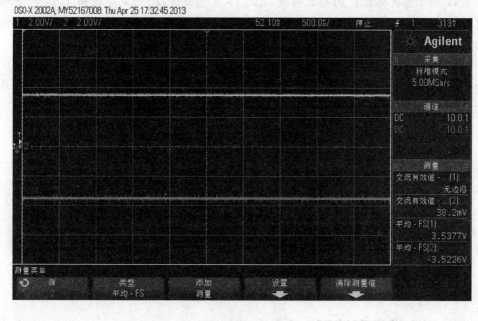

图 1.10　正负电压波形

G2 扩展板上受电路板面积的限制,既没有使用铝电解电容也没有采用钽电容,而是全部使用 0603 封装的瓷片电容滤波,电容值不大,所以滤波的效果要差一些。

注: 钽电容也是电解电容,同样有极性。针插钽电容不特殊,长针为阳极;贴片钽电容比较特殊,画横线的为阳极,切记!

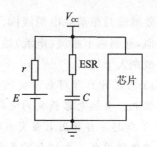

图 1.11　ESR 对滤波的影响

1.2.5　电源线耦合干扰

扩展板上所有芯片附近,都并联有 1～2 个去耦用途的瓷片电容。什么是"去耦"呢? 去耦是"去除电源线耦合干扰"的意思。

"干扰"一词在初学者看来就是"无名肿痛",能够想象到的就是"无所不在"又"无计可施"的电磁辐射之类。其实电路中绝大部分的干扰都是来自电路自身的电源线(V_{CC} 和 GND)。

1) 如图 1.12 所示,电源给多个芯片供电。芯片 2 为数字芯片,输出方波信号给负载 R_L。

2) 由于负载电流为方波,所以芯片 2 向电源索取的电流将不是恒流,产生了 ΔI_2。理想电源是不存在的,所有电源均有内阻,ΔI_2 会在电源内阻 r 上产生压降,从而导致 V_{CC} 的变化。

从零开启大学生电子设计之路——基于 MSP430 LaunchPad 口袋实验平台

3) 由于滤波电容 C 的稳压作用，ΔV_{CC} 不至于是方波，但是会像图 1.12 所示的波形，产生毛刺电压（突变电流在 ESR 上的压降）。毛刺的位置对应芯片 2 输出电流的开关时刻（突变时刻）。

4) "城门失火，殃及池鱼。"芯片 1 的供电 V_{CC} 不再是恒定直流，而是如图 1.12 所示那样受到芯片 2 干扰的电源电压，这就是电源线耦合干扰，即芯片 2 通过电源线将干扰传递给了芯片 1。

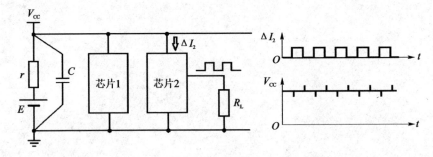

图 1.12　电源线耦合干扰原理

1.2.6　去耦电容原理

要减缓乃至消除电源线耦合干扰的影响，就需要用到去耦电容，其作用和水库非常类似，起到调节水流（电流）盈亏的作用。芯片配上去耦电容以后，既不干扰别人，也不被别人干扰。

1) 当芯片自身用电量突然增加时，可以借去耦电容的电荷应急，而不会影响主回路供电。去耦电容损失的电荷，可以慢慢由主供电回路补充。

2) 当芯片自身用电量突然减少时，多余的电荷可以往去耦电容里"灌"，而不影响主回路的用电。去耦电容多余的电荷，可以慢慢泄放到主供电回路。

3) 当主供电电压发生突变（电压毛刺）时，芯片将受到去耦电容的"隔离"保护，减缓影响。

1.2.7　去耦电容位置原则

"去耦"电容的布置应尽量靠近本器件的 V_{CC} 引脚和 GND 引脚。

1) 如图 1.13 所示，由于线路是有电阻的，电容 C_1 和 C_2 仅能稳定 U_{AB} 和 U_{EF} 两端电压，芯片处的供电电压 U_{CD} 和 U_{GH} 仍然是波动的。

2) 如图 1.14 所示，由于采用了就近单点接法，芯片供电电压 U_{AB} 和 U_{CD} 就是电容 C_1 和 C_2 两端电压，供电电压自然就能达到稳定。

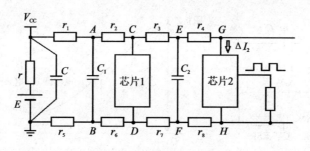

图 1.13　错误的去耦电容位置

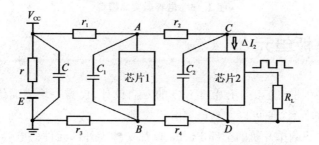

图 1.14　正确的去耦电容位置

1.2.8　滤波去耦电容选型

　　滤波电容和去耦电容本质上都是一样的,起到稳定电压的作用。两者的区别只是观察的视角不同,滤波电容是对电源而言的,去耦电容是针对用电器(芯片)而言的。因此,选择 ESR 尽量小的电容的原则也适用于去耦电容。

　　那么,滤波去耦电容的电容值如何选取呢? 我们经常可以看到多个电容并联的情况,为什么不直接用一个大容量电容呢? 原因如下:

　　1) 如果是 $1\ \mu F$ 再并联 $1\ \mu F$,那就属于犯傻了。

　　2) 并联电容的容量值总是差数量级的,这意味着并联电容的种类不一样。即使都是瓷片电容,小容量瓷片和大容量瓷片的内部材质也是不一样的。

　　3) 如图 1.15 所示,实际电容的简化模型为等效串联电阻 ESR、等效串联电感 ESL 和理想电容三者的串联。在低频段,所有电容均表现为电容特性,即频率越高,阻抗越低。但是,当频率高于 LC 振荡谐振频率 f_0 时,电容转变成电感特性,即频率越高阻抗越高(电感不仅不能稳定电压,还会产生高压)。

　　4) 不同材质电容的转折频率 f_0 差别巨大,一般来说,容量大的电容其频率特性差(转折频率 f_0 低),容量小的电容其频率特性好(转折频率 f_0 高)。

　　5) 幸运的是,高频电容的容量虽小,但真正起滤波作用的容抗(高频时)却很小(容抗越小,越能将交流电短路到地),"高频小容量"与"低频大容量"正好互补。因此,并联不同种类的电容,可以实现全频率范围内的滤波。

　　6) 多个电容并联滤波,其容量应相差至少 10 倍,一般 100 倍为宜。

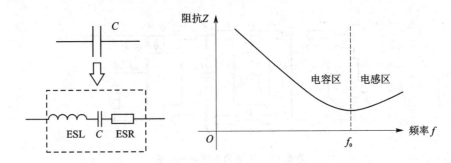

图 1.15　电容器实际模型

1.3　触摸板单元

得益于 MSP430G2 系列单片机 I/O 的专门设计，仅需一块表面绝缘的铜皮，无需任何其他外部元件，便可以实现电容触摸按键。

MSP430G2 系列单片机的全部 P1、P2 口都支持零外部元件的电容触摸。图 1.16 所示为扩展板的电容触摸按键，分别连接单片机的 P2.0 和 P2.5，装饰标志有三个，分别为"确认"、"Home"和"返回"。

有关电容触摸的原理会在后面的章节详细说明。

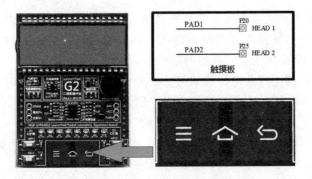

图 1.16　扩展板的电容触摸按键

1.4　I²C 扩展 I/O 单元

I/O 口数量少是 MSP430G2 系列单片机的一个软肋，对于低速的 I/O，可以通过串行转并行的方法扩展。扩展板借用 1 片 I²C 接口控制的 I/O 扩展芯片 TCA6416A，为 MSP430G2 单片机额外扩展出 16 个双向 I/O。TCA6416A 不仅缓解了 MSP430G2 单片机 I/O 数量少的压力，而且还可以从中学习 I²C 通信原理，可谓一箭双雕。

图 1.17 所示为 TCA6416A 在扩展板中的位置。

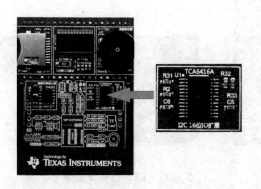

图 1.17　TCA6416A 在扩展板中的位置

如图 1.18 所示,扩展出 16 个 I/O 口中,8 个作为输出口用于控制 8 个 LED,4 个作为输出口用于控制 LCD 驱动器(这个另行介绍),4 个作为输入口用于识别 4 个机械按键。

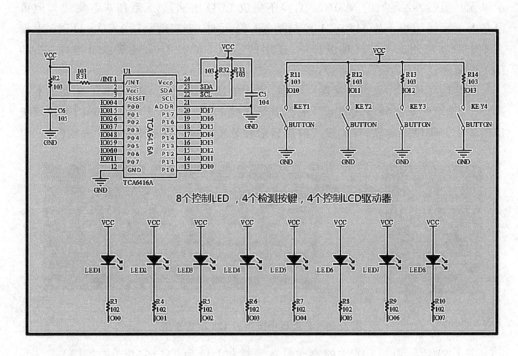

图 1.18　TCA6416A 原理图

图 1.19 所示为 8 个 LED 以及 4 个机械按键在扩展板中的位置,图中 8 个 LED 正处于间隔 4 亮 4 灭状态。

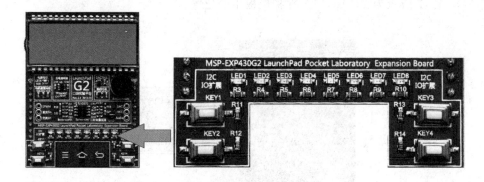

图 1.19　LED 与机械按键

1.5　LCD 显示单元

对于 MSP430 系列超低功耗单片机来说,微功耗的 LCD 段式液晶是最理想的显示单元。虽然 G2 系列的 MSP430 自身不集成 LCD 驱动器(4 系和 6 系集成),但可以花上 1 元钱增加一片 HT1621 控制器(非 TI 元件)来实现驱动 LCD。HT1621 仅需 4 个 I/O 控制。在扩展板设计中,还用的是 I²C 扩展 I/O,几乎没有增加 G2 的 I/O 开销。

与其他显示器件可以直接购买不同,通用的段式液晶显示内容单一且大小不合适,所以显示效果好的段式液晶一般都需要开模定制。图 1.20 所示是专门为扩展板定制的 128 段段式液晶,有关段式液晶显示和分段原理将在后续章节中介绍。

图 1.20　扩展板中所用的 128 段式液晶

图 1.21 所示为 HT1621 的原理图,4 个控制 I/O 为 TCA6416A 的扩展 I/O。晶振 Y 和 C1、C2 默认可不焊接元件,R1 用于调节 LCD 的对比度,视 LCD 制造参数不同来选择不同的阻值,C3 和 C4 用于 HT1621 供电电源去耦。图 1.21 标明了 HT1621 LCD 驱动器单元在扩展板中的位置。

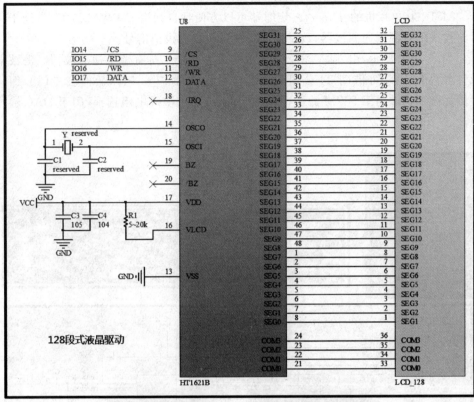

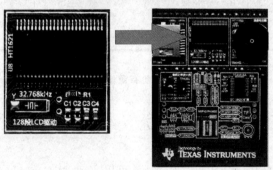

图 1.21　LCD 控制器 HT1621 原理图及对应板卡位置

1.6　PWM 与滤波器单元

　　PWM 技术是数字技术与模拟技术沟通的一个重要桥梁。很多以前必须用模拟方法实现的电路现在都被数字 PWM 技术等效取代。在 PWM 等效过程中，模拟滤波器在其中扮演着重要的角色。虽然越来越多的数字取代了模拟，但滤波器的设计将长期是模拟技术最后坚守的阵地,且牢不可破。

MSP430 单片机的 Timer_A 定时器可以方便且自动生成 PWM 波形,借助于由运放构成的有源低通滤波器,数字 PWM 便可转变为模拟信号。

如图 1.22 所示,由 TLV2372 双运放构成了两个二阶有源低通滤波器。滤波器元件参数的计算,可借助 TI 公司的滤波器设计软件 FilterPro(后面会专门介绍)。左侧滤波器将被用于 PWM 滤波,右侧滤波器可通过跳线电阻选择,用于 DAC 输出滤波。

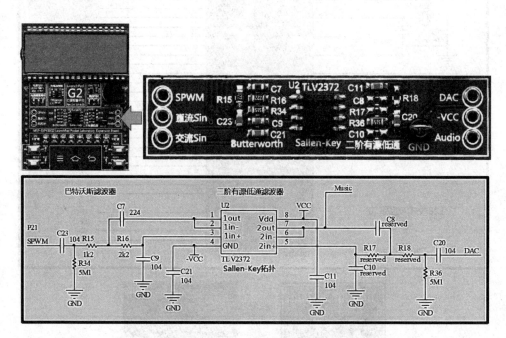

图 1.22　二阶有源低通滤波器

1.7　双极性信号采样单元

无需扩展板,MSP-EXP430G2 自身就可以实现 ADC 和 UART 串口的功能,比如对内部集成的温度传感器进行测温,然后用上位机显示出来,这个也是 MSP-EXP430G2 的官方例程。

针对 ADC 的应用,扩展板当然得有点新意,整点啥呢? 于是想到可以用 3 个电阻构成电平偏置网络,解决用单极性 ADC 对双极性信号采样这个"千古难题",如图 1.23 所示。

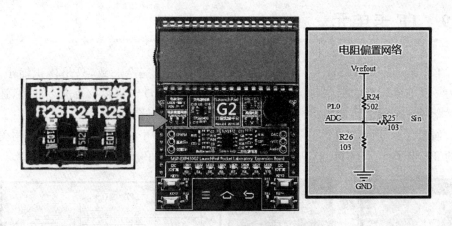

图 1.23　电阻偏置网络

1.8　Slope ADC 单元

出乎很多人的意料,比较器居然是模拟器件,而且是非常重要的模拟器件。其实,模/数转换器的原理就是基于比较器来的。

当没有现成的 ADC 时,仅用 1 个比较器构成的 Slope 型 ADC 就会大有用途。它可以用来测量大量基于电阻值改变原理构成的传感器,在这些场合使用 Slope 型 ADC,其性能甚至超越很多"真正"的 ADC。

MSP430G2 系列单片机中就包含一个比较器片内外设模块。基于该模块,扩展板上设计了由拨盘电位器模拟的传感器电阻,作为基准使用的定值电阻和积分电容,加上 3 个普通 I/O 共同构成了 Slope ADC 学习单元,如图 1.24 所示。

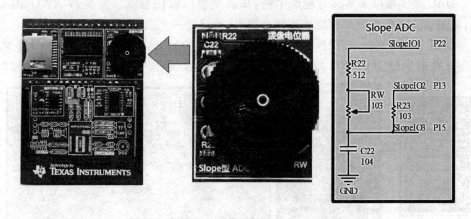

图 1.24　Slope ADC 单元

1.9　TF 卡单元

TF 卡也叫 MircoSD 卡,与 SD 卡的引脚操作几乎完全一致,只是体积缩小了。作为一种非常流行的存储器,学习如何用单片机控制 SD 卡将很有意义。此外,还可同时学习 SPI 通信协议,以及几乎无限扩大单片机的存储空间。

如图 1.25 所示,一个 TF 卡座加一个上拉电阻、两个滤波电容便可用上物美价廉的 TF 卡了。至于 TF 卡,从淘汰手机里拔一张就行了。

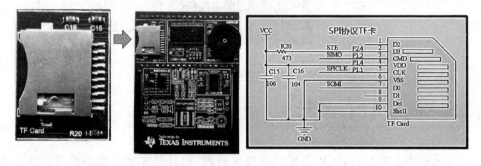

图 1.25　TF 卡单元

1.10　DAC 单元

MSP‐EXP430G2 自身就可以学习 ADC 功能,但 DAC 功能的学习就得依靠扩展板来提供了。只学 ADC 不学 DAC,就好像人生不完美了一样;但只用一个 DAC 能干什么呢? 难道用来生成一个直流电压然后用万用表测着玩吗?

DAC 其实可以干非常有趣的事情,那就是可以做任意波形发生器 AWG,简单说,就是想生成什么波形就能生成什么波形,不只是一个直流电压那么无趣。

如图 1.26 所示,本着"找乐不找麻烦"的理念,DAC 选择了一款体积小、引脚少、外围元件极少的 DAC7311(兼容 DAC8411/8311)。它只有半粒米大小,6 个引脚,

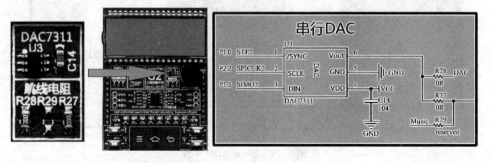

图 1.26　DAC 实验单元

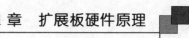

1 个去耦电容就构成了 DAC 实验单元。通过 3 个 0 Ω 跳线电阻,可以选择对 DAC 输出信号进一步处理。

1.11 音频功放单元

使用 DAC 生成 AWG 是一个非常有趣的实验,但 AWG 波形需要用示波器来观察,因为 LaunchPad 口袋实验平台的一个宗旨就是让学生能够脱离复杂仪器仪表来自主学习。没有示波器怎么体会 DAC 的乐趣呢?

除了用眼睛看示波器的模拟信号,还可以用耳朵听模拟信号。用 DAC 加上音频功放 TPA301 播放音频的方案可以实现音频播放,同时 TF 卡可以提供海量的音频数据。如何同时控制两个"大型"外设,将是机遇与挑战并存,痛并快乐的事。

图 1.27 所示为音频功放 TPA301 原理图,除 RF 选为 10 kΩ 外,其他完全按芯片说明书要求配置外围元件。说明书的范例中,RF 为 51 kΩ,即放大 5 倍输入信号,图 1.27 所示的电路中,输入信号的幅值已经很大,为防止饱和,RF 选为 10 kΩ。

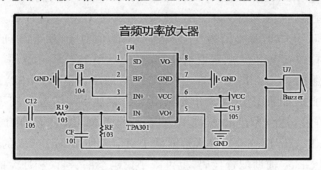

图 1.27 音频放大器 TPA301

特别说明:如果 TPA301 的输出带上了蜂鸣器或喇叭,则属于重负载,可能会影响 MSP-EXP430G2 板的整体供电,偶尔会发生音频程序"跑飞"的现象,这时就需要重新插拔 USB 供电线。如图 1.28 所示,扩展板上默认选择了 0905 封装的微型无源蜂鸣器来代替喇叭,建议仅插拔而不焊接蜂鸣器,这样能另行引线出来接音质效果更好的喇叭进行实验。当不用音频单元时,可以拔出蜂鸣器,避免对 DAC 的使用造成影响。

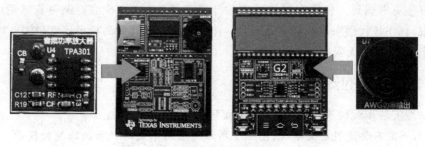

图 1.28 音频播放单元

第2章

CCS 软件

2.1 概　述

　　CCS(Code Composer Studio)是 TI 公司推出的集成开发环境 IDE(Intergrated Development Environment)。所谓"集成开发环境",就是处理器的所有开发都在一个软件里完成,包括工程管理、程序编译、代码下载、调试等功能。CCS 支持所有 TI 公司推出的处理器,包括 MSP430、ARM Cortex 系列、C2000 和 DSP。

　　以往,人们认识 CCS 都是因为 TI 公司的 DSP,而对于 MSP430 的开发,用得最多的是 IAR 公司的 EW430。人都是有惰性的,一旦用上了 Keil 就不习惯 IAR,用习惯了 IAR 就不愿换 CCS。TI 公司在 CCSV5 之后的版本里,对 MSP430 的支持达到了全新的高度,此时如果不用 CCS 开发 MSP430,就属于闭门造车、不思进取了。

　　之所以这样说,是因为在 CCSV5 中集成了专为 MSP430 量身打造的编程神器 Grace(Graphical Code Engine),极大地降低了初学者使用 MSP430 的门槛。对于熟练者来说,使用 Grace 辅助配置代码,也可减小代码遗漏、错误和冲突的概率。

2.2　下载并安装 CCS

2.2.1　下载及授权许可

　　TI 公司的 CCS 为收费软件,但是可以下载评估版本使用,下载地址可在 TI 中国官方主页中找到。和所有其他类型的开发工具类似,CCS 也提供免费试用(无使用期限,16 KB 代码限制)。TI 中国大学计划的共建实验室高校可向 TI 中国大学计划部申请 CCS 的无限制版本许可文件。

2.2.2　CCS 的安装注意事项

　　一般安装步骤就不详细叙述了,下面只讲几点注意事项:

　　1) 一定不要使用中文路径,图 2.1 所示为使用中文路径后编译报错提示。

　　2) CCS 支持 TI 所有处理器(注意,需要用什么装什么,别贪多)。

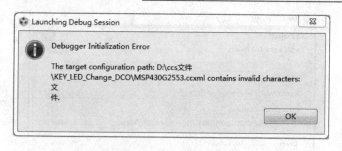

图 2.1　使用中文路径后仿真报错

3）当安装到 Select a workspace 步骤时,最好别勾选图 2.2 中的复选框,否则再更改 workspace 将会很不方便。

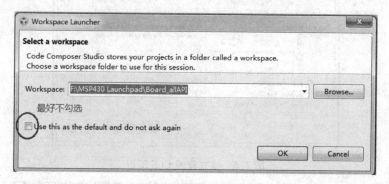

图 2.2　选择工程空间

2.3　新建 CCS 普通工程

2.3.1　建立 CCS 工程

首先,新建的工程会默认出现在之前选定的 workspace 文件夹中。选择 File→New→CCS Project 命令,显示如图 2.3 所示对话框。在 Project name 文本框中输入 CCS_Example,在 Output type 下拉列表框中选择 Executable(可编译执行的,另一个可选项是 Library),在 Device 选项组中选择 MSP430G2553,最后选择 Empty Project。

工程建立之后,自动生成了许多文件,其中需要操作的就是 main.c 文件,如编写各种代码,单击“保存”按钮后可激活“关联跳转”。关联跳转非常有用,可以按住组合键 Ctrl＋鼠标左键,然后单击任意函数,就会跳转到该函数的引用位置;单击 ⇦ 按钮可以回到原代码位置。如果需要添加外部文件,注意文件路径和头文件包含的问题。

图 2.4 所示为 CCS 主函数窗口。

在代码区,按组合键 Ctrl＋鼠标左键,可以单击跳转任意函数和外部变量的实际位置以便查看。

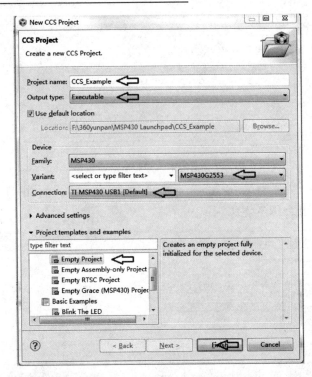

图 2.3 建立普通 CCS 工程

图 2.4 CCS 主函数

2.3.2　程序编译

程序编写完成后,单击 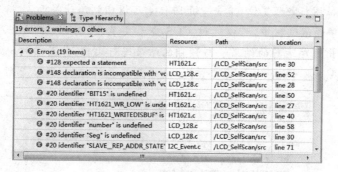 按钮即可开始编译。根据图 2.5 中所示的编译错误提示,逐条修改错误。

图 2.5　编译错误提示窗口

2.3.3　下载及仿真调试

对于本小节内容,若初学者手边没有任何可用程序,则可先不看,因为看了不去实践也白搭。若复制别人的程序直接看效果的话,知道图标 和 是干什么用的就行了。至于仿真调试那是入门后的事情。

1) 程序编译错误全部修正并通过以后,就可以单击图标 进行下载和仿真了,耐心等待,得到图 2.6 所示的仿真调试界面。

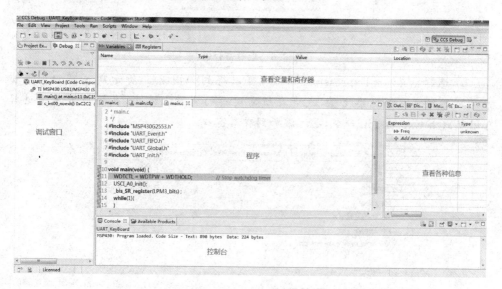

图 2.6　仿真调试界面

2）单击图标 ▮▶ 运行程序,观察显示的结果是否正确。在调试过程中,可通过设置断点来调试程序:选择需要设置断点的位置,右击,然后选择 Breakpoints。断点设置成功后将显示图标 ✹,双击图标 ✹ 可取消该断点。程序运行过程中,可以通过单步调试按钮 ⚙ ⚙ ⚙ ⚙,配合断点来调试程序,单击重新开始图标 ⟲ 可定位到 main() 函数,单击复位图标 ⚙ 可复位,单击中止图标 ▯ 可返回到编辑界面。

3）在程序调试过程中,可以通过 CCS 查看变量、寄存器、汇编程序或者内存等信息,以显示出程序运行的结果。与预期的结果进行比较,从而顺利地调试程序。

4）选择 View→Variables 命令,可以查看到变量的值,如图 2.7 所示。

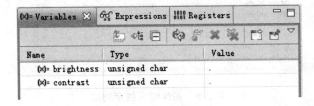

图 2.7　变量查看窗口

5）选择 View→Registers 命令,可以查看到寄存器的值,如图 2.8 所示。

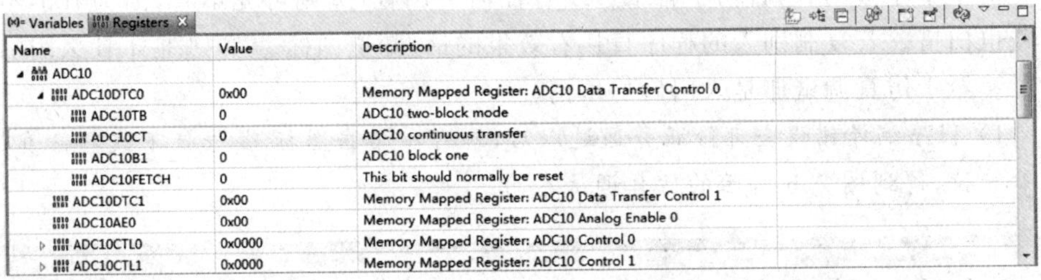

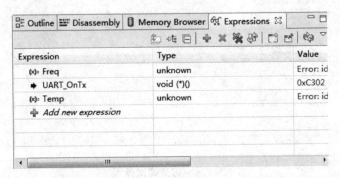

图 2.8　查看寄存器

6）选择 View→Expressions 命令,可以得到如图 2.9 所示观察窗口。单击 ＋ Add new 按钮可添加观察变量,或者在所需观察的变量上右击,在快捷菜单中选择 Add Watch Expression 命令,也可添加到观察窗口。

图 2.9　观察窗口

2.4　CCS 创建工程举例

　　本章是最容易一目十行跳读的章节,但也是初学者最容易碰壁的章节。如果费半天劲连一个简单的工程都建不好,或者复制别人程序但就是在自己计算机上编译通不过,无疑将会打击学习单片机的信心。

　　本节的例程非常简单,却能帮助初学者暴露问题。若遇到解决不了的问题,就查看 2.5 节内容。图 2.10 所示为 MSP‑EXP430G2 板的 LED 和按键电路图。下面给出的两个小程序都是用 P1.6 控制绿色 LED 灯的亮灭,不要忘记插上 P1.6 的跳线。

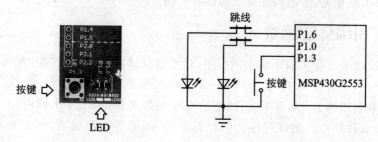

图 2.10　MSP‑EXP430G2 板的 LED 和按键

2.4.1　闪烁灯程序

　　本程序主要考查大家是否能用 CCS 新建一个工程,并仿真运行起来,程序本身的代码是什么含义无需深究。

```
# include "MSP430G2553.h"
void main()
{
    WDTCTL = WDTPW + WDTHOLD;        //关狗
    P1DIR = BIT6;                    //P1.6 设为输出
    while(1)
    {
        Blink_LED();                 //调用子函数
    }
}
/**************************************************
 *  名      称:Blink_LED()
 *  功      能:控制 LED 亮灭
 *  入口参数:无
 *  出口参数:无
 *  说      明:通过长延时控制 LED 亮灭,仅在"一穷二白"阶段采用,以后我们不会用该方法
 *              去控制 LED 亮灭
```

从零开启大学生电子设计之路——基于 MSP430 LaunchPad 口袋实验平台

23

```
 *  范      例:无
 ***************************************************/
void Blink_LED()
{
    _delay_cycles(1000000);
    P1OUT^ = BIT6;                    //LED 亮灭改变
}
```

代码本身是没有错误的,如果 CCS 软件设置方面没有错误,运行成功后 LaunchPad 板上的绿灯将 1 秒闪烁一次。如果遇到任何问题,可查看 2.5 节,再不行,一定要求助他人,不值得在这上面浪费时间。

2.4.2　引用外部函数

如果成功地运行了前面给出的程序,就可以试试本小节的"找茬"程序了。在工程 Sample 中,参考图 2.11,首先将 Blink_LED()函数放在外部文件 Blink.c 中,并编写外部函数引用的 Blink.h 头文件;然后在主函数文件 main.c 中调用,不要忘记设置 include 文件路径。测试程序能否运行成功,如果能运行成功,那么恭喜你,CCS 软件就算入门了。

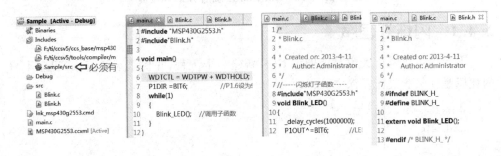

图 2.11　外部函数引用的方法实现闪烁灯

2.5　CCS 常见问题解答

2.5.1　如何导入已有工程

不要试图用双击或拖入 CCS 软件窗口的方法打开一个工程。应先选择 File→Import→Existig CCS/CCE Eclipse Projects 命令,然后再单击 Next 按钮,按提示选择文件夹文件添加工程。

2.5.2　为何有些工程无法导入

如图 2.12 所示,在导入工程时,有些工程是灰色的,无法勾选(箭头指示)。这是因为已有的工程目录里已经包含相同名称的工程了（无论内容是否完全一致）。如果是自己重复导入工程，则把之前的工程删除即可；如果确实重名了，解决办法只能是修改其中一个工程的名称。

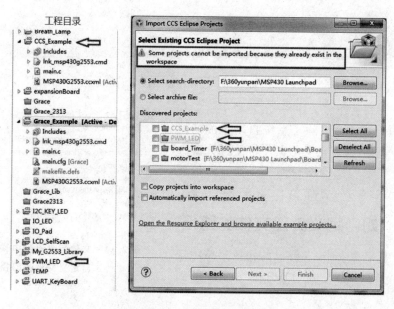

图 2.12 无法导入部分工程

2.5.3 如何在工程中添加文件和文件夹

方法一：在图 2.12 所示左侧工程目录中，选中 A 工程中的任何文件和文件夹都可以直接复制、粘贴到 B 工程中去。A 工程中自身的文件、文件夹也可以用剪切的方法挪位置。

方法二：任何工程目录"势力范围"内右击，再单击 Add File 并按提示操作即可添加已有文件。

方法三：任何工程目录的"势力范围"内右击，再单击 New 并按提示操作即可新建空白的源文件 Source File 或头文件 Header File。特别要注意的是，输入文件名时，一定要有后缀名（.c 或.h），这样建立的文件才会自带几行固定格式的代码。如果忘了添后缀名就新建了文件，不要用右键快捷菜单中的 Rename 修改名称，建议删掉再重新建一次。

2.5.4 为什么编译时出现"文件路径错误"

我们明明可以在工程目录中看到 c 文件和对应的头文件，甚至可以在各个文件中来回地按 Ctrl+鼠标左键，跳转"函数"、"变量"的实际位置，按理说，CCS 应该是能找到头文件的，但就是编译通不过，错误提示如图 2.13 所示。

Description	Resource	Path	Locatio
✗ Errors (1 item)			
✗ #5 could not open source file "UART_Eve	main.c	/UART_KeyBoard	line 5

图 2.13　文件路径错误

凡是用到了外部文件，一定要看一下工程目录中的 Includes 里除了系统自动生成的两个路径外，还有没有定义的文件路径。图 2.14 中就缺失了自定义的文件路径。如何添加文件路径，请参看下一小节。

图 2.14　文件包含路径中缺失自定义文件的路径

2.5.5　如何定义外部文件的路径

在工程名上右击，在弹出的快捷菜单中选择 Properties → Include Options 命令，得到图 2.15。

图 2.15　文件路径

单击图 2.15 中的 按钮后，依据提示，在 workspace 中找到自定义的外部文件，建立路径。外部文件最好放在 workspace 文件夹里的相应工程文件夹中，便于管理。例子中这个工程的外部文件放在了工程名文件夹下面的 src 文件夹里，所以得到图 2.16 所示的路径。箭头指示部分表示外部文件存放在工作空间中的工程文件夹下的 src 文件夹里。

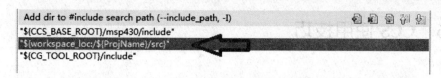

图 2.16　正确的外部文件路径配置

重新回到工程目录,应该是图 2.17 右边所示的样子(左边是没有配置好路径的样子)。用 workspace 内的相对路径可以方便移植,将工程文件夹复制到任何地方都可以不用修改路径了。

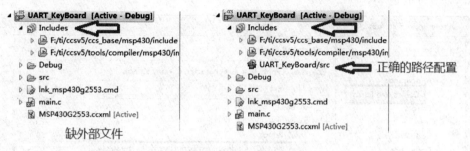

图 2.17　正确的外部文件路径

2.5.6　如何建立 Grace 工程

与建立普通工程基本一样,就是最后一步改为选择 Empty Grace(MSP430)Project。具体 Grace 的用法见 3.4 节,后面章节会以每种外设举例。

需要说明的是,一个普通工程不能"半路出家"转变成 Grace 工程,一定要在新建工程的时刻就选为 Grace 工程。

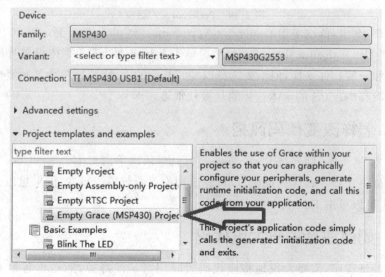

图 2.18　建立 Grace 工程

2.6　CCS 使用技巧

2.6.1　如何改变 CCS 代码编辑区的字体

默认安装时,CCS 的中文字体是非常小且非常难看的。我们可以自行设置字体,在代码编辑区右击,在快捷菜单中选择 Preferences 命令进入设置界面,如图 2.19 所示。

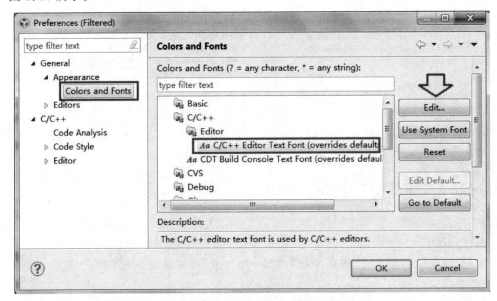

图 2.19　Preferences 对话框

在图 2.19 中,依次单击 General→Appearance→Colors and Fonts→C/C++→Editor→C/C++ Editor Text Font,然后单击 Edit 按钮,进入字体设置界面。字体设置方法和一般软件一样,但不要选择以"@"开头的字体,那样将会显示竖排格式的字体。本教程中,CCS 的字体选择的是微软雅黑,5 号字。

2.6.2　怎样改变代码风格

如图 2.20 所示,同样在 Preferences 对话框,依次单击 C/C++→Code Style,在下拉列表框中选择一种代码风格,也可轮流切换看看效果。当然,如果想用自定义代码风格,也可以单击 Edit 按钮进行修改。

2.6.3　如何注释掉一大段代码

有时调试程序,需要大段地将原代码暂时用"//"注释掉,然后再替换上其他代码。待调试结束后,可能又需要将这些代码恢复。如果一行代码一行代码地删除

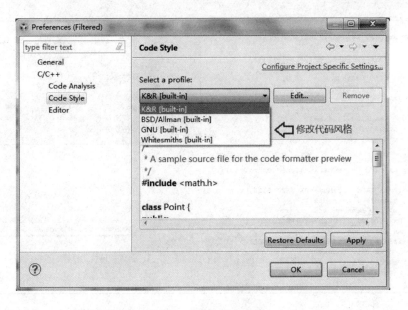

图 2.20　修改代码风格

"//"注释,无疑很不人性化。

在 CCS 中,选中代码(泛蓝色),然后同时按 Ctrl 和 ?/ 键,就可以注释掉整段代码;再来一次 Ctrl＋?/ 又可恢复,如图 2.21 所示。

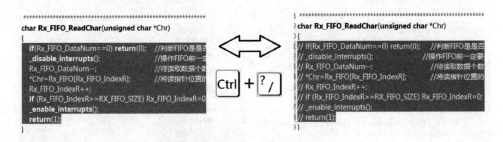

图 2.21　成段注释代码

2.6.4　复制一片区域的代码

有时候需要只复制一个区域的代码,比如,把一段代码的注释部分复制到另一段代码处作为注释。这时可以单击 按钮进入 Toggle Block Selection Mode。在这种模式下,可以"块"选一个方形区域的代码。操作步骤如图 2.22～图 2.25 所示。

2.6.5　向后对齐代码及反操作

我们经常用 Tab 键来向后对齐代码,或者选中一大段代码一起按 Tab 键。但如果反悔了,不打算向后对齐了,该怎么返回呢? 组合键 Shift＋Tab 可以用来撤消向

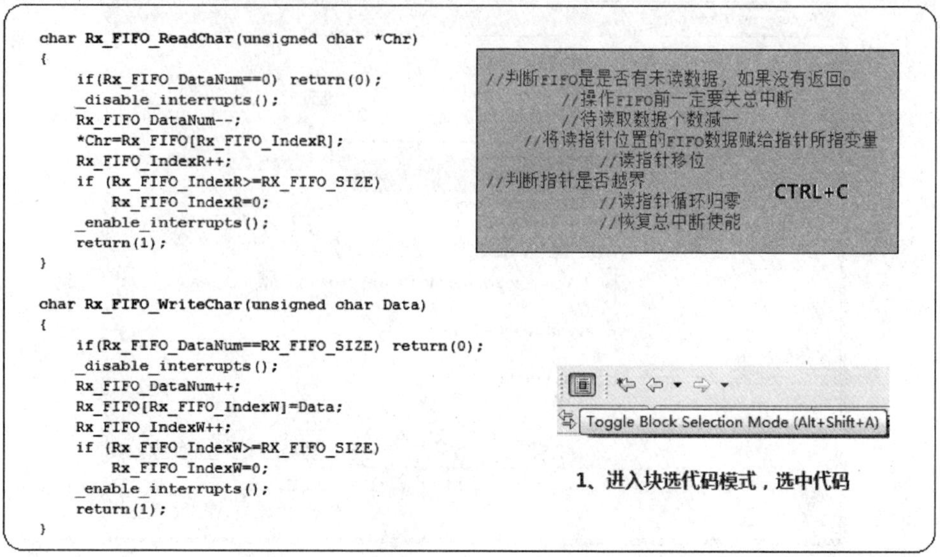

```
char Rx_FIFO_ReadChar(unsigned char *Chr)
{
    if(Rx_FIFO_DataNum==0) return(0);
    _disable_interrupts();
    Rx_FIFO_DataNum--;
    *Chr=Rx_FIFO[Rx_FIFO_IndexR];
    Rx_FIFO_IndexR++;
    if (Rx_FIFO_IndexR>=RX_FIFO_SIZE)
        Rx_FIFO_IndexR=0;
    _enable_interrupts();
    return(1);
}

char Rx_FIFO_WriteChar(unsigned char Data)
{
    if(Rx_FIFO_DataNum==RX_FIFO_SIZE) return(0);
    _disable_interrupts();
    Rx_FIFO_DataNum++;
    Rx_FIFO[Rx_FIFO_IndexW]=Data;
    Rx_FIFO_IndexW++;
    if (Rx_FIFO_IndexW>=RX_FIFO_SIZE)
        Rx_FIFO_IndexW=0;
    _enable_interrupts();
    return(1);
}
```

//判断FIFO是否有未读数据，如果没有返回0。
//操作FIFO前一定要关总中断
//待读取数据个数减一
//将读指针位置的FIFO数据赋给指针所指变量
//读指针移位
//判断指针是否越界
//读指针循环归零　　　　CTRL+C
//恢复总中断使能

Toggle Block Selection Mode (Alt+Shift+A)

1、进入块选代码模式，选中代码

图 2.22　块选模式复制代码步骤一

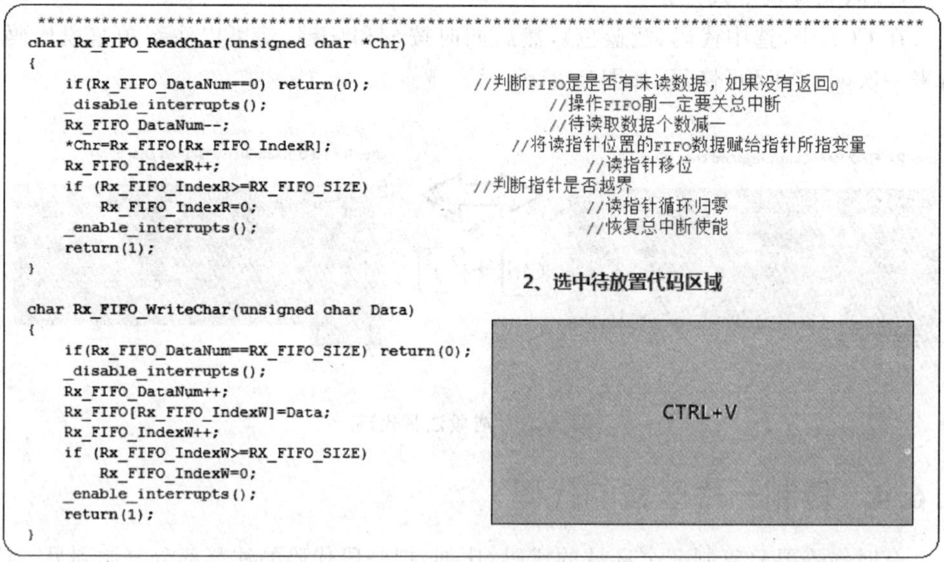

```
**************************************************************************

char Rx_FIFO_ReadChar(unsigned char *Chr)
{
    if(Rx_FIFO_DataNum==0) return(0);
    _disable_interrupts();
    Rx_FIFO_DataNum--;
    *Chr=Rx_FIFO[Rx_FIFO_IndexR];
    Rx_FIFO_IndexR++;
    if (Rx_FIFO_IndexR>=RX_FIFO_SIZE)
        Rx_FIFO_IndexR=0;
    _enable_interrupts();
    return(1);
}

char Rx_FIFO_WriteChar(unsigned char Data)
{
    if(Rx_FIFO_DataNum==RX_FIFO_SIZE) return(0);
    _disable_interrupts();
    Rx_FIFO_DataNum++;
    Rx_FIFO[Rx_FIFO_IndexW]=Data;
    Rx_FIFO_IndexW++;
    if (Rx_FIFO_IndexW>=RX_FIFO_SIZE)
        Rx_FIFO_IndexW=0;
    _enable_interrupts();
    return(1);
}
```

//判断FIFO是否有未读数据，如果没有返回0。
//操作FIFO前一定要关总中断
//待读取数据个数减一
//将读指针位置的FIFO数据赋给指针所指变量
//读指针移位
//判断指针是否越界
//读指针循环归零
//恢复总中断使能

2、选中待放置代码区域

CTRL+V

图 2.23　块选模式复制代码步骤二

后对齐操作。

2.6.6　"撤消"操作与"恢复"操作

一般人都知道,组合键 Ctrl + Z 是用来撤消修改的,如果又不想撤消,该怎么办？组合键 Ctrl + Y 可以"恢复"撤消。

```
*************************************************************************************
char Rx_FIFO_ReadChar(unsigned char *Chr)
{
    if(Rx_FIFO_DataNum==0) return(0);          //判断FIFO是是否有未读数据，如果没有返回0
    _disable_interrupts();                      //操作FIFO前一定要关总中断
    Rx_FIFO_DataNum--;                          //待读取数据个数减一
    *Chr=Rx_FIFO[Rx_FIFO_IndexR];               //将读指针位置的FIFO数据赋给指针所指变量
    Rx_FIFO_IndexR++;                           //读指针移位
    if (Rx_FIFO_IndexR>=RX_FIFO_SIZE)           //判断指针是否越界
        Rx_FIFO_IndexR=0;                       //读指针循环归零
    _enable_interrupts();                       //恢复总中断使能
    return(1);
}
                                                3、代码复制完毕
char Rx_FIFO_WriteChar(unsigned char Data)
{
    if(Rx_FIFO_DataNum==RX_FIFO_SIZE) return(0); //判断FIFO是是否有未读数据，如果没有返回0
    _disable_interrupts();                      //操作FIFO前一定要关总中断
    Rx_FIFO_DataNum++;                          //待读取数据个数减一
    Rx_FIFO[Rx_FIFO_IndexW]=Data;               //将读指针位置的FIFO数据赋给指针所指变量
    Rx_FIFO_IndexW++;                           //读指针移位
    if (Rx_FIFO_IndexW>=RX_FIFO_SIZE)           //判断指针是否越界
        Rx_FIFO_IndexW=0;                       //读指针循环归零
    _enable_interrupts();                       //恢复总中断使能
    return(1);
}
```

图 2.24　块选模式复制代码步骤三

```
char Rx_FIFO_ReadChar(unsigned char *Chr)
{
    if(Rx_FIFO_DataNum==0) return(0);          //判断FIFO是是否有未读数据，如果没有返回0
    _disable_interrupts();                      //操作FIFO前一定要关总中断
    Rx_FIFO_DataNum--;                          //待读取数据个数减一
    *Chr=Rx_FIFO[Rx_FIFO_IndexR];               //将读指针位置的FIFO数据赋给指针所指变量
    Rx_FIFO_IndexR++;                           //读指针移位
    if (Rx_FIFO_IndexR>=RX_FIFO_SIZE)           //判断指针是否越界
        Rx_FIFO_IndexR=0;                       //读指针循环归零
    _enable_interrupts();                       //恢复总中断使能
    return(1);
}
                                                4、恢复正常编辑模式
char Rx_FIFO_WriteChar(unsigned char Data)
{
    if(Rx_FIFO_DataNum==RX_FIFO_SIZE) return(0); //判断FIFO是是否有未读数据，如果没有返回0
    _disable_interrupts();                      //操作FIFO前一定要关总中断
    Rx_FIFO_DataNum++;                          //待读取数据个数减一
    Rx_FIFO[Rx_FIFO_IndexW]=Data;               //将读指针位置的FIFO数据赋给指针所指变量
    Rx_FIFO_IndexW++;                           //读指针移位
    if (Rx_FIFO_IndexW>=RX_FIFO_SIZE)           //判断指针是否越界
        Rx_FIFO_IndexW=0;                       //读指针循环归零
    _enable_interrupts();                       //恢复总中断使能
    return(1);
}
```

图 2.25　块选模式复制代码步骤四

2.6.7　利用 CCS 观测波形

CCS 中有一项功能是将处理器中的数据按类似于"示波器"的效果用图形显示出来。该项功能非常有用，例如，当用单片机进行 ADC 采样时，可以直接使用 CCS 将采样数据还原回波形，以便观测采样数据准确与否。

1) 建立 CCS 工程，并编写相关代码，图 2.26 中是使用某 ADC 对信号发生器的正弦信号进行采样的程序。在采样完毕的位置设置断点，并配置断点属性。

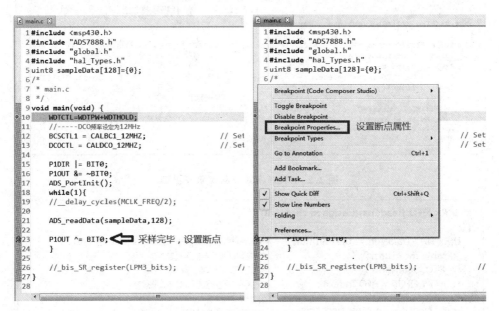

图 2.26　某 ADC 采样程序

2) 如图 2.27 所示，断点的 Action 默认属性为 Remain Halted，表明程序运行到此处会停止。用 CCS 观测波形时，应把 Action 属性改为 Refresh All Windows，表示每次程序运行到断点时，不是停止程序，而是更新全部窗口（包括波形窗口、寄存器、变量值）的数据，然后继续运行。

3) 在 CCS 窗口中选择 Tool→Graph→Single Time 命令，启用波形显示属性设置对话框，如图 2.28 所示。解释各个选项的含义如下：

- Acquisition Buffer Size：在本例中，使用变量数组 sampleData[]来存储 ADC 的采样数据，数组共 128 个变量。
- Dsp Data Type：数据类型，本例中为无符号 8 位。
- Index Increment：数组的"角标"增量，有时并不需要显示数组的每个数据，这时就可以把该项设置改为大于 1 的数，相当于"跳读"数组中的数据。
- Q_Value：有时实际数据的有效位数要小于 Dsp Data Type 中可选择的数据类型，这时就可以设置 Q_Value 来显示实际位数。本例中，Q_Value 设为 0，

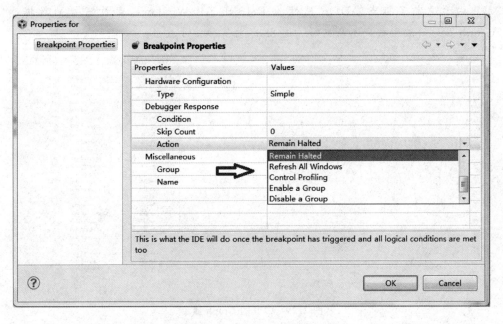

图 2.27　断点的 Action 属性设置

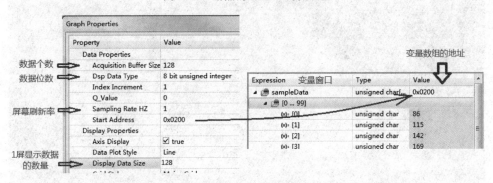

图 2.28　Graph 属性设置

即实际有效位数与 Dsp Data Type 中相同。

● Sample Rate Hz：由于人眼及显示器的刷新速率都是很有限的，实际数据即使变化再快，也无法被人眼和显示器响应。因此，需要设定一个"屏幕"更新速率，一般默认 1 Hz 即可。

● Start Address：待显示的变量数组在内存中的起始地址，该地址可以通过变量窗口获得。

● Display Data Size：这是显示屏 1 屏显示的数据个数，一般设定为与 Buffer 数组数据个数一样。由于本例中的 ADC 采样程序并没有类似于示波器的"触发机制"，所以把 Display Data Size 设定为超过 Buffer Size 将会显示"混乱"。

4）全部设定完成后，单击 OK 按钮，运行仿真，得到图 2.29 所示的 ADC 采样波

从零开启大学生电子设计之路——基于 MSP430 LaunchPad 口袋实验平台

形。由于设定了断点 Action 属性为 Refresh All Windows，变量窗口的数据和 Graph 窗口的波形都会不断更新。图 2.30 为实际信号波形。

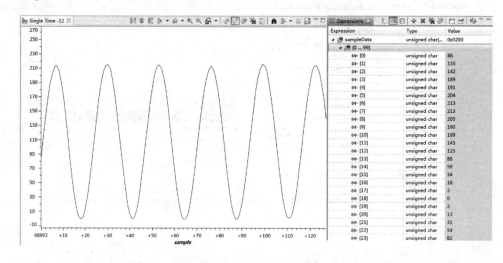

图 2.29　CCS 的 Graph 显示

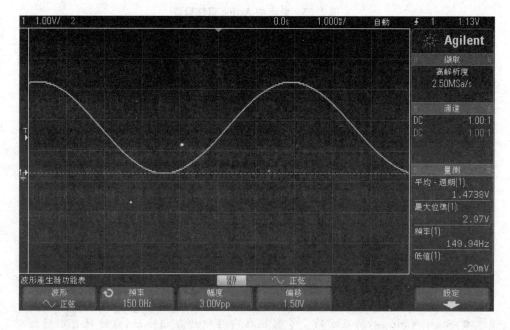

图 2.30　实际 ADC 采样信号波形

需要特别说明的是，MSP430 的仿真过程并不是实时硬件仿真。断点的设立会对程序的运行产生影响，即会在一定时间内中断全部程序的运行。无论是使用 CCS 的 Graph 功能，还是利用仿真器从事其他调试任务，都需要注意"仿真"与实际情况的差异，做到心中有数。

第 **3** 章

基础知识

3.1 概 述

在正式讲解 MSP430 单片机的片内外设知识之前,有必要单列一章来讲解一些所有片内外设都需要用到的基础知识。这些基础知识包括:

1)MSP430 单片机如何进行位操作。

2)MSP430 单片机寄存器的一般配置方法。

3)如何使用 Grace 来辅助寄存器配置。

4)MSP430 单片机的中断"模板"与中断嵌套。

5)非阻塞 CPU 的编程原则。

6)单片机软件编程中函数的作用以及文件管理问题。

3.2 MSP430 单片机的位操作

MSP430 单片机属于 RISC 型处理器。RISC 是精简指令集处理器的简称,与普通 51 单片机的复杂指令集相区别。从"指令集"的字面上理解好像仅仅是软件差异,但其实是硬件构造存在巨大差别。指令复杂,意味着电路复杂,普通 51 单片机执行 1 条指令最少需要 12 个时钟周期,而 RISC 单片机最少仅需 1 个时钟周期。指令的减少,意味着很多"想法"不能一次实现,比如 RISC 中的乘法运算就得分解为移位和加法。

对于初学者,不用花时间在区分两种处理器上。只需要知道,RISC 处理器带来的最大不同就是不能进行位操作,内存寻址只能到字,不能到位。打个比方,一栋楼只有一个邮政编码,快递员送东西只送到楼,显然,这样送货,速度要比送到户要快。至于,包裹是这栋楼具体哪户人家的,就要想其他办法了。

3.2.1 写位操作

在对某字节使用"="符进行写操作时,所有位的值都将被改变。如果先将原字节读出来,再使用按位操作符对原字节进行赋值,则可"等效"实现对单个位的写操作。

例 3.1 将 P1.0 置 1、P1.1 置 0、P1.2 取反,不影响其他位。

```
P1OUT |= 0x01;                          //按位"或",相当于置 1
P1OUT &= ～0x02;                         //取反后再按位"与",相当于置 0
P1OUT ^= 0x04;                          //按位"异或",相当于取反
```

说明:采用按位操作并不意味着 MSP430 具备了位操作能力,按位操作实际是对整个字节的 8 位都进行了"操作",只不过对其中 7 位的值没影响而已。

在包含了头文件♯include "MSP430G2553.h"以后,可以使用各种宏定义来辅助按位操作。

```
♯ define BIT0    (0x0001)        ♯ define BIT8    (0x0100)
♯ define BIT1    (0x0002)        ♯ define BIT9    (0x0200)
♯ define BIT2    (0x0004)        ♯ define BITA    (0x0400)
♯ define BIT3    (0x0008)        ♯ define BITB    (0x0800)
♯ define BIT4    (0x0010)        ♯ define BITC    (0x1000)
♯ define BIT5    (0x0020)        ♯ define BITD    (0x2000)
♯ define BIT6    (0x0040)        ♯ define BITE    (0x4000)
♯ define BIT7    (0x0080)        ♯ define BITF    (0x8000)
```

有了 BIT0～BITF 的宏定义以后,有助于对最多 16 位寄存器的各位进行设置,使用 BITx 宏定义的最大好处是不用再去"数脚趾头"了。例 3.1 代码可改写为

```
P1OUT |= BIT0;                      //按位"或",相当于置 1
P1OUT &= ～BIT1;                     //取反后再按位"与",相当于置 0
P1OUT ^= BIT2;                      //按位"异或",相当于取反
```

当然,也可以用加号对多"位"同时操作。

例 3.2 将 P1.0、P1.1、P1.2 均置 1,不影响其他位。

```
P1OUT |= BIT0 + BIT1 + BIT2;        //可用加法进行批量设置
```

3.2.2 读位操作

读位操作主要是通过 if 语句判断的方法得到的。同样,这种变通的办法不意味着 MSP430 单片机可以对位进行读取。这种方法同样需要对 1 个字节的 8 位都操作。

例 3.3 将 P2.0 的输出设置成与 P1.1 输入相反,读取 P1.0 状态到变量 Temp。

```
unsigned char Temp = 0;
if((P1IN&BIT1) == 0)      P2OUT |= BIT0;              //读 P1.1 写 P2.0
else                      P2OUT &= ～BIT0;
if(P1IN&BIT0)             Temp = 1;                   //读 P1.0 写 Temp
else                      Temp = 0;
```

3.3　MSP430 单片机的寄存器

MSP430 单片机的片内外设极为丰富,这些硬件资源需要大量的寄存器来配置功能。MSP430 单片机内部有数百个寄存器和近千个控制位,这就注定它不能像 51 单片机那样完全靠人脑去记忆,靠脚趾头去数位数。

3.3.1　寄存器的一般宏定义配置方法

在 MSP430G2553.h 的头文件中,用于配置寄存器的宏定义有三类,即"不带下画线"、"带 1 条下画线"和"带 1 条以上下画线"。

1) 不带下画线的寄存器宏定义。实际上就是一个控制位,以便人们不用去记忆该位在 8 位或 16 位寄存器中的位置。

2) 带 1 条下画线的寄存器宏定义。有些功能设置需要 2 位或以上才能完整描述。当只需要 2 位时,可以将 2 位的组合展开,变为 xx_0/1/2/3 直接加以设置,相当于数字电路中的"2-4 译码"。

3) 带 1 条以上下画线的寄存器宏定义。这类宏定义可以完成某一项非常复杂的设置,实际上是将多种宏定义的组合加起来,相当于宏定义的宏定义。

先讨论前两类。图 3.1 给出了 BCSCTL2 中 DIVMx 控制位的位置,下方代码给出了 MSP430 头文件中两种 DIVMx 的宏定义,即 DIVM0/1 和 DIVM_0/1/2/3。图中 rw-0 表示该位可读可写,复位后初始值为 0。

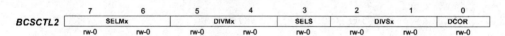

BCSCTL2	7	6	5	4	3	2	1	0
	SELMx		DIVMx		SELS	DIVSx		DCOR
	rw-0	rw-0	rw-0	rw-0	rw-0	rw-0	rw-0	rw-0

图 3.1　BCSCTL 寄存器的位

```
#define DIVM0        (0x10)      /* MCLK Divider 0 */
#define DIVM1        (0x20)      /* MCLK Divider 1 */
#define DIVM_0       (0x00)      /* MCLK Divider 0: /1 */
#define DIVM_1       (0x10)      /* MCLK Divider 1: /2 */
#define DIVM_2       (0x20)      /* MCLK Divider 2: /4 */
#define DIVM_3       (0x30)      /* MCLK Divider 3: /8 */
```

这个 8 位寄存器中的 DIVMx 是用来控制 MCLK 的分频系数的,分频系数依次为 1/2/4/8。当需要两位才能"决定"某功能时,就会有带下画线加数字的宏定义。3 位及以上 MSP430 头文件中没有提供,那样的组合太多了。

例 3.4　设置 MCLK 的时钟 8 分频。

下列 4 条代码均可实现该功能。

```
BCSCTL2 |= 0x30;                    //人脑记忆 + 数脚趾头,原始社会才干的事!
BCSCTL2 |= BIT5 + BIT4;             //需记忆 DIVMx 在 BSCTL 中的位置,不推荐!
BCSCTL2 |= DIVM1 + DIVM0;           //由两项组成,看起来不直观,凑合!
BCSCTL2 |= DIVM_3;                  //简洁明了,力荐!
```

3.3.2　宏定义配置的注意事项

在使用按位"或"操作符"|="配置寄存器时,要注意宏定义之间的"叠加"效应。重新用宏定义配置寄存器前,一定要先清零。(此外,极少数寄存器上电复位后默认值不是 0,要特别注意。)

例 3.5　先设定 MCLK 分频为 2,一段时间后改为 4 分频。

错误的代码:

```
BCSCTL2 |= DIVM_1;      //这确实是 2 分频
delay( );
BCSCTL2 |= DIVM_2;      //因为按"位或"赋值的原因,这实际上是 8 分频,请自行面壁想清楚
```

正确的代码:

```
BCSCTL2 |= DIVM_1;                              //2 分频
delay( );
BCSCTL2 &= ~( DIVM_0| DIVM_1| DIVM_2| DIVM_3);  //预先把全部相关控制位置 0
BCSCTL2 |= DIVM_2;                              //此时再用"|="设置才不出错
```

相关控制位全置 0,还可写成:

```
BCSCTL2 &= ~DIVM_3 或 BCSCTL2 &= ~(DIVM0 + DIVM1)
```

3.3.3　寄存器配置的宏定义组合

有两条及以上下画线的宏定义属于"极品"宏定义,往往一招杀敌致胜,在编程中应优先使用。如图 3.2 所示,是 MSP430 头文件中看门狗定时器的寄存器和宏定义节选。

15	14	13	12	11	10	9	8
WDTPW, Read as 069h Must be written as 05Ah							

7	6	5	4	3	2	1	0
WDTHOLD	WDTNMIES	WDTNMI	WDTTMSEL	WDTCNTCL	WDTSSEL	WDTISx	
rw-0	rw-0	rw-0	rw-0	r0(w)	rw-0	rw-0	rw-0

图 3.2　WDT 控制寄存器

```
#define WDTIS0              (0x0001)
#define WDTCNTCL            (0x0008)
#define WDTTMSEL            (0x0010)
#define WDTPW               (0x5A00)
```

```
#define WDT_MDLY_32        (WDTPW + WDTTMSEL + WDTCNTCL)            /* 32ms */
#define WDT_MDLY_8         (WDTPW + WDTTMSEL + WDTCNTCL + WDTISO)   /* 8ms */
```

例 3.6　将看门狗定时器设为 8 ms 定时器模式。

1）看门狗控制寄存器 WDTCTL 有 16 个控制位，高 8 位是解锁口令，必须为 0x5A00，否则单片机将复位。

2）若将看门狗设为定时器用途，则需将 WDTTMSEL 置 1，表明是定时器工作模式，而非看门狗模式。

3）如果是 8 ms 定时，末 3 位的分频值是 001，详细解释见第 7 章。

本来需要这么写：

```
WDTCTL = WDTPW + WDTTMSEL + WDTCNTCL + WDTISO
```

但因为有寄存器组合，所以可以这么写：

```
WDTCTL = WDT_MDLY_8;                            //逆袭！只用 1 句就搞定了
```

对于一些"物理意义明确"，又归属于同一个寄存器的复杂操作，往往会有这种"多下画线"的宏定义组合，敬请留意 MSP430xx 单片机的头文件。

3.3.4　特殊情况下寄存器的配置

有时候可能会碰到这样的情况：寄存器的参数不是固定的，而是依据某些变量的值得到的。这时，应当将变量移位后直接进行赋值。

例 3.7　**a 和 b 是两个变量，将 DCOCTL 寄存器中 DCOx 设为 a，MODx 设为 b。DCOCTL 寄存器的位排列见图 3.3。**

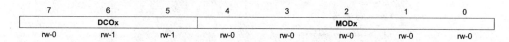

7	6	5	4	3	2	1	0
DCOx			MODx				
rw-0	rw-1	rw-1	rw-0	rw-0	rw-0	rw-0	rw-0

图 3.3　DCOCTL 控制寄存器

当 a 和 b 的值不溢出时（a 的取值范围为 0～7，b 的取值范围为 0～31），可简单编程为

```
DCOCTL = a<<5 + b;                            //用移位的方法设置寄存器可以避免复杂的代码
```

避免 a，b 溢出，更好一些的代码为

```
DCOCTL = (a<<5) & 0xE0 + b &0x1F;   //用按位"与"操作将 a，b 分别限定在高 3 位和低 5 位上
```

3.3.5　寄存器配置小结

1）一般情况下，均使用宏定义去配置寄存器，这样做省时省力，可读性好。

2）深刻理解"|="对寄存器赋值的效果，先清 0 后赋值，避免误操作。

3）提前查阅头文件，尽量使用组合宏定义配置寄存器。

从零开启大学生电子设计之路——基于 MSP430 LaunchPad 口袋实验平台

4）对于由变量决定的寄存器配置，应使用移位后的变量直接赋值。

3.4　使用 Grace 设置寄存器

什么是 Grace？Grace 是 Graphical Code Engine 的缩写。简单地说，就是图形化代码配置工具，也就是点鼠标就能配置寄存器。

3.4.1　在 CCS 中建立 Grace 工程

要使用 Grace 必须建立 Grace 工程，Grace 工程本质上和 CCS 普通工程是一样使用的，区别在于，只有 Grace 类的工程才能调用图形化配置工具。

如图 3.4 所示，在新建 CCS Project 时，选择 Empty Grace（MSP430）Project 即可建立 Grace 工程。其他设置按正常 CCS 工程选择即可，这里将工程取名为 Learn_Grace。

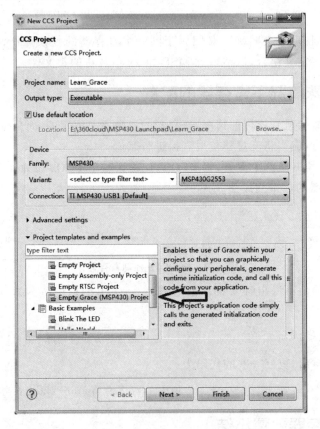

图 3.4　建立 Grace 工程

注意：目前只有部分 MSP430 的型号支持 Grace，比如 G2 系列，所以先选择正确的器件型号，才能出现 Empty Grace（MSP430）Project 选项。

3.4.2 Grace 的图形化操作

如图 3.5 所示，在工程浏览窗口单击 main. cfg[Grace]，接着在主窗口单击 Device Overview，即可进入可配置资源。

图 3.5 Grace 的设置过程

图 3.6 所示为 MSP430G2553 的全部资源列表，其中带底色框的部分可以用鼠标单击，是可由用户配置的资源。当前 3 个模块上有 ✅，分别是时钟（Oscillators Basic Clock System+）、P1 口（Port P1）、看门狗（Watchdog WDT+），表明目前默认配置并启用了这 3 个模块的资源。单击其他带底色框模块，即可对选中模块进行配置。

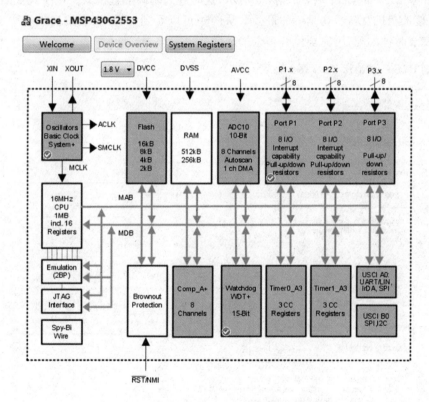

图 3.6 MSP430G2553 可配置资源图

从零开启大学生电子设计之路——基于 MSP430 LaunchPad 口袋实验平台

在图 3.6 中有一个电源下拉框,默认显示 1.8 V。有初学者认为,此处设多少伏电压将来单片机"内部"就会"变出"多少电压来。这个观点的因果关系是错的。实际单片机供电是多少伏,此处就应该选多少伏,Grace 有必要知道单片机的实际供电电压。因为在低电压情况下,某些外设不能使用,Grace 具有自动屏蔽配置该外设的功能。

首先单击时钟进行配置。如图 3.7 所示,先勾选 Enable Clock in my configuration(时钟模块默认被勾选),然后就会出现 Overview、Basic User、Power User、Registers 四个按钮。默认是停留在 Overview 状态,所以图 3.7 中 Overview 显示灰色,是不可单击的。

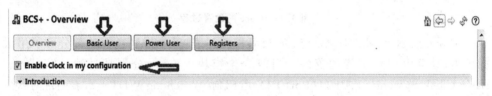

图 3.7　使用 Grace 配置时钟寄存器

在单击 Basic User 后,如图 3.8 所示,这时进入基础配置模式。该模式更贴切地说是"傻瓜相机"模式,初学者的最爱。从图中可以看到,只要在下拉列表框中选择,便可完成时钟的配置,完全没有多余的废话。

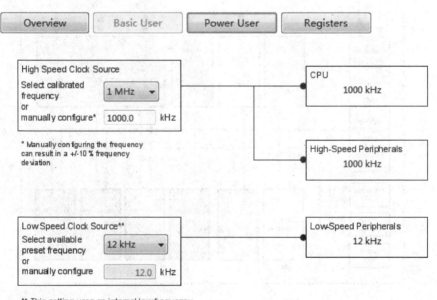

图 3.8　Grace 基础设置

现在改为 Power User 模式,如图 3.9 所示,可配置的选项骤然增多。这是大概知晓"BCS+原理"的半熟练工所适用的模式,注意到右下角还包括对中断服务子函数内调用的"中断事件函数"的配置。

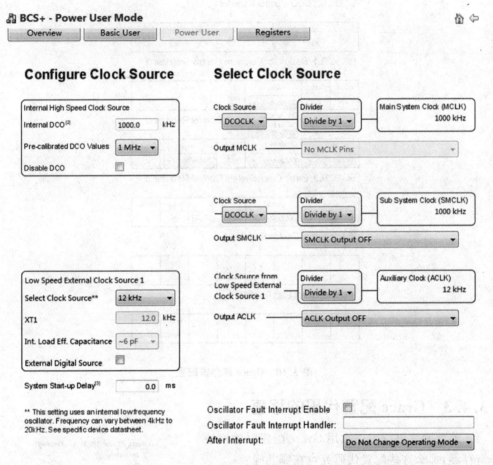

图 3.9　Grace 专业配置

最后是 Registers 设置,如图 3.10 所示,所有 BCS+(时钟)相关的寄存器都在列。这些寄存器有的需要用鼠标勾选,有的组合需要在下拉列表中选择,但是所有位在光标箭头停留时都会有提示。这个模式,属于真正懂"BCS+原理"的人才能配置。

至此单击文件"保存"按钮,就完成了对时钟模块的配置。

这 3 种层次的配置模式该如何选择呢? 毫无疑问,初学者都希望用第一种"傻瓜"模式,但是每种外设配置的复杂程度都不一样,不是所有寄存器都能用图形化操作来完成的(Power User 模式也不一定胜任所有情况)。在此,寄存器模式作为最根本的配置方法不可或缺。

大家要明白,关键是弄懂外设的原理和寄存器位的功能,记忆具体的寄存器位置则没有任何必要。

从零开启大学生电子设计之路——基于 MSP430 LaunchPad 口袋实验平台

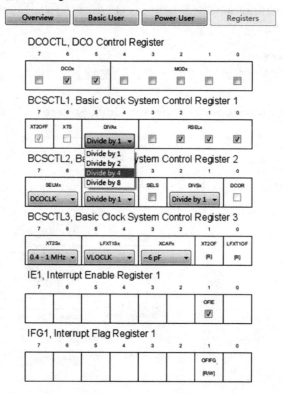

图 3.10　Grace 寄存器配置

3.4.3　Grace 配置代码的移植

前面刚刚进行完一次用 Grace 配置时钟模块寄存器,那么这些配置代码究竟在哪儿呢?

单击 **Learn_Grace [Active - Debug]** 以激活当前工程,再单击 按钮进行编译,接着耐心等待完成。期间如果杀毒软件或防火墙警告,请配合"放行"。

在编译完成后,图 3.11 所示工程中多了 src 文件夹,展开之后是一系列 Grace 配置文件,其中,"Basic clock system+模块的初始化"文件名为 BCSplus_init.c。这就是前面介绍的图形化设置的时钟配置。

先打开 mian.c 函数,如图 3.12 所示,主函数

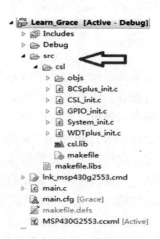

图 3.11　Grace 的配置文件

内有一个总的初始化函数 CSL_init()，而 CSL_init()函数内调用了众多的子模块初始化函数，其中包括时钟初始化函数 BCSplus_init()。实际的时钟初始化配置代码在 void BCSplus_int(void)中(因篇幅限制，函数中部分注释被删除)。

其实不一定要从头到尾都使用 Grace 的模板来编程。比如，在接触一种新的片内外设时，往往难以正确配置外设的寄存器，这时就可以借助 Grace 将配置代码写好，然后移植到自己的程序中。

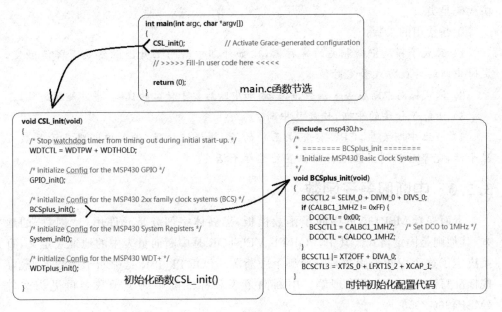

图 3.12　Grace 自动配置的部分函数代码

3.5　MPS430 单片机的中断

3.5.1　中断的作用

中断有多重要呢? 没有中断的单片机就是废物。如果把 CPU 比作一个"无所不能"的超人，那么"中断"就是围绕在超人身旁的仆人。这些仆人除了给"超人"打小报告以外，什么活都不会干。千万不要小瞧这"打小报告"，超人虽然无所不能，但超人只有一双手，一次只能干一件事。

1)没有外部中断，CPU 必须"蹲"在门口看有没有人敲门。有中断的话，CPU 就能解放出来干大事，中断在此扮演门铃的角色。

2)没有定时中断，CPU 需要用自己的"生物钟"去延时，基本上属于浪费生命。有中断的话，闹钟的响铃将拯救 CPU 的生命。

3)"超人"也需要休息，没有中断，CPU 休息以后将长眠不醒。

中断的作用:作为 CPU 的仆人,报告"事件",以便 CPU 停下手头的"任务"去处理"事件"。主人 CPU 休眠后,"中断"相时而动,叫醒 CPU。

3.5.2 中断的使用方法

世界上有些事,不用知道细节。比如吃饭,不用知道粮食是怎么种出来的,吃就行了。使用中断就是这一类事,只管用,不用管具体是怎么实现的。依葫芦画瓢,模仿代码足矣。

中断使用的步骤:

1) 配置子模块中断相关的寄存器,比如外部中断的上升沿触发或下降沿触发,定时中断的计数方式和定时值。

2) 依模板写中断服务子函数框架,添加中断后要干什么的代码(事件处理函数)。

3) 使能子模块的中断,使能总中断。

4) 一旦中断发生,CPU 停下主函数的活,并标记位置,进入中断服务子函数那里干活,完事后回到主函数标记位置处继续干活。

3.5.3 中断服务子函数

下面来看 MSP430 的中断子函数模板,黑斜体字部分是允许用户"创意"的地方,其他则是固定格式。其中,PORT1_VECTOR 是中断向量表中的地址宏定义,直接决定了这个中断函数是响应哪个中断源。PORT1_ISR 是中断子函数名,最好按标准写法取名字,便于理解。中断向量表和标准的中断子函数名可见头文件〈MSP430G2553.h〉。

```
#pragma vector = PORT1_VECTOR
__interrupt void PORT1_ISR(void)
{
    //中断后想干的事写在这里
}
```

在 MSP430 单片机中,中断资源是比较"宝贵的",很多中断都是共用一个"中断向量入口"。比如前面写的是 P1 口的中断服务子函数,当 P1 的 8 个 I/O 口任何一个检测到中断事件(上升沿或下降沿)时,就会进入中断子函数。这时就需要在子函数里查询中断标志位(特殊功能寄存器),以判断到底是哪个 I/O 口"出事"了。

3.5.4 中断嵌套

MSP430 单片机的中断没有常规意义的优先级,所以一般不进行中断嵌套。进入中断子函数后,一般第一件事都是关掉总中断,待退出中断子函数时才打开。

如果中断前 CPU 是休眠的,那么中断来临后,CPU 会被"短暂"唤醒,去处理中断子函数;处理完毕,CPU 继续休眠。除非在中断子函数中写入"永久"唤醒 CPU 的代码,有专门的代码可以实现该功能。

3.6 非阻塞编程原则

在单片机中,有且只有一个 CPU,在任意时刻,CPU 只能干一件事。因此,单片机编程的最大原则就是安排 CPU 合理地工作,不要被某一任务长时间"霸占",也就是不阻塞 CPU。

有些事必须由 CPU 来做,指使 CPU 做以下工作不属于"霸占":

1) 读写(配置)功能寄存器。

2) 对变量进行读写。

3) 改变 I/O 口输出电平(这个其实也是在配置寄存器,便于形象理解,单列)。

4) 逻辑判断。

5) 数学运算。

最典型的阻塞 CPU 代码有两类:

1) 长延时等待。

2) 死循环性质的逻辑判断。

在很多的入门教材里,给初学者举的编程例子都是阻塞 CPU 的,原因有两个:

1) 任务简单,CPU 即使阻塞也能完成任务。

2) 阻塞 CPU 的代码编写简单,更容易讲清楚道理。

其实,阻塞 CPU 的代码一般不能应用于实际,即使容易讲清楚道理也没用。建议初学者从学习单片机的第一天开始就要与阻塞 CPU 的代码坚决划清界限,努力使自己成为一个"不霸占"CPU 的编程者。

3.7 MSP430 的函数与文件管理

3.7.1 函 数

MSP430 单片机的头文件定义了大量的宏定义来帮助用户编写代码,而普通 51 单片机编译器的宏定义就少得多。这是与单片机使用复杂程度相适应的。对于操作更为复杂的单片机,比如 ARM 系列,宏定义都不足以帮助写代码了,于是就有了各种库函数。在 ARM 中,对一个 I/O 口的读写操作都有必要调用一个函数来实现。

用户自己能仿照 MSP430 的风格为 51 单片机编写头文件宏定义吗?当然可以。同样,也可以为 MSP430 编写自己的"库函数"。厂商的库函数只能针对单片机的片内外设,而自己编写的"库函数"可以涵盖从片内外设到外部器件,甚至跨越单片机的阻隔。

举个例子:

1）写两个函数 Motor_ON（ ）和 Motor_OFF（ ），在主函数中调用以实现电机启停的功能。不同的单片机、不同的接线、不同的电机类型控制启停代码会千差万别，但是都被封在函数中。

2）主函数的代码将会清晰明了，至于启或停怎么实现则是子函数的事。对于子函数 Motor_ON（ ）和 Motor_OFF（ ）来说，只需专注做好分内事，至于为什么要启停，何时启停，不用操心。

3）这就像统帅与将军的职责分工一样，统帅命令将军攻城，将军报告伤亡数字，统帅说："我只要城，不要数字。"

一段能正确运行实现功能的代码，水平分3个层次：

1）隔一段时间连自己都不懂。俗称"连亲妈都认不出来"。

2）自己懂，别人不懂。

3）是人就懂。

以 UART_Init（2400,'n',8,1）函数为例，配合传入参数，即使函数不是自己编的，也能猜出来。这个函数负责 UART 串口的初始化，串口将被设置为 2 400 波特率、无奇偶校验、8 位数据位、1 位停止位。这就是函数的魅力。

宏定义与函数可以互相结合起来使用，达到如虎添翼的效果：

1）函数中可以有普通代码、宏定义代码和其他函数。

2）宏定义也可以将普通代码、其他宏定义及多个函数封装成一句宏定义。

宏定义和函数有什么区别呢？

1）在很多情况下，两者都能实现类似的功能。函数可以很简单，内部只有一句代码也行；宏定义也可以很复杂，包含多条代码及函数。

2）宏定义的方法在编译时仅仅是"查找并替换"，所以它占用程序代码空间大，完全不重复利用代码。

3）函数在运行中是"临时"调用关系，资源是能回收的，所以使用函数所占的程序代码空间小。

4）函数在调用和回收的过程中涉及入栈和出栈操作，执行速度慢，而宏定义相当于一气呵成，完全没有停顿，速度快。

3.7.2 文件管理

什么是文件管理？就是不要在 main.c 中写下所有的代码，而应该将大的程序划分为小的 c 文件。

1）一个 main.c 写下全部代码很容易导致"亲妈都认不出来"的情况。

2）从一个初学者开始，陆陆续续会调试各种片内和片外的设备，会积累各种各样的代码。不管是敝帚自珍还是独孤求败，重复写同样的代码总是令人身心疲惫的事情。

3）初学者最容易想到的是，事后用复制、粘贴的方法利用原代码，这样做效率非常低而且容易出错。

4）正确的做法是：在写代码时，就应该考虑这段代码可能会在别的地方用到，应该分开独立写 c 文件。这样就可以有效准确利用原有代码了。

如何有效地管理文件呢？方法如下：

1）按功能模块划分 c 文件，比如片内的时钟、定时器、UART 收发器、Flash 控制器、ADC、片外的 12864 液晶、矩阵键盘，可以分别设为 System_clock. c、Timer_A. c、UART. c、Flash. c、ADC10. c、LCD. c、Key. c。

2）将隶属于各模块的代码函数都放进各自的 c 文件中。

3）建立与 c 文件同名的 h 头文件，在 h 文件中声明可能被调用到的函数。

4）在 main. c 中包含 h 头文件，就可以使用外部 c 文件中的函数了。

例 3.8　建一个 Motor. c 文件，在里面编写一个启动电机函数 Motor_ON( )和一个停止电机函数 Motor_OFF( )，并编写头文件。

Motor. c 文件：

```
void Motor_ON( )
{
    P1OUT |= BIT0;
}
void Motor_OFF()
{
    P1OUT & = ~BIT0;
}
```

Motor. h 文件：

```
extern Motor_ON( );
extern Motor_OFF( );
```

有些编译器支持直接在 h 头文件中编写程序代码。无论编译器是否支持，都不建议这样做，分开写 c 文件和 h 头文件可以让复杂程序的代码更易读，后面会再谈这个问题。

第 **4** 章

MSP430x2xx 系列单片机的系统时钟

4.1 系统时钟概述

现代单片机的制造工艺都差不多,靠电子元件本身节能的潜力非常有限。单片机的低功耗主要是依靠间歇工作实现的,而间歇工作的方法就是启停系统时钟。如果像普通 51 单片机一样只有一个时钟,那么关掉时钟就意味着单片机全面停工,节能的同时也无法正常使用了。因此,出于低功耗的需要,MSP430 单片机工作的系统时钟被分为了 MCLK、SMCLK 和 ACLK 三个,可以根据需要关闭其中的一个、几个或全部。有关低功耗模式 4.7 节会详细介绍。

MCU 内需要时钟的单元包括 CPU 和部分片内外设。三种时钟的功能区别如下:

1) MCLK:主时钟(Main system Clock),专为 CPU 运行提供的时钟。MCLK 频率配置越高,CPU 执行的速度就越快。虽然 CPU 速度越快功耗也越高,但高频率的 MCLK 可以让 CPU 工作时间更短;所以正确的低功耗设计并不是要尽量降低 MCLK,而是在不用 CPU 时立刻关闭 MCLK。在大部分应用中,需要 CPU 运算的时间都非常短,所以,间歇开启 MCLK(唤醒 CPU)的方法节能效果非常明显。

2) SMCLK:子系统时钟(Sub - main Clock),专为一些需要高速时钟的片内外设提供服务,比如定时器和 ADC 采样等。当 CPU 休眠时,只要 SMCLK 开启,定时器和 ADC 仍可工作(一般待片内外设完成工作后触发中断,以唤醒 CPU 去做后续工作)。

3) ACLK:辅助时钟(Auxillary Clock),辅助时钟的频率很低,所以即使一直开启,功耗也不大,当然关掉也是可以的。辅助时钟可以供给那些只需低频时钟的片内外设,比如 LCD 控制器,还可用于产生节拍时基,与定时器配合间歇唤醒 CPU。

MCLK、SMCLK 和 ACLK 三者关系用更形象的比喻就是主力部队(MCLK)、先头部队(SMCLK)、警戒哨兵(ACLK)的关系。

1) 需要用主力部队的时候不多,一般情况都处于休整状态,以节约"给养"(功耗)。

2) 能用先头部队解决的问题,就别动用主力,待先头部队完成自己的任务后,再请主力出马。

3）当没有实际"敌人"的时候，主力部队和先头部队都可以休整，但是要放上哨兵作为警戒，发现"敌人"可随时唤醒主力部队。

4.2 "BCS＋"模块单元的基本构造

MCLK、SMCLK、ACLK 及其来源构造在 MSP430x2xx 系列单片机中称为"Basic Clock Module＋"单元，如图 4.1 所示。

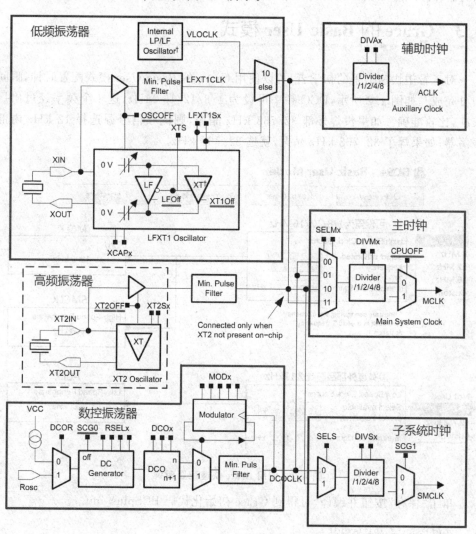

图 4.1 "Basic Clock Module＋"功能框图

图 4.1 所示的框图乍一看异常复杂，需要设置的寄存器多如牛毛。但是要明白一点，单片机的设计者已经把所有能为用户完成的事都做完了，所预留的寄存器是必

从零开启大学生电子设计之路——基于 MSP430 LaunchPad 口袋实验平台

须由"主人"控制的各种开关。相比于设计实际硬件电路将会遇到的各种问题,没有什么比拨一下开关更简单的事了。因此,对于配置寄存器,在理解单片机设计者的设计意图后,再借助 Grace 配置各种寄存器将事半功倍。

图 4.1 右侧三个框是最终单片机使用的三种时钟,左边表明了这些时钟的可能来源,右侧框中有一系列的来源选择开关、分频控制开关、输出开关。图 4.1 左边部分是时钟的可能来源,为了兼顾精度、成本和方便使用,时钟的来源分成 3 大类,即低频振荡器、高频(石英晶体)振荡器(目前 MSP430G 系列单片机不支持)和数控振荡器。

4.3　Grace 的 Basic User 模式

对于希望快速上手的初学者,可以使用 Grace 的 Basic User 模式配置时钟,瞬间即可完成。如图 4.2 所示,DCO 频率可设为 1/8/12/16 MHz,这 4 个频率经过出厂校准,比较准确。如果没焊外部 32.768 kHz 晶振,则低频信号源选择 12 kHz 内部振荡器;如果焊了 32.768 kHz 晶振,就选 32.768 kHz。

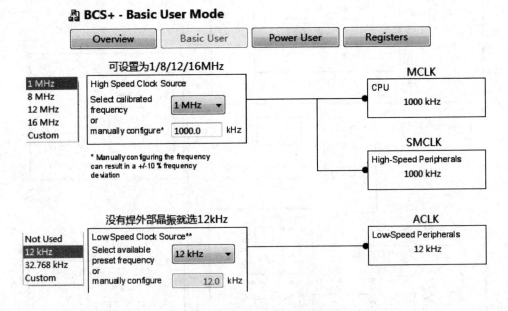

图 4.2　使用 Grace 快速配置时钟

单击"保存"按钮并编译,可得到 Grace 初始化代码 BCSplus_init.c。

```
void BCSplus_init(void)
{
    /*    Basic Clock System Control 2
     *    SELM_0 DCOCLK
     *    DIVM_0 -- Divide by 1
```

```
     *  ~SELS  --  DCOCLK
     *  DIVS_0  --  Divide by 1
     *  ~DCOR  --  DCO uses internal resistor                    */
    BCSCTL2 = SELM_0 + DIVM_0 + DIVS_0;      //复位默认值,此行代码可省略
    if (CALBC1_1MHZ != 0xFF) {
        /* Follow recommended flow. First, clear all DCOx and MODx bits. Then
         * apply new RSELx values. Finally, apply new DCOx and MODx bit values */
        DCOCTL = 0x00;
        BCSCTL1 = CALBC1_1MHZ;                    /* Set DCO to 1 MHz */
        DCOCTL = CALDCO_1MHZ;
    }
    /*    Basic Clock System Control 1       *
     *  XT2OFF  --  Disable XT2CLK
     *  ~XTS  --  Low Frequency
     *  DIVA_0  --  Divide by 1         */
    BCSCTL1 |= XT2OFF + DIVA_0;              //复位默认值,此行代码可省略
    /*    Basic Clock System Control 3
     *  XT2S_0  --  0.4~1 MHz
     *  LFXT1S_2  --  If XTS = 0, XT1 = VLOCLK; If XTS = 1, XT1 = 3~16 MHz crystal or
     *                resonator
     *  XCAP_1  --  ~6 pF        */
    BCSCTL3 = XT2S_0 + LFXT1S_2 + XCAP_1; //设为内部低频振荡器
}
```

从零开启大学生电子设计之路——基于 MSP430 LaunchPad 口袋实验平台

　　程序中,"/ * … * /"结构均为 Grace 自动生成,按原格式予以保留。"//"的注释为自行添加。

　　通过 BCSplus_init.c 可以发现,注释部分占了绝大部分篇幅,这是优秀成熟代码的表现。将注释省略后,实际时钟系统的初始化代码仅有几句,其中有两句还是复位默认值,可省略不写。如果初学者入门时不愿意调用外部函数(如 Grace)的方法写代码,那么直接复制下面的代码到 main 函数中也可以。

```
void BCSplus_init(void)
{
    BCSCTL2 = SELM_0 + DIVM_0 + DIVS_0;      //复位默认值,此行代码可省略
    if (CALBC1_1MHZ != 0xFF) {
        DCOCTL = 0x00;
        BCSCTL1 = CALBC1_1MHZ;                    /* Set DCO to 1 MHz */
        DCOCTL = CALDCO_1MHZ;
    }
    BCSCTL1 |= XT2OFF + DIVA_0;              //复位默认值,此行代码可省略
    BCSCTL3 = XT2S_0 + LFXT1S_2 + XCAP_1;      //设为内部低频振荡器
}
```

4.4　Grace 的 Power User 模式

如 4.3 节那样使用 Grace 快速配置好时钟,初学者就可以正常使用了,但是初始化代码每一句的具体含义就无从知晓了。初学者总要成长,所以就有了 Grace 的 Power User 模式,如图 4.3 所示。为了便于标注,部分框图移动了位置。

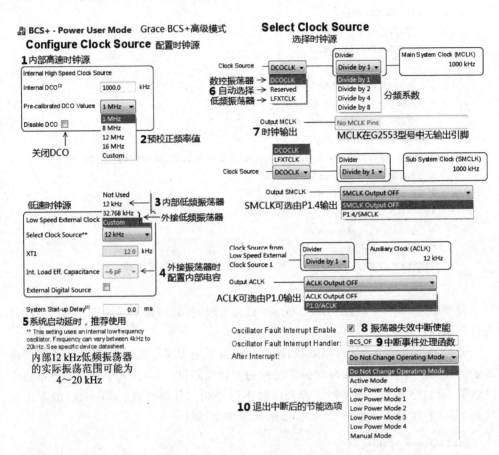

图 4.3　使用 Grace 配置"BCS＋"模块

为了进一步理解"BCS＋"的结构,结合图 4.3 中标注的 10 个知识点,下面分 10 个小节来讲解。

4.4.1　数控振荡器 DCO

MSP430G 系列单片机目前只能通过内部数控振荡器 DCO 来获得高频时钟,未来可能推出支持高频外部晶振的型号。

DCO 的原理实际是一个开环控制的振荡器,DCO 模块内置系列(振荡)电阻,供选择频率范围(RSELx 共 4 位,16 档),也就是 RSELx 负责粗调。接下来是对振荡频率进行分频(DCOx 有 3 位,共 8 档,档位步进约 10%),也就是 DCOx 负责细调。振荡频率范围和分档的设定见图 4.4。

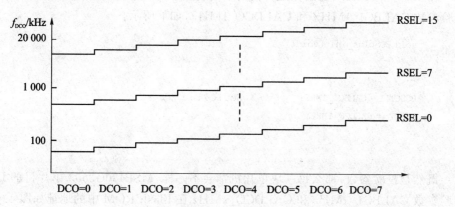

图 4.4　典型 DCO 频率范围及分档图

粗调和细调仍不满足要求,怎么办? 例如,上文提到 DCOx 每档频率步进约 10%,如果想频率只递增 5%,怎么办? 为了得到更多的频率,MSP430 单片机引入了小数分频的概念。如图 4.5 所示,利用混频器 Modulator,可以交替输出 DCOx 和 DCO$_{x+1}$ 两种频率,如果按 1:1 比例,就相当于输出了 DCO$_{x+0.5}$ 这一档频率。

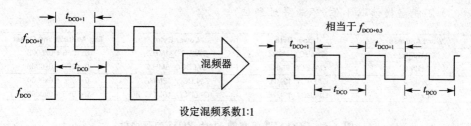

设定混频系数1:1

图 4.5　DCO 混频原理

混频器当然也可以不按 1:1 混频,寄存器 MODx 共 5 位,用于设定两种频率在 32 个脉冲中所占比例,混频后的完整周期(32 个 CLK)可由下式表示:

$$t = (32 - MODx) \times t_{DCO} + MODx \times t_{DCO+1} \tag{4.1}$$

大家可能会好奇,这样得到的"等效"频率的时钟能用吗? 答案是当然有用,而且可以用于配置通信的波特率。如果 MODx 设定值不为 0,显然经混频得到的振荡波形在示波器上看将会"抖动",对于时钟瞬时稳定度要求高的场合应避免使用混频。

4.4.2　出厂预校正频率

DCO 与一些型号 MSP430 配置的数字锁频环(FLL)不同,DCO 并不是一个带反馈的振荡器,而开环输出频率的误差很大。也就是说,RSELx 的粗调和 DCOx 的细调都是非线性的。如何保证 DCO 输出频率精度呢? 在出厂时,每一块单片机都

从零开启大学生电子设计之路——基于 MSP430 LaunchPad 口袋实验平台

校正了 4 个频率值（1/8/12/16 MHz），并且将这 4 个频率值的校验参数（RSELx/DCOx/MODx 的取值）保存在了单片机片内 Flash 的 Info A 段中。

在 4.3 节的 BCS+初始化配置代码中，设置 DCO 为 1 MHz，实际就是调取出厂校验参数 CALBC1_1MHZ 和 CALDCO_1MHZ，如下所示：

```
void BCSplus_init(void)
{
    …
    BCSCTL1 = CALBC1_1MHZ;        /* Set DCO to 1 MHz */
    DCOCTL = CALDCO_1MHZ;
    …
}
```

既然是校验参数，那么每一块单片机都会不一样，MSP430G2553 单片机的 DCO 校验参数 CALBC1_xMHz 和 CALDCO_xMHz 在 Flash ROM 中的地址如图 4.6 所示。1 个字中的高 8 位用来存储 CALBC1_xMHz 参数，将来用于配置 BCSCTL1 寄存器；1 个字中的低 8 位用来存储 CALDCO_xMHz 参数，将来用于配置 DCOCTL 寄存器。

1）MSP430 可以直接读写 1 个字（2 个字节，因为 MSP430 的 CPU 是 16 位的）。

2）也可以只读写其中一个字节（寻址到字节）。

3）不能直接读取 1 位（不能寻址到位）。

Word Address	Upper Byte	Lower Byte	Tag Address and Offset
0x10FE	CALBC1_1MHZ	CALDCO_1MHZ	0x10F6 + 0x0008
0x10FC	CALBC1_8MHZ	CALDCO_8MHZ	0x10F6 + 0x0006
0x10FA	CALBC1_12MHZ	CALDCO_12MHZ	0x10F6 + 0x0004
0x10F8	CALBC1_16MHZ	CALDCO_16MHZ	0x10F6 + 0x0002

图 4.6　DCO 校验参数的 Flash ROM 内存地址

图 4.6 中最后一栏是基址和偏移地址（Tag Address and Offset）。当我们对一段连续的内存进行操作时，往往采用宏定义基址，再使用操作偏移地址的方法来增加程序的可靠性（有了基址，就不易发生误写其他内存段的情况）和可读性（偏移地址都很小，容易看出规律）。在第 16 章"Flash 控制器"中将介绍如何使用基址和偏移地址的方法读写 Flash ROM 中的数据。

另外，还可以在 CCS 软件中查看单片机的校验参数值，如图 4.7 所示。插上 LaunchPad 开发板，建立任何一个工程运行仿真，然后可以在 Registers 中的 Calibration_Data 中找到 CALDCO_xMHz 和 CALBC1_xMHz 的各 Value 值。由于 Flash 存储器的值是可以被人为改写的，所以在学习 Flash 控制器时，很可能误操作将 Calibration_Data 数据删除。这里建议大家将自己手头 G2 中的 Calibration_Data 记下来，发到邮箱备用，万一删除，还可以想办法恢复。

Grace 代码在配置 DCO 为 1 MHz 前，有一句代码：if（CALBC1_1MHZ ！=

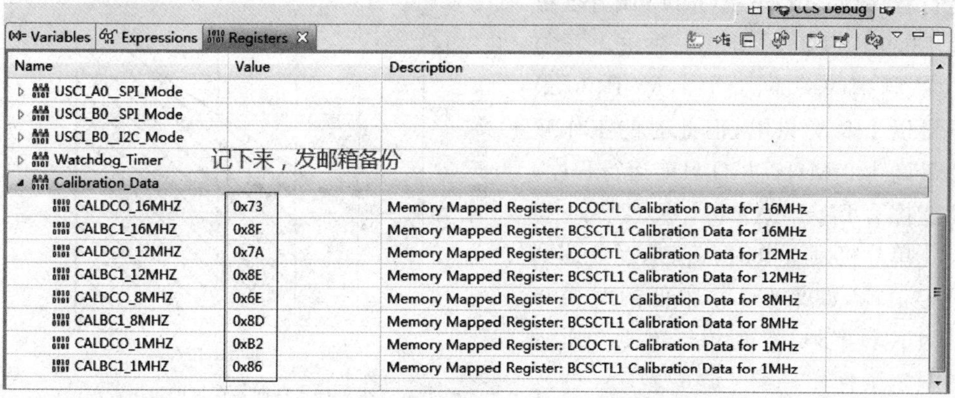

图 4.7　通过 CCS 查看 DCO 校验参数

0xFF),用于判断 Flash 中校验参数在还是不在(Flash 一旦被擦除,所有值都是 1),防止误操作用的。

```
void BCSplus_init(void)
{
    …
    if (CALBC1_1MHZ != 0xFF) {
        DCOCTL = 0x00;
        BCSCTL1 = CALBC1_1MHZ;          /* Set DCO to 1 MHz */
        DCOCTL = CALDCO_1MHZ;
        …
}
```

4.4.3　低频振荡器 VLO

为了尽可能节约成本和简化外部电路,MSP430x2xx 内部还集成了一个低频振荡器 VLO,用于取代 32.768 kHz 手表晶振。低频振荡器的标称值是 12 kHz,与 DCO 一样,实际频率受温度和供电电压影响(范围为 4~20 kHz)。

VLO 一般用于对频率精度要求不高的场合。

4.4.4　内部匹配电容

用过 51 单片机的读者知道,晶振引脚上接电容才能正常工作。还是基于节约成本、简化电路的目的,当使用外部晶振时,可以由单片机内部提供可选的 1 pF、6 pF、10 pF、12.5 pF 晶振电容。

4.4.5　延时启动

随供电电压的不同,MSP430 单片机的最高工作频率是不一样的。图 4.8 表示运行程序(读 Flash ROM)和编程(擦写 Flash ROM)时所需的供电电压与 CPU 频率的关系。例如,MSP430 最低可以 1.8 V 供电,但此时的工作频率最高为 6 MHz,并且只能运行程序,不能擦写 Flash ROM。

单片机刚上电时,V_{CC} 是逐渐达到额定值的,如果在 V_{CC} 很低的时候将 MCLK 设置很高,就会与图 4.8 所示的限定条件相冲突。设置数 ms 的延时,等待 V_{CC} 达到额定值再配置 MCLK 频率就可以解决这个问题。具体代码如下:

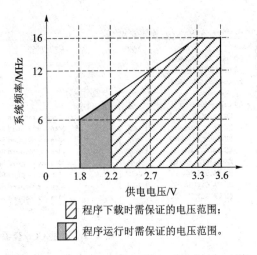

图 4.8　MSP430 供电电压与 CPU 频率的关系

```
if(CALBC1_8MHZ != 0xFF) {
/* Adjust this accordingly to your VCC rise time */
__delay_cycles(10000);           //等待 Vcc 达到额定值
DCOCTL = 0x00;
BCSCTL1 = CALBC1_8MHZ;           /* Set DCO to 8 MHz */
DCOCTL = CALDCO_8MHZ;
}
```

4.4.6　自动选择 MCLK 源

MCLK 的时钟是提供给 CPU 的,如果没有 MCLK,单片机就是"死的"。因此,MSP430 中有一个智能机制,不管软件设定的 MCLK 时钟源是什么,最终 CPU 总会找一个"正常"的时钟使自己先"活过来"。这就是自动选择 MCLK,此功能不需要设置,是强行派送的。

4.4.7　时钟输出

理论上,MSP430 单片机的 3 个时钟(MCLK、SMCLK、ACLK)都可以对外输出,但是有的单片机受 I/O 口数量的限制,没有预留 CLK 输出口。比如 MSP2553 单片机,预留了 SMCLK、ACLK 输出口,但是没有 MCLK 输出口。

4.4.8　振荡器失效中断

当配置了使用外部晶振,而外部晶振没有正常工作(无振荡,或振荡频率不够高),单片机有一个保护机制,MCLK 将自动切换到使用内部 DCO 工作。同时,XT2OF 或 LFXT1OF 两个错误标识位将会置位(MSP430G2553 没有高频晶振对应

从零开启大学生电子设计之路
——基于 MSP430 LaunchPad 口袋实验平台

的 XT2OF),可以引发一个中断,告知用户该事件。除非外部振荡器恢复正常,否则错误标识位将一直保持。判断失效的频率范围视具体型号而不同。

4.4.9　中断事件处理函数

在 Grace 中,可以直接命名一个中断事件处理函数,该函数将会出现在中断服务子函数中。这种写法的可读性高。因为中断函数本身很分散(甚至在不同文件中),写在中断中的代码总是难以阅读,所以中断里尽量只写事件处理函数的"空壳",而把实际中断事件处理函数汇集到一个文件中,集中阅读。

```
# pragma vector = NMI_VECTOR
__interrupt void NMI_ISR_HOOK(void)
{
    /* Oscillator fault interrupt handler */
    BCS_OF();
    /* No change in operating mode on exit */
}
```

4.4.10　退出中断后的节能选项

MSP430 中,进出中断前后的节能设置可以在中断服务子函数中修改。Grace 提供了快捷修改的方法,直接在下拉菜单中选择即可。在 4.4.9 小节,中断的代码选择了不改变节能的设置,所以该程序代码仅注释为/* No change in operating mode on exit */。

4.5　低功耗模式

MSP430x2xx 系列单片机的 CPU 共有 5 种工作模式,分别为 AM(Active Mode)、LPM0(Low Power Mode 0)、LPM1、LPM2 和 LPM3。图 4.9 所示为各种工作模式下的电流值。相比于 AM 工作模式的 300 μA,常用的 LPM3(警戒哨兵)模式的电流仅需不到 1 μA,而 LPM4 模式耗电 0.1 μA,比电池漏电流还小,直接可当做关机使用。

在 MSP430 单片机中,是如何控制低功耗模式的呢?我们花 10 s 返回到图 4.1 所示原理框图中,下画线标注了一些开关,这些开关决定了是否停止振荡器,是否关闭输出。

1)"停止"和"关闭",两者的区别是停止振荡器消耗的功率更低。但是,"停止"后若要重新开启振荡器,直到振荡器能稳定输出是需要时间的。这个时间的长短在具体型号的器件说明书中可以查询。

2)不停止振荡器,但关闭输出,则可以快速切换到正常输出状态。

从零开启大学生电子设计之路——基于 MSP430 LaunchPad 口袋实验平台

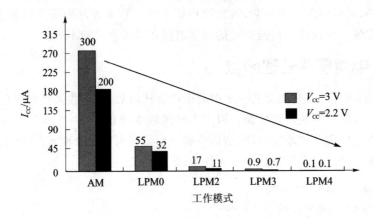

图 4.9 低功耗模式的电流对比(频率为 1 MHz)

3)所有这些开关的组合构成了单片机的活动模式 AM 和另外 4 种低功耗休眠模式 LPM,详见表 4.1。

表 4.1 MSP430x2xx 系列单片机低功耗模式

SCG1	SCG0	OSCOFF	CPUOFF	模 式	CPU 和 Clocks 状态
0	0	0	0	AM	CPU 和所有 clocks 都激活
0	0	0	1	LPM0	CPU、MCLK 停用,SMCLK、ACLK 激活
0	1	0	1	LPM1	CPU、MCLK 停用,DCO 在不作为 SMCLK 源的时候停用,ACLK 激活
1	0	0	1	LPM2	CPU、MCLK、SMCLK、DCO 停用,ACLK 激活
1	1	0	1	LPM3	CPU、MCLK、SMCLK、DCO 停用,ACLK 激活
1	1	1	1	LPM4	CPU 和所有 clocks 停用

初学者可暂不研究表 4.1 的内容,因为 4 种模式中,LPM0(主力休眠,先头部队工作)和 LPM3(主力和先头部队都休眠,仅留警戒哨兵)最常用,LPM4 关机时使用。

4.6 小 结

本章学到了什么?

1)出于对低功耗要求的考虑,MSP430 单片机的系统时钟被分为了 ACLK、MCLK、SMCLK 三个。

2)从成本、精度、方便的角度考虑,系统时钟的来源可以选择外部晶振或内部振荡器。

3)采用停止振荡器和关闭时钟的方法,实现了 LPM0～LPM4 几种低功耗工作模式。

4.7　直接配置 System Clock

前面学习了如何用 Grace 配置时钟，其实对于 MSPG2553 单片机来说，MCLK 和 SMCLK 基本就是使用 DCO(没外部高频晶振可用)。有 32.768 kHz 手表晶振，则 ACLK 选 32.768 Hz，没有就选 12 kHz 的 VLO，所以，直接代码配置时钟也很方便，直接调用 DCO 出厂校验参数即可。

例 4.1　将 MSP430G2553 的时钟设置为：MCLK 和 SMCLK 均为 8 MHz，ACLK 设为 32.768 kHz。

```
DCOCTL = CALDCO_8MHZ;              //调取出厂校准后存储在 Flash 中的参数
BCSCTL1 = CALBC1_8MHZ;            //BCSCTL3 参数默认不用设
```

例 4.2　将 MSP430G2553 的时钟设置为：MCLK 和 SMCLK 均为 16 MHz，ACLK 设为内部低频振荡器。

```
DCOCTL = CALDCO_16MHZ;            //调取出厂校准后存储在 Flash 中的参数
BCSCTL1 = CALBC1_16MHZ;
BCSCTL3 |= LFXT1S1;              //设为内部低频振荡器
```

例 4.3　将 MSP430G2553 的时钟设置为：MCLK 和 SMCLK 均为 16 MHz，ACLK 设为使用 32.768 kHz 晶振且 4 分频。

```
DCOCTL = CALDCO_16MHZ;            //调取出厂校准后存储在 Flash 中的参数
BCSCTL1 = CALBC1_16MHZ;
BCSCTL1 |= DIVA_2;              //补充修改 BCSCTL 的 DIVAx 位,4 分频
```

例 4.4　将 MSP430G2553 的时钟设置为：MCLK 为 4 MHz，SMCLK 为 2 MHz，ACLK 设为使用 32.768 kHz 晶振。

```
DCOCTL = CALDCO_8MHZ;             //先设为 8 MHz
BCSCTL1 = CALBC1_8MHZ;
BCSCTL2 |= DIVM_1 + DIVS_2;     //再对 MCLK2 分频,SMCLK4 分频
```

4.8　例程——观测 DCO 频率变化

如图 4.10 所示，MSP - EXP430G2 开发板上 P1.3 接了一个按键，P1.0 接了 LED(用跳线帽连接)。下面编写一段代码，要求使用长延时控制 P1.0 LED 亮灭，通过按键改变 DCO 频率，随着 DCO 改变，LED 亮灭频率发生变化。

原理：软件延时的时长与时钟频率成反比，改变 DCO 频率自然就会改变延时，从而引起 LED 闪烁频率的变化。

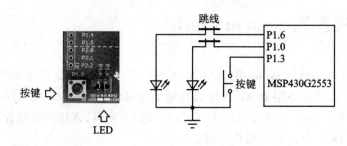

图 4.10　MSP‐EXP430G2 的按键和 LED

4.8.1　主函数部分

1) 文件的开始部分一般都需要包含单片机的头文件 MSP430G2553.h。

2) 提前声明子函数可以帮助理清思路。

3) MSP430 单片机的 main() 函数中第一句话总是关闭看门狗,具体原因在第 7 章"WDT 定时器"解释。

4) 主函数的内容应尽量简洁,简洁的主函数再配合中断事件处理函数就能清楚地表达程序思想。

5) 由于还没有学习定时器等外设,主函数中只能以长延时的方法来实现 LED 闪烁。显然长延时是会阻塞 CPU 的,等学会定时器以后,长延时就不会出现在类似于 LED 亮灭控制的程序中了。

```
#include "MSP430G2553.h"
//-----在 main()函数前提前声明子函数-----
void P1_IODect();                    //P1 口的外部中断事件检测函数
void P13_Onclick();                  //P1.3 按键的中断事件处理函数
void GPIO_Init();                    //GPIO 初始化函数

void main(void) {
    WDTCTL = WDTPW + WDTHOLD;         //关闭看门狗定时器
    GPIO_Init();                      //初始化 GPIO
    _enable_interrupts();             //等同于_EINT,使能总中断
    while(1)
    {
        __delay_cycles(1000000);     //与 CPU 时钟相关的长延时
        P1OUT ^= BIT0;               //LED 亮灭状态改变
    }
}
```

4.8.2　初始化函数 GPIO_Init()

GPIO 的初始化专门用了一个函数来写,将代码封装在函数中可以使主函数的

代码整洁有序。GPIO_Init()代码的具体功能目前还没法解释,要等第5章"GPIO"学完之后才能读懂。在这里,权当打包好的函数不用细读。

```
/****************************************************
 *  名      称:GPIO_Init()
 *  功      能:设定按键和 LED 控制 I/O 的方向,启用按键 I/O 的上拉电阻
 *  入口参数:无
 *  出口参数:无
 *  说      明:无
 *  范      例:无
 ****************************************************/
void GPIO_Init()
{
    //-----设定 P1.0 和 P1.6 的输出初始值-----
    P1DIR |= BIT0;              //设定 P1.0 为输出
    P1OUT |= BIT0;              //设定 P1.0 初值
    //-----配合机械按键,启用内部上拉电阻-----
    P1REN |= BIT3;              //启用 P1.3 内部上下拉电阻
    P1OUT |= BIT3;              //将电阻设置为上拉
    //-----配置 P1.3 中断参数-----
    P1DIR &= ～BIT3;            //P1.3 设为输入(可省略)
    P1IES |= BIT3;             //P1.3 设为下降沿中断
    P1IE  |= BIT3 ;            //允许 P1.3 中断
}
```

4.8.3 中断服务函数 PORT1_ISR()

PORT1_ISR()属于中断服务子函数,由 vector=PORT1_VECTOR 中断向量调用,而与函数名 PORT1_ISR 本身无关。虽然无论取什么函数名称都行,但是建议按照 MSP430G2553.h 头文件中定义的中断服务子函数名称来命名,可在头文件中,查看 Interrupt Vectors (offset from 0xFFE0)部分。

程序进入中断服务子函数并不是万事大吉,一般需要考虑以下几件事情:

1) 由于中断向量远比中断源少得多,所以大部分中断事件都是"共用"中断服务子函数。往往具体中断事件还需查询中断标志位来进一步确认。

2) 有些时候,不仅要查询标志位,而且还要复杂的运算和判断才能确认中断事件,这就需要使用专门的"事件检测函数"来完成。

3) 使用"事件检测函数"可以将代码"移出"中断服务子函数"集中放置"便于阅读,因为中断服务子函数内编写大段代码是编程"大忌",非常容易造成"连亲妈都认不出来"的状况。此外,"事件检测函数"也增强了代码的可移植性,因为事件检测的判据往往可以重复使用。

4) 一旦中断事件被"确认",事件应对代码宜专门编写"事件处理函数",而不应在中断子函数中直接写代码。"事件处理函数"可以在"事件检测函数"中调用。

5) 弄清楚是否需要手动清除中断标志位。很多中断标志位必须手动清除,否则程序将会出现各种"无名肿痛"。

```
/ * * * * * * * * * * * * * * * * * * * * * * * * * * * * * * * * * * * * * * * *
 * 名      称:PORT1_ISR()
 * 功      能:响应 P1 口的外部中断服务
 * 入口参数:无
 * 出口参数:无
 * 说      明:P1.0～P1.7 共用了 PORT1 中断,所以在 PORT1_ISR()中必须查询标志位 P1IFG
             才能知道具体是哪个 I/O 引发了外部中断。P1IFG 必须手动清除,否则将持续
             引发 PORT1 中断
 * 范      例:无
 * * * * * * * * * * * * * * * * * * * * * * * * * * * * * * * * * * * * * * * */
# pragma vector = PORT1_VECTOR
__interrupt void PORT1_ISR(void)
{
    //-----启用 Port1 事件检测函数 -----
    P1_IODect();                     //检测通过,则会调用事件处理函数
    P1IFG = 0;                       //退出中断前必须手动清除 I/O 口中断标志
}
```

4.8.4　事件检测函数 P1_IODect()

P1_IODect()就是上文提到的中断事件检测函数,专门用于判断是 PORT1 的哪个 I/O 发生了中断(按键被按下)。这里先不考虑具体代码的原理,总之,这个函数正确实现了按键 I/O 的判断,并且调用了相应按键的事件处理函数。

```
/ * * * * * * * * * * * * * * * * * * * * * * * * * * * * * * * * * * * * * * * *
 * 名      称:P1_IODect()
 * 功      能:判断具体引发中断的 I/O,并调用相应 I/O 的中断事件处理函数
 * 入口参数:无
 * 出口参数:无
 * 说      明:该函数兼容所有 8 个 I/O 的检测,请根据实际输入 I/O 激活"检测代码"。本例
             中,仅有 P1.3 被用作输入 I/O,所以其他 7 个 I/O 的"检测代码"没有被"激活"
 * 范      例:无
 * * * * * * * * * * * * * * * * * * * * * * * * * * * * * * * * * * * * * * * */
void P1_IODect()
{
    unsigned int Push_Key = 0;
    //-----排除输出 I/O 的干扰后,锁定唯一被触发的中断标志位 -----
```

```
    Push_Key = P1IFG&(～P1DIR);
    //-----延时一段时间,避开机械抖动区域-----
    __delay_cycles(10000);                          //消抖延时
    //----判断按键状态是否与延时前一致-----
    if((P1IN&Push_Key) == 0)                        //如果该次按键确实有效
    {
    //----判断具体哪个 I/O 被按下,调用该 I/O 的事件处理函数-----
      switch(Push_Key)
      {
//      case BIT0:     P10_Onclick();          break;
//      case BIT1:     P11_Onclick();          break;
//      case BIT2:     P12_Onclick();          break;
        case BIT3:     P13_Onclick();          break;
//      case BIT4:     P14_Onclick();          break;
//      case BIT5:     P15_Onclick();          break;
//      case BIT6:     P16_Onclick();          break;
//      case BIT7:     P17_Onclick();          break;
        default:                               break;   //任何情况下均加上 default
      }
    }
}
```

4.8.5　事件处理函数 P13_Onclick()

P13_Onclick()就是上文提到的事件处理函数。事件处理函数对于读懂程序代码非常重要,这意味着我们知道了一旦发生了某一事件,将要干什么。所有的事件处理函数加上 main()函数,基本上就能读出程序的意图和思想了。

在程序移植中,事件处理函数的内容往往是需要改变的。例如,P1.3 按键的事件检测函数可能无需改变,检测的判据方法是一样的。但是,P1.3 按键的事件处理函数可能会变成直接切换 P1.0 LED 的亮灭状态,而不是像本程序里这样切换 DCO 的频率。

最后说一下"static unsigned int Freq＝0;"的用法:

1) 局部变量在退出本函数时所占用的 RAM 会被收回,所以尽量使用局部变量以节约宝贵的 RAM 开销。

2) 全局变量和静态局部变量都是独占 RAM 的变量,两者的区别是全局变量能被所有函数调用,而静态局部变量仅能被本文件中的所有函数调用(视静态局部变量的声明位置,有的仅在本函数中能被调用)。

3) 当某变量仅在本函数中被调用时,按理说应该使用局部变量以节约 RAM,但是 Freq 这个变量的值在退出函数时还需保持记录值,所以只能设置为静态局部变量了。

4) 对于仅在一个函数中使用的变量,即使是静态局部变量,也应该放在本函数中封起来,这也是增加代码可读性的做法。

```
/ ***********************************************************
 * 名    称:P13_Onclick()
 * 功    能:P1.3 的中断事件处理函数,即当 P1.3 键被按下后,下一步干什么
 * 入口参数:无
 * 出口参数:无
 * 说    明:使用事件处理函数的形式,可以增强代码的移植性和可读性
 * 范    例:无
 ************************************************************/
void P13_Onclick()
{
    //-----Freq 仅在 P13_Onclick()中使用,但是又需要退出函数时不被清除-----
    static unsigned int Freq = 0;              //静态局部变量的典型应用场合
    //-----变量从 0～3 循环移位-----
    Freq++;
    if (Freq>3)               Freq = 0;
    //-----根据 Freq 的值,改变 DCO 设定频率-----
    switch(Freq){
    case 0:     DCOCTL = CALDCO_1MHZ;        BCSCTL1 = CALBC1_1MHZ;  break;
    case 1:     DCOCTL = CALDCO_8MHZ;        BCSCTL1 = CALBC1_8MHZ;  break;
    case 2:     DCOCTL = CALDCO_12MHZ;       BCSCTL1 = CALBC1_12MHZ; break;
    case 3:     DCOCTL = CALDCO_16MHZ;       BCSCTL1 = CALBC1_16MHZ; break;
    default:               break;
    }
}
```

4.9 前后台程序结构

最后,谈一下前后台的程序结构。main()函数中的翻转 I/O 电平代码(简称后台程序)与 P13_OnClick()中的配置 DCO 频率的代码(简称前台程序)都可以看做是任务(task),但是这两种任务执行的前提条件和优先级却是不一样的:

1) 后台程序在主函数中是按顺序循环执行的,而前台程序是由于中断才执行的。

2) 后台程序的优先级低,总是让位于中断里执行的前台程序。

3) 前后台程序结构是常见的一类程序结构,因为有些任务是按部就班要执行的日常事务(后台任务),而另一些任务则属于突发事件,相当于现在非常流行的"应急响应预案"(前台任务)。

第 **5** 章

GPIO

5.1 概 述

大多数人在学习如何操作 I/O 口时，都觉得很简单：要什么就输出什么，输入什么就识别什么，是这么简单吗？

图 5-1 所示是某一实际的 I/O 口功能框图。看清楚，这仅仅是 MSP430G2553 单片机 P1.0～P1.2 的原理框图，其他 I/O 口的结构还不完全一样，呆了吧。

为什么 I/O 口需要这么复杂的构造呢？下面通过列举说明。

1) 对集成电路来说，input 和 output 是需要两套电路来实现的，而不是如一根导线那样信号能左右互通。这两套电路要有切换装置，否则输入输出会互相矛盾，于是有了 I/O 方向寄存器 PxDIR。

2) I/O 口作为输入口时，如何把输入信号"告诉"CPU 呢？方法是通过外部电路将寄存器 PxIN 置位或复位，这样 CPU 就能随时读取寄存器 PxIN 的值了。

3) CPU 如何"命令"I/O 口输出某一电平呢？方法是 CPU 需要去写寄存器 PxOUT，然后由相应的缓冲电路将 PxOUT 的信号传递到单片机的外部引脚处。

4) 数字电路中实现高低电平有多种方式，上拉(强 0 弱 1)、下拉(强 1 弱 0)还是图腾柱(强 1 强 0)，其性质有很大差别，PxREN 寄存器用于控制内部上、下拉电阻。

5) 所有 MSP430 单片机的 P1 和 P2 口都是带中断的。中断可不是"吱一声"就能有的，需要复杂的配套电路，所以就有了是否允许 I/O 中断寄存器 PxIE、中断标志位寄存器 PxIFG 和中断边沿选择寄存器 PxIES。

6) 对于高性能单片机，I/O 口是高度复用的。何为复用呢？就是本来某功能最好能自己"长出"引脚，现在被迫与 I/O 共用引脚了，所以又需要选择开关。PxSEL 和 PxSEL2 寄存器就是"干"这个的。

7) 部分 MSP430 单片机的 I/O 口带振荡器，可以在不附加任何外部器件的情况下，实现电容触摸按键的识别，最流行的电容触摸也可以有。

以上种种迹象表明，I/O 口没有最复杂只有更复杂，可以不关心用了多少硬件电路才实现了 I/O 的这些功能，但是必须关心怎么配置寄存器以享用这些功能。

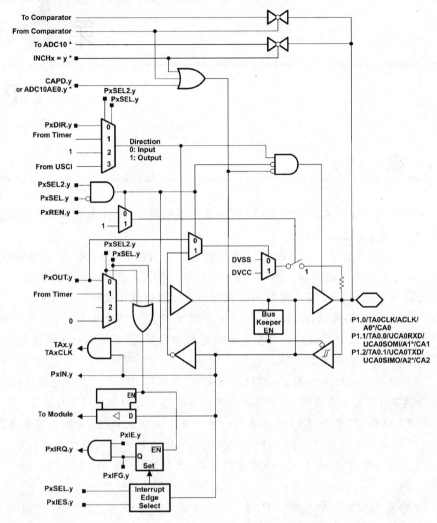

图 5.1　某 I/O 口的功能框图

5.2　I/O 的一般读写控制

　　读写 I/O 口前,必须先设置 PxDIR。PxDIR 的高电平代表 I/O 是输出,低电平代表 I/O 口是输入。CPU 读 I/O,实际上是读 PxIN 寄存器。CPU 写 I/O,实际是写 PxOUT 寄存器。

　　提示:作为高阻输入 I/O 时,务必关掉内部上下拉电阻开关 PxREN,否则输入就不是高阻态了。

5.3　I/O 的输出类型

数字电路的输出有高电平 1、低电平 0 和高阻态 Z。决定高低电平的是 VCC 和 GND。在初学者印象中，VCC 算电源，GND 不算电源。这样的理解不够准确和深刻。GND 也是电源，一样得有吞吐电流的能力，没有 GND 也就没有 VCC。准确地说，VCC 和 GND 都是电压源，所以 GND 经常用 VSS 来代替。根据输出电平的"强弱"分类，可将 I/O 输出分为图腾柱输出、上拉电阻输出、下拉电阻输出 3 种。

5.3.1　图腾柱输出

图腾柱、推挽/推拉、Push and Pull、Totem Pole 指的都是同一种电路。图 5.2 是图腾柱输出电路简图，图中的开关是受控电子开关，可以由三极管或场效应管构成。由两个开关分别连接 VCC 和 VSS 构成的输出电路称为图腾柱输出，此电路输出为强 1 强 0。

1) 如图 5.2(a) 所示，无论 OUTPUT 被接在什么电路上，OUTPUT 一定是高电平 1，这就是所谓的输出强 1。

2) 如图 5.2(b) 所示，无论 OUPUT 被接在什么电路上，OUTPUT 一定是低电平 0，这就是所谓的输出强 0。

3) 如图 5.2(c) 所示，输出为高阻 Z，代表不会对其他电路造成影响。当作为输入口时，OUTPUT 应置为高阻态。

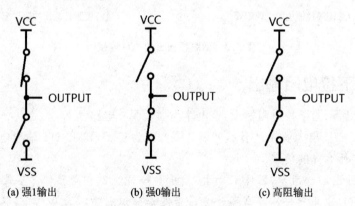

(a) 强1输出　　　　　　　(b) 强0输出　　　　　　　(c) 高阻输出

图 5.2　图腾柱输出电路图

有人可能有疑问，如果 OUTPUT 为强 1 输出，那么接在外部电路的 GND 上会怎样？会短路。这种情况下到底还是不是输出 1 呢？这个问题是典型的"自相矛盾"。对于理想电压源 VCC，接在哪儿都得是 VCC，同样，对于理想的地，谁接在上面都是 0 V。短路情况下到底电压是多少伏，那要看 VCC 和 GND 哪个先"扛不住"了。

初学者还有一个观点:编程并不会"实质性"损坏硬件电路? 这也是不确定的。如图 5.3(b)所示,如果两个 I/O 口相连(这是极其正常和普遍的),且两个 I/O 都是图腾柱输出,编程就可以造成硬件损坏。

1) 当程序使得器件 1 输出强 0,器件 2 输出强 1 时,短路便发生了,是否会永久损坏硬件视短路持续时间的长短而定。

2) 如果像图 5.3(b)那样,两个图腾柱 I/O 都设置为输出,发生短路是迟早的事情。正确的做法是像图 5.3(a)那样,将器件 2 的图腾柱输出变为高阻态,仅作为输入口使用。

3) 现在的新型单片机的 I/O 口,多数属于图腾柱输出,所以,在使用 I/O 口前正确配置 I/O 方向尤为重要。从安全角度考虑,CPU 上电后所有 I/O 一般都会设置为图 5.3(a)器件 2 那样的输入状态,也就是图腾柱输出为高阻。

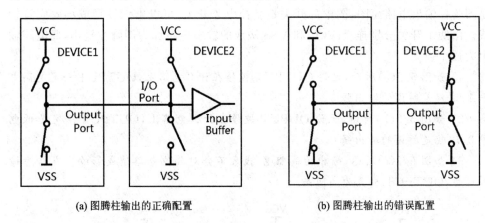

(a) 图腾柱输出的正确配置　　　　　　　(b) 图腾柱输出的错误配置

图 5.3　图腾柱输出的 I/O 连接

5.3.2　下拉电阻输出

图 5.4 所示为下拉电阻输出,该电路为强 1 弱 0 电路。

图 5.4(a)输出为弱 0,为什么叫弱 0 呢? 因为实际 OUTPUT 输出电平是不是 0 还取决于接什么样的负载。

1) 如图 5.4(c)所示,器件 1"打算"输出 0 给器件 2,但是器件 2 不是高阻输入结构(比如 TTL 电平器件),那么器件 2 是否能正确识别输入为 0 电平,取决于 R1 和 R2 的比值,以及器件 2 的 I/O 识别门限值。

2) 下拉电阻 R1 越小,电平逻辑错误就越不易发生,但这是以牺牲功耗为代价的。

图 5.4(b)的输出为强 1,无论 OUTPUT 接什么负载,均输出高电平 1。这就是强 1 弱 0 的由来。

与图腾柱输出不同,两个下拉电阻输出的 I/O 口相连,永远不会发生短路(前提是两个 I/O 口的 VCC 必须等电位)。

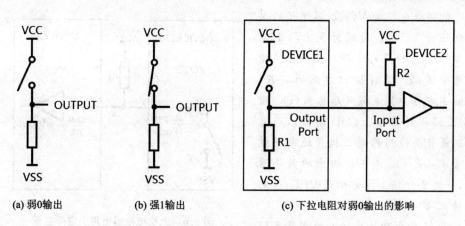

(a) 弱0输出　　　　(b) 强1输出　　　　(c) 下拉电阻对弱0输出的影响

图 5.4　下拉电阻输出

5.3.3　上拉电阻输出

图 5.5 所示为上拉电阻输出，该电路为强 0 弱 1 电路。

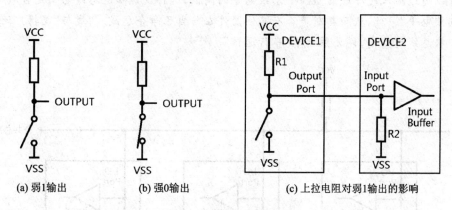

(a) 弱1输出　　　　(b) 强0输出　　　　(c) 上拉电阻对弱1输出的影响

图 5.5　上拉电阻输出

图 5.5(a)输出为弱 1，为什么叫弱 1 呢？

1）如果 OUTPUT 接的是高阻负载，输出肯定是 1。

2）其他负载情况则需根据负载和上拉电阻的分压关系来计算。

3）如图 5.5(c)所示，要根据负载情况合理地设定上拉电阻的取值。

图 5.5(b)的输出为强 0，无论 OUTPUT 接什么负载，均输出低电平 0。这就是强 0 弱 1 的由来。

同样，两个上拉电阻输出的 I/O 口相连，永远不会发生短路（前提是两个 I/O 口的 VSS 必须等电位）。

上拉电阻输出的应用范围非常广泛：

1）上拉电阻输出可用于两种供电电压器件之间的电平匹配。如图 5.6 所示，器件 1 的供电电压为 VCC1，器件 2 的供电电压为 VCC2。通过外置上拉电阻到 VCC2，器件 1 可实现与器件 2 的输出电平匹配。这种输出方式的芯片，说明书中称为集电极开路输出（OC 输出）或漏极开路输出（OD 输出），两者区别是开关使用的是三极管还是场效应管。凡是 OC 或 OD 输出的数字器件，一定要外接上拉电阻到 VCC，否则器件无法得到高电平。

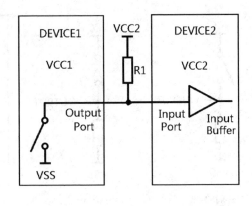

图 5.6　上拉电阻输出用于电平匹配

2）上拉电阻输出还广泛用于实现"线与"逻辑。如图 5.7 所示，所有器件输出和输入同时进行（图腾柱无法做到这一点），任何一个器件都可以将公共总线电平拉低，但只有所有器件输出都为"高"时，公共总线的电平才能为高，这就是"线与"逻辑。"线与"逻辑更独特之处在于，所有器件都可以通过输入缓冲一直"监视"总线电平的高低，这样就能知道总线电平是否与"自己期望电平"一致，从而判断是否有其他器件在与自己争夺总线。"线与"逻辑广泛用于多机总线通信中，详见第 9 章"串行通信"。

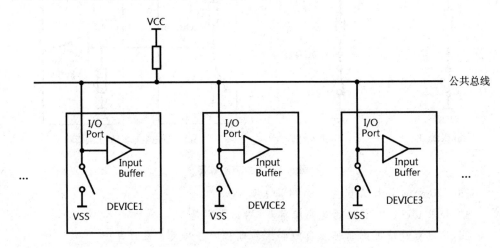

图 5.7　由上拉电阻输出构成的"线与"逻辑

5.4　MSP430 单片机的 I/O 输出

5.4.1　I/O 的内部电阻

MSP430 单片机的内部电阻构造如图 5.8 所示。

1) PxREN. y 控制位决定了是否引入内部电阻。默认值 PxREN. y＝0 时，不接入内部电阻。

2) 当配置 PxREN. y＝1 时，内部电阻被接入电路。电阻一端固定接在 I/O 输出端，而另一端是接在 VCC(DVCC) 还是 GND(DVSS)，则由 PxOUT. y 决定。

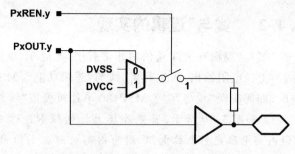

图 5.8　MSP430 单片机 I/O 口的内部上下拉电阻

3) PxOUT. y 在图 5.8 中，既决定 I/O 输出电平，又决定上下拉电阻的接法，要特别注意。

注：芯片说明书中，PxOUT(PxREN) 中的 x 代表端口号，如 P1 和 P2。PxOUT. y (PxREN. y) 中 y 的意思是某个具体的 I/O，例如 P1.3 中的 3。

MSP430 的 I/O 口内部电阻与 5.3 节的"上拉输出"还是"下拉输出"本质不同，因为图腾柱输出并联上拉、下拉电阻丝毫不会改变输出电平值，所以 MSP430 只有一种输出方式——图腾柱输出。

那 MSP430 的内部电阻有什么用呢？

1) 当 I/O 口设为输入口时，内部电阻可通过写 PxOUT. y 位固定配置为上拉或者下拉，这样就可以作为输入按键的上下拉电阻使用。

2) 如图 5.9(a) 所示，按键电路输入高电平 1 是可靠的，但是输入低电平 0 则不可靠，因为按键不按下时输入被悬空，电平浮动。

3) 图 5.9(b) 所示电路中，启用了内部电阻 R 并置于下拉，这样一来，输入低电平就是稳定的。

4) 同理，也可将开关接在 VSS 端，使用上拉电阻的方式构建按键电路。

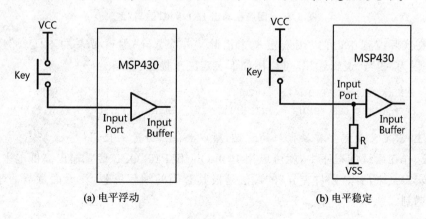

(a) 电平浮动　　　　　　　　(b) 电平稳定

图 5.9　按键中的上下拉电阻

从零开启大学生电子设计之路——基于 MSP430 LaunchPad 口袋实验平台

从零开启大学生电子设计之路——基于 MSP430 LaunchPad 口袋实验平台

74

5.4.2　"线与"逻辑的实现

"线与"逻辑在总线通信中非常有用,普通 51 单片机的 I/O 口类似于图 5.7 的器件,为上拉电阻输出,天生具备"线与"逻辑功能。MSP430 的 I/O 输出只能是图腾柱输出,如何实现"线与"呢? MSP430 单片机模拟"线与"逻辑输出:

1) 如图 5.10 所示,首先外接上拉电阻 R。这里要注意,一定不能使用单片机 I/O 内部电阻充当上拉电阻,因为内部电阻在 I/O 处于输出状态是无法固定为上拉的(输出高电平时为上拉,输出低电平时为下拉)。

2) 当需要输出"线与"逻辑 1 时,把 MSP430 I/O 设为输入状态即可。

3) 当需要输出"线与"逻辑 0 时,正常输出低电平即可。

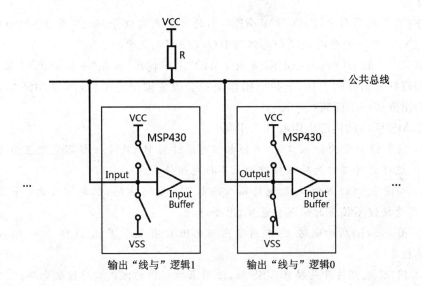

图 5.10　图腾柱输出 I/O 模拟"线与"逻辑

在实际编程中,可以用宏定义来消除模拟"线与"逻辑带来的不便。例如,将 P1.0 设为"线与"逻辑输出,可以用如下宏定义来描述:

```
#define  P10_ON   P1DIR &= ～BIT0        //I/O 设为输入,相当于"线与"输出 1
#define  P10_OFF  P1DIR |= BIT0; P1OUT &= ～BIT0      //I/O 设为输出,输出 0
```

注:宏定义是完全替换代码的意思,所以要注意分号的使用。

这样在后续的程序中,就可以用 P10_ON 和 P10_OFF 代替输出高低电平代码。使用宏定义来消除"硬件差异"的做法是极其有用的编程思想,在后面章节的学习中还会遇到。

5.5　MSP430 单片机的 I/O 输入中断

5.5.1　I/O 外部中断使用方法

高级单片机的全部 I/O 口都带外部中断功能,比如 ARM 系列。MSP430 单片机只有 P1 和 P2 口带外部中断功能。要使用外部中断,应遵循以下步骤:

1) 通过 PxDIR 将 I/O 方向设为输入。

2) 写 PxIES 可决定中断的边沿是上升沿、下降沿或两种情况均中断。

3) 如果是机械按键输入,可以通过 PxREN 启用内部上(下)拉电阻,根据按键的接法,设定 PxOUT(决定最终是上拉电阻还是下拉电阻)。

4) 配置 PxIE 寄存器可开启 I/O 中断,"_enable_interrupts();"可开启总中断。

5) 在中断子函数中,通过 if 语句查询具体中断的 I/O 口,如果是机械按键输入,还需有消抖代码。

6) 根据具体 I/O 的输入,编写事件处理函数。

7) 退出中断前,使用"PxIFG＝0;"来清除 I/O 中断标志位。

5.5.2　机械按键的消抖

如图 5.11 所示,机械按键按下和弹起时,会有毛刺干扰。在一次按键过程中,会有若干次下降沿,只有①是真正的按键事件。如何避免其他几次下降沿"中断"的影响呢?

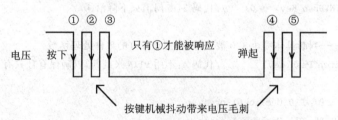

电压　按下　　　　　只有①才能被响应　　　弹起

按键机械抖动带来电压毛刺

图 5.11　机械按键的抖动电压毛刺

1) 检测到下降沿①和④后用延时可以消灭②、③、⑤。

2) ①延时后,电平仍然是 0,④延时后,电平会变成 1。据此用 if 语句可判断出④不是按下,而是弹起的毛刺。

在第 4 章讲系统时钟时,使用了"P1 事件检测函数",里面就涉及对按键消抖的处理。消抖特殊处理的代码共 4 行,以下分别说明:

1) 代码 1:"Push_Key＝P1IFG&(～P1DIR);"。如何保证只有一个按键被响应呢? 理论上,Push_Key 的值应该读 I/O 输入寄存器 P1IN,但 P1IN 的值可能有双键被按下的可能,而中断标志位寄存器 P1IFG 只记录最早按下的键。使用 P1IFG 还

从零开启大学生电子设计之路——基于 MSP430 LaunchPad 口袋实验平台

有一个"干扰"因素需要排除,即设置为输出口的 I/O,其对应的 P1IFG 位也可能是 1。I/O 方向寄存器 P1DIR 里记录了哪些 I/O 为输入口,所以用了一个按位"与"操作代码 P1IFG&(~P1DIR),将输出 I/O 排除在外。

2) 代码 2:"__delay_cycles(10000);"。足够长的延时,实际上就是阻塞 CPU,下降沿①检测到后,由于延时,下降沿②、③将不被检测。下降沿④检测到后,下降沿⑤也会因为延时不会被检测。

3) 代码 3:"if((P1IN&Push_Key)==0)"。延时是无法消灭下降沿④的。按键电平下降沿中断后,延时一段时间再用 if 语句去"看"按键电平,如果按键电平变成了高,则说明它是按键弹起阶段的第一个毛刺(即④),可以被排除掉。另一个要说明的是,按键按下后,按键 I/O 的电平是 0,而中断标志 IFG 是 1,正常按下时,两个值应该不等。因此,"按键正常"判据代码是(P1IN&Push_Key)==0。

4) 代码 4:"switch(Push_Key)"。在用 switch 判断具体中断 I/O 时,没有用 P1IN 的值,因为 P1IN 有可能不止一个"1"(多个按键被按下),而应该用 P1IFG 滤除输出 I/O 影响后的 Push_Key。Push_Key 赋值来源于中断标志位,有且只有一个"1"。

```
void P1_IODect()
{
    unsigned int Push_Key = 0;
    Push_Key = P1IFG&(~P1DIR);  //代码1:检测所有输入 I/O,确保只有 1 个 I/O 中断被"记录"
    //----延时一段时间,避开机械抖动区域------
    __delay_cycles(10000);    //代码2:消灭下降沿②、③、⑤
    //----判断按键状态是否与延时前一致------
    if((P1IN&Push_Key) == 0)    //代码3:专门消灭下降沿④
    {
        //----判断具体哪个 I/O 被按下,调用该 I/O 的事件处理函数
        switch(Push_Key)        //代码4:不用 P1IN 来判断,以确保有且只有 1 个按键响应
        {
        case BIT0: P10_Onclick();break;
        case BIT1: P11_Onclick();break;
        case BIT2: P12_Onclick();break;
        case BIT3: P13_Onclick();break;
        case BIT4: P14_Onclick();break;
        case BIT5: P15_Onclick();break;
        case BIT6: P16_Onclick();break;
        case BIT7: P17_Onclick();break;
        default:                break;
        }
    }
}
```

5.6　例程——中断按键

如图 5.12 所示,MSP－EXP430G2 开发板上 P1.3 接了一个按键,P1.0 和 P1.6 接了 LED(用跳线帽连接)。下面编写一段代码,要求两个 LED 保持 1 亮 1 灭,每次按下 P1.3 后,LED 交换亮灭状态,并且不阻塞 CPU。

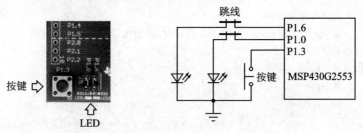

图 5.12　MSP－EXP430G2 板的按键和 LED

5.6.1　主函数部分

一般的主函数中会有 while(1){} 函数,这是因为需要循环执行,否则主函数将会"死"在代码的最后一行。本例中的主函数是一类特殊的情况,即全部"实质"性代码均在中断中执行,主函数中什么名堂都看不出来。两个知识点:

1) 必须找到中断事件处理函数,才能明白程序到底要干什么,这在所有程序中都适用。

2) 初始化函数必须在主函数中执行,执行完初始化函数后,主函数就可以"长眠不起"节约电能了。

```
# include "MSP430G2553.h"

//－－－－－在 main 函数前提前声明函数－－－－－
void P1_IODect();
void P13_Onclick();
void GPIO_init();

void main(void) {
    WDTCTL = WDTPW + WDTHOLD;        //关狗
    GPIO_init();                     //I/O 初始化
    _enable_interrupts();            //使能总中断
    _bis_SR_register(LPM3_bits);     //LPM3 模式休眠
}
```

5.6.2　初始化函数 GPIO_Init()

只要硬件没有改变,初始化函数往往是可以移植的(与 4.8.2 小节的 GPIO 初始

从零开启大学生电子设计之路 —— 基于 MSP430 LaunchPad 口袋实验平台

化程序基本一致）。在这里谈一下使用 I/O 外部中断的步骤：

1）I/O 设为输入，启用中断功能（第二功能），设定中断的边沿类型。

2）如果是机械按键而且没有接外部上（下）拉电阻，则可以启用单片机内部上（下）拉电阻。

3）别忘了使能中断。

```
/****************************************************************
 *  名      称:GPIO_init()
 *  功      能:设定按键和 LED 控制 I/O 的方向,启用按键 I/O 的上拉电阻
 *  入口参数:无
 *  出口参数:无
 *  说      明:无
 *  范      例:无
 ****************************************************************/
void GPIO_init()
{
    //-----设定 P1.0 和 P1.6 的输出初始值-----
    P1DIR |= BIT0 + BIT6;            //设定 P1.0 和 P1.6 为输出
    P1OUT |= BIT0;                   //设定 P1.0 初值
    P1OUT & = ～BIT6;                //设定 P1.6 初值
    //-----配合机械按键,启用内部上拉电阻-----
    P1REN |= BIT3;                   //启用 P1.3 内部上下拉电阻
    P1OUT |= BIT3;                   //将电阻设置为上拉
    //-----配置 P1.3 中断参数-----
    P1DIR & = ～BIT3;                //P1.3 设为输入(可省略)
    P1IES |= BIT3;                   //P1.3 设为下降沿中断
    P1IE  |= BIT3 ;                  //允许 P1.3 中断
}
```

5.6.3　中断服务函数 PORT1_ISR()

基于事件检测函数的原理,中断服务子函数中的代码几乎不用修改。

```
/****************************************************************
 *  名      称:PORT1_ISR()
 *  功      能:响应 P1 口的外部中断服务
 *  入口参数:无
 *  出口参数:无
 *  说      明:P1.0～P1.7 共用了 PORT1 中断,所以在 PORT1_ISR()中必须查询标志位 P1IFG
              才能知道具体是哪个 I/O 引发了外部中断。P1IFG 必须手动清除,否则将持续
              引发 PORT1 中断
 *  范      例:无
```

```
*********************************************/
# pragma vector = PORT1_VECTOR
__interrupt void PORT1_ISR(void)
{
    //-----启用 Port1 事件检测函数-----
    P1_IODect();                    //事件检测通过,则会调用事件处理函数
    P1IFG = 0;                      //退出中断前必须手动清除 I/O 口中断标志
}
```

5.6.4　事件检测函数 P1_IODect( )

如果硬件电路没有改变,仍然是 P1.3 机械中断按键的方案,则事件检测函数的内容也无需改变。机械按键的检测有消抖的问题,前面专门讨论过。P1_IODect( )的代码非常经典,应该记下来。

```
/************************************************
 * 名      称:P1_IODect()
 * 功      能:判断具体引发中断的 I/O,并调用相应 I/O 的中断事件处理函数
 * 入口参数:无
 * 出口参数:无
 * 说      明:该函数兼容所有 8 个 I/O 的检测,请根据实际输入 I/O 激活"检测代码"。本例
               中,仅有 P1.3 被用作输入 I/O,所以其他 7 个 I/O 的"检测代码"没有被"激活"
 * 范      例:无
 ************************************************/
void P1_IODect()
{
    unsigned int Push_Key = 0;
    //-----排除输出 I/O 的干扰后,锁定唯一被触发的中断标志位-----
    Push_Key = P1IFG&(~P1DIR);
    //-----延时一段时间,避开机械抖动区域-----
    __delay_cycles(10000);                      //消抖延时
    //----判断按键状态是否与延时前一致-----
    if((P1IN&Push_Key) == 0)                    //如果该次按键确实有效
    {
    //----判断具体哪个 I/O 被按下,调用该 I/O 的事件处理函数-----
    switch(Push_Key){
//      case BIT0:    P10_Onclick();        break;
//      case BIT1:    P11_Onclick();        break;
//      case BIT2:    P12_Onclick();        break;
        case BIT3:    P13_Onclick();        break;
//      case BIT4:    P14_Onclick();        break;
```

```
//      case BIT5:      P15_Onclick();            break;
//      case BIT6:      P16_Onclick();            break;
//      case BIT7:      P17_Onclick();            break;
        default:                                  break;       //任何情况下均加上 default
    }
  }
}
```

5.6.5　事件处理函数 P13_Onclick()

事件处理函数的内容实际就是程序想干什么。对于这个简单程序来说,就是当 P1.3 被按下时,I/O 切换输出电平。

```
/**********************************************************
 * 名      称:P13_Onclick()
 * 功      能:P1.3 的中断事件处理函数,即当 P1.3 键被按下后,下一步干什么
 * 入口参数:无
 * 出口参数:无
 * 说      明:使用事件处理函数的形式,可以增强代码的移植性和可读性
 * 范      例:无
 **********************************************************/
void P13_Onclick()
{
    //-----翻转 I/O 电平-----
    P1OUT ^= BIT0;
    P1OUT ^= BIT6;
}
```

5.7　程序小结

哪怕是自认为比较简单的程序,其代码仍然会很长,如何保证自己编程时条理清晰,并且所有人都能读懂呢? 这就需要学习编程思想和代码规范,如果一次性将"思想"和"规范"都抛出来,初学者直接就会放弃。从本章开始,我们将在各个小应用程序中,插入部分"编程思想"和"代码规范"。

注意,在编写按键控制 LED 这个简单程序时,使用了"牛刀",即引入了 3 个函数 GPIO_init()、P1_IODect()和 P13_Onclick()。这是具有典型代表意义的 3 类函数。

1) 初始化函数 GPIO_init():大多数功能模块使用前都必须先配置寄存器,这类代码最好按模块写 init 函数,以便阅读和修改。

2) 事件检测（判断）函数 P1_IODect( )：有些事件进中断就表示一定发生了，不用判断，而有些事件，只是中断还不行。比如机械按键识别，需要先判断不是抖动，然后还要判断具体是哪个 I/O 的中断。事件检测（判断）函数确保事件"确定"、"一定"以及"肯定"发生了。

3) 事件处理函数 P13_Onclick( )：事件处理函数只管事件发生后，该怎么处理（什么时候发生、如何判断发生，一律不管）。如果是进中断就能确认的"事件"，则可以直接调用事件处理函数。如果是复杂事件，则需先调用事件检测（判断）函数。

从零开启大学生电子设计之路——基于 MSP430 LaunchPad 口袋实验平台

第**6**章

Timer_A 定时器

6.1 概 述

定时器在任何单片机中都具有极其重要的作用。我们都知道单片机是顺序执行指令的,如果把 CPU 看成是人,一个每次只能干一件事的人。没有定时器的帮助,人就会像在监狱服刑一样:早上起床,吃早饭,干苦力,放风,吃晚饭,睡觉;早上起床……偶尔有的变数就是有人探监(外部中断)。可怕的是,如果吃饭时"耳背",狱警喊停没听见,那作为犯人就必须一直吃下去,干苦力时出了岔子就更悲催了。

定时器是什么呢? 实际上就是能够对时钟进行计数的计数器,类似于闹钟。定时器的出现才使单片机成为几乎无所不能的完整的自由人。一个自由主人的一天是这样的:

1) 起床:相当于 main 循环的开始。

2) 刷牙:相当于执行各种 inital 操作,此任务(task)主人(CPU)必须亲力亲为,并且不能被其他事打扰。

3) 烧水:代表不需要人(CPU)一直干的任务(task),主人灌好水壶后,只需打开灶台火焰即可。不巧的是,水壶没有鸣响器(外设中断),怎么办? 最笨的办法是主人一直盯着烧水的全过程。如果有定时器,主人就不必这么做了。因为烧开一壶水的时间基本上是知道的,主人设定好闹钟就可以去看报纸(其他任务)或者打瞌睡了(休眠)。待闹钟响起,人去关火,泡咖啡……

4) 敲门:有访客敲门相当于突发事件(event)。假设主人住在大庄园里,又恰巧没有门铃(外部中断),怎么办? 难道要主人成天蹲在大门口吗? 不用,有定时器。假定访客敲门最少会敲 5 min,主人将定时器设定为 5 min 响一次,每 5 min 去门口看一次,这样就不会错过客人来访了。其他时间,主人可以玩游戏或者发呆。

5) 吃药:假如主人每隔 1 小时需要吃药一次,这相当于对时间要求比较严格的 task,按理说用个闹钟就完了,但憋屈的是,主人只有 1 个闹钟,已经用在"接客"上了,怎么办? 没关系,主人可以数定时 5 min 的闹钟响了多少次,数够 12 次就吃药。类似的方法,主人可以数着闹钟的"节拍"处理其他对时间要求严格的 task。

6) 有人来访:好了,5 min 去大门口看一次。访客分两种情况:送快递的(只需标记下，可以后续处理的 event）或是上门拜访的（需要立刻接待处理的 event）。对于快递包裹，主人验货收下即可（写全局变量标志位），以后有时间再研究包裹内的物品；对于上门拜访的客人，主人立刻亲自接待（中断子函数，占用 CPU）。

7）客人赖着不走：客人脑子进水了说个没完没了（程序"跑飞"或外设错误），影响主人正常生活了，怎么办？没事，幸好有看门狗定时器在，每隔设定时间，必须喂狗（重置看门狗定时器），否则设定时间一到，看门狗该咬人了（重启单片机）。主人的一天要重新开始了。

总结一下主人的一天：一个住着大庄园的主人，却没有仆人（有的话成双 CPU 了），还非常憋屈地有一只无自动报警功能的水壶；庄园大门没有门铃；吃药都没有专人伺候；但是，依靠闹钟（定时器），主人还是可以惬意地生活，有时间玩游戏，有时间打盹，甚至当"天下大乱"的时候，还有看门狗可以让一天重来。

定时器作为单片机中最有用的片内外设，就是为弥补 CPU 顺序执行程序这个"死脑筋"缺陷而量身定做的。学会使用定时器的思想，才算真正是单片机入了门。

6.2　Timer_A 模块

除了概述中最基本的定时器功能外，定时器还有很多种不同的构造（辅助功能），能更方便地为人所利用，比如一个倒计时方式的闹钟可能更有用。

MSP430 单片机中 Timer_A 定时器就是一种辅助功能强大的定时器，具备捕获和 PWM 输出等极其有用的功能。Timer_A 定时器的构造原理与其他高性能单片机定时器的原理非常类似，具备"普适价值"，所以有必要从原理上理解这一定时"神器"。

Grace 并不是万能的，在 Timer_A 中使用 Grace 并不能帮初学者太多忙，所以本章讲解不涉及使用 Grace。

MSP430x2xx 系列单片机的 Timer_A 模块的整体构造如图 6.1 所示，包括 1 个 16 位定时器（Timer Block）和 3 个捕获/比较模块（CCRx）。

1）16 位定时器的最大定时值为 65 535，当前计数值被存放在 TAR 寄存器中。

2）CCRx 的捕获模块 Caputre 由一个输入 I/O 口（CCIx）控制，输入上升沿或下降沿均能触发比较模块动作，捕获发生后的瞬间，TAR 值被存入 TACCRx 寄存器。

3）CCRx 的比较模块 Comparator 控制一个输出 I/O 口（TAx）以生成各种脉冲波形。当 TAR 计数值与预存入 TACCRx 寄存器的值相等时，比较模块动作，以某种预设规则控制 I/O 电平，生成波形。其中 CCR0 的 TA0 只能生成 50% 占空比方波，原因稍后叙述。

4）由于捕获模块 Caputre 和比较模块 Comparator 共用了 TACCRx 寄存器，捕获 Capture 的功能是写 TACCRx，而比较 Comparator 的功能是读 TACCRx 模块，所以捕获和比较不能同时使用。

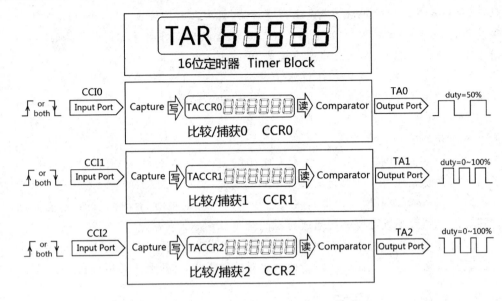

图 6.1 Timer_A 功能框图

6.3 16 位主定时器

Timer_A 的核心单元是一个 16 位的主定时器,其实也就是 16 位计数器,如果计数脉冲的频率精确、稳定,计数的同时就是计时。

主定时器的工作模式 MCx 寄存器可配置 4 种模式,其中 MCx＝00 为停止,无须解释。另外 3 种:连续计数模式、增计数模式、增减计数模式,就算是初学者也必须知道得一清二楚!

6.3.1 连续计数模式

设置 MCx＝10,主定时器将工作在连续计数模式下。

1) 如图 6.2 左侧所示,主定时器犹如一个表盘,TAR 寄存器最大值为 65 535,计满则清零,指针沿表盘 360°工作。

2) 如图 6.2 右侧所示,时钟的周期仅由时钟源的频率决定,频率越高,则越快计数至 65 535,TA 周期越短。

6.3.2 增计数模式

设置 MCx＝01,主定时器将工作在增计数模式下。与连续计数不同的是,CCR0 模块可以提前将 TAR 寄存器清零。

1) 如图 6.3 左侧所示,当 TAR 的值与 TACCR0 预设值(图中设定为 40 959)相等时,TAR 被强迫清零。时钟表盘只能在灰色区域活动。

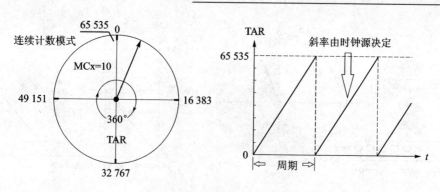

图 6.2　主定时器的连续计数模式

2）如图 6.3 右侧所示，定时器的实际周期不再仅由时钟源决定，还与 TACCR0 设定值有关。

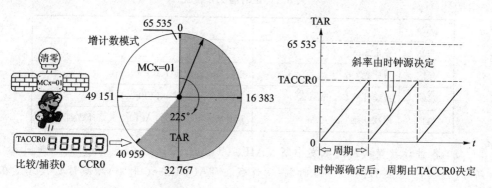

图 6.3　主定时器的增计数模式

6.3.3　增减计数模式

设置 MCx＝11，主定时器将工作在增减计数模式下。与增计数不同的是，CCR0 模块不是提前将 TAR 寄存器清零，而是将主定时器转变为减法器（俗称逆袭）。

1）如图 6.4 左侧所示，当 TAR 的值与 TACCR0 预设值（图中设定为 40 959）相等时，TAR 减法计数。时钟表盘同样只能在灰色区域活动。当 TAR 减到 0 以后，主定时器自动变回加法器。

2）如图 6.4 右侧所示，定时器的实际周期同样与 TACCR0 设定值有关，并且是增计数模式的两倍。

6.3.4　主定时器的一般设置

使用时，我们需要对 16 位定时器做一些什么设置呢？

1）确定计数脉冲的来源寄存器 TASSELx 及分频值寄存器 IDx，其实就那么几种，用到再说。

从零开启大学生电子设计之路——基于 MSP430 LaunchPad 口袋实验平台

从零开启大学生电子设计之路
——基于 MSP430 LaunchPad 口袋实验平台

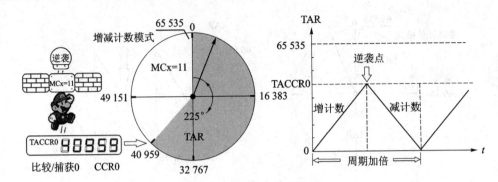

图 6.4　主定时器的增减计数模式

2）确定定时器的工作模式寄存器 MCx，如表 6.1 所列。

表 6.1　定时器工作模式

MCx	模　式	描　　述
00	停止 Stop	停止计数
01	增计数 Up	重复从 0 计数到 TACCR0
10	连续计数 Continuous	重复从 0 计数到 0xFFFF
11	增减计数 Up/down	重复从 0 增计数到 TACCR0 又减计数到 0

3）各种计数模式何时触发中断 TAIFG(Timer_A Interrupt Flag)呢？如图 6.5 所示，连续计数在 0xFFFF→0 时刻；增计数在 TACCR0→0 时刻；增减计数模式是在减计数的 0x0001→0x0000 时刻。

4）任何时候，都可以软件直接读取当前的定时器值寄存器 TAR，也可以人为设定 TAR 的"初值"(这不太常用)。

5）此外，还有定时器"复位键"TACLR，用于重新开始一次计时。TACLR 对分频器也有效，是彻底的复位。

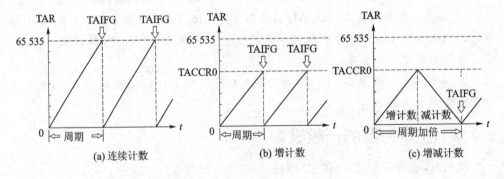

图 6.5　各种计数模式下主定时器中断 TAIFG 时刻

6.4　捕获/比较模块 CCRx

Timer_A 的捕获/比较模块 CCRx 并不是独立的功能模块,它们都必须依靠 16 位主定时器才能工作。

1) 捕获模块 Capture:可以判断输入信号的边沿,并瞬间用 TACCRx 寄存器记录下边沿时刻(TAR 值),用于精确测定脉宽或频率。

2) 比较模块 Comparator:通过将 TAR 寄存器值与 TACCRx 中预设值比较,自动按"预设方案"反转 I/O 电平,可以自动生成各种波形。

3) 捕获/比较共用了 TACCRx 寄存器,所以不能同时使用,CAP 寄存器位用于选择捕获/比较工作模式。CAP=0 为比较,CAP=1 为捕获。

6.4.1　捕获模块

将 CAP 设置为 1,CCRx 工作于捕获模式。主定时器一般设置为连续计数模式,当 CCRx 检测到 CCIx(某带捕获功能的 I/O 口)的电平边沿时,瞬间读取 TAR 寄存器的值并写入 TACCRx 中。

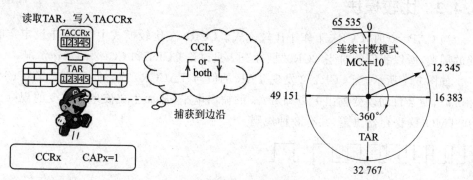

图 6.6　捕获模块的工作过程

CCRx 可以选择检测上升沿或下降沿,或者都检测。CCRx 用于测定信号脉宽时,只需要分别记录信号上升沿时刻和下降沿时刻,两时刻相减就是脉宽;而测量频率时,连续记录两次上升沿时刻,相减就是周期。

如果之前用过 51 单片机测脉宽和频率,就会觉得这和外部中断的方法差不多,其实两者大不一样。

1) 外部中断法:边沿被检测→触发中断→进中断子函数→读取定时器值,这时读取的定时器值和实际边沿的时刻有较大的误差。

2) 捕获法:边沿被检测→立刻读取定时器值 TAR 并锁存到 CCRx 模块内 TACCRx 寄存器→触发中断→什么时候读 TACCRx 都可以。这样的误差延迟就仅有 10 ns 级。

从零开启大学生电子设计之路 —— 基于 MSP430 LaunchPad 口袋实验平台

使用捕获模块的一般步骤：

1）把主定时器设为连续计数模式，这样就有最长的"刻度尺"可用。当"尺子"长度还不够的时候，可以设定尺子每溢出 1 次，中断服务给全局变量 Count＋1，这样就能测量任意时间长度了。

2）把 CCRx 模块对应的寄存器 CAP 设为 1，捕获模式。

3）选择 CCRx 模块的捕获源寄存器 CCISx，也就是具体单片机哪个引脚作为捕获输入口 CCIx。

4）设定 CMx 寄存器，决定是上升沿捕获、下降沿捕获，还是上升沿、下降沿都捕获。

5）设定 SCS 寄存器，决定是同步捕获还是异步捕获。初看，异步捕获响应要快，但是捕获后的有效数据是来自定时器的计数值，响应再快也超不过时钟的分辨率。因此一般均设为同步捕获，这样可以减少电路毛刺，避免竞争冒险。

6）标志位 COV 为 1 代表上次 TACCRx 的数据没被取走，而新来数据覆盖了 TACCRx 的异常情况。前面提到的"什么时候读 TACCRx 都可以"说得有些夸张，不能等下次捕获来临时还不读取上次的捕获数据。

6.4.2　比较模块

当 CAP＝0 时，CCRx 工作于比较模式。CCR0 在比较模式中，将用于设定定时器的周期，所以我们暂时当 CCR0"牺牲"了，只讨论 CCR1 和 CCR2 的工作情况。

如图 6.7 所示，当 CCR1/2 发现 TAR 的值与 TACCR0 或它们自己的 TACCRx 相等时，便会自动改变输出 I/O 口 TAx 的输出电平，从而生成波形。改变的规则由 OUTMODx 寄存器决定，共有 8 种规则。

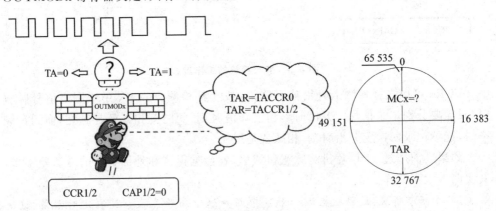

图 6.7　比较模块的工作过程

这 8 种规则配合主定时器 TAR 的 3 种模式（连续计数、增计数和增减计数），可以无需 CPU 干预生成各种波形。这样的排列组合将有 24 种，但是只有几种组合是"有用的"，用于生成以下 4 种特定波形：

1）单稳态波形，如图 6.8 所示。

2）普通 PWM、CCR1 和 CCR2 各生成一路。普通 PWM 的占空比可调范围为 0％～100％，如图 6.9 所示。

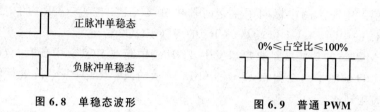

图 6.8　单稳态波形　　　　　　图 6.9　普通 PWM

3）带死区控制的双路对称 PWM，如图 6.10 所示。死区 PWM 的占空比可调范围必须小于 50％，具体留多少余量，由死区时间决定。

4）3 路 50％占空比方波，相位可调，如图 6.11 所示。

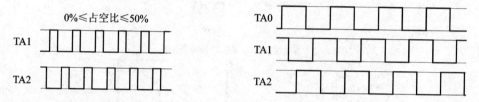

图 6.10　带死区控制的双路对称 PWM　　　　图 6.11　3 路 50％占空比方波

下面结合表 6.2 所列的 8 种模式阐述如何得到上述 4 类波形。表 6.2 无需记忆，当字典查就行。

表 6.2　Timer_A 比较模块的 8 种输出模式

OUTMODx	输出模式	描　述
000（模式 0）	电平输出	TAx 引脚由 OUTx 位决定高低电平
001（模式 1）	延迟置位	当主计数器计到 TACCRx 时，TAx 引脚置 1
010（模式 2）	取反/清零	当主计数器计到 TACCRx 时，TAx 引脚取反 当主计数器计到 TACCR0 时，TAx 引脚置 0
011（模式 3）	置位/清零	当主计数器计到 TACCRx 时，TAx 引脚取 1 当主计数器计到 TACCR0 时，TAx 引脚置 0
100（模式 4）	取反	当主计数器计到 TACCRx 时，TAx 引脚取反
101（模式 5）	延迟清零	当主计数器计到 TACCRx 时，TAx 引脚取
110（模式 6）	取反/置位	当主计数器计到 TACCRx 时，TAx 引脚取反 当主计数器计到 TACCR0 时，TAx 引脚置 1
111（模式 7）	清零/置位	当主计数器计到 TACCRx 时，TAx 引脚取 0 当主计数器计到 TACCR0 时，TAx 引脚置 1

从零开启大学生电子设计之路——基于 MSP430 LaunchPad 口袋实验平台

　　图 6.12～图 6.15 展示了如何通过设定主定时器的模式 MCx 和 CCRx 的输出模式 OUTMODx 的组合,得到各种"高价值"波形。每个图的横轴都表示中断事件的时间轴。当主定时器被 CCR0 清零,每个比较模块 CCRx 的 TACCRx 与 TAR 相等时都会引发中断。图中标明了主定时器中断 TAIFG 位置、CCR0 的中断 EQU0 位置、CCR1 的中断 EQU1 位置及 CCR2 的中断 EQU2 位置。

　　OUTMODx 的功能就是决定当发生 TAIFG 中断或 EQUx 中断时,自动按哪种方式改变 I/O 的电平。在图 6.12～图 6.15 所示的波形图中,"→"位置标明了控制 I/O 改变的规则。

　　1) 模式 0:通过 CCRx 模块各自的 OUT 控制位控制 TAx 输出,像操作普通 I/O 口那样。一般用于程序预设定 TAx 的电平。

　　2) 模式 1 和模式 5:用于生成单稳态脉冲。如图 6.12 所示,主定时器(计数器)设置为增计数模式,使用 OUT 控制位预先置 0/置 1 后,就可以得到正/负单稳态脉冲,单稳态脉宽由 TACCRx 决定(图中是 TACCR1)。

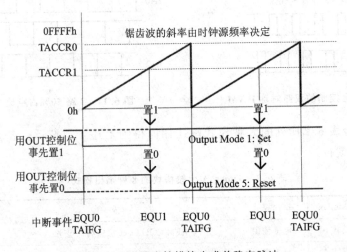

图 6.12　利用比较模块生成单稳态脉冲

　　3) 模式 3 和模式 7:用于产生 PWM 信号(有关 PWM 的知识请自行科普)。如图 6.13 所示,主定时器(计数器)设置为增计数模式。PWM 的频率由 CCR0 的 TACCR0 决定,PWM 的占空比由 TACCRx 与 TACCR0 的比值决定。通过 CPU 改写 TACCRx 的值即可改变 PWM 的脉宽,同样,CPU 所要做的工作仅限于此,输出 PWM 仍然是"全自动"的,这一功能经常应用于自动反馈控制中。

　　注:虽然每个 Timer_A 模块有 3 个捕获/比较模块(CCR0/1/2),但是 CCR0 的寄存器 TACCR0 已被用于设定 PWM 频率,因此用 CCR1 和 CCR2 最多能生成 2 路独立的 PWM 信号。

　　4) 模式 2 和模式 6:用于产生带死区时间控制的互补 PWM。如图 6.14 所示,两信号均为 0 的时间为 $T_{all-zero}$,$T_{all-zero}$ 必须大于死区时间 T_{DEAD}。将主定时器(计数

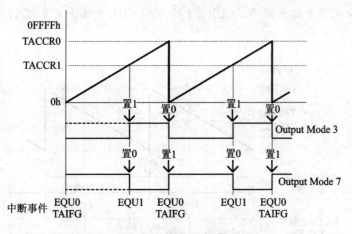

图 6.13　利用比较模块生成 PWM

器)设置为增减计数模式,同样,由 CCR0 的 TACCR0 决定 PWM 频率。CCR1 和 CCR2 分别设定为模式 6 和模式 2,只要 $TACCR1-TACCR2 > T_{DEAD}$,就可保证安全工作。同样,TACCR1 和 TARRC2 与 TACCR0 的比值决定占空比。

注:死区时间是什么? 在控制半桥和全桥驱动器的应用中,有这么一种特殊需求,两路信号不能同时为 1,并且当一路信号变 0 以后,另一路信号最少要过一段时间 T_{DEAD} 才允许从 0 变为 1,否则会引起电路短路。T_{DEAD} 与全桥/半桥电路的器件参数有关,一般为 μs 数量级。

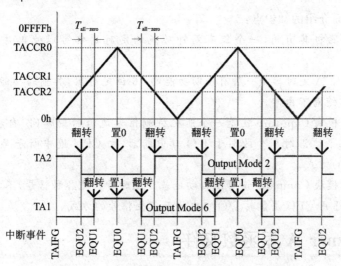

图 6.14　利用比较模块生成带死区的双路 PWM

5)模式 4:用于生成最多 3 路移相波形。前面提到 PWM 波形最多能生成 2 路,在不需要控制占空比时(50% 占空比的方波),通过模式 4 可得 3 路频率相位均可改变的输出波形。如图 6.15 所示,将主定时器(计数器)设置为增计数模式,CCR0 的

从零开启大学生电子设计之路——基于 MSP430 LaunchPad 口袋实验平台

TACCR0 决定信号输出频率。CCR1/2 的 TACCR1/2 值决定了 TA1/2 超前 TA0 的相位。

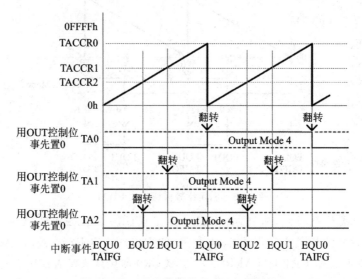

图 6.15　利用比较模块生成调频调相信号

6.5　小　结

小结前面介绍的知识点：

1) 定时器极其有用，一个仅有闹钟功能的定时器都可以使单片机化腐朽为神奇。

2) Timer_A 定时器是一种有辅助功能的 16 位定时器，其辅助功能的结构具备"普适价值"，绝对不白学。

3) 捕获模块 Caputure 就是一个能把待测信号边沿时刻瞬间"自动"记录的装置，能精确记录边沿时刻。区别于 I/O 口中断后，由 CPU 进中断子函数再去记录"当前时刻"的方式。

4) 比较模块 Comparator 可以自动地基于主时钟产生各种信号，不需要 CPU 操心。这区别于用 CPU 去翻转 I/O 口电平而产生信号的方式。

6.6　Timer_A 库函数文件

6.6.1　基本分析

Timer_A 用于产生 PWM 波形是使用频率非常高的一类应用，有必要建立专门的 PWM 库函数。对于初学者来说，编写高水平的库函数肯定无法一蹴而就。但是

不断积累经验,总结原则,编写出"敝帚自珍"级别库函数还是没问题的。

当编写一个库函数时,首先需要穷举函数传入参数有哪些。这些参数不一定要写在一个超级大函数里,应区分哪些传入参数是一次性写入一般不会再改变,哪些传入参数可能会被频繁调用,分别用函数来描述。

1) 时钟来源、分频系数、主定时器工作模式和捕获模块工作模式一般一次性写入。应建立 TA_PWM_Init()函数来设置。

2) CCR0 的比较值 TACCR0 用于设定周期,在程序运行中可能会单独要求改变。应建立 TA_PWM_SetPeriod ()函数来随时设定。

3) CCR1/2 的比较值 TACCR1/2 用于设定占空比,在程序运行中可能会单独要求改变。应建立 TA_PWM_SetPermill()函数单独设定。(注:Permill 的字面含义是千分比,这里不用百分比的原因是,一般 PWM 精度都要达到 0.1%,使用百分比将出现浮点数。使用浮点数运算速度会特别慢,所以占空比设定应使用千分比,避免浮点数运算。)

4) 对于比较重要的传入参数类函数,程序中应判断传入参数的合理性,能修正则修正,不能修正则需返回错误。

5) 关于代码方面,寄存器赋值几乎都需要一条一条写代码,很少能用简便的方法批量写(除非是寄存器地址连续)。因此,对于大部分都是配置寄存器的库函数,写起来会非常长。

6.6.2　库函数的头文件

根据对库函数的分析,写出了头文件中需要对外引用的函数,有 3 种,共 6 个,如下述。

1) 初始化函数 TA0_PWM_Init()和 TA1_PWM_Init()。

2) 设定 PWM 周期频率的函数 TA0_PWM_SetPeriod()和 TA1_PWM_SetPeriod()。

3) 设置 PWM 占空比函数 TA0_PWM_SetPermill()和 TA1_PWM_SetPermill()。

为什么不将 TA0 和 TA1 合并成一个函数呢? 因为那样做,就需要有一位传入参数用于选择 TA0 和 TA1。定时器一旦选定,程序运行中,我们几乎不会去更改,所以这个传入参数会额外占用判断时间;并且,配置 TA0 和 TA1 看似只差一个数字,但是它们的寄存器地址没有任何联系,合并函数丝毫不会减少代码量。因此,在编写代码时,即使看起来 TA0 和 TA1 两部分是多么相像,都不要合并起来写。

如果是用 CCS 来新建 h 头文件,那么模板中就有 #ifndef 和 #endif。这可以防止头文件重复引用,起到"有病治病、无病强身"的作用。代码具体含义,可见任何一本 C 语言教材中的条件编译部分。

```
//======================= TA_PWM.h =======================//
#ifndef TA_PWM_H
```

```
#define TA_PWM_H_

extern char TA0_PWM_Init();
extern char TA0_PWM_SetPeriod();
extern char TA0_PWM_SetPermill();

extern char TA1_PWM_Init();
extern char TA1_PWM_SetPeriod();
extern char TA1_PWM_SetPermill();

#endif /* TA_PWM_H_ */
```

因为 c 文件的代码较长,下面对函数分类进行讲解。除了宏定义外,TA1 代码与 TA0 代码极其相似,受篇幅限制,只讲解 TA0 的代码。

6.6.3　初始化函数 TA0_PWM_Init()

在编程中,总会有大量的初始化函数,这类函数的共同点是一般只需设定一次,不会被经常修改。初始化函数有的非常简单,有的则任务繁重。本例中,初始化函数需要做以下几件事:

1) 定时器 CLK 的来源、分频值。这个简单,对传入参数进行"翻译"并配置寄存器即可。

2) 主定时器的 MCx 工作模式。这需要判断是普通 PWM 还是带死区 PWM。普通 PWM 应配置为增计数模式;带死区 PWM 时,主定时器应配置为增减模式。

3) 比较模块的 OUTMODx 设置。普通 PWM 时,超前 PWM(上升沿在主定时器 0 位置)配置模式 7,滞后 PWM 配置模式 3;带死区 PWM 时,两路输出都必须开启,并且一路模式为 6,另一路必须为 2。

4) 传入参数错误时,退出函数并返回错误代码 0,配置成功返回 1。

```
// =====================TA_PWM.c=====================
#include "MSP430G2553.h"
#define DEADTIME 20                              //预设死区时间,以 TA 的 clk 为单位
/******设定 TA 输出 I/O 口,目前设定为 MSP430G2553,20Pin 封装无 TA0.2******/
#define TA01_SET      P1SEL |= BIT6; P1DIR |= BIT6      //P1.6
#define TA02_SET      P3SEL |= BIT0; P3DIR |= BIT0      //P3.0
#define TA11_SET      P2SEL |= BIT2; P2DIR |= BIT2      //P2.2
#define TA12_SET      P2SEL |= BIT4; P2DIR |= BIT4      //P2.4
#define TA01_OFF      P1SEL& = ~BIT6                    //P1.6
#define TA02_OFF      P3SEL & = ~BIT0                   //P3.0
#define TA11_OFF      P2SEL & = ~BIT2                   //P2.2
#define TA12_OFF      P2SEL & = ~BIT4                   //P2.4
```

```
/*********************************************************
 * 名      称:TA0_PWM_Init()
 * 功      能:TA0 定时器作为 PWM 发生器的初始化设置函数
 * 入口参数:Clk   时钟源。'S' = SMCLK；  'A' = ACLK ；  'E' = TACLK(外部输入)；
                       'e' = TACLK 取反
           Div   时钟分频系数为 1/2/4/8
           Mode1  通道 1 的输出模式。   'F' 设为超前 PWM(模式 7),'B' 设为滞后 PWM(模
                  式 3),'D' 设为带死区增 PWM(模式 6),0 = 禁用
           Mode2  通道 2 的输出模式。   'F' 设为超前 PWM(模式 7),'B' 设为滞后 PWM(模
                  式 3),'D' 设为带死区减 PWM(模式 2),0 = 禁用
           设置输出带死区控制的 PWM 时,两通道均需使用,且均为死区模式
 * 出口参数:1 表示设置成功；  0 表示参数错误,设置失败
 * 说      明:在调用 PWM 相关函数之前,需要调用该函数设置 TA 的模式和时钟源
 * 范      例:TA0_PWM_Init('A',1,'F','F')TA 时钟设为 ACLK,通道 1 和通道 2 均为超前 PWM 输出；
           TA0_PWM_Init('S',4,'D','D')TA 时钟设为 SMCLK/4,通道 1 为死区增 PWM、通道 2 为
           死区减 PWM；
           TA0_PWM_Init('A',1,'F',0)TA 时钟设为 ACLK,通道 1 超前 PWM 输出,通道 2 不作
           TA 用
 *********************************************************/
char TA0_PWM_Init(char Clk,char Div,char Mode1,char Mode2)
{
  TA0CTL = 0;                            //清除以前设置
  switch(Clk)                            //为定时器 TA 选择时钟源
  {
    case 'A': case 'a':    TA0CTL |= TASSEL_1; break;    //ACLK
    case 'S': case 's':    TA0CTL |= TASSEL_2; break;    //SMCLK
    case 'E':             TA0CTL |= TASSEL_0; break;    //外部输入(TACLK)
    case 'e':             TA0CTL |= TASSEL_3; break;    //外部输入(TACLK 取反)
    default:  return(0);                 //设置参数有误,返回 0
  }
  switch(Div)                            //为定时器 TA 选择分频系数
  {
    case 1:    TA0CTL |= ID_0; break;    //1
    case 2:    TA0CTL |= ID_1; break;    //2
    case 4:    TA0CTL |= ID_2; break;    //4
    case 8:    TA0CTL |= ID_3; break;    //8
    default :  return(0);                //设置参数有误,返回 0
  }
  switch(Mode1)                          //为定时器选择计数模式
  {
  case 'F': case 'f': case 'B':case 'b': TA0CTL |= MC_1; break;    //普通 PWM,增计数
  case 'D': case 'd':                    TA0CTL |= MC_3; break;    //死区 PWM,增减计数
```

从零开启大学生电子设计之路——基于 MSP430 LaunchPad 口袋实验平台

```
        default: return(0);                      //其他情况都是设置参数有误,返回 0
    }
    switch(Mode1)                                //设置 PWM 通道 1 的输出模式
    {
        case 'F': case 'f': TA0CCTL1 = OUTMOD_7; TA01_SET;break;
        case 'B': case 'b': TA0CCTL1 = OUTMOD_3; TA01_SET;break;
        case 'D': case 'd': TA0CCTL1 = OUTMOD_6; TA01_SET;break;
        case '0': case 0:   TA01_OFF;break; //如果设置为禁用,则 TA0.1 恢复为普通 I/O 口
        default:  return(0);                     //设置参数有误,返回 0
    }
    switch(Mode2)                                //设置 PWM 通道 2 的输出模式
    {
        case 'F': case 'f': TA0CCTL2 = OUTMOD_7; TA02_SET; break;
        case 'B': case 'b': TA0CCTL2 = OUTMOD_3;TA02_SET; break;
        case 'D': case 'd':TA0CCTL2 = OUTMOD_2;TA02_SET;break;
        case '0': case 0: TA02_OFF; break;  //如果设置为禁用,则 TA0.1 恢复为普通 I/O 口
        default:  return(0);                     //设置参数有误,返回 0
    }
    return(1);
}
```

6.6.4　周期设定函数 TA0_PWM_SetPeriod( )

设置 PWM 的周期其实非常简单,一句话的事。很多时候,即使是一句话,我们也用函数来表达,这样可读性更好,而且可以加入参数判断。

对 TA0CCR0 赋值即可改变 PWM 的周期。

```
/ * * * * * * * * * * * * * * * * * * * * * * * * * * * * * * * * * * * * * * * *
 *  名     称:TA0_PWM_SetPeriod()
 *  功     能:设置 PWM 发生器的周期
 *  入口参数:Period   周期(0~65 535)时钟个数
 *  出口参数:1  设置成功;    0  设置失败
 *  说     明:普通 PWM 与带死区 PWM 周期相差一倍
 *  范     例:TA0_PWM_SetPeriod(500)设置 PWM 方波周期为 500 或 1 000 个时钟周期
 * * * * * * * * * * * * * * * * * * * * * * * * * * * * * * * * * * * * * * * */
char TA0_PWM_SetPeriod(unsigned int Period)
{
    if (Period>65535)      return(0);
     TA0CCR0 = Period;
    return(1);
}
```

6.6.5　占空比设定 TA0_PWM_SetPermill( )

如果不使用函数，而是直接改变占空比，那么和上面设置 PWM 周期一样，一句话的事；但如果用库函数，那么设置起来就不太容易。

1）需要读回 TA0CCTLx 寄存器中比较器的工作模式 OUTMODx，才能决定下一步操作。

2）死区 PWM 模式任何情况下都得同时设定两路输出的占空比（为了对称）。

3）死区 PWM 模式还要防止死区时间不够，所以要单独处理，留够死区时间。

4）普通 PWM 时，模式 7 和模式 3 对应的高电平脉冲和传入参数的关系是相反的，也要"正过来"。因为我们习惯上认为占空比都指的是正脉宽的百分比。

```
/****************************************************
* 名      称:TA0_PWM_SetPermill()
* 功      能:设置 PWM 输出的占空比(千分比)
* 入口参数:Channel   当前设置的通道号 1/2
            Duty   PWM 高电平有效时间的千分比(0～1 000)
* 出口参数:1  设置成功；   0  设置失败
* 说      明:1 000 = 100.0 % ,500 = 50.0 % ,依次类推。死区模式时,两 channel 同时设定
* 范      例:TA0_PWM_SetPermill(1,300)     设置 PWM 通道 1 方波的占空比为 30.0 %
            TA0_PWM_SetPermill(2,825)     设置 PWM 通道 2 方波的占空比为 82.5 %
****************************************************/
char TA0_PWM_SetPermill(char Channel,unsigned int Duty)
{
    unsigned char Mod = 0;
    unsigned int DeadPermill = 0;
    unsigned long int Percent = 0;              //防止乘法运算时溢出
    Percent = Duty;
    DeadPermill = ((DEADTIME * 1000)/TACCR0);   //将绝对死区时间换算成千分比死区时间
switch (Channel)                                //先判断出通道的工作模式
    {
    case 1:
        Mod = (TA0CCTL1& 0x00e0)>>5;break;  //读取输出模式,OUTMOD0 位于 5～7 位
    case 2:
        Mod = (TA0CCTL2 & 0x00e0)>>5;break; //读取输出模式,OUTMOD1 位于 5～7 位
    default:     return(0);
    }
    switch(Mod)                                 //根据模式设定 TACCRx
    {
    case 2: case 6:
      //-----死区模式 2,6 时,需要判断修正死区时间,且同时设定 TA0CCR1/2 的值-----
      {
```

97

```
        if((1000 - 2 * Percent)< = DeadPermill)                //预留死区时间
            Percent = (1000 - DeadPermill)/2;
    TA0CCR1 = Percent * TA0CCR0/1000;
    TA0CCR2 = TA0CCR0 - TA0CCR1;
    break;
}
case 7:
{
    if(Percent>1000)     Percent = 1000;
    if(Channel == 1) TA0CCR1 = Percent * TA0CCR0/1000;
    if(Channel == 2) TA0CCR2 = Percent * TA0CCR0/1000;
    break;
}
case 3:                        //占空比一律为正脉宽,所以需要 TA0CCR0 减去占空比
{
    if(Percent>1000)     Percent = 1000;
    if(Channel == 1) TA0CCR1 = TA0CCR0 - Percent * TA0CCR0/1000;
    if(Channel == 2) TA0CCR2 = TA0CCR0 - Percent * TA0CCR0/1000;
    break;
}
default: return(0);
}
return (1);
}
```

6.7　例程——基于 PWM 的 LED 调光控制

如图 6.16 所示,MSP - EXP430G2 开发板上 P1.3 接了一个按键,P1.6 为 TA 输出口,并接了 LED(用跳线帽连接)。下面编写一段代码,要求通过按键改变 PWM 占空比,从而改变 LED 亮度。

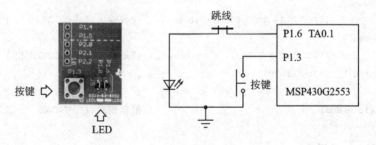

图 6.16　MSP - EXP430G2 的按键和 LED

6.7.1　工程目录

由于本例中需要调用 PWM 库函数，所以需要先谈一下工程目录的问题。

首先建立名为 PWM_LED 的 CCS 工程。参考图 6.17，用新建文件夹或者组合键 Ctrl＋C 的方法都可以在工程目录下建 src 文件夹，取名 src 的含义是 source，与 Grace 自动配置生成的文件夹名称上保持一致。将来，把程序中要用到的外部文件都放在 src 文件夹中。

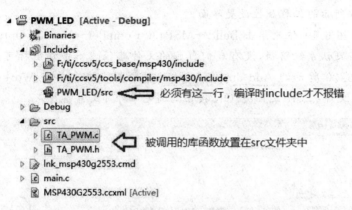

图 6.17　PWM_LED 工程的目录结构

这是第一次在实际例子中引用库函数，所以强调一些注意事项。

如图 6.17 所示，在工程导航栏的 Includes 下面，一定要有 PWM_LED/src，否则编译时将会报错，出现如图 6.18 所示的提示，无法打开外部文件。

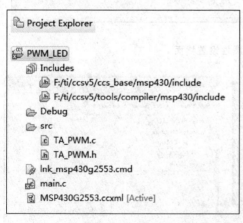
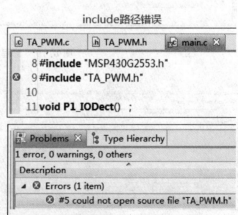

图 6.18　编译时出现的外部文件路径错误

1）如何能让 Includes 里有 PWM_LED/src 呢？第 2 章有说明，但是这里有必要再次讲解。知识的最佳学习方法是在"用中学"，而不是单纯的"说教"。每个老师批评学生时最爱说的就是"这个知识点上课不是讲过吗？怎么还不会？"。讲过的就得会吗？每个老师都在说自己所教的课程很重要，并且是每一章每个知识点都重要，人脑不是内存硬盘，什么都重要就是什么都不重要。只有经过实践后，才能真正理解并记忆，知识点重不重要其实不是老师说了算的，而是知识的接受者——学生自己，才能决定的。

2) 回到如何正确设定文件包含路径这个主题上来，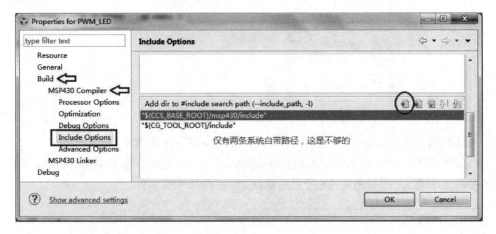PWM_LED/src 是不会自动出现的，一定要靠人工设置。在工程上单击右键，弹出快捷菜单，选择 Properties 命令，出现图 6.19 所示的工程属性设置界面。

3) 参考图 6.19，依次单击 Build→MSP430 Compiler→Include Options，可以看到，只有两条默认系统路径，没有我们自己的文件路径。单击图标可添加文件路径，进入图 6.20 所示的 Add directory path 对话框。依次单击 Workspace 按钮、PWM_LED 文件夹、src 文件夹、OK 按钮就选定了外部文件路径。

图 6.19　工程属性设置界面

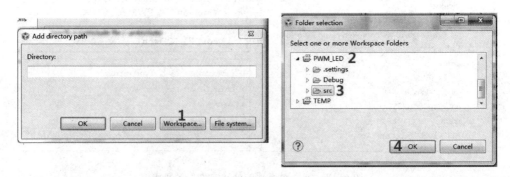

图 6.20　从工作空间中选择文件包含路径

4) 单击 OK 按钮后，得到图 6.21 所示对话框。${workspace_loc:/${ProjName}/src}里包含有"通配符"，可以指明相对路径。这样定义路径的好处是，无论将来把程序复制到哪台计算机上,都不用重新设置路径,因为路径的含义是"工作空间下对应的工程文件夹里的 src 文件夹"。这也就是为什么在图 6.20 中单击 Workspace 选择路径,而不是去选择 File system 设置路径的原因。

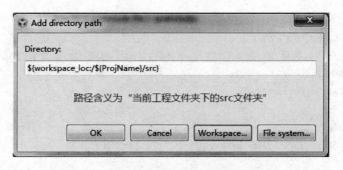

图 6.21　外部文件的相对路径

5) 再次单击 OK 按钮,就设置好自己的文件路径了,如图 6.22 所示。再次单击 OK 按钮,在工程目录的 Includes 里就有了 PWM_LED/src。

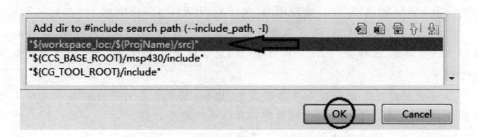

图 6.22　自定义的文件路径

6.7.2　主函数部分

本例中,主函数仍然没有常规的 while(1)主循环,有一个规律:凡是可以没有 while(1)循环的 main()函数,最后一句代码总可以设置为休眠模式。其他说明:

1) 如果用到了外部函数和宏定义,就需要提前声明引用了外部文件。本例中,MSP430G2553.h 里有"不经意"中用到的各种宏定义、系统函数,是一定要添加引用的。在 CCS 中,按住 Ctrl+鼠标左键单击代码,就可以跳转到外部文件或函数位置进行查看,而单击 ↩ 又可以回到原来位置,非常方便。

2) 将主函数放在最前面可以增加可读性,但是,这需要提前声明子函数,否则编译时会报错。

```
# include "MSP430G2553.h"
# include "TA_PWM.h"
```

```
void P1_IODect();
void P13_Onclick();
void GPIO_init();


void main(void) {
    WDTCTL = WDTPW + WDTHOLD;                //关狗
    //-----初始化 TA0 为 ACLK 输入,不分频,通道 1 超前 PWM,通道 2 关闭 -----
    TA0_PWM_Init('A',1,'F',0);
    TA0_PWM_SetPeriod(500);                 //设定 PWM 周期
    GPIO_init();                            //初始化 GPIO
    _enable_interrupts();                   //使能总中断
    _bis_SR_register(LPM3_bits);            //LPM3 方式休眠
}
```

6.7.3　初始化函数 GPIO_init()

与前面章节的程序不同之处是,本例中的 P1.6 无需做配置,因为 P1.6 在本例中是作为 PWM 输出口 TA0 来使用的,在 TA0_PWM_Init()中对 TA 口已初始化。

1) 对于"存在"的代码,最好养成习惯去注释。对于"不存在"的代码,是否也注释一下呢? 显然,注释上"TA0_PWM_Init()自动设置 TA 口(P1.6)"能帮助其他人读懂程序。

2) 类似的情况会出现在寄存器配置中,比如,配置成 1 的寄存器位应注释上是什么意思,默认是 0 不需要写代码的寄存器位也可额外注释。

3) CCS 中 Grace 自动生成的寄存器代码对默认不需要配置的寄存器位也会做注释,这当然是好习惯,但是由于注释篇幅太长,本教程无法照搬采用。

4) 本教程的原则是,容易误解的"不存在"代码给予注释。就像配置 P1.6,不注释的话,读代码的人肯定会有疑惑。

```
/*****************************************************
 * 名    称:GPIO_init()
 * 功    能:设定按键和 LED 控制 I/O 的方向,启用按键 I/O 的上拉电阻
 * 入口参数:无
 * 出口参数:无
 * 说    明:无
 * 范    例:无
 *****************************************************/
void GPIO_init()
{
    //----- TA0_PWM_Init()自动设置 TA 口(P1.6)-----

    //-----配合机械按键,启用内部上拉电阻-----
```

从零开启大学生电子设计之路——基于 MSP430 LaunchPad 口袋实验平台

```
P1REN  |= BIT3;                    //启用 P1.3 内部上下拉电阻
P1OUT  |= BIT3;                    //将电阻设置为上拉
//-----配置 P1.3 中断参数-----
P1DIR &= ~BIT3;                    //P1.3 设为输入(可省略)
P1IES  |= BIT3;                    //P1.3 设为下降沿中断
P1IE   |= BIT3 ;                   //允许 P1.3 中断
}
```

6.7.4　中断服务函数 PORT1_ISR()

这个不用多解释,有了"事件检测函数",中断服务子函数里的代码永远是那么干净。

```
/*******************************************************
 * 名     称:PORT1_ISR()
 * 功     能:响应 P1 口的外部中断服务
 * 入口参数:无
 * 出口参数:无
 * 说     明:P1.0～P1.8 共用了 PORT1 中断,所以在 PORT1_ISR()中必须查询标志位 P1IFG
            才能知道具体是哪个 I/O 引发了外部中断。P1IFG 必须手动清除,否则将持续
            引发 PORT1 中断
 * 范     例:无
 *******************************************************/
#pragma vector = PORT1_VECTOR
__interrupt void PORT1_ISR(void)
{
    //-----启用 Port1 事件检测函数-----
    P1_IODect();                   //检测通过,则会调用事件处理函数
    P1IFG = 0;                     //退出中断前必须手动清除 I/O 口中断标志
}
```

6.7.5　事件检测函数 P1_IODect()

机械按键事件检测函数完全照搬就行,不多解释,都懂的。

```
/*******************************************************
 * 名     称:P1_IODect()
 * 功     能:判断具体引发中断的 I/O,并调用相应 I/O 的中断事件处理函数
 * 入口参数:无
 * 出口参数:无
 * 说     明:该函数兼容所有 8 个 I/O 的检测,请根据实际输入 I/O 激活"检测代码"。本例
            中,仅有 P1.3 被用作输入 I/O,其他 7 个 I/O 的"检测代码"没有被激活
 * 范     例:无
```

```
*********************************************************/
void P1_IODect()
{
    unsigned int Push_Key = 0;
    //-----排除输出 I/O 的干扰后,锁定唯一被触发的中断标志位 -----
    Push_Key = P1IFG&(~P1DIR);
    //-----延时一段时间,避开机械抖动区域 -----
    __delay_cycles(10000);                        //消抖延时
    //----判断按键状态是否与延时前一致 -----
    if((P1IN&Push_Key) == 0)                                //如果该次按键确实有效
    {
    //----判断具体哪个 I/O 被按下,调用该 I/O 的事件处理函数 -----
        switch(Push_Key){
//      case BIT0:      P10_Onclick();            break;
//      case BIT1:      P11_Onclick();            break;
//      case BIT2:      P12_Onclick();            break;
        case BIT3:      P13_Onclick();            break;
//      case BIT4:      P14_Onclick();            break;
//      case BIT5:      P15_Onclick();            break;
//      case BIT6:      P16_Onclick();            break;
//      case BIT7:      P17_Onclick();            break;
        default:                                 break;     //任何情况下均加上 default
        }
    }
}
```

6.7.6　事件处理函数 P13_Onclick()

　　事件处理函数表达的是程序想干什么,换了程序,事件处理函数肯定要跟着变。本例中,P1.3 按键的事件处理函数变成调用 PWM 库函数循环改变 PWM 占空比。

　　关于静态局部变量的使用问题。变量 Bright 虽然仅在 P13_Onclick()中使用,但是每次退出 P13_Onclick()后 Bright 的值是需要保留的。这就是说,Bright 需要独占内存。独占内存的变量,根据具体情况,有 3 类处理方法:

　　1) 在函数内定义静态局部变量。对 Bright 这种仅在本函数中使用的独占内存变量,这是最优方案。

　　2) 在函数外定义静态局部变量。对于在同一文件中,可能被不同函数调用的独占内存变量才使用。

　　3) 直接定义全局变量。需要跨文件调用的独占内存变量才使用,全局变量的使用应慎之又慎,以后还会进一步解释。

```
/********************************************************
 * 名      称:P13_Onclick()
 * 功      能:P1.3 的中断事件处理函数,即当 P1.3 键被按下后,下一步干什么
 * 入口参数:无
 * 出口参数:无
 * 说      明:使用事件处理函数的形式,可以增强代码的可移植性和可读性
 * 范      例:无
 ********************************************************/
void P13_Onclick()                    //P1.3 的事件处理函数
{
    //-----Bright 在函数执行完后不能被清空,所以须设为静态局部变量-----
    static unsigned int Bright = 0;
    //-----循环改变 PWM 占空比-----
    Bright = Bright + 40;
    if(Bright> = 400)                 //占空比最大 40 %,更亮的区间视觉变化不明显
        Bright = 0;
    TA0_PWM_SetPermill(1,Bright);     //调用库函数,更新 PWM 占空比
}
```

从零开启大学生电子设计之路——基于 MSP430 LaunchPad 口袋实验平台

第 **7** 章

WDT 定时器

7.1 概　述

WDT(Watch Dog Timer)俗称看门狗,是单片机非常重要的一个片内外设。早期,普通 51 单片机内部没有它,只有使用专门的外扩看门狗芯片。在电子产品中,被称为"狗"的就是忠诚可靠的代名词,比如电子狗(雷达测速狗)、加密狗(防软件盗版)。

什么是看门狗呢? 看门狗实际就是一个定时器,在定时到达时,可以复位单片机。这个功能对于实际工程应用中的产品非常有用。在很多应用中,单片机要经年累月地连续工作,如果期间由于各种意外死机(俗称"跑飞"),则单片机就不工作了。有了看门狗,就可以避免这种意外发生。

看门狗的原理就 8 个字"定时喂狗,狗饿复位":

1) 单片机都是循环工作的,比如,完成整个循环所需时间最长不超过 0.5 s,则可以把看门狗定时器的定时值设为 1 s,在主循环中加入看门狗定时值清零的代码(俗称"喂狗")。

2) 这样一来,假如程序运行正常,总会在看门狗定时器到点前"喂狗",从而避免单片机复位。

3) 如果程序死机,则不会及时"喂狗",而单片机复位。复位后看门狗依然默认开启,继续守护着程序的正常运行。

由于看门狗定时值的配置有专门的宏定义组合,所以直接用代码配置也非常方便,而使用 Grace 配置的意义不大。本章最后,通过使用 Grace 配置看门狗定时器,带大家复习一遍看门狗定时器的知识。

7.2　模块 WDT＋

MSP430x2xx 内部的看门狗模块称为 Watchdog Timer＋(简写为 WDT＋)。WDT＋模块的功能可以分为 3 大块:

1) 看门狗功能。在此功能下,选择合适的时钟和定时值,定时一到就复位单片机。

2）定时器功能。在此功能下，选择合适的时钟和定时值，定时一到则进入中断服务（不复位单片机）。

3）控制 RST/NMI 引脚。"WDT+"模块寄存器有几个控制位与"看门狗定时器"毫无关系，是用于设定单片机复位引脚被"按下"后是复位 RST 还是触发不可屏蔽中断 NMI 的。初学者把 NMI 中断当成普通中断理解即可。

7.3 WDTCTL 控制寄存器

如图 7.1 所示为看门狗的控制寄存器 WDTCTL，共 16 位 8 个功能区。

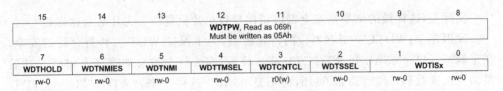

15	14	13	12	11	10	9	8
WDTPW, Read as 069h Must be written as 05Ah							

7	6	5	4	3	2	1	0
WDTHOLD	WDTNMIES	WDTNMI	WDTTMSEL	WDTCNTCL	WDTSSEL	WDTISx	
rw-0	rw-0	rw-0	rw-0	r0(w)	rw-0	rw-0	rw-0

图 7.1 WDTCTL 寄存器

接下来依次解释各区功能：

1）WDTPW：watch dog password 看门狗安全键值。每次改写 WDTCTL 前，必须输入约定的"密码"05Ah，否则将复位单片机。

2）WDTHOLD：watch dog hold"关狗"。单片机复位后会自动"开狗"，所以当根本不打算使用看门狗（节能），或者要对看门狗寄存器进行配置前，均需要先"关狗"，以避免意外复位。

3）WDTNMIES：(watch dog timer) no maskable interrupt edge select 不可屏蔽中断的中断边沿选择（和 WDT 其实没关系）。决定上升沿或下降沿触发 NMI 中断，与 WDTNMI 位配合使用。

4）WDTNMI：(watch dog timer) no maskable interrupt 使能不可屏蔽中断（和 WDT 其实也没关系）。每个单片机都有复位引脚，但这个引脚也可以不做复位用途。当 WDTNMIES=1 时，复位引脚被设置成 NMI 不可屏蔽中断来使用，这个中断和普通 I/O 外部中断一样，有中断子函数；其区别是 NMI 中断不需要开总中断使能（因为不屏蔽，所以优先级最高），NMI 每次中断后会自动关闭 NMI 中断使能。

5）WDTTMSEL：watch dog timer mode select 模式选择，可选择是看门狗模式还是定时器模式。看门狗模式是用来复位单片机的，定时器模式则可作为普通定时中断使用。

6）WDTCNTCL：watch dog timer counter clear 看门狗定时器清零。当 WDTCNTCL 软件置 1，则 WDT 清零（喂狗）。清零后，WDTCNTCL 位自动复位为 0。

7）WDTSSEL：watch dog source select 看门狗定时器时钟源选择，即 SMCLK

从零开启大学生电子设计之路——基于 MSP430 LaunchPad 口袋实验平台

或 ACLK。当选择 ACLK 时,看门狗可 LPM3 模式低功耗工作。

8) WDTISx:watch dog timer interval select 看门狗定时时长设置。用于设定看门狗具体定时值,与普通定时器相比,看门狗可设定的定时值只有 4 种。

7.4　WDTCTL 寄存器配置注意事项

我们注意到,如果要"喂狗",需要把 WDTCNTCL 位置 1,那么为了不影响其他已配置的寄存器位,通常会这么写"喂狗"代码:

```
WDTCTL |= WDTPW + WDTCNTCL;        //WDTPW 宏定义为 05Ah,安全键值
```

实际上,这样做的结果是安全键值错误导致单片机复位。为什么会这样呢?

原因在于:WDTPW 寄存器位的特殊机制,为了保护 WDTCTL 寄存器的安全,在正确写入口令 05Ah 到 WDTCTL 高 8 位后,高 8 位会被自动改写为 069h。这就是为什么读取高 8 位时总是 069h,而不是 05Ah。这样一来,"WDTCTL |= WDTPW＋WDTCNTCL;"的效果实际上是将 05Ah 与 069h 取"或"逻辑,导致口令错误复位单片机。

为什么 WDTCTL 寄存器位要自动改写高 8 位为 069h 呢?

比如,第一次填写网页表单时,系统会自动记录密码,当下次登录时,就不用再输入密码了。对于单片机中的其他一般寄存器,自然会"记住"密码,这样一来只需要输入一次 05Ah 口令便可一劳永逸,而口令相当于失去保护作用了。所以,WDTCTL 寄存器的高 8 位才专门被设计了"涂抹"密码的功能。

在 MSP430 单片机中,类似于带密码保护功能的寄存器还有 Flash 控制器的几个寄存器 FCTL1/2/3/4。

通过简单分析,还可以得出以下结论:

1) 不可能提前将 WDTCTL 的高 8 位写成 0x0000 来为"|="赋值做铺垫。

2) 涉及 WDTCTL 的所有寄存器操作,都必须用"="对全部位赋值。

3) 当只需要"喂狗"时,也必须把其他位的设定值一并重写。

例如,看门狗被设定为 1 s 定时复位,那么"喂狗"的代码是这样的:

```
WDTCTL = WDT_ARST_1000;           //该宏定义包含了喂狗,并重新设定看门狗定时值的代码
```

注:"#define WDT_ARST_1000 (WDTPW＋WDTCNTCL＋WDTSSEL)"是将看门狗复位定时值设为 1 s 的宏定义组合。

7.5　单片机复位详解

WDT 的一个重要功能就是复位单片机。严格来说,MSP430 单片机的复位分为上电复位 POR 和上电清除 PUC,WDT 的复位属于 PUC。对于初学者,没必要分太

清楚,总之效果都是复位单片机。

1. 什么情况单片机会复位

1) 芯片上电。

2) RST/NMI 设置成复位模式,在 RST/NMI 引脚上出现低电平信号(也就是按下复位按键)。

3) 处于看门狗复位模式下,看门狗定时时间到。

4) 看门狗定时器写入错误的安全键值。

5) Flash 存储器写入错误的安全键值。

2. 单片机复位后的初始状态

1) I/O 引脚切换成输入模式。

2) I/O 标志位清除。

3) 其他外围模块及寄存器实现初始化。

4) 状态寄存器复位。

5) CPU 从内存的 0FFFEh 地址开始执行代码。

7.6　WDT 代码举例

本节的几个小例子可以用 MSP-EXP430G2 板验证。如图 7.2 所示为 G2 电路板的 LED 和 RST/NMI 按键。

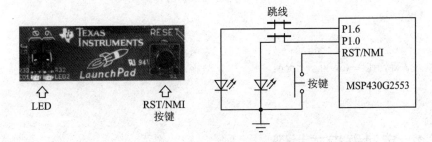

图 7.2　LaunchPad 的复位按键

7.6.1　看门狗模式举例

例 7.1　设定看门狗定时器工作模式为看门狗。P1.0 口接 LED,如果没有看门狗的复位,正常工作时 LED 应为常亮。由于看门狗的复位作用,单片机 1 000 ms 便会复位一次。实际效果是 LED 在闪烁。

```
#include<msp430G2553.h>
void  main(void)
{
```

```
    unsigned int i = 0;
    WDTCTL = WDTPW + WDTHOLD;                //关闭看门狗
    P1DIR |= BIT0;
    P1OUT & = ~BIT0;                         //暗
    for(i = 0;i<16000;i++);
    P1OUT |= BIT0;                           //亮
    WDTCTL = WDT_ARST_1000;                  //启动看门狗为 1 000 ms 定时
    while(1);
}
```

例 7.2　设定看门狗定时器工作模式为看门狗,P1.0 口接 LED,正常工作时为常亮,由于看门狗的复位作用,LED 会闪烁。引入"喂狗"后,看门狗不会再复位,LED 也不再闪烁。

```
# include<MSP430G2553.h>
void main(void)
{
    unsigned int i = 0
    WDTCTL = WDTPW + WDTHOLD;                //关闭看门狗
    P1DIR |= BIT0;
    P1OUT & = ~BIT0;                         //暗
    for(i = 0;i<60000;i++);
    P1OUT |= BIT0;                           //亮
    WDTCTL = WDT_ARST_1000;                  //启动看门狗
    while(1)
        {
        for(i = 0;i<1000;i++);               //主函数任务
        WDTCTL = WDT_ARST_1000;              //喂狗,且不影响看门狗定时设置
        }
}
```

7.6.2　定时器模式举例

例 7.3　使用看门狗定时器,低功耗的实现,P1.0 口接 LED 每秒 1 次频率闪烁。

```
# include <msp430G2553.h>
void main(void)
{
    WDTCTL = WDT_ADLY_1000;                  //定时周期为 1 000 ms
    IE1 |= WDTIE;                            //使能 WDT 中断
    P1DIR |= 0x01;                           //P1.0 输出
    _enable_interrupts();                    //等同于_EINT(),系统总中断允许
    while(1)                                 //循环等待定时器溢出中断
```

```
    {
        _bis_SR_register(LPM3_bits);            //进入 LPM3
        _NOP();
    }
}
// ==========看门狗中断服务子程序 ========
# pragma vector = WDT_VECTOR
__interrupt void WDT_ISR （void)               //此处开头为双下画线
{
        P1OUT ^= 0x01;                          //P1.0 取反
}
```

7.6.3　NMI 中断举例

例 7.4　将 RST/NMI 引脚设为 NMI 模式,主程序中点亮 P1.0 口的 LED,在 NMI 中断中关掉 LED。现象为当按下 RST 按键时,LED 熄灭,并且再也不亮(除非重新上电)。

```
# include＜MSP430G2553.h＞
void main(void)
{
    WDTCTL = WDTPW + WDTHOLD + WDTNMI;      //NMI 模式(非 Reset 模式)
    IE1 = NMIIE;                            //开 NMI 中断,无需开总中断
    P1DIR |= BIT0;                          //P1.0 设为输出口
    P1OUT |= BIT0;                          //亮灯
    _bis_SR_register(LPM3_bits);            //低功耗模式 3
}
// =========NMI 中断服务子函数 =============
# pragma vector = NMI_VECTOR
__interrupt void NMI_ISR(void)              //不可屏蔽中断
{
    P1OUT &= ～BIT0;                        //灭灯
}
```

7.7　使用 Grace 配置看门狗定时器

使用宏定义配置看门狗已经非常简单,所以本节的 Grace 配置就是做一个看门狗小结,帮助大家复习。如图 7.3 所示,为使用 Grace 配置看门狗定时器。

需要配置的部分包括:

1) 看门狗工作模式:关狗、定时还是看门。

从零开启大学生电子设计之路

——基于 MSP430 LaunchPad 口袋实验平台

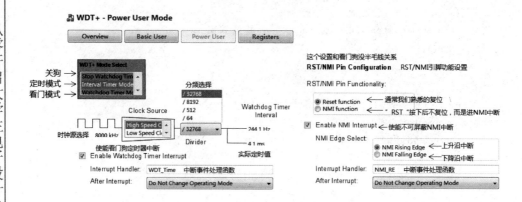

图 7.3　使用 Grace 配置看门狗

2）时钟源：SMCLK 还是 ACLK。

3）分频值：WDT 的分频值就 4 种，配合 SMCLK 和 ACLK 时钟源有且仅有 8 种定时值！这是看门狗定时器和普通定时器一个很大区别。

4）看门狗定时中断：单片机编程中，一个极其重要的定时器用途是产生"定时节拍"（可以定时唤醒 CPU 或定时查询事件发生）。大多数 MSP430 都使用基础定时器 Basic Timer（简称 BT）来专门干这个活。MSP430G2553 不带 BT 模块，虽说看门狗（简称 WDT）的定时值只有 8 种，但是用 WDT 代替 BT 来产生"定时节拍"在大多数情况下是能胜任的。

5）RST/NMI：此引脚功能和 WDT 没关系。一般情况下，单片机的 RST/NMI 引脚都是用于复位的，也就是我们熟悉的复位按键。但是，也可以配置为"按下复位不复位，而是进一个中断"。这个中断有一个特别霸气的名字——不可屏蔽中断 NMI（Non-Maskable Interrupt）。它不能被总中断开关 IE 关闭，这意味着在单片机运行的任何状态下，按下"复位"键都会进入 NMI 中断子函数。除了霸气的名字和优先级外，NMI 中断的用法和普通中断基本一样。

7.8　例程——呼吸灯

如图 7.4 所示，G2 板可以利用 P1.6（PWM 输出口）控制 LED 来实现呼吸灯。

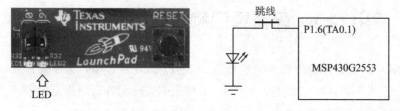

图 7.4　呼吸灯的硬件连接

呼吸灯就是亮度渐变的LED灯,普通LED可以用TA输出PWM来控制亮度,通过WDT定时中断来改变亮度,从而实现呼吸灯效果。

7.8.1 外部文件管理

在前面章节中,曾多次使用事件判断函数和事件处理函数,但是没有按文件管理的要求放置事件类函数和全局变量。在本例中,主要讨论如何高效地对文件进行管理,以便增强代码的可读性,如图7.5所示。

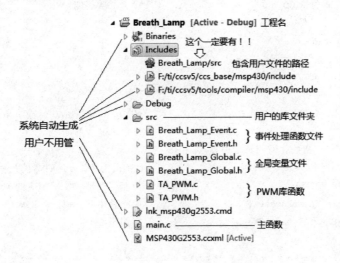

图7.5 呼吸灯工程的文件结构

1)所有事件判断和处理函数都放在单独的c文件中,c文件取名Breath_Lamp_Event.c。

2)所有的全局变量都放在单独的c文件中,c文件取名Breath_Lamp_Global.c。

3)程序需调用第6章编写的PWM库函数——TA_PWM.c。

4)为所有的c文件都编写对应的头文件xxx.h。

5)兼容Grace的写法,将所有用户文件都放在src(source源文件夹)文件夹中。

6)保证CCS工程树形目录中的Includes下有正确的src文件夹路径。

7.8.2 主函数文件main.c

在main.c文件中,进行了PWM和WDT的初始化,以及WDT中断子函数的框架编写。在更复杂的程序中,初始化代码和中断子函数框架代码也会集中写一个初始化文件,比如Breath_Lamp_init.c。这样一来,在main函数中,只用Breath_Lamp_init()函数初始化,中断子函数也集中在Breath_Lamp_init.c里。

中断子函数中,除了判断事件确实发生的必要判断代码外,事件的处理代码一律另外用事件判断函数和事件处理函数描述,并且该类函数都写在 Breath_Lamp_ Event. c 中。

```
# include "MSP430G2553.h"
# include "TA_PWM.h"
# include "Breath_Lamp_Event.h"
# include "Breath_Lamp_Global.h"


#define PWM_PERIOD 100                      //设定 PWM 周期


void main(void)
{
    WDTCTL = WDTPW + WDTHOLD;
    //-----初始化 TA 定时器-----
    TA0_PWM_Init('A',1,'F',0);             //ACLK,不分频,TA0.1 输出超前 PWM
    TA0_PWM_SetPeriod(PWM_PERIOD);         //设定 PWM 的周期
    //-----初始化看门狗定时器-----
    WDTCTL = WDT_ADLY_16;                  //WDT 设为 16 ms 定时器模式
    IE1 |= WDTIE;                          //使能寄存器 IE1 中相应的 WDT 中断位
    _enable_interrupts();                  //使能总中断,等同于_EINT()
    _bis_SR_register(LPM3_bits);           //等同于 LPM3
}
/ ***********************************************************
* 名      称:WDT_ISR()
* 功      能:响应 WDT 定时中断服务
* 入口参数:无
* 出口参数:无
* 说      明:WDT 定时中断独占中断向量,所以无需进一步判断中断事件,也无需人工清除
             标志位。因此,在 WDT 定时中断服务子函数中,直接调用 WDT 事件处理函数
             即可
* 范      例:无
* **********************************************************/
#pragma vector = WDT_VECTOR
__interrupt void WDT_ISR(void)
{
    WDT_Ontime();
}
```

7.8.3　事件文件 Breath_Lamp_Event. c

事件程序文件 Breath_Lamp_Event. c 集中写该怎么判断事件和处理事件。本例中,WDT 定时中断事件无需另外判断,而且也只有一个事件处理函数,也许用不

着专门的事件处理程序文件。但是,如果事件种类多如牛毛,用户就得翻来覆去地找"发生什么事件"和"该怎么处理"。

　　事件程序文件就像一本《应急响应预案手册》一样,用户一下子就能明白"发生什么了"和"该怎么办"。

　　1) 确认某件事发生,由"事件检测(判断)函数"负责。

　　2) 事件发生后怎么处理,由"事件处理函数"负责。

　　WDT 定时中断事件比较简单,进中断就能判断事件发生了,所以本例中没有出现"事件判断函数"。

```
# include "MSP430G2553.h"        /*单片机寄存器头文件*/
# include "Breath_Lamp_Global.h"  /*系统全局变量*/
# include "TA_PWM.h"
/* *******************************************************************
 * 名      称:WDT_Ontime()
 * 功      能:WDT 定时中断事件处理函数,即当 WDT 定时中断发生后,下一步干什么
 * 入口参数:无
 * 出口参数:无
 * 说      明:使用事件处理函数的形式,可以增强代码的可移植性和可读性
 * 范      例:无
 ********************************************************************/
void WDT_Ontime()
{
    static int Bright_Delta = 0;
    TA0_PWM_SetPermill(1,Bright);  //更新 PWM 占空比
    if(Bright> = 400)              //占空比最大 40%,更亮的区间视觉变化不明显
        Bright_Delta = - 5;
    if(Bright< = 10)               //变亮
        Bright_Delta = 5;
    Bright = Bright + Bright_Delta;
    _nop();                        //用于插入断点调试程序用
}
```

7.8.4　全局变量文件 Breath_Lamp_Global.c

　　全局变量设定文件 Breath_Lamp_Global.c 专门用于放置全局变量。在复杂程序中,起关键作用的全局变量也是集中放置,以便阅读和理解。全局变量 Bright 最佳方案是放在 WDT_Ontime()事件处理函数中作为静态局部变量来定义,本例为了说明 Global.c 的用法,故意将 Bright 定义成了全局变量。

```
/* ******************* Breath_Lamp_Global.c ********************/
unsigned int Bright = 0;
```

7.8.5　头文件

用 CCS 生成头文件会自动加上条件编译语句，可以防止头文件冲突。
Breath_Lamp_Global.c 对应的头文件是 Breath_Lamp_Global.h。

```
/********************Breath_Lamp_Global.h********************/
#ifndef  BREATH_LAMP_GLOBAL_H_
#define  BREATH_LAMP_GLOBAL_H_
extern int   Bright;                    //系统全局变量占空比 Bright
#endif                                  /* BREATH_LAMP_GLOBAL_H_ */
```

Breath_Lamp_Event.c 对应的头文件是 Breath_Lamp_Event.h。

```
//*******************Breath_Lamp_Event.h********************
#ifndef GLOBAL_H_
#define GLOBAL_H_
extern void WDT_Ontime();               //WDT 中断事件
#endif /* GLOBAL_H_ */
```

TA_PWM.c 对应的头文件是 TA_PWM.h。

```
/********************TA_PWM.h********************/
#ifndef TA_PWM_H_
#define TA_PWM_H_
extern char TA0_PWM_Init();             //初始化
extern char TA0_PWM_SetPeriod();        //设频率
extern char TA0_PWM_SetPermill();       //设占空比
extern char TA1_PWM_Init();
extern char TA1_PWM_SetPeriod();
extern char TA1_PWM_SetPermill();
#endif /* TA_PWM_H_ */
```

7.9　定时扫描按键原理

在第 5 章说明了如何使用中断来判断机械按键。代码中有一个问题，那就是"消抖"时必须引入消抖延时代码"__delay_cycles(1000);"。这其实也算是"阻塞"CPU 的代码，只是阻塞时间勉强能接受。在第 3 章讲过，编程的最大原则就是非阻塞。

有了 WDT 定时器以后，可以产生"定时节拍"，利用定时节拍，成就"大事"。在第 5 章编写了一个利用 I/O 中断判断按键的程序，也就是可以不用 I/O 外部中断，实现同样的功能，消除毛刺干扰且 CPU 一刻也不阻塞。

定时扫描法检测按键的原理如图 7.6 所示，将 WDT 定时中断的时间间隔 T_1 设定为大于毛刺电压时间 T_2，小于按键持续时间 T_3。参考图 7.6，在 WDT 定时中断的 5 个时刻,分别检测按键所在 I/O 的电平依次为"高低低高高"。

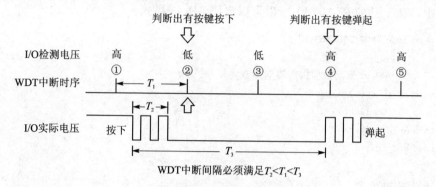

图 7.6 定时扫描法检测按键原理

按键的判据如下:

1) 只有前一次检测到高电平,后一次检测到低电平,才可以判断按键被按下,所以②时刻被判断出按键按下。

2) 只有前一次检测到低电平,后一次检测到高电平,才可以判断按键弹起,所以④时刻被判断出按键弹起(如果④时刻刚好也是低,那么⑤时刻会判断出按键弹起)。

3) 大多数人对于图 7.6 所示的判断方法会有怀疑心理,认为会有误判、重判的可能性。事实上,只要满足 $T_2 < T_1 < T_3$,一定不会出现误判和重判。大家可以在纸上用笔画出各自认为的例外情况,一定不会成功的。

7.10 例程——定时扫描非阻塞按键

如图 7.7 所示,MSP - EXP430G2 开发板上 P1.3 接了一个按键,P1.0 和 P1.6 接了 LED(用跳线帽连接)。下面编写一段代码,要求每次按下 P1.3 后,两个 LED 一亮一灭,为交换亮灭状态。

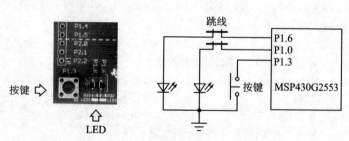

图 7.7 MSP - EXP430G2 板的按键和 LED

7.10.1 主函数部分

主函数其他部分无需多解释,只提醒一个地方,当启用了定时器的时候,一定要搞明白用的是什么时钟源,这样才能选择合适的休眠模式,否则很可能一睡不醒了。本例中,WDT 选的是 ACLK,所以可以启用 LPM3 模式。

```c
# include "MSP430G2553.h"

//-----在 main 函数前提前声明函数-----
void P1_IODect()     ;
void P13_Onclick();
void GPIO_init();
void WDT_init();

void main(void) {
    WDTCTL = WDTPW + WDTHOLD;              //关狗
    GPIO_init();
    WDT_init();
    _enable_interrupts();                  //开总中断
    _bis_SR_register(LPM3_bits);           //LPM3 休眠
}
```

7.10.2　初始化函数 GPIO_Init()

由于使用的不是外部中断法检测按键,所以不再配置 P1.3 的中断代码。

```c
/*************************************************
 * 名      称:GPIO_Init()
 * 功      能:设定按键和 LED 控制 I/O 的方向,启用按键 I/O 的上拉电阻
 * 入口参数:无
 * 出口参数:无
 * 说      明:无
 * 范      例:无
 *************************************************/
void GPIO_init()
{
    //-----设定 P1.0 和 P1.6 的输出初始值-----
    P1DIR |= BIT0 + BIT6;                 //设定 P1.0 和 P1.6 为输出
    P1OUT |= BIT0;                        //设定 P1.0 初值
    P1OUT &= ~BIT6;                       //设定 P1.6 初值
    //-----配合机械按键,启用内部上拉电阻-----
    P1REN |= BIT3;                        //启用 P1.3 内部上下拉电阻
    P1OUT |= BIT3;                        //将电阻设置为上拉
    //-----不再使用 P1.3 中断功能-----
//    P1DIR &= ~BIT3;                     // P1.3 设为输入(可省略)
//    P1IES |= BIT3;                      // P1.3 设为下降沿中断
```

从零开启大学生电子设计之路——基于 MSP430 LaunchPad 口袋实验平台

```
//    P1IE |= BIT3 ;                          //允许 P1.3 中断
}
```

7.10.3　初始化函数 WDT_init()

关于 WDT 的初始化,说明两点:

1) 一定用宏定义的方法"一气呵成"。

2) 对 WDTCTL 寄存器的操作,一定不能用"|="赋值,否则必引发单片机复位。

```
/* ***********************************************
 * 名       称:WDT_init()
 * 功       能:设定 WDT 定时中断为 16 ms,开启 WDT 定时中断使能
 * 入口参数:无
 * 出口参数:无
 * 说       明:WDT 定时中断的时钟源选择 ACLK,可以用 LPM3 休眠
 * 范       例:无
 ***********************************************/
void WDT_init()
{
    //-----设定 WDT 为 16 ms 中断-----
    WDTCTL = WDT_ADLY_16;
    //-----WDT 中断使能-----
    IE1 |= WDTIE;
}
```

7.10.4　中断服务函数 WDT_ISR()

WDT 定时中断事件发生以后,并不能立刻得出结论,即是否有按键按下,哪个按键被按下。因此,需要调用事件检测函数 P1_IODect()。

```
/* ***********************************************
 * 名       称:WDT_ISR()
 * 功       能:响应 WDT 定时中断服务
 * 入口参数:无
 * 出口参数:无
 * 说       明:WDT 定时中断独占中断向量,所以无需进一步判断中断事件,也无需人工清除
 *             标志位。因此,在 WDT 定时中断服务子函数中,直接调用 WDT 事件处理函数就
 *             可以了
 * 范       例:无
 ***********************************************/
# pragma vector = WDT_VECTOR
__interrupt void WDT_ISR(void)
{
```

从零开启大学生电子设计之路——基于 MSP430 LaunchPad 口袋实验平台

```
        //-----启用 Port1 事件检测函数-----
        P1_IODect();                          //检测通过,则会调用事件处理函数
    }
```

7.10.5　事件检测函数 P1_IODect( )

由于改变了检测手段,定时扫描法与中断法按键的事件检测函数的判据当然会不一样。定时扫描的判据是通过相邻两次检测按键 I/O 电平来判断的,有以下判断结论:

1) 前高后高:按键未被按下。

2) 前高后低:按键被按下。

3) 前低后低:按键保持按下状态。

4) 前低后高:按键被松开。

为了记录连续两次按键 I/O 电平,程序中 KEY_Now 必须使用静态局部变量,而 KEY_Past 可以使用局部变量。想明白原因,就说明初步认识静态局部变量和局部变量的异同了。

```
/*************************************************
 * 名    称:P1_IODect()
 * 功    能:判断是否有键被按下,哪个键被按下,并调用相应 I/O 的中断事件处理函数
 * 入口参数:无
 * 出口参数:无
 * 说    明:必须用最近两次扫描的结果,才知道按键是否被按下
 * 范    例:无
 *************************************************/
void P1_IODect()
{
    static unsigned char KEY_Now = 0;       //变量值出函数时需保留
    unsigned char KEY_Past = 0;
    KEY_Past = KEY_Now;
    //-----查询 I/O 的输入寄存器-----
    if(P1IN&BIT3)     KEY_Now = 1;
    else              KEY_Now = 0;
    //-----前一次高电平、后一次低电平,说明按键按下-----
    if((KEY_Past == 1)&&(KEY_Now == 0))
        P13_Onclick();
}
```

7.10.6　事件处理函数 P13_Onclick( )

本例中的 P13_Onclick( )事件处理函数与 5.6.5 小节的例子里的 P13_Onclick( )

事件处理函数代码是一样的,因为本来就是用不同方法实现同一功能。功能相同,事件处理函数就该一样,这也体现了事件函数的代码移植的思想。

```
/ * * * * * * * * * * * * * * * * * * * * * * * * * * * * * * * * * * * * * *
 * 名　　称:P13_Onclick()
 * 功　　能:P1.3 的中断事件处理函数,即当 P1.3 键被按下后,下一步干什么
 * 入口参数:无
 * 出口参数:无
 * 说　　明:使用事件处理函数的形式,可以增强代码的可移植性和可读性
 * 范　　例:无
 * * * * * * * * * * * * * * * * * * * * * * * * * * * * * * * * * * * * * */
void P13_Onclick()                    //P1.3 的事件处理函数
{
    //----翻转 I/O 电平-----
    P1OUT ^= BIT0;
    P1OUT ^= BIT6;
}
```

7.11　状态机建模

前面章节中陆续引入了一些编程思想和编程规范,包括什么是前台程序(突发事件),什么是后台程序(例行公事),以及事件判断函数与事件处理函数的用法。

有非常普遍的一类程序,事件的判断不仅与当前输入有关,还与之前的"积累效应"有关。

比如,大家都知道计算机的键盘是能识别"长短键的":如果短时间按下 A 键,屏幕上只显示 1 个 a。如果按住 A 键一定时间后,屏幕上就开始以"疯狂速度"显示 aaaa…了。如果只考察任何瞬态,都是 A 键被按下,应该事件处理都是一样的,但是,结果却不是这样。这说明,光判断 A 键被按下是不够的,还要看 A 键被按下多久,才能决定调用哪种事件处理函数。

这段描述,和数字电路中的时序逻辑电路非常相似,电路的输出不仅取决于当前输入(A 键被按下),还与当前所处的状态有关(即 A 键是被"短按"还是"长按")。要对这类应用进行高效编程,只有流程图是不够的,还需要用到状态机。

状态机(State Machine),也叫有限状态机(Finite State Machine),简称状态机。状态机的概念来源于时序逻辑电路,又细分为 Mealy 状态机和 Moore 状态机,两者的区别在于是否只根据状态就能得出输出结果。

单片机中借用了这两种状态机的思想,引申出"状态中判断事件"和"事件中查询状态"两种单片机状态机的编程方法。

从零开启大学生电子设计之路——基于 MSP430 LaunchPad 口袋实验平台

图 7.8 是一个通用的状态转换图框架,所有状态机都可以基于该框架进行扩展,Event 相当于事件检测函数检测出的事件,Action 相当于事件处理函数。图 7.8 表达了以下信息:

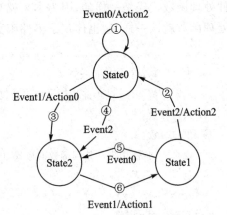

1) 状态 State 的个数至少 2 个,多则不限,一般为有限多个,所以称为有限状态机。

2) 并非所有 State 之间都有 Event 转换路径,比如 State0→State1,State2→State0 就没有。

3) 同样的 State 转换,可能由不同的 Event 引发,比如③、④都能将状态从 State0 变为 State2。

图 7.8　通用状态转换图

4) 同样的 Event 未必触发同样的 Action,比如③、⑥。

5) Event 可以同时引起 State 变化,并触发 Action,比如②、③、⑥。

6) Event 也可以只触发 Action,而不引起 State 的变化,比如①。

7) Event 还可以只引起 State 的变化,而不触发任何 Action,比如④、⑤。

7.11.1　状态中判断事件

对图 7.8 中的状态机进行编程,可以采用 State 状态中判断 Event 事件的方法。这种方法类似于 Mealy 型状态机(不完全等同),即在 switch 语句中,还需判断 Event 才能决定输出的结果。

```
//----------状态中查询事件(Mealy 状态机)-----------
switch(State)
{
    case 0:      if(Event_0)    Action2();                        //路径 1
                 if(Event_1)    {State = 2;       Action0();}     //路径 3
                 if(Event_2)    State = 2;                        //路径 4
                    break;
    case 1:      if(Event_0)    State2;                           //路径 5
                 if(Event_2)    {State = 0;       Action2();}     //路径 2
                    break;
    case 2:      if(Event_1)    {State = 1;       Action1(); }    //路径 6
                    break;
    default:        break;
}
```

7.11.2 事件中查询状态

对图 7.8 中的状态机进行编程,也可以采用 Event 事件中查询 State 状态的方法。这种方法类似于 Moore 型状态机(不完全等同),在 switch 语句中,即无需再判断 Event,由当前状态就知道结果。

其中,if(Event)表达的含义是,无论用什么方法,只要能判断 Event 发生了,并不仅限于字面理解用 if 查询 Event,还包括直接在中断中判断 Event 的情况。

```
//---------状态中查询事件(Moore 状态机)-----------
if(Event0)                      //中断或扫描得知 Event0 事件发生
{
    switch(State)
    {
        case 0:     Action2();                  break;      //路径1
        case 1:     State = 2;                  break;      //路径5
        default:                                break;
    }
}
if(Event1)                      //中断或扫描得知 Event1 事件发生
{
    switch(State)
    {
        case 0:     State = 2;   Action0();     break;      //路径3
        case 2:     State = 1;   Action1();     break;      //路径6
        default:                                break;
    }
}
if(Event2)                      //中断或扫描得知 Event2 事件发生
{
    switch(State)
    {
        case 0:     State = 2;                  break;      //路径4
        case 1:     State = 0;   Action2();     break;      //路径2
        default:                                break;
    }
}
```

7.11.3 两种状态机的区别

在时序逻辑电路中,Moore 状态机和 Mealy 状态机都可以用来描述任何状态机,并且两种状态机也可以互相转换。在单片机的编程中,刚刚举例,也证明了事件中查询状态和状态中查询事件都可以用来描述状态机。那么这两种方法有什么优缺点呢?

1) 如果 Event 直接由中断引发,不需要 if 语句轮询就能判断,则用 Moore 型状态机(事件中查询状态)执行速度快。这是因为,只需执行对应 Event 的 switch (State)语句,而且 switch 中只需对 State 进行判断就可以输出结果了。

2) 如果 Event 本身就需要轮询才能得出,则使用 Mealy 型状态机(状态中查询事件)的代码要简单。因为状态中查询事件只有一个 switch(State)语句。

7.12　例程——长短键识别

本节将利用状态机进行编程。如图 7.9 所示,MSP‑EXP430G2 开发板上 P1.3 接了一个按键,P1.0 和 P1.6 接了 LED(用跳线帽连接),要求"短按"P1.3 控制 LED1 的亮灭,"长按"P1.3 控制 LED2 的亮灭。

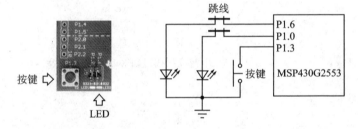

图 7.9　MSP‑EXP430G2 板的按键和 LED

7.12.1　状态转换图

长短键识别是典型的状态机程序,因为当前按键状态决定不了是长键还是短键,且长短键的判断还与先前的状态有关。要使用状态机编写程序,首先要画好状态转换图。

1) 需要穷举出所有状态,这些状态想到的就往上写,不要怕重复,如果是可以合并的状态,在画完状态转换图之后自然可以发现是重复的。

2) 在"/"符号的左侧写上状态转换条件(也就是 Event 事件),右侧写上基于状态的事件处理函数(也就是 Action)。

图 7.10 所示为长短键的状态转换图,共 3 个状态:待机、短按键和长按键。与之相关的事件共有按键按下事件、按键松开事件、计数门限到达三种。事件处理函数有两种,分别为短按键事件处理和长按键事件处理。

剩下的事情就是把状态转换图"翻译"成代码。在状态机代码部分,将给出事件中查询状态和状态中判断事件两种代码。

从零开启大学生电子设计之路——基于 MSP430 LaunchPad 口袋实验平台

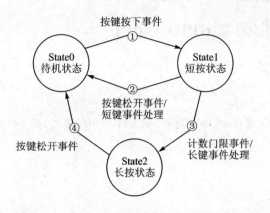

图 7.10　长短键的状态转换图

7.12.2　主函数部分

调试时需要"经常"修改的常量,比如判别长按键的门限必须宏定义。其他表示"状态"的常量,如状态机的状态,也应该进行宏定义,以增强代码的可读性。

```
#include "MSP430G2553.h"

//-----对状态机进行宏定义-----
#define IDLE                0
#define SHORT               1
#define LONG                2
#define COUNTER_THRESHOLD   50          /*长键判别门限*/
//-----全局变量-----
unsigned char WDT_Counter = 0;          /*用于对按键按下时间进行计数*/
//-----在 main 函数前提前声明函数-----
void GPIO_init();
void WDT_init();
void Key_SM();
unsigned char LongClick_Dect();
void P13_OnShortRelease();
void P13_OnLongClick();

void main(void) {
    WDTCTL = WDTPW + WDTHOLD;           //关狗
    GPIO_init();
    WDT_init();
    _enable_interrupts();              //开总中断
    _bis_SR_register(LPM3_bits);       //LPM3 休眠
}
```

7.12.3　初始化函数 GPIO_init()

本例中,仍然用定时扫描方法判断按键,所以不用初始化 P1.3 的外部中断。

```
/*******************************************************
 *  名    称:GPIO_init()
 *  功    能:设定按键和 LED 控制 I/O 的方向,启用按键 I/O 的上拉电阻
 *  入口参数:无
 *  出口参数:无
 *  说    明:无
 *  范    例:无
 *******************************************************/
void GPIO_init()
{
    //-----设定 P1.0 和 P1.6 的输出初始值-----
    P1DIR |= BIT0 + BIT6;                //设定 P1.0 和 P1.6 为输出
    P1OUT |= BIT0;                       //设定 P1.0 初值
    P1OUT & = ~BIT6;                     //设定 P1.6 初值
    //-----配合机械按键,启用内部上拉电阻-----
    P1REN |= BIT3;                       //启用 P1.3 内部上下拉电阻
    P1OUT |= BIT3;                       //将电阻设置为上拉
}
```

7.12.4　初始化函数 WDT_init()

WDT 设为 16 ms 定时,保证短于手按键的时长,而大于毛刺的时长。其他 WDT 定时都不合适,1.9 ms 太短,250 ms 太长。

```
/*******************************************************
 *  名    称:WDT_init()
 *  功    能:设定 WDT 定时中断为 16 ms,开启 WDT 定时中断使能
 *  入口参数:无
 *  出口参数:无
 *  说    明:WDT 定时中断的时钟源选择 ACLK,可以用 LPM3 休眠
 *  范    例:无
 *******************************************************/
void WDT_init()
{
    //-----设定 WDT 为-----
    WDTCTL = WDT_ADLY_16;
    //-----WDT 中断使能-----
    IE1 |= WDTIE;
}
```

从零开启大学生电子设计之路——基于 MSP430 LaunchPad 口袋实验平台

7.12.5 中断服务函数 WDT_ISR()

在 WDT 定时节拍中,启用状态机来判断事件。

```
/***********************************************************
 * 名    称:WDT_ISR()
 * 功    能:响应 WDT 定时中断服务
 * 入口参数:无
 * 出口参数:无
 * 说    明:不能直接判断事件,需启用状态机
 * 范    例:无
 ***********************************************************/
#pragma vector = WDT_VECTOR
__interrupt void WDT_ISR(void)
{
    //-----启用按键状态机-----
    Key_SM();
}
```

7.12.6 Mealy 状态机函数 Key_SM()

采用 Mealy 状态机编写 Key_SM(),或者 Moore 状态机编写的 Key_SM(),调用任何一个都可以。Key_SM()的功能是识别长短键。说明如下:

1) 状态变量 State 只用于本函数中,所以可以定义为静态局部变量。

2) 除了短按状态下允许对 WDT_Counter 计数,其他两个状态都应对 WDT_Counter 作清零处理。

```
/***********************************************************
 * 名    称:Key_SM()
 * 功    能:判断出长短键
 * 入口参数:无
 * 出口参数:无
 * 说    明:本状态机为 Mealy 型状态机,在 switch(State)中需要判断事件
 * 范    例:无
 ***********************************************************/
void Key_SM()
{
    static unsigned char State = 0;       //状态机的状态变量
    static unsigned char Key_Now = 0;     //记录按键的当前电平
    unsigned char Key_Past = 0;           //记录按键的前一次电平
    unsigned char Key_Dect = 0;           //按键状态值
    Key_Past = Key_Now;
```

```
//-----查询 I/O 的输入寄存器-----
if(P1IN&BIT3)      Key_Now = 1;
else               Key_Now = 0;
//-----电平前高后低,表明按下-----
if((Key_Past == 1)&&(Key_Now == 0))
    Key_Dect = 1;
//-----电平前低后高,表明弹起-----
if((Key_Past == 0)&&(Key_Now == 1))
    Key_Dect = 2 ;
switch(State)                        //该状态机靠扫描的按键值 Key_Dect 跳转状态
{
case IDLE:        WDT_Counter = 0;     //空闲状态对计数清零
            if(Key_Dect == 1)    State = SHORT;    break;    //路径 1
case SHORT:     if(Key_Dect == 2)                         //路径 2
                {
                    State = IDLE;
                    P13_OnShortRelease();         //短按事件处理函数
                }
                if(LongClick_Dect())                  //路径 3
                {
                    State = LONG;
                    P13_OnLongClick();            //长按事件处理函数
                }
                                                  break;
case LONG:       WDT_Counter = 0;                          //长按状态对计数清零
                if(Key_Dect == 2)   State = IDLE;  break;       //路径 4
default:          State = IDLE;                     break;
}
}
```

7.12.7　Moore 状态机函数 Key_SM()

采用 Moore 状态机编写 Key_SM(),或者 Mealy 状态机编写的 Key_SM(),调用任何一个都可以。本例中的按键事件要靠 WDT 的定时轮询得到,所以用 Moore 状态机编写没有速度优势,而代码却比较长。

```
/****************************************************
* 名      称:Key_SM()
* 功      能:长短键状态机
* 入口参数:无
* 出口参数:无
* 说      明:本状态机为 Moore 型状态机,在 switch(State)中无需判断事件
```

```
 *  范    例:无
 ***********************************************************/
void Key_SM()
{
    static unsigned char State = 0;                    //状态机的状态变量
    static unsigned char Key_Now = 0;                  //记录按键的当前电平
    unsigned char Key_Past = 0;                        //记录按键的前一次电平

    Key_Past = Key_Now;
    //-----查询 I/O 的输入寄存器-----
    if(P1IN&BIT3)        Key_Now = 1;
    else                 Key_Now = 0;
    //-----电平前高后低,表明按键按下事件-----
    if((Key_Past == 1)&&(Key_Now == 0))
    {
        switch(State)
        {
        case IDLE:WDT_Counter = 0;State = SHORT;break;        //路径 1
        default:break;
        }
    }
    //-----电平前低后高,表明按键松开-----
    if((Key_Past == 0)&&(Key_Now == 1))
    {
        switch(State)
        {
        case SHORT:State = IDLE;P13_OnShortRelease();break;   //路径 2
        case LONG: WDT_Counter = 0;State = IDLE;break;        //路径 4
        default:break;
        }
    }
    //-----长按键事件-----
    if(LongClick_Dect())
    {
        switch(State)
        {
        case SHORT:State = LONG;P13_OnLongClick();break;      //路径 3
        default:break;
        }
    }
}
```

7.12.8　事件检测函数 LongClick_Dect( )

长按键的检测原理是计时,超过某一时长即判定为长键,时长的单位选择为 WDT 定时(周期)值。计时的其他前提条件,例如必须是按键按下时才开始计时,这些都交给状态机去处理。

这个函数是带返回值的,返回 1 代表计时达到门限值,应判定 1 次长按键。

```
/ **************************************************
 * 名    称:LongClick_Dect()
 * 功    能:对 WDT 中断计时,计满清零并返回"长键"信息
 * 入口参数:无
 * 出口参数:1  长按键;  0  非长按键
 * 说    明:无
 * 范    例:无
 **************************************************/
unsigned char LongClick_Dect()
{
    WDT_Counter ++ ;
    if (WDT_Counter == COUNTER_THRESHOLD)
    {
        WDT_Counter = 0;
        return(1);
    }
    else return(0);
}
```

7.12.9　事件函数

这是首次对多个事件进行处理。实际上,随着程序越来越复杂,事件处理函数的数目也会越来越多,这时就有必要建立 Event. c 文件,专门放置事件函数。这样一来,就像在阅读一份《事件响应手册》。

本例中的事件处理函数本身很简单,几乎能念出"声"来:

1) 当"P1.3 按键短按松手"时,P1.0 输出取反。

2) 当"P1.3 按键长按"时,P1.6 输出取反。

不知道大家有没有发现,这两句话就是本例的程序内容! 前面长篇的代码目的就是正确识别"事件",以便决定调用哪个"事件"处理函数。

当我们读一个程序的时候,应该"先见森林后看树木",除了主函数外,应先阅读事件处理函数(森林),再看事件检测函数(树木)。当然,要是碰上初学者不按"事件"函数来编写的程序,就是神仙也看不懂了。

```
/*******************************************************
 * 名      称:P13_OnShortRelease()
 * 功      能:P1.3 的短按事件处理函数,即当 P1.3 键被"短按"后,下一步干什么
 * 入口参数:无
 * 出口参数:无
 * 说      明:使用事件处理函数的形式,可以增强代码的可移植性和可读性
 * 范      例:无
 *******************************************************/
void P13_OnShortRelease()                    //P1.3 的事件处理函数
{
    //-----翻转 P1.3 I/O 电平 -----
    P1OUT ^= BIT0;
}
/*******************************************************
 * 名      称:P13_OnLongClick()
 * 功      能:P1.3 的长按事件处理函数,即当 P1.3 键被"长按"后,下一步干什么
 * 入口参数:无
 * 出口参数:无
 * 说      明:使用事件处理函数的形式,可以增强代码的可移植性和可读性
 * 范      例:无
 *******************************************************/
void P13_OnLongClick()                       //P1.3 的事件处理函数
{
    //-----翻转 P1.6 I/O 电平 -----
    P1OUT ^= BIT6;
}
```

从零开启大学生电子设计之路——基于 MSP430 LaunchPad 口袋实验平台

第 **8** 章

电容触摸

8.1 概　述

近年来,电容触摸这个词越来越流行。比起机械按键,电容触摸按键的优点很多:外观花哨,成本低,容易实现防水、防尘,寿命超长。这些优点使得它想不"火"都难。

电容触摸技术听起来遥不可及,但是原理却并不复杂。如图 8.1 所示,人手指接近金属会使金属对地的电容值增大,想办法测出电容值发生的变化,就能判断按键被按下。至于为什么人体接近就能使金属对地电容值增大,这个就当"规定"好了。

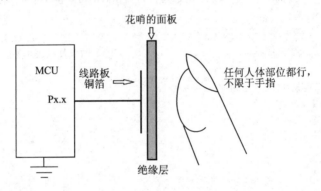

图 8.1　电容触摸原理

最终,电容触摸的问题归结为对电容的测量。电容测量的方法大致有两种,即测充电时间和测振荡频率。MSP430G2553 单片机的 I/O 内部集成了电容振荡功能,完全不需要增加外部元件,所以这里只介绍振荡测频法。

8.2　I/O 振荡与电容触摸按键

图 8.2 所示为带内部振荡功能的 I/O 结构(MSP430G2553 的 P1、P2 口均有该功能)。基本原理就是一个施密特反相器构成的多谐振荡器。没有学过施密特触发器也不要紧,可以把振荡原理先放一放,总之图 8.2 的上半部分将电容的大小转变为与之相关的振荡方波输出至 TAxCLK。

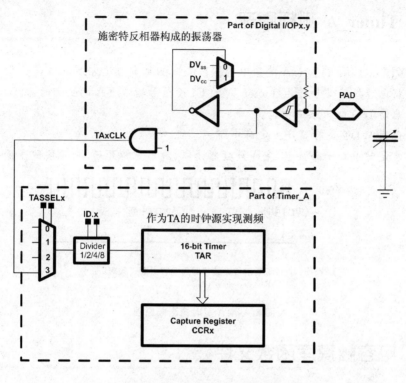

图 8.2 MSP430 内部电容振荡电路

在所有类型的振荡电路中,信号的振荡频率均与振荡电容值成反比, MSP430G2553 的 I/O 电容振荡特性如图 8.3 所示。

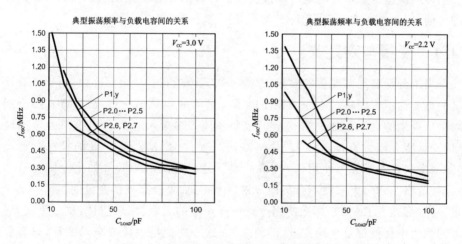

图 8.3 MSP430G2553 的 I/O 电容振荡特性

8.3　Timer_A 测频原理

参考图 8.4,用 Timer_A 测量电容振荡频率的基本方法如下:

1) 将电容振荡信号作为 Timer_A 的 CLK 信号输入 TA 的主定时器。

2) 启动 I/O 口的振荡功能。

3) 使用 WDT 定时器产生定时中断。

4) 在定时中断子函数里,完成计数器读取、清零重新开始、判断按键等操作。

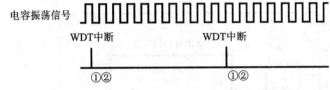

TA操作:① 读取TAR值,该值即为电容振荡"频率";
　　　　② TAR清零,重新计数。

图 8.4　TA 定时器测频原理

8.4　电容触摸库函数文件

要实际写一个电容触摸按键并不是难事,难的是怎样让电容触摸用起来像普通 I/O 按键。这就要靠精心打造的库函数来完成这一任务。

电容触摸库函数可以将电容触摸转变为像普通 I/O 的输入状态寄存器 PxIN 那样进行读取。当然,这个触摸"I/O"本身是不带中断的。

8.4.1　变量与宏定义

每当用到静态局部变量的时候,总要不厌其烦地花一些篇幅介绍,所以正确区分变量的重要性不言而喻。本库函数使用了大量的静态局部变量,初学者看待全局变量与局部变量的观点就如同看待全国粮票和地方粮票,比如:全国粮票为全国通用(全局变量所有函数都能调用),"价格高昂"(独占 RAM),地方粮票只在本地能用(局部变量只在本函数内使用),"价格低廉"(随机分配 RAM)。如果全国粮票和地方粮票"价格"一样,大家就不会买地方粮票来用;如果静态局部变量的"价格"和全局变量一样(都独占 RAM),那么使用静态局部变量的人就会显得很"傻"。事实是,初学者的代码中往往都是全局变量,即使是 i、j 这样的变量也设成全局变量,只有在高人编写的代码中,才会出现各种静态局部变量。

表 8.1 所列为对比三种变量类型。

静态局部变量分为两种:

1) 在文件开头中声明。这说明在本文件中最少有两个函数要调用它,但绝不会跨文件被调用。

2) 在函数中声明。这说明只在该函数中被调用,之所以被设为静态局部变量,是因为"下次再进这个函数时,变量必须保持上次赋值"。

表8.1　全局变量与局部变量

变量类型	声明位置	独占内存	保留原值	作用区间	重要程度
全局变量	文件开头	是	是	整个工程	非常重要
静态局部变量1	文件开头	是	是	本文件	一般重要
静态局部变量2	函数内	是	是	本函数	不太重要
局部变量	函数内	否	否	本函数	不重要

减少全局变量的使用可以增强代码的可读性。变量定义的原则是:

1) 能用局部变量,绝不用静态局部变量。

2) 能用函数内声明的静态局部变量,绝不在函数外声明静态局部变量。

3) 能用静态局部变量的,绝不用全局变量。

```
/* ================== TouchIn.c ==================
 * (1)将 TouchIN_Dect()函数放置于定时中断中,就可以将触摸按键变成普通 I/O 按
       键使用。
 * (2)全局变量 TouchIN 的作用相当于 PxIN 寄存器。
 * (3)触摸按键的识别最终转变为对无中断功能的 I/O 按键识别。
 * ===============================================*/
#include "MSP430G2553.h"
#define KEY_NUM     2              /* 触摸按键数目,根据需要修改 */
// ===========具体触摸按键 I/O 宏定义,根据需要添加代码 ============
#define KEY0_INIT P2DIR &= ~BIT0; P2SEL &= ~ BIT0; P2SEL2 |= BIT0 /* 按键1开启振荡 */
#define KEY1_INIT P2DIR &= ~BIT5; P2SEL &= ~ BIT5; P2SEL2 |= BIT5 /* 按键2开启振荡 */
#define ALL_OSC_OFF     P2SEL2 &= ~(BIT0 + BIT5)            /* 关闭全部触摸振荡 */
/* 门限频率的取值取决于定时扫描的时长,3300 对应的是 1.9 ms 定时情况,
    实际定时可取 1~20 ms */
const unsigned int FREQ_THRESHOLD[KEY_NUM] = {3300,3300};
                                       /* 参考值,需用仿真器查看后调整 */
// -----静态局部变量----
static unsigned int Freq[KEY_NUM] = {0};        //当前测频值
static unsigned char Key_Buff[KEY_NUM][4] = {0}; //软件 FIFO
static unsigned char Key_Num = 0;               //按键编号
// -----全局变量,复杂程序中可以移植到 Global.h 统一管理-----
unsigned char TouchIN = 0;          //相当于 PxIN 寄存器的作用,支持8个触摸按键
//unsigned int TouchIN = 0;          //改用此句代码可支持16个触摸按键
```

在本例中,只有一个全局变量 TouchIN,这个变量将与 I/O 口的 PxIN 寄存器的

从零开启大学生电子设计之路——基于 MSP430 LaunchPad 口袋实验平台

功能对等。在主函数中读取 TouchIN,就相当于在读触摸按键的"输入寄存器"。如果把 TouchIN 设为 8 位字节型变量,则可支持 8 个触摸按键,这与 PxIN 寄存器类似。如果 TouchIN 设为 16 位字型变量,则可支持 16 个触摸按键。

注:宏定义的注释部分使用"/ ∗ … ∗ /"的格式有利于不同的编译工具兼容。

8.4.2 测频函数 Key_Measure_Freq()

测频的原理非常简单,将电容振荡频率输入 TA 主定时器,开启 TA 主定时器,然后在 WDT 定时中断里读 TA 的计数值,该值就是电容的相对振荡频率。这里没必要根据 WDT 定时来换算电容振荡的绝对频率。

```
/***************************************************
*  名      称:Key_Measure_Freq()
*  功      能:测量振荡频率
*  入口参数:无
*  出口参数:无
*  说      明:测量原理是直接对 TA0 主定时器读数。如需使用 TA1 定时器,需修改代码
***************************************************/
void Key_Measure_Freq()
{
    Freq[Key_Num] = TAR;                     //当前编号按键的频率被测得
    ALL_OSC_OFF;                             //关闭所有振荡 I/O
    Key_Num ++ ;                             //切换下一振荡 I/O
    if (Key_Num>= KEY_NUM)      Key_Num = 0; //各触摸按键循环交替
    switch    (Key_Num)
    {
        case 0 : KEY0_INIT; break;           //振荡 I/O 初始化
        case 1 : KEY1_INIT; break;
        default:           break;
    }
    TA0CTL = TASSEL_3 + MC_2 + TACLR;        //增计数清 0,并开始计数
}
```

8.4.3 FIFO 函数 Key_FIFO()

测得振荡频率后,并不能直接判断手指是否接触按键,因为会有各种干扰。本程序抗干扰的方法是用最近 4 次的测量结果来判断。

总是记录最近 4 次结果,这属于"先进先出"FIFO(First Input First Output) RAM 的存储思想。例如,可以占用 4 B 的 RAM,用"人肉"法来模拟 FIFO,因为字节少,数据循环移位即可。如果 FIFO 长度很长,则需要用读写"指针"移位的办法来模拟。如果字节多,则采用逐个数据移位操作就不明智了,后续章节将会介绍写读写

"指针"移位操作 FIFO 的方法。

```
/ * * * * * * * * * * * * * * * * * * * * * * * * * * * * * * * * * * * * *
* 名      称:Key_FIFO()
* 功      能:将当前所测频率与门限电平比较的结果,缓存入 4 B 的软件 FIFO
* 入口参数:无
* 出口参数:无
* 说      明:软件 FIFO 的作用是保存最近 4 次的测量判断结果
* * * * * * * * * * * * * * * * * * * * * * * * * * * * * * * * * * * * */
void Key_FIFO()                                    //存储连续 4 次测量数据
{
    Key_Buff[Key_Num][0] = Key_Buff[Key_Num][1];
    Key_Buff[Key_Num][1] = Key_Buff[Key_Num][2];
    Key_Buff[Key_Num][2] = Key_Buff[Key_Num][3];
    if( Freq[Key_Num]<FREQ_THRESHOLD[Key_Num])        //判断是否识别为按键
        Key_Buff[Key_Num][3] = 1;
    else
        Key_Buff[Key_Num][3] = 0;
}
```

8.4.4 按键仲裁函数 Key_Judge()

有了连续 4 次测量结果,就可以进行按键仲裁了。连续 4 次符合门限要求,则判断为手指接触触摸键;连续 4 次都不符合门限,则判断为手指离开触摸键。结果写入全局变量 TouchIN。在写全局变量时,一定要用位"与"操作,否则会影响其他"触摸按键值"。特别注意代码段中的错误代码示例。

```
/ * * * * * * * * * * * * * * * * * * * * * * * * * * * * * * * * * * * * *
* 名      称:Key_Judge()
* 功      能:按键抗干扰
* 入口参数:无
* 出口参数:无
* 说      明:只有连续 4 次都识别到按键,才算按键被按下;
*            只有连续 4 次都识别不到按键,才算按键被松开
* * * * * * * * * * * * * * * * * * * * * * * * * * * * * * * * * * * * */
void Key_Judge()                    //按键仲裁,只有连续 4 次测量结果一致,才算数
{
    if(    (Key_Buff[Key_Num][0] == 0)&&(Key_Buff[Key_Num][1] == 0)
        &&(Key_Buff[Key_Num][2] == 0)&&(Key_Buff[Key_Num][3] == 0)        )
//        TouchIN = 0<<Key_Num;                    //按键松开(错误代码)
        TouchIN & = ~(1<<Key_Num);                 //按键松开(正确代码)
    if(    (Key_Buff[Key_Num][0] == 1)&&(Key_Buff[Key_Num][1] == 1)
```

```
             &&(Key_Buff[Key_Num][2]==1)&&(Key_Buff[Key_Num][3]==1)        )
//           TouchIN = 1<<Key_Num;                    //按键按下(错误代码)
             TouchIN |= 1<<Key_Num;                   //按键按下
    }
```

8.4.5　触摸检测函数 TouchIN_Dect( )

将测频、FIFO、仲裁 3 个函数打包,就构成了触摸按键检测函数。由于电容触摸已经占用了一个 Timer_A0 模块,如果再用另外一个 Timer_A1 模块作为定时中断,就是"杀鸡用牛刀"了。因此,这个函数最好是放在 WDT 定时中断里执行,并且 WDT 使用 ACLK 以节能。

最后,TouchIN_Dect()务必要在 TouchIN.h 头文件中作外部函数声明。

```
/***************************************************
 * 名      称:TouchIN_Dect()
 * 功      能:触摸按键检测
 * 入口参数:无
 * 出口参数:无
 * 说      明:在定时中断内调用该函数。调用该函数后,全局变量 TouchIN 就相当于 PxIN 了。
 *            此函数需在 Touch.h 中作外部函数声明
 ***************************************************/
void TouchIN_Dect()                      //触摸输入检测
{
    Key_Measure_Freq();                  //测频
    Key_FIFO();                          //软件 FIFO 缓存最近 4 次测量数据
    Key_Judge();                         //仲裁按键是否按下或松开
}
```

8.4.6　库函数头文件

头文件的作用是什么? 很多编译器不引用 h 文件,直接引用 c 文件就能调用外部函数。第 3 章,曾告诉大家不要那样做,应该坚持用头文件引用。下面说明原因。

1) h 头文件中,仅声明真正需要对外引用的函数和全局变量,其他函数都被屏蔽在 c 文件中不可见。

2) 当阅读大型程序时,第一件事不是看 c 文件,而是看 h 文件。

3) 在 h 文件中,我们能立刻聚焦最重要的那些函数和变量,然后再去 c 文件中查看它们是什么。

4) 如果没有 h 文件,我们将在"垃圾"函数的海洋中寻找"宝贝"函数。

```
/*****TouchIN.h******/
#ifndef TOUCHIN_H_
```

```
#define TOUCHIN_H_

extern void TouchIN_Dect() ;               //WDT 中断事件
extern unsigned char TouchIN;              //相当于 PxIN 寄存器作用,支持 8 个触摸按键
//extern unsigned int TouchIN;             //改为此句代码可支持 16 个触摸按键

#endif                                     /* TOUCHIN_H_ */
```

8.5　例程——电容触摸按键

如图 8.5 所示,MSP - EXP430G2 板上 P1.0 接了一个 LED,而在本书配套的 LaunchPad 扩展板上,将 MSP430G2553 的 P2.0 和 P2.5 引出作为电容触摸按键。要求:按下 P2.0 后 LED 亮,按下 P2.5 后 LED 灭,程序运行过程中不阻塞 CPU,并且实现低功耗运行。

注:两块触摸铜皮实际可定义 3 个触摸按键,即手指放中间,两个触摸按键均按下的状态可定义第三个触摸按键——Home。

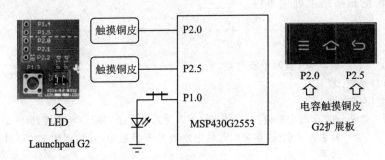

图 8.5　电容触摸按键

8.5.1　主函数部分

1) 须调用触摸按键库函数才能正常运行。

2) 与硬件相关的代码(如 LED)最好进行宏定义处理,这样有利于代码移植和修改。

3) 由于 GPIO 和 WDT 的初始化很简单,所以直接放在主函数里了。

4) 主函数在初始化后一直处于休眠状态,所以 while(1)可有可无。

5) 要知晓程序到底是干什么的,需要看事件处理函数 WDT_Ontime()"怎么说"。

```
#include "MSP430G2553.h"
#include "TouchIN.h"                      /* 触摸按键检测库函数 */
void WDT_Ontime(void);
//-----对硬件相关代码进行宏定义处理-----
#define LED_ON     P1OUT |= BIT0          /* 宏定义 LED 所在 I/O */
```

```
#define LED_OFF     P1OUT & = ~BIT0          /* 宏定义 LED 所在 I/O */
void main(void) {
    WDTCTL = WDTPW + WDTHOLD;               //关狗
    //-----初始化 GPIO-----
    P1DIR |= BIT0;                          //LED 所连 I/O 口 P1.0 设为输出
    P1OUT & = ~BIT0;
    //-----初始化 WDT 定时中断为 16 ms-----
    WDTCTL = WDT_ADLY_16;                   //"超级"宏定义
    IE1 |= WDTIE;                           //使能 WDT 中断
    _enable_interrupts();                   //等同于_EINT,使能总中断
    _bis_SR_register(LPM3_bits);            //等同于 LPM3
    //while(1);
}
```

8.5.2　事件相关函数

WDT 的事件函数比较简单,因为在 WDT 中断中无需再判断事件,直接调用事件处理函数即可。事件处理函数 WDT_Ontime()包含两方面内容:定时扫描电容触摸按键和根据扫描结果处理事件。

```
/************************************************
 * 名      称:WDT_ISR()
 * 功      能:响应 WDT 定时中断服务
 * 入口参数:无
 * 出口参数:无
 * 说      明:WDT 定时中断独占中断向量,所以无需进一步判断中断事件,也无需人工清除
             标志位。因此,在 WDT 定时中断服务子函数中,直接调用 WDT 事件处理函数
             即可
 * 范      例:无
 ************************************************/
#pragma vector = WDT_VECTOR              // Watch dog Timer interrupt service routine
__interrupt void WDT_ISR(void)
{
    WDT_Ontime();
}
/************************************************
 * 名      称:WDT_Ontime()
 * 功      能:WDT 定时中断事件处理函数,即当 WDT 定时中断发生后,下一步干什么
 * 入口参数:无
 * 出口参数:无
 * 说      明:使用事件处理函数的形式,可以增强代码的可移植性和可读性
 * 范      例:无
 ************************************************/
```

```
void WDT_Ontime(void)
{
    //-----首先必须定时扫描触摸按键检测函数-----
    TouchIN_Dect();
    if(TouchIN & BIT0)    LED_ON ;
    if(TouchIN & BIT1)    LED_OFF;
}
```

8.6　例程——电容触摸长短键

第 7 章举了一个例子,用状态机实现了按键长短键识别,那电容触摸能做长短键用途吗? 当然可以。如图 8.6 所示,MSP－EXP430G2 开发板上 P1.0 和 P1.6 各接了一个 LED(用跳线帽连接),P2.0 外接扩展板上的触摸块。要求电容触摸短按键(松手)切换 LED1 状态,长按键(按下)切换 LED2 状态。

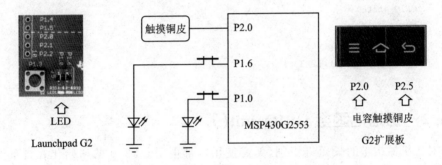

图 8.6　MSP－EXP430G2 板的按键和 LED

这个程序与第 7 章的例子实现功能是一致的,而且它们的状态转换图也一样,如图 7.10 所示。

只要改动几个地方,就可以把第 7 章的机械按键长短键程序移植到电容触摸长短键上来。按键事件本身是由扫描法判断的,所以使用 Mealy 状态机的代码较简洁,本例只提供 Mealy 状态机的写法。Moore 状态机的代码,只需替换 Key_SM()函数,读者可自行完成。

8.6.1　主函数部分

结合普通触摸按键和机械按键的长短键代码,主函数部分很好理解。其中长键判别时间值可根据各人的手感调整。

```
# include "MSP430G2553.h"
# include "TouchIN.h"
//-----对状态进行宏定义-----
```

```
#define IDLE              0
#define SHORT             1
#define LONG              2
#define COUNTER_THRESHOLD 30        /*长键判别门限*/
//-----全局变量-----
unsigned char WDT_Counter = 0;              //用于对按键按下时间进行计数
//-----在 main 函数前提前声明函数----
void GPIO_init();
void WDT_init();
void Key_SM();
unsigned char LongClick_Dect();
void P20_Touch_OnShortRelease();
void P20_Touch_OnLongClick();
/*****为符合阅读习惯,将 main 函数放最前面,但其他函数就必须提前声明***/
void main(void) {
    WDTCTL = WDTPW + WDTHOLD;          //关狗
    GPIO_init();
    WDT_init();
    _enable_interrupts();
    _bis_SR_register(LPM3_bits);
}
```

8.6.2　初始化函数 GPIO_init()

对比机械按键的长短键识别,无需使用内部电阻。P2.0 的初始化在外部文件 TouchIN.c 中已完成。

```
//************************************************
* 名     称:GPIO_init()
* 功     能:设定按键和 LED 控制 I/O 的方向,启用按键 I/O 的上拉电阻
* 入口参数:无
* 出口参数:无
* 说     明:使用触摸按键时,无需使用内部上下拉电阻
* 范     例:无
*************************************************/
void GPIO_init()
{
    //-----设定 P1.0 和 P1.6 的输出初始值-----------
    P1DIR |= BIT0 + BIT6;          //设定 P1.0 和 P1.6 为输出
    P1OUT |= BIT0;                 //设定 P1.0 初值
    P1OUT &= ~BIT6;                //设定 P1.6 初值
    //-----使用 P2.0 触摸按键,不用 P1.3 机械按键了-------
```

```
//    P1REN |= BIT3;                    //启用 P1.3 内部上下拉电阻
//    P1OUT |= BIT3;                    //将电阻设置为上拉
}
```

8.6.3　中断初始化函数及中断服务函数

在中断服务函数 WDT_ISR 中,调用按键状态机前须先调用 TouchIN_Dect(),
这样才能把触摸按键当成普通 I/O 来使用,并且此时 I/O 的输入状态被存在了全局
变量 TouchIN 中(普通 I/O 存在 PxIN 中)。

```
/****************************************************
  * 名     称:WDT_init()
  * 功     能:设定 WDT 定时中断为 16 ms,开启 WDT 定时中断使能
  * 入口参数:无
  * 出口参数:无
  * 说     明:WDT 定时中断的时钟源选择 ACLK,可以用 LPM3 休眠
  * 范     例:无
  ****************************************************/
void WDT_init()
{
    //-----设定 WDT 为-----
    WDTCTL = WDT_ADLY_16;
    //-----WDT 中断使能-----
    IE1 |= WDTIE;
}

/****************************************************
  * 名     称:WDT_ISR()
  * 功     能:响应 WDT 定时中断服务
  * 入口参数:无
  * 出口参数:无
  * 说     明:不能直接判断事件,需启用状态机
  * 范     例:无
  ****************************************************/
# pragma vector = WDT_VECTOR
__interrupt void WDT_ISR(void)
{
    //-----触摸按键状态检测程序必须定时调用---
    TouchIN_Dect();
    //----启用按键状态机----
    Key_SM();
}
```

从零开启大学生电子设计之路——基于 MSP430 LaunchPad 口袋实验平台

8.6.4 状态机函数 Key_SM()

本例中只给出 Mealy 型状态机的代码。触摸长短键的状态机与机械按键状态机的代码基本一致,只有几个差别需要修改:

1) 对按键状态的识别改为读取 TouchIN&BIT0,而不是读 P1IN&BIT3。

2) 电容触摸按键判断按键按下和松开的逻辑与机械按键相反。G2 板上 P1.3 机械按键在之前的例程中都被设置为接内部上拉电阻,所以不按下时是高电平,按下才是低电平。电容触摸按键判断按下,则给 TouchIN 写的是 1,所以这两者的判断逻辑相反。

3) 事件处理函数的名称也有了修改,之前是 P13 为前缀,现在改为 P20 为前缀,还加上了 Touch。

```
/****************************************************
 * 名      称:Key_SM()
 * 功      能:判断出长短键
 * 入口参数:无
 * 出口参数:无
 * 说      明:本状态机为 Mealy 型状态机,在 Switch(State)中需要判断事件
 * 范      例:无
 ***************************************************/
void Key_SM()
{
    static unsigned char State = 0;            //状态机的状态变量
    static unsigned char Key_Now = 0;          //记录按键的当前电平
    unsigned char Key_Past = 0;                //记录按键的前一次电平
    unsigned char Key_Dect = 0;                //按键状态值
    Key_Past = Key_Now;
    //-----查询 I/O 的输入寄存器-----
//  if(P1IN&BIT3)      Key_Now = 1;
    if(TouchIN&BIT0)   Key_Now = 1;            //由 P1.3 改为 TouchIN.0
    else               Key_Now = 0;
    //----- 触摸识别前 0 后 1,表明按下 -----
//  if((Key_Past == 1)&&(Key_Now == 0))
    if((Key_Past == 0)&&(Key_Now == 1))        //与机械按键的逻辑相反
        Key_Dect = 1;
    //----- 触摸识别前 1 后 0,表明松开 -----
    if((Key_Past == 1)&&(Key_Now == 0))        //与机械按键的逻辑相反
        Key_Dect = 2 ;
    switch(State)                              //该状态机靠扫描的按键值 Key_Dect 跳转状态
    {
    case IDLE:         WDT_Counter = 0;        //空闲状态对计数清零
```

```
                 if(Key_Dect == 1)      State = SHORT;      break;     //路径 1
       case SHORT: if(Key_Dect == 2)                          //路径 2
                 {
                 State = IDLE;
//                 P13_OnShortRelease();        //短按事件处理函数
                 P20_Touch_OnShortRelease();  //改为 P2.0 触摸短按事件处理函数
                 }
                 if(LongClick_Dect())         //路径 3
                 {
                 State = LONG;
//                 P13_OnLongClick();          //长按事件处理函数
                 P20_Touch_OnLongClick();    //改为 P2.0 触摸长按事件处理函数
                 }
                   break;
       case LONG: WDT_Counter = 0;                 //长按状态对计数清零
                   if(Key_Dect == 2)     State = IDLE;      break;     //路径 4
       default: State = IDLE;                        break;
       }
   }
}
```

8.6.5　事件检测函数 LongClick_Dect( )

长按键的判别。强调一点,只有在 SHORT 状态下,才能允许对 WDT_Counter 计数,以判断长键。其他 IDLE 和 LONG 状态,都应该对 WDT_Counter 清零(清零代码本身是写在状态机中,不在这个函数里)。不注意这一点,程序看起来也能实现,但现象是长键的门限必须设定很高,"手感"也不是那么好。

```
/***************************************************************
 * 名     称:LongClick_Dect()
 * 功     能:对 WDT 中断计时,计满清零并返回"长键"信息
 * 入口参数:无
 * 出口参数:1  长按键;  0  非长按键
 * 说     明:无
 * 范     例:无
 ***************************************************************/
unsigned char LongClick_Dect()
{
    WDT_Counter ++ ;
    if(WDT_Counter == COUNTER_THRESHOLD)
    {
        WDT_Counter = 0;
        return(1);
```

```
    }
    else return(0);
    }
```

8.6.6　长短按键的事件处理函数

　　事件处理函数除了名字做了适当的修改外,其他都和 P1.3 机械长短键的时间处理函数一样。如果事件处理函数的名字取得恰当,那么只看事件处理函数,就大概知道整个程序想干什么了。由于本例和第 7 章的机械长短键程序做的事情一样,所以事件处理函数当然一样。两个程序不一样的地方在于长短键实现的硬件不一样,所以事件检测方案不同。

```
/ * * * * * * * * * * * * * * * * * * * * * * * * * * * * * * * * * * * *
 * 名　　称:P20_Touch_OnShortRelease()
 * 功　　能:P2.0 的触摸短按事件处理函数,即当 P2.0 触摸键被"短按"后,下一步干什么
 * 入口参数:无
 * 出口参数:无
 * 说　　明:使用事件处理函数的形式,可以增强代码的可移植性和可读性
 * 范　　例:无
 * * * * * * * * * * * * * * * * * * * * * * * * * * * * * * * * * * * */
void P20_Touch_OnShortRelease()                    //P1.3 的事件处理函数
{
    //－－－－翻转 I/O 电平－－－－－
    P1OUT ^= BIT0;
}
/ * * * * * * * * * * * * * * * * * * * * * * * * * * * * * * * * * * * *
 * 名　　称:P20_Touch_OnLongClick()
 * 功　　能:P2.0 的触摸长按事件处理函数,即当 P2.0 触摸键被"长按"后,下一步干什么
 * 入口参数:无
 * 出口参数:无
 * 说　　明:使用事件处理函数的形式,可以增强代码的可移植性和可读性
 * 范　　例:无
 * * * * * * * * * * * * * * * * * * * * * * * * * * * * * * * * * * * */
void P20_Touch_OnLongClick()                       //P1.3 的事件处理函数
{
    //－－－－翻转 I/O 电平－－－－－
    P1OUT ^= BIT6;
}
```

8.7　按键 LED 程序小结

　　参考图 8.7,从第 4 章开始,编写了多个 LED 和按键有关的例程,例程设计按照

循序渐进的原则,代码的编写采用移植的思想,将看门狗定时节拍用到了"出神入化"的地步。在学习时,大家不妨多翻看前面的相关程序,以做对比。这样不仅可以帮助理解程序,更重要的是明白什么样的程序结构可以方便移植。

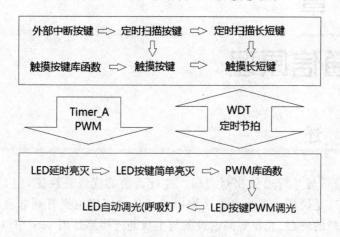

图 8.7　按键与 LED 循序渐进的编程路线图

　　按键和 LED 看似简单,实际包含了对 I/O 输入(按键)和输出(LED)的控制方法,对定时器编程思想的掌握。不能将 I/O 玩弄于"股掌之中",不能把定时器用到"神乎其技",就不要去贪图学习其他"花哨"的外设。外设是教不完、学不完的,只有根基牢固,才能在接下来的单片机学习中,勇往直前而无往不胜。

从零开启大学生电子设计之路——基于 MSP430 LaunchPad 口袋实验平台

第 **9** 章

串行通信原理

9.1 概 述

串行通信是与并行通信相对应的。并行通信的优点是快速,但是用的 I/O 多(信号线多),这是硬伤。现在有办法把串行通信的速度也提升到非常高的水平,例如,当前计算机的硬盘、光驱等高速设备与主板的连接都是用 sata 串口,而不再使用并口线了。多数场合,串行通信都比并行通信有用,当然,串行通信也是单片机学习的难点。

从最基本的原理来讲,串并信号转换的核心单元就是数字电子技术中的移位寄存器。串行数据,移位寄存后,统一送出,就完成了串入转并出。并行数据经移位寄存器依次送出,也就完成了并入串出的原理。

但除了移位寄存这个简单原理外,串行通信的具体实现是大有学问的。首先,梳理清楚一些基本概念,然后分析为什么要这么干。

9.1.1 同步与异步

通信分同步通信和异步通信,先不给出定义,来看图 9.1(a) 和(b)所示的数据流,哪个更像是同步通信?

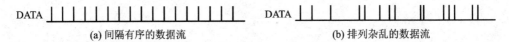

(a) 间隔有序的数据流   (b) 排列杂乱的数据流

图 9.1 同步与异步数据流示意图

一般仅从字面理解,人们会认为图 9.1(b)更像是异步通信,但这个倾向是错误的。异步通信,是指通信双方按照事先约定好的时钟速率(波特率)来进行通信,因为没有公共的时钟线,所以通信双方的数据必须"整齐划一"。因此,异步通信数据流应该是图 9.1(a)。同步通信的双方拥有公共时钟,按时钟信号来更新数据,所以数据流不一定要"整齐划一"。

下面举两个通俗的例子来加以说明。

1) 谍战中,A 和 B 事先约定好,每天下午 3 点在某处接头,那么这就属于异步通信,因为间谍 A 和 B 必须根据自己的手表确定是否到 3 点。而且由于事先约定,所以他们只能每天下午 3 点接头,不能临时改时间。这样一来,把通信时序按时间轴排列,就会是图 9.1(a)所示那样整齐。

2) 恋爱中,每天 A 通过打电话给 B 来确定约会的时间、地点,这个就属于同步通信,手机就是公共的时钟线。A 可以选择方便的时候出门约会,而 B 不用带手表,拿着手机等召唤就行了。由于手机的存在,所以 A、B 不用事先约定几点,任何时候都可能约会。这样一来,约会的时刻就会是图 9.1(b)所示那样了。

当然,图 9.1 仅仅是个示意图,严格意义的同步异步应结合时钟线来看,同步通信当然也可以"整齐划一"。

9.1.2 单工、全双工、半双工

在通信中,单工、全双工、半双工这几个词经常能看到,什么意思呢?

1) 能同时收发就是全双工,比如打电话,双方可以"对吼"。

2) 数据能收能发,但要分时进行就是半双工,比如对讲机。一方按下按键,只能说话(发送数据),另一方只能收听。当一方说完后必须加一句 over,然后就得松开按键(接收数据),对方听到 over 就知道对方讲完了,这时才能按下按键说话(发送数据)。

3) 只能单向通信就是单工了,比如广播,当播音员播音时(发送数据),听众永远只能是听众。

9.1.3 并行通信的数据线

为了对比,先说并行通信。并行通信需要多少根数据线呢? 如图 9.2 所示,为一种并行通信的硬件接口,由以下几个部分组成:

1) 时钟 CLK。为什么要有时钟呢? 因为有时钟才能知道数据什么时候已经被更新,可以读取下一批数据。任何通信都需要有时钟,区别在于,是公共的同步时钟还是各自的异步时钟。并行通信是高速通信,一般都用同步时钟。

2) 数据 D0~D7。并行通信与串行通信最大的区别就在于每个时钟 CLK 传输的数据是 1 位(串行)还是多位(并行)。图 9.2 中的数据线是 8 位,说明每个时钟可以传输 1 字节(8 位)数据。可不可以有更多的数据位呢? 当然可以,比如传输彩屏显示数据,采用 24 位数据线,红、绿、蓝三色各占用 8 位,最终构成24 位真彩色(16.7M 色)。

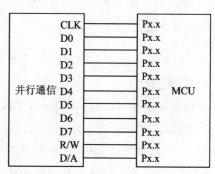

图 9.2 一种并行通信的数据线

3) 读写控制位 R/W。在并行通信

中,一般不会同时要求高速双向通信,那样的话就必须读写各安排N条数据线。所以,在读写共用数据线的情况下,需要由一个控制位来决定数据流的方向。

4)数据地址控制位D/A。并行通信往往是直接往存储单元中读写数据,因此在传输数据时,必须知道读写数据的地址。那么增加一个读写控制位可以确定本次数据是地址还是数据。在传输彩屏显示数据中,读写的地址往往是连续的(俗称刷屏),也就是写一次地址然后连续刷N个数据,所以不宜挤占24位高速数据线来传输地址。在这种情况下,地址的读写往往用串行数据接口独自完成(一般为SPI)。

9.1.4 串行通信数据线

串行是不是只需要一根线就行呢?当然有这种情况,比如,海上用信号灯的亮灭来传递信号(通信距离3~4海里)。一根线通信最大的问题就是慢,非常慢,虽然串行通信是为了省信号线,但也不意味着光省钱不用过日子了。因此,适当增加信号线可以在性能和价钱上找到一定的平衡点,即性价比。

1. 一线通信

只有一根信号线进行通信的情况称为一线通信。这种通信显然是异步通信,最多是半双工。自然界很多信号的变化是非常缓慢的,所以一些传感器可以使用一线通信。例如测温、称重,都不需要太快的通信速率。对比前面提到的并行通信,可以想象一线通信会有多慢。

1)在真正传输"有用信号前",需要先确定信号的流向(读还是写)。

2)由于没有同步时钟,每位数据的间隔必须足够大,以容忍时钟的频差和相差。

一线通信器件多机连接如图9.3所示。

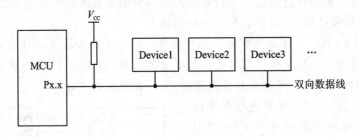

图9.3 一线通信器件多机连接

2. 二线通信

当增加一根信号线时,我们就有了两种选择:

1)增加同步时钟线。这样一来,虽然也得判断信号流向,但是每位数据的间隔可以很小(波特率高)。图9.4所示为二线同步通信的多机连接。一根线为公共时钟线,由主机控制;另一根线为双向数据线,由数据发送方控制。哪台设备当主机,谁发送数据,这些则由一整套通信协议规范来实现。

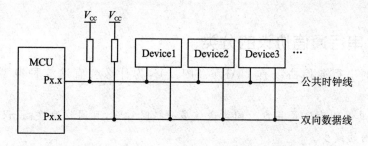

图 9.4 一时钟线和一数据线的多机通信连接

2）增加数据线。一根线负责收，一根线负责发，构成全双工通信，这样也能成倍提高效率，如图 9.5 所示，收发端的数据方向恒定不变，两设备交叉连线。

3. 三线通信

有了 3 根线，就可以有一根时钟线、一根数据发送线和一根数据接收线了。这样一来，速度又可以加快了。如图 9.6 所示，需规定主机、从机，同步时钟由主机控制。

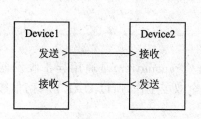

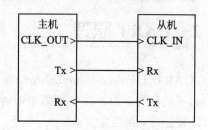

图 9.5 二线全双工通信连接   图 9.6 三线全双工通信连接

根据具体应用，继续增加信号线可获得其他好处，这里就不一一举例了。

1）全双工时，往往不宜多机对等通信，最多是一主多从（除非给每个主机增加使能控制线）。

2）而半双工时，则很容易"并联"成多机通信，通过总线仲裁和地址广播等办法来实现任意设备之间的通信。

9.1.5 什么是通信协议

简单说，就是通信的双方要约定 1、0 序列代表什么含义，就像可以用"三长两短"代表危险一样。如果是自己使用两片单片机进行通信，那么想怎么规定数据流的含义就怎么规定，谁也管不着。但是，自定义的通信协议有以下几个缺点：

1）自编通信协议的效率不高，会有 bug。成熟的通信协议都是人类集体智慧的结晶。

2）不是通用协议，不能与"别人"进行通信。协议这个东西，和霸王条款差不多。

3）成熟的通信协议有相应的硬件支持，可以在通信时减轻 CPU 的负担，增强

从零开启大学生电子设计之路——基于 MSP430 LaunchPad 口袋实验平台

151

性能。

9.1.6 串行通信协议的分类

常见的串行通信协议有 UART、SPI、I²C,为什么会有这 3 种典型的串行通信呢?

1)看其是同步还是异步。同步通信多一根时钟线,且通信速度高、误码率低,而异步通信用的线少。

2)全双工还是半双工。全双工的速度快,但是不方便多主机通信。大家可以试试能否用收发两根数据线实现多主机完全对称地连接。对于就一根数据线的半双工通信,所有设备不分主从都并联上就行。

UART、SPI、I²C 实际是上面两个因素取部分优点的结果。

1)两线:异步+全双工=UART=慢+不能多主机。

2)三线:同步+全双工=SPI=快+不能多主机(再加数据线才行)。

3)两线:同步+半双工=I²C=慢+可以多主机。

9.2 UART 原理

UART(Universal Asynchronous Receiver/Transmitter)是通用异步收发器的缩写,一般称为串口。由于不需要时钟线,且为全双工工作,所以 UART 有两根数据线,即发送 Tx 和接收 Rx。

9.2.1 UART 双机通信

图 9.7 所示是双机进行串口通信的硬件连接,没有公共时钟线且全双工工作,所以也就无所谓主机、从机概念,即一台设备的接收相当于另一台设备的发送。

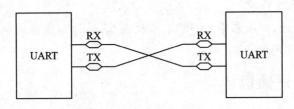

图 9.7 双机串口通信

UART 通信协议的数据帧格式如图 9.8 所示。首先是一个起始位,然后是 7 或 8 位可选的数据位,0 或 1 位可选的地址判别位,0 或 1 位可选的奇偶判别位,1 或 2 位可选的高电平停止位。

从通信效率来说,所有非数据位都是额外"开销",都会影响效率。但是,所有通信协议的数据帧结构都是经过"千锤百炼"的极品设计,绝没有哪位是多余的。

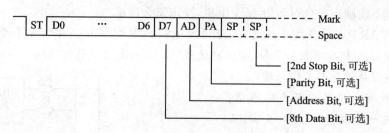

图 9.8　UART 数据帧格式

1) 起始位 ST 是高电平到低电平下降沿触发的。也就是每传输 7 或 8 位数据都要消耗一个起始位,这是非常"肉疼"但又必须的。为什么要起始位呢? 因为是,当异步通信时,设备双方的时钟一定不相等(差别百万分之一也不行),为了消除累计误差,必须引入起始位。

2) 数据位 7 或 8 位。为什么会有 7 或 8 位的数据长度选择呢? 原因是,1 字节是 8 位,按理说应该都是 8 位传输才对,但不是所有类型数据都是 8 位的,比如 ASCII 码,7 位就够了。假如传输的都是 ASCII 码,不就赚到了 1 位吗? 能省则省。

3) 地址位(Address Bit)。0 表示前面的 7 或 8 位是数据,1 表示是地址。这在一主多从的通信中有用。在图 9.2 这样的双机通信里肯定是不用的,可以省略。稍后会解释,在多机通信里,也有办法省掉。

4) 奇偶校验位(Parity Bit)。在数据的发送设备上预先计算本次发送数据中"1"的个数是奇数还是偶数,并在奇偶校验位标识出来。数据接收端设备收完数据后,也会计算数据中"1"的个数,与奇偶校验位作对比,如果对不上则传输一定有错误(但即使奇偶校验位对上,也不代表没错误)。对于非常重要的数据,奇偶校验是远远不够的,比如硬盘数据的存取,采用的是 CRC 循环冗余校验。这里不介绍具体校验的原理,只说明一点,"甘蔗没有两头甜",要误码率低,就要用更多的位来进行校验。校验位比数据位长度还长的情况也是常见的。奇偶校验虽然占位少,但是效果实在不咋地,基本上很"鸡肋",所以经常见到的串口通信都选择"无校验"。

5) 停止位 SP,数据传输完后,需至少维持高电平 1 或 2 位才能重新开始下一帧的传输。当然,歇个 10 天半月都是高电平再开始下一帧也是可以的。也就是说,1 或 2 位是最少需要的"休息"位。为什么会有 2 位的要求呢? 这不是浪费吗? "休息"位也是用来校准异步通信时钟误差的,"休息"位越长,对两个时钟差值的容忍程度就越高。根据设备实际数据传输速率和时钟匹配程度的不同,需要最少 1 位或者 2 位的停止位。

9.2.2　UART 多机通信

UART 可以一主多从进行通信,如图 9.9 所示。主机的 Tx 连上全部从机的 Rx,主机的 Rx 连上所有从机的 Tx。在全双工模式下,多主机是不可能的。大家可以试试能不能画出完全对等的 N 个主机,线该怎么连接。

注:UART 如需多主多从通信,可借助 RS485 接口实现。具体可参考 RS232、RS422、RS485 标准的相关资料,并注意这些"标准"与本文中通信"协议"的区别。

一主多从的基本工作原理:

1) 所有从机只能与主机通信。每次只能一个从机与主机通信,从机之间想传递信息,只能间接通过主机"捎话"(注意这里用的词是"捎话"而不是"中转")。

2) 主机先发送地址帧,所有从机都接收,并判断是不是"喊自己",要是喊自己,则开始通信。其他从机继续"监听"主从通信是否完毕。

3) 如果主从通信完毕,则大家又打起精神看是否有"面圣"的机会。

4) 按照判别数据/地址帧的方法来区分,有地址位和空闲帧两种方法。

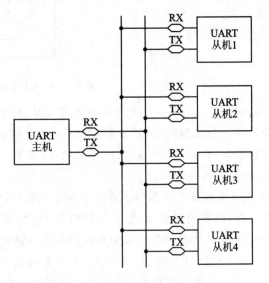

图 9.9　一主多从串口通信

9.2.3　地址位模式多机通信

图 9.10 是地址位模式的多机通信,在每帧中插入了一个地址位 Address Bit。

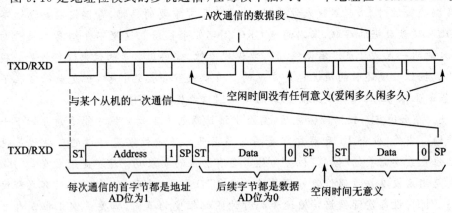

图 9.10　地址位模式多机通信

1) 当地址位是 1 时,说明本帧是地址帧,于是每个从机都"打起精神",认真比对地址是否与自己家的一样。

2) 如果与本机地址一样,则意味着接下来的数据帧是给自己的,可以打开"仓门"准备收货,当然也意味着自己也可以给主机"纳贡"。

从零开启大学生电子设计之路——基于 MSP430 LaunchPad 口袋实验平台

3）如果不是，则需等下一个地址帧的到来。这接下来的数据帧与自己无关，当然也不许发数据给主机。

使用地址位的方法非常好理解，但是也存在缺陷。如果主机与从机一次要通信很长时间，而且在这段时间内并不更换从机，但每个字节后都有一个地址位（一直为0），那么就造成了浪费。于是就有了不需要地址位的"空闲帧"判别方法。

9.2.4　空闲帧模式多机通信

对于每次对同一从机都发送很多数据的情况，采用空闲帧模式的效率更高。

1）图 9.11 所示的空闲帧模式多机通信不带地址位，默认第一帧一定是地址帧。

2）同样各从机也判断是否在"联系"自己。接下来的帧都是数据帧，被选中地址的从机开始与主机双向通信。

3）如何判断与当前从机的通信结束了呢？用连续 10 位以上的"1"来表示本次通信结束即可。

4）当各待命从机检测到 10 位以上的"1"的时候，就代表"新的机遇"来了，下一个帧是地址帧，说不定可以轮到自己"上场"呢。

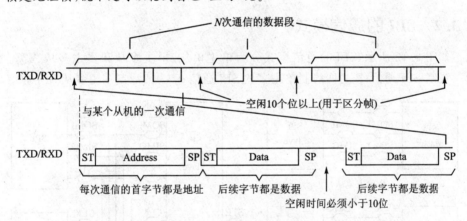

图 9.11　空闲帧模式多机通信

从原理看，两种方式各有优点。如果主机每次和从机"对话"都言简意赅，那么地址位判别的效率就高；如果每次对话都没完没了，那么就是空闲帧判别的效率高。

9.2.5　UART 小结

1）理解通信协议的关键是理解数据帧各位的含义，最好明白为什么这么设计数据帧。

2）理解地址的概念有助于理解多机通信的机理，地址的概念是多机通信的基础。

3）理解地址位模式与空闲帧用于判别地址帧的区别以及各自的优势。

9.3　SPI 原理

9.3.1　SPI 的数据接口

SPI(Serial Peripheral Interface)是串行外设接口的简称,是一种同步全双工通信协议,由 3 根或者 4 根数据线组成,包括 CLK、SOMI、SIMO、STE。

1) CLK 为时钟线,由主机控制输出。

2) SOMI 是 Slave Output Master Input 的缩写,如果设备被设定为主机,那么这就是输入口;如果设备被设定为从机,那么这个口就是输出口。这与 UART 的 Tx 和 Rx 方向恒定相区别。

3) SIMO 是 Slave Input Master Output 的缩写,同样由配置为主或从模式决定是输入还是输出口。也就是说,器件内部是有读写切换开关的。

4) STE 是 Slave Transmit Enable 的缩写,在不同器件中也经常被写作片选 CS (Chip Select)或从机选择 SS(Slave Select),都是一个意思。

9.3.2　SPI 的通信模式

如图 9.12 所示,SPI 的通信模式分为单主单从、单主多从和多主多从三类。A 为三线制 SPI 通信;B 为四线制单主多从 SPI 通信;C 为四线制多主多从 SPI 通信。

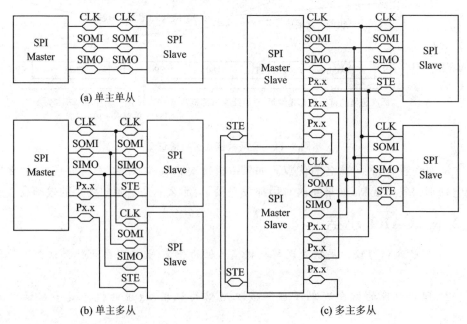

图 9.12　SPI 通信的各种连接

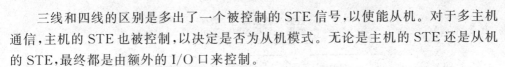

三线和四线的区别是多出了一个被控制的 STE 信号,以使能从机。对于多主机通信,主机的 STE 也被控制,以决定是否为从机模式。无论是主机的 STE 还是从机的 STE,最终都是由额外的 I/O 口来控制。

从图 9.12 可以看出,SPI 通信要实现多机通信是以多占用 I/O 来实现的,所以,用途最多的是三线 SPI 或者一主多从的四线制 SPI,而多主多从的 SPI 极少使用。

9.3.3 SPI 协议时序图

图 9.13 是 SPI 通信的时序图,其中有两个控制位需要讲解一下:

1) CKPH 是 CLK 相位控制位,CKPL 是 CLK 极性控制位。

2) 两位如何设置对通信协议没有本质影响,只是用来约定在 CLK 的空闲状态和什么位置开始采样信号。

3) CKPH=0,意味着在以 CLK 第一个边沿开始采样信号,反之则在第二个边沿开始。

4) CKPL=0,意味着时钟总线低电平位空闲,反之则是时钟总线高电平空闲。

在标准 SPI 协议中,先发送的是最高位(MSB),在四线制模式下,片选信号(STE/CS/SS)控制传输的开始。在三线制模式中,则是从机始终激活,依靠时钟来判断数据传输开始。

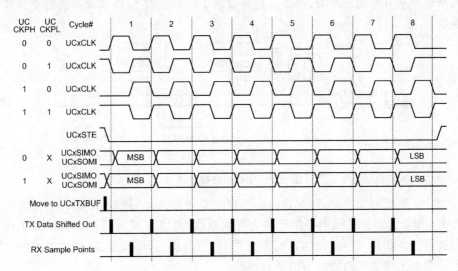

图 9.13 SPI 通信协议时序图

说明:很多初学者看不懂芯片说明书中数据流的表示方式,这里额外说明一下。如图 9.14 所示,有高低两根线的区域表示数据。既然是数据,当然可能是高电平 1,也可能是低电平 0。两线交叉的位置表示数据改变时刻,此时数据不能被读取。平行线区域则表示数据已稳定,可以被读取。

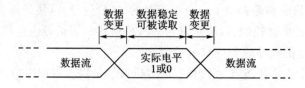

图 9.14　数据流表达方式

9.4　I²C 原理

SPI 的特点是结构简单,速度快,从原理上最不需要动脑子。但是,由于 SPI 所用数据线实在太多,多一个从机就得多一条线,而且多主机实现起来也要加线。于是,I²C(Inter-Integrated Circuit)只用两根线、几乎无限主从机的协议诞生了。

9.4.1　I²C 的"线与"结构

I²C 是"线与"输出的标志性电路,将"线与"的优点完整展现出来。图 9.15 所示的 I²C 总线硬件连接中,共有两条总线,即串行时钟线和串行数据线。两条总线都被上拉电阻拉到 V_{cc},所有 I²C 设备都挂载在总线上,各设备的地位对等,都可作为主机或从机。从分配地址来看,最多可挂载设备 1 024 个,实际挂载设备数量受总线电容限制。

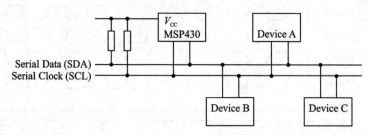

图 9.15　I²C 总线硬件连接

"线与"逻辑的规则是,每个设备都可以把总线接到地,拉低,却不许把总线电平直连 V_{cc} 而置高。把总线电平拉低称为占用总线,总线电平为高等待被拉低则称为总线被释放。利用"线与"结构,I²C 制定了"神乎其技"的协议规范,仅用 2 根线就完成了任意多主多从双向通信中的所有难题。

9.4.2　I²C 协议的基本规范

如图 9.16 所示,I²C 协议的完整帧包括起始位、地址位、读写位、应答位、数据位、应答位、数据位、应答位、停止位等。

1) 从起始位到停止位,所有的数据都是主机与符合地址位的从机之间进行的通信。

2）从起始位开始，每帧数据都是 9 位。其中，第一帧是由 7 位从机地址、1 位读写标识位、1 位数据接收方应答位组成，后续的每帧都是由 8 位数据和 1 位数据接收方应答位组成。

3）如果读写标识 R/$\overline{W}$=0，表示主机向从机发送数据，则应答位 ACK 由从机负责拉低。从机在完整收到地址或数据后拉低 SDA 数据总线，表示正确接收；如果不应答则表示数据接收错误。

4）如果读写标识 R/$\overline{W}$=1，表示主机自从机接收数据，则应答位 ACK 由主机负责拉低。

5）主机发出第一帧地址和读写位后，地址符合的从机拉低总线，产生 ACK 应答信号。主机开始收或发（视 R/$\overline{W}$）下一帧，直到产生停止位。这期间，其他从机不接收数据，仅判断停止位是否出现，等待下一次比对地址通信的机会。

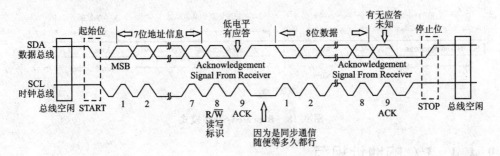

图 9.16　I²C 协议的帧格式

9.4.3　I²C 协议的起止位

如图 9.16 和图 9.17 所示，I²C 协议的数据线电平仅允许在时钟低电平时改变。为什么要这么规定，反过来规定行不行？原因如下：

1）低电平时允许改变数据，高电平时读取数据，这意味着数据的传输时刻在上升沿。

2）"线与"逻辑是，谁都能拉低时钟总线产生下降沿，而产生上升沿却要"大家"都同意。

3）这样一来，主机就不能强行收发数据，一定要从机"同意"才行。也就是，如果从机"没空"收发数据，就可以拉低 CLK，让时钟线产生不了上升沿。

4）试想，如果改为下降沿传输数据，那么主机就可以不顾从机的反对"强买强卖数据"了。

数据线电平在时钟低电平时改变是正常传输数据的状态，那么时钟高电平时改变数据线电平就可以赋予其他含义，这是非常巧妙的设计。

1）在时钟线高电平时，数据线下降沿代表了起始位 START。

2）在时钟线高电平时，数据线上升沿代表了停止位 STOP。

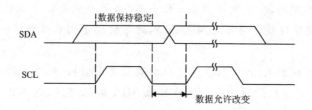

图 9.17　I^2C 协议数据允许改变时刻

试想这样一种情况,从机往主机发送信息,主机突然改主意,打算和其他从机通信,怎么办? 如图 9.18 所示,主机可以直接重新给起始信号,称为 Repeated Start。Repeated Start 后,主机发出新的地址,重新选择从机通信。

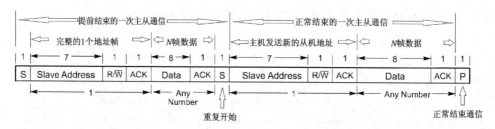

图 9.18　Repeated Start 模式

9.4.4　I^2C 的地址规范

I^2C 总线的地址位分为 7 位和 10 位两种,实际上能够挂载的器件数量受总线最大电容 400 pF 的限制。为什么地址位会有 7 位呢? 7 位地址、1 位读写标识和 1 位应答构成 9 位帧,和普通数据帧 9 位兼容。至于 10 位地址,则可表达 1 024 个地址,按 400 pF 的总线电容限制,每个器件能引入的电容仅 0.4 pF,已是极限。所以 10 位地址足够。而 7 位地址已经可表示 128 个器件,能满足绝大多数需求。

1) 7 位地址模式。如图 9.19 所示,起始位后的首帧为 7 位地址、1 位读写标识位、1 位应答位,后续帧均为数据帧,直到停止位出现(或者是重复起始 Repeat Start)。

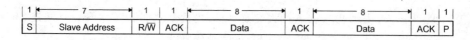

图 9.19　7 位地址模式

2) 10 位地址模式。如图 9.20 所示,起始位后的首帧中,前 5 位固定为 11110(非表示地址),后面仅跟 2 位地址,然后是读写标识和应答。第二帧的 8 位数据作为地址的后 8 位。

3) 这种方式可以做到 7 位地址与 10 位地址兼容。10 位地址不过是把第二帧的数据继续当后续地址罢了。

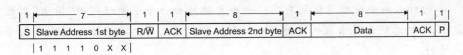

图 9.20　10 位地址模式

处理器作为从机还好,看上哪个地址用哪个,只要地址不冲突,"吱一声"的事儿。外设从机的地址如何设定?

1) 有的 I^2C 协议的芯片由于引脚匮乏,其 I^2C 从机地址被固化在芯片内部,同一型号芯片有若干种 I^2C 从机地址的子型号出售,以芯片后缀来区分。这类芯片在购买时一定要看清子型号,买了再退货就难了。

2) 有的 I^2C 协议的芯片则是在外部有数目不等的专用地址引脚,可以依靠对地址引脚上拉、下拉、高阻来设定地址。

9.4.5　I^2C 的多主机仲裁

I^2C 协议是完全对称的多主机通信总线,任何一个设备都可以成为主机从而控制时钟总线。但同一时间,只能有一个主机控制总线。当有两个或两个以上器件都要与别的器件进行通信时,则需要仲裁究竟由谁控制总线。

1) 只有监听到停止位,总线空闲时,才能争夺总线。这里需要强调一点,所有 I^2C 设备都必须同时遵守 I^2C 总线协议规范,才能正确通信,如果有一个器件"不守规矩",通信协议便会失败。打个比方,某器件可以永久地把时钟总线和数据总线拉低,那么所有都不能通信了。主机 A 和从机 B 正在通信,按规范,从机 C 只能等结束位或者重新开始位到达后,才能有所行动(争夺总线成为主机或者监听地址参与通信)。

2) 争夺总线的过程(见图 9.21)则称为仲裁。基本规则是,谁打算与地址小的从机通信,谁占总线。Device 1 打算与 101xxx 地址的器件通信,而 Device 2 打算与 100xx 地址的器件通信。当两者竞争到箭头位置时(见图 9.21),Device 1 释放总线,而总线却被 Device 2 拉低,Device 1 竞争失败。Device 1 应变为高阻状态退出总线竞争。有人要问,Device 1 不退出竞争怎么办?这属于"无赖",任何 Device 不遵守规则,通信都无从谈起。

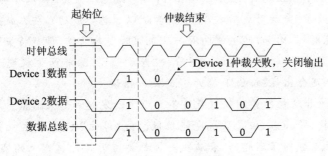

图 9.21　总线仲裁过程

从零开启大学生电子设计之路——基于 MSP430 LaunchPad 口袋实验平台

3）为什么与小地址通信优先呢？一个大地址和一个小地址同时"输出"到数据总线上，数据总线表现出来的只能是小地址。Device 2 甚至都不知道还有和它争夺多总线的。

4）在仲裁过程中，两主机的时钟肯定不会一样，这时就有时钟同步的问题。如图 9.22 所示，Device 1 和 Device 2 的时钟不同步，两者"线与"之后，才是总线时钟。所有器件都必须遵守最终的总线时钟，而不应"只认"自己输出的时钟。如果有的从机通信速度慢，则该从机可以拉低时钟总线，让大家等它。形象点说就是拖大家后腿。

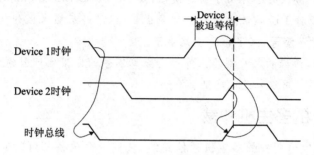

图 9.22　时钟总线同步过程

9.4.6　I²C 小结

I²C 通信的规则比较复杂，下面总结 4 点：

1）I²C 通信的基石是"全程监听"总线。UART 或 SPI 通信时，I/O 口的状态可确定是输入还是输出。I²C 则不一样，在任何时候所有设备的 SCL I/O 口和 SDA I/O 口都必须是"输入口"，去"全程监听"时钟总线和数据总线，否则 I²C 协议寸步难行。

2）主机负责提供 CLK，但从机可以随时拉低时钟总线电平，强迫主机等待从机。主机并不能随心所欲地按自己"发出"的主机 CLK 来控制数据线发送/接收数据，总线 CLK 可以与主机 CLK 不一致，一切都要以总线 CLK 为准。所以，不仅从机要"监听"时钟总线，主机同样也要"监听"时钟总线。

3）多主机仲裁时，主机一旦发现自己发出的是 1，而监听数据总线的电平是 0，就说明仲裁失败了。任何时候，本机输出 1，而总线电平是 0，则只有两种情况：要么是仲裁阶段失败了（失败乃成功之母，不断尝试以后总会成功），要么就是通信出现致命错误（这个无解）。比如，两主机向同一从机同时发起通信，仲裁将失效。两主机都以为自己控制了总线，结果在发送数据阶段"悲剧鸟"。除非两主机发送的数据也完全一样，否则一定会出现"输出 1 监听 0"的致命错误。

4）I²C 主机和从机的差别仅仅是可不可以主动发起和结束通信。从时钟总线来看，主机虽然"提供"CLK，但是从机也能拉低总线"停住"CLK。主机并不因为自己提供了 CLK 就有任何了不起的，和从机一样都要监听时钟总线上的实际 CLK 而控制数据位。所以，主机提供的 CLK 不过是白白做贡献而已。

从零开启大学生电子设计之路——基于 MSP430 LaunchPad 口袋实验平台

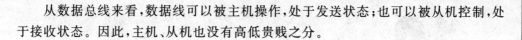

从数据总线来看,数据线可以被主机操作,处于发送状态;也可以被从机控制,处于接收状态。因此,主机、从机也没有高低贵贱之分。

9.5　小　结

1) 介绍串行通信的一些基本概念,包括同步、异步、全双工、半双工等。不仅要知道有这些分类,还要知道为什么这么分类。

2) 详细解释了 UART、SPI、I^{2}C 三种通信协议的规范,要清楚为什么规则这么制定。

3) 有了对协议规范的理解,完全可以纯软件模拟各种协议进行通信,这也是用好硬件协议模块的基础。

4) 硬件通信模块的相关知识将在第 10~12 章详细介绍。

第 **10** 章

USCI 的 UART 模式

10.1 概　述

USCI 全称为 Universal Serial communication Interface，通用串行通信接口。MSP430G2553 单片机中带一个 USCI_A 模块和一个 USCI_B 模块。其中，USCI_A 可配置为 UART、LIN、IrDA、SPI 模式，而 USCI_B 可配置为 SPI 和 I²C 模式。

本书用三章讲解最常用的 3 种串行通信模式 UART、SPI 和 I²C。LIN（Local Interconnect Network）和 IrDA（Infrared Data Association）两种通信初学者可暂不接触。

在第 9 章详细介绍了 UART 的原理，所以完全可以用 CPU 和定时器纯软件实现 UART 串口，但是，这样会给 CPU 带来很大的负担。有了 USCI 模块，UART 串口通信将变得非常简单。举个例子：

1) 使用纯软件实现 UART 串口通信，相当于没有邮政系统的原始社会，送信、收信甭管相隔多远都必须倾力亲为。

2) 硬件通信模块相当于邮局（USCI），只要填写收、寄地址人员电话等信息（USCI 初始化），其他的收发邮件（数据）等事情都可以交给邮局（USCI）。

3) 发邮件只需将邮件（数据）放入邮筒（发送缓冲器 TXBUF），邮局（USCI）自动地会发出邮件，发送完毕还会电话通知（中断）。

4) 收邮件只需查看自家邮箱（接收缓冲器 RXBUF）就行，有邮件时，邮局同样会电话通知（中断）。

5) 初始化完成后，只需操作发送缓冲器 TXBUF 和接收缓冲器 RXBUF 即可。

10.2 UART 的初始化

10.2.1 使用 Grace 配置 UART

打开 Grace，在 USCI_A0 功能中选择 UART 模式，如图 10.1 所示。

图 10.2 为 UART 的 Grace 高级配置。为了方便标注，框图排列做了一些调整。

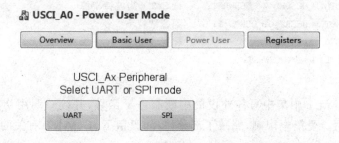

图 10.1　Grace 中 USCI_A0 模块工作模式选项

对于初学者来说,使用 UART 只需要设置好时钟来源和波特率。一般,数据位设为 8 位,奇偶校验可以不选,停止位设为 1 位。

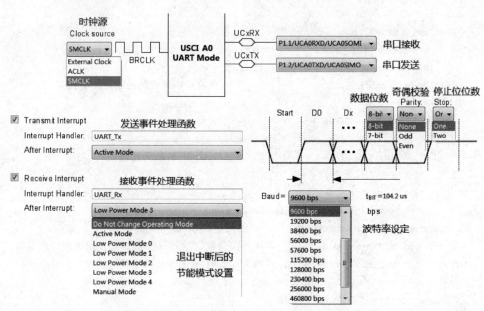

图 10.2　UART 的 Grace 高级配置

10.2.2　UART 初始化代码

将 10.2.1 小节 Grace 配置保存并编译,可得到 UART 初始化代码。在 USCI_A0_init.c 中得到 USCI_A0 的初始化代码,受篇幅限制,删减了部分注释。

```
# include <msp430.h>
/* ======== USCI_A0_init ========
 *   Initialize Universal Serial Communication Interface A0 UART 2xx */
void USCI_A0_init(void)
{
    UCA0CTL1 |= UCSWRST;
```

从零开启大学生电子设计之路——基于 MSP430 LaunchPad 口袋实验平台

```
    UCA0CTL1 = UCSSEL_2 + UCSWRST;    //设 SMCLK 为波特率源
    UCA0MCTL = UCBRF_0 + UCBRS_1;     //配置波特率
    UCA0BR0 = 104;                    //配置波特率
    UCA0CTL1 &= ~UCSWRST;
}
```

在 CSL_init.c 中集中写各外设的中断服务子函数,并统一调用初始化函数,以便阅读和改写。受篇幅限制,删减了部分注释,只留下与 UART 有关的代码。

```
/*   ======== CSL_init.c ========
 * external peripheral initialization functions */
...
extern void USCI_A0_init(void);

...
#include <msp430.h>
/*   ======== CSL_init ========
 *   Initialize all configured CSL peripherals */
void CSL_init(void)                      //所有片内外设的初始化集中在此
{
    WDTCTL = WDTPW + WDTHOLD;            //关狗
...
    USCI_A0_init();                      //USCI_A0 的初始化函数
...
}
/*   ======== Interrupt Function Definitions ========
   Interrupt Function Prototypes */
extern void Tx_Finish(void);      //声明外部函数(在 Grace 中配置的发送事件处理函数)
extern void Rx_Finish(void);      //声明外部函数(在 Grace 中配置的接收事件处理函数)
/* ======== USCI A0/B0 TX Interrupt Handler Generation ======== */
#pragma vector = USCIAB0TX_VECTOR
__interrupt void USCI0TX_ISR_HOOK(void)
{
    UART_Tx();                          /* 在 Grace 中配置的发送事件处理函数 */
    __bic_SR_register_on_exit(LPM4_bits); /* Enter active mode on exit */
}
/* ======== USCI A0/B0 RX Interrupt Handler Generation ======== */
#pragma vector = USCIAB0RX_VECTOR
__interrupt void USCI0RX_ISR_HOOK(void)
{
    UART_Rx();                          /* 在 Grace 中配置的接收事件处理函数 */
    __bic_SR_register_on_exit(LPM4_bits);
    __bis_SR_register_on_exit(LPM3_bits); /* Enter low power mode 3 on exit */
}
```

10.3　UART 工作过程

UART 的工作过程如下：

1）用 Grace 将 USCI_A0 模块配置为 UART 模式，并初始化。

2）往 UCA0TXBUF 里"扔"数据，能自动将数据发送出去。当 UCA0TXBUF 为空时（数据已移入移位寄存器，可以不管了），触发 UCA0TXIFG 中断标志位，表明可以往 UCA0TXBUF 里放一个数据。为了不阻塞 CPU，需开启 Tx 中断允许"知晓"上述事件。

3）UCA0RXBUF 接收到完整数据后，触发 UCA0RXIFG 中断标志位，表明 CPU 应尽快将 UCA0RXBUF 里的数据"取走"；否则下次数据来临将会出错。同样为了不阻塞 CPU，需开启 Rx 中断允许"知晓"数据到来事件。

10.4　使用 FIFO 发送 UART 数据

UART 的发送速度很慢，每次传输时间长达几百 μs，而 CPU 往 UART 发送缓存中"扔"数据所花的时间还不到 1 μs。如果用查询法判断是否发送完 1 字节，将会非常郁闷。如果用中断，日子会好过很多。如果再能模拟个 FIFO，就完美无缺了。下面举例说明这三种情况下 UART 发送编程思想的区别。

1）查询法。主人（CPU）去邮局发 N 件包裹（N 个数据），从家到邮局耗时 10 分钟（CPU 往 TxBUF 里"扔"数据的耗时）。邮局工作人员（UART）说：一次只能发一件包裹，当几天后包裹到达目的地（某波特率下的发送耗时），才能发第二件。于是，摆在主人（CPU）面前有两个选择：一个选择是，"不吃不喝"待在邮局等消息，然后依次发送完所有包裹；另一个选择是，先回家，该干嘛干嘛，定好闹钟（启动定时器轮询），隔一段时间去邮局看看上一个包裹发完没有。

2）中断法。故事的前半段和查询法一样，只不过邮局工作人员（UART）说："我们最近在改进服务作风，你回家等消息去吧，能发下一个包裹的时候，会给你打电话的。"于是 CPU 千恩万谢地回家，该干嘛干嘛去了。不爽的是家里堆了一堆包裹不能马上"扔出去"，还得老惦记着什么时候来电话。

3）FIFO 法。故事的前半段和查询法一样，这回邮局工作人员（UART）说："我们开通 VIP 服务了，您要是肯腾出自家房子（RAM）改造成中转仓库的话，包裹直接搁中转仓库就行了，我们保证先送来的包裹会先发送出去（FIFO 先进先出的原则）。"这就看您要改造多大的仓库（把 RAM 人工改造为 FIFO）了。

10.5　使用 FIFO 接收 UART 数据

比 UART 发送数据更让人郁闷的是 UART 接收数据。发送数据,好歹人(CPU)自己是知道要发送多少包裹的,就算待在邮局等候包裹发完,那时间也是有限长的,不会是一辈子,而接收数据则可能耗费 CPU 毕生的时间。

1) 查询法。可能会有包裹寄给人(CPU),邮局工作人员说了,第一,包裹到了恕不电话通知;第二,包裹到了尽快取走,再来第二个包裹可没处放,第一个包裹就没收了。人这回无语了,谁知道会不会有包裹来,谁知道什么时候来包裹,谁知道包裹里是不是有巨款(重要数据),我的神呀! 人还是两个选择,要么"不吃不喝"在邮局等包裹消息,有包裹立刻取回来,拆开看看是不是巨款。要么先回家该干嘛干嘛,定好闹钟(启动定时器轮询),隔一段时间去邮局看看有没有包裹,不过闹钟的间隔一定要小于两个包裹的间隔。

2) 中断法。故事的前半段和查询法一样,只不过邮局工作人员(UART)说:"由于'随意'没收包裹没有尽到'告知'义务被投诉了,所以有包裹我们会电话通知,不过到时不取(下一个包裹到来),照样没收。"于是人又千恩万谢回家该干嘛干嘛去了,不爽的是一接到邮局电话就得扔下锅碗瓢盆(终止其他任务),百米冲刺赶到邮局取包裹,谁知道包裹会不会被找茬没收了。

3) FIFO 法。故事的前半段和查询法一样,这回邮局工作人员(UART)说:"我们开通 VIP 服务了,您家房子腾出几间(RAM)来当仓库,包裹到了会按顺序(FIFO)放进您专属仓库,并且电话通知您(中断)。不过仓库放满了,我们就爱莫能助了,所以,有空的时候(没有其他紧急任务时),您还是要去清理仓库。"

10.6　UART FIFO 库函数文件

单片机中本身是不带硬件 FIFO 的,我们利用单片机的 RAM 构造一个全局变量数组 FIFO[],通过对数组的软件操作,模拟 FIFO 的功能。

对于 FIFO 的软件操作,有以下分析:

1) 假如 FIFO 共 4 字节,那么"读写 FIFO 函数"的操作顺序应该依次是 Rx_FIFO[0]→Rx_FIFO[1]→Rx_FIFO[2]→Rx_FIFO[3]→Rx_FIFO[0]→Rx_FIFO[1]……所以读写 FIFO 各需要一个可以循环移位的指针变量。

2) 为避免指针操作的复杂性,当软件模拟 FIFO 时,用数组角标变量 FIFO_IndexW 代替指针的作用,FIFO[FIFO_IndexW]就是待操作的数组变量。

3) 如果只写 FIFO,不读 FIFO,那么写到 FIFO[3]就必须停止,不能继续写 FIFO[0]。如果这时"读 FIFO 函数"开始工作,读 FIFO 最先读取的数据一定是 FIFO[0]。只要有数据被读走,则表示 FIFO 有空缺,可以继续写数据到 Rx_FIFO

[0](覆盖数据)。此后,每次 FIFO 被读走一个数,就可以被写入一个新的数据。

4) 假如"写函数"只写了 2 个数据,那么"读函数"在读完 Rx_FIFO[0] 和 Rx_FIFO[1] 后就不能继续循环读取 FIFO[2]。只有写入数据后,才能再次读数据。

5) "读函数"如何通知"写函数"FIFO 有空缺,"写函数"又如何通知"读函数"有新数据呢? 可以通过对全局变量 FIFO_DataNum 的"拉锯战"来判别。每写一个数据,FIFO_DataNum＋＋,每读一个数据,FIFO_DataNum－－。

6) 当 FIFO_DataNum＝0(空指示)时,表示 FIFO 中没有未读数据,只能写不能读。

7) 当 FIFO_DataNum＝4(满指示)时,表示 FIFO 塞满了未读数据,只能读不能写。

8) 当 0＜FIFO_DataNum＜4 时,表示既可读又可写。

10.6.1　全局变量文件 UART_Global. c

UART 的 FIFO 库函数涉及大量全局变量,趁此机会练习把全局变量集中编写到全局变量文件中。

首先,分析需要多少个 FIFO。如图 10.3 所示,我们需要两个独立的 FIFO,分别用来缓存 CPU 与 Tx 硬件发送器之间的数据以及 CPU 与 Rx 硬件接收器之间的数据。就 FIFO 本身而言,功能都是一样的,但具体 CPU 扮演的角色是读 FIFO 还是写 FIFO,则有区别。

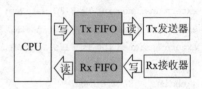

图 10.3　CPU 与 FIFO 读写的关系

其次,分析需要多少全局变量:

1) 构造 FIFO 的数组,需要 Rx 和 Tx 各一个。

2) 指示 FIFO 内数据数目(空满指示),需要 Rx 和 Tx 各一个。

3) 指示 FIFO 内"数据头"的读指针,需要 Rx 和 Tx 各一个。

4) 指示 FIFO 内"数据尾"的写指针,需要 Rx 和 Tx 各一个。

下面是 UART_Global. c 的程序内容:

```
# include "UART_Global.h"

unsigned char Rx_FIFO[RX_FIFO_SIZE] = {0};      //UART 接收 FIFO 数组
unsigned int Rx_FIFO_DataNum = 0;               //UART 接收 FIFO 的"空满"指示变量
unsigned int Rx_FIFO_IndexR = 0;                //UART 接收 FIFO 的模拟"读指针"变量
unsigned int Rx_FIFO_IndexW = 0;                //UART 接收 FIFO 的模拟"写指针"变量

unsigned char Tx_FIFO[TX_FIFO_SIZE] = {0};      //UART 发送 FIFO 数组
unsigned int Tx_FIFO_DataNum = 0;               //UART 发送 FIFO 的"空满"指示变量
```

```
unsigned int Tx_FIFO_IndexR = 0;              //UART 发送 FIFO 的模拟"读指针"变量
unsigned int Tx_FIFO_IndexW = 0;              //UART 发送 FIFO 的模拟"写指针"变量
```

Rx 接收和 Tx 发送 FIFO 的大小之间没有关联,根据程序需要人为由宏定义 RX_FIFO_SIZE 和 TX_FIFO_SIZE 设定。下面是 UART_Global. h 的程序内容。

```
#ifndef UART_GLOBAL_H_
#define UART_GLOBAL_H_

#define RX_FIFO_SIZE 16                       //接收缓冲区大小宏定义
#define TX_FIFO_SIZE 64                       //发送缓冲区大小宏定义

extern unsigned char Rx_FIFO[RX_FIFO_SIZE];
extern unsigned int Rx_FIFO_DataNum;
extern unsigned int Rx_FIFO_IndexR;
extern unsigned int Rx_FIFO_IndexW;

extern unsigned char Tx_FIFO[TX_FIFO_SIZE];
extern unsigned int Tx_FIFO_DataNum;
extern unsigned int Tx_FIFO_IndexR;
extern unsigned int Tx_FIFO_IndexW;

#endif /* UART_GLOBAL_H_ */
```

10.6.2　写字节函数 Rx_FIFO_WriteChar( )

Rx_FIFO_WriteChar( )函数将放在 UART 的 Rx 中断中执行,其作用是缓存 RxBuffer 寄存器的数据,也就是把 RxBuffer 寄存器数据依次"压入"Rx_FIFO。

1) 写 FIFO 的第一件事就是判断 FIFO 是否已满,满了就不能写,并返回错误提示 0。

2) 如果可以写,则关中断→Rx_FIFO_DataNum＋＋→写数据→写指针循环移位→开中断→返回1(手工)。

```
#include "MSP430G2553.h"
#include "UART_Global.h"
/***************************************************
* 名    称:Rx_FIFO_WriteChar()
* 功    能:往 Rx 接收 FIFO 中写 1 字节
* 入口参数:Data   待写入 FIFO 的数据
* 出口参数:1  写入数据成功;  0  写入数据失败
* 说    明:操作 FIFO 时需要关闭总中断
* 范    例:无
```

```
**********************************************/
char Rx_FIFO_WriteChar(unsigned char Data)
{
    if(Rx_FIFO_DataNum == RX_FIFO_SIZE) return(0);
                                     //判断 FIFO 是否已装满未读数据,若装满,则返回 0
    _disable_interrupts();           //操作 FIFO 前一定要关总中断
    Rx_FIFO_DataNum ++ ;             //未读取数据个数加 1
    Rx_FIFO[Rx_FIFO_IndexW] = Data;  //将数据写入写指针位置的 FIFO 数组
    Rx_FIFO_IndexW ++ ;              //写指针移位
    if (Rx_FIFO_IndexW > = RX_FIFO_SIZE)  //判断指针是否越界
        Rx_FIFO_IndexW = 0;          //写指针循环归零
    _enable_interrupts();            //恢复总中断使能
    return(1);                       //返回成功
}
```

10. 6. 3　读字节函数 Rx_FIFO_ReadChar( )

Rx_FIFO_ReadChar()函数的作用是 CPU 从 FIFO 中把硬件 UART 的 Rx 接收数据依次取出并放到指定的变量里。

1) 读 FIFO 的第一件事就是判断 FIFO 是否为空,空了就不能读,并返回错误提示 0。

2) 如果可以读,则关中断→Rx_FIFO_DataNum－－→读数据→读指针循环移位→开中断→返回 1(手工)。

```
/*********************************************
 * 名    称:Rx_FIFO_ReadChar()
 * 功    能:从 Rx 接收 FIFO 中读 1 字节
 * 入口参数: * Chr    待存放字节变量的指针
 * 出口参数:1    读取数据成功;    0    读取数据失败
 * 说    明:操作 FIFO 时需要关闭总中断
 * 范    例:无
 **********************************************/
char Rx_FIFO_ReadChar(unsigned char * Chr)
{
    if(Rx_FIFO_DataNum == 0)return(0); //判断 FIFO 是否有未读数据,若没有,则返回 0
    _disable_interrupts();             //操作 FIFO 前一定要关总中断
    Rx_FIFO_DataNum -- ;               //待读取数据个数减 1
     * Chr = Rx_FIFO[Rx_FIFO_IndexR];  //将读指针位置的 FIFO 数据赋给指针所指变量
    Rx_FIFO_IndexR ++ ;                //读指针移位
    if(Rx_FIFO_IndexR > = RX_FIFO_SIZE) //判断指针是否越界
        Rx_FIFO_IndexR = 0;            //读指针循环归零
    _enable_interrupts();              //恢复总中断使能
```

从零开启大学生电子设计之路——基于 MSP430 LaunchPad 口袋实验平台

```
        return(1);
    }
```

10.6.4　FIFO 清空函数 Rx_FIFO_Clear()

Rx_FIFO_Clear() 函数的作用是复位 FIFO，只需将 3 大全局变量清零即可，FIFO 里装的数据不用理会。计算机硬盘删除数据，即使是按 Sift+Del 组合键删除也仅仅是做了一个标记，表明这段存储空间可用，并没有真正删除数据。

可以想象一下，真正删除数据就是要把所有存储单元写 0（或全写 1），写数据要花多长时间，删除数据就要花多长时间。如果不是克格勃和 CIA 的硬盘，一般没这个必要。

```
/ **************************************************
*  名      称:Rx_FIFO_Clear()
*  功      能:清空 Rx 接收 FIFO 区
*  入口参数:无
*  出口参数:无
*  说      明:清空并不需要真正将 FIFO 每一个字节的数据写 0,只需读写指针清零和空满
                计数清零即可
*  范      例:无
************************************************** /
void Rx_FIFO_Clear()
{
    _disable_interrupts();              //操作 FIFO 前一定要关总中断
    Rx_FIFO_DataNum = 0;                //FIFO 中未读取数据数目清零
    Rx_FIFO_IndexR = 0;                 //FIFO 中模拟读指针清零
    Rx_FIFO_IndexW = 0;                 //FIFO 中模拟写指针清零
    _enable_interrupts();               //恢复总中断使能
}
```

10.6.5　写字节函数 Tx_FIFO_WriteChar()

Tx_FIFO_WriteChar() 函数的功能非常重要，是 CPU 把要通过 UART 发送的数据"压入"Tx 发送 FIFO 中，待发送。与 Rx_FIFO_WriteChar() 不同的是，如果缺了黑斜体字的两行代码，数据永远发送不出去。

UART 的 Tx 发送器功能非常像一把扳机永远处于扣动状态的连发机枪，Tx_FIFO 好比是供弹带，拉动枪栓上膛好比是第一次开枪需要人工置 Tx 中断标志位。有以下分析结论：

1) 由于扳机永远处于扣动状态，所以，只要拉一次枪栓上膛，全部弹带的子弹都将依次发送出去。

2）在子弹打完之前,随时可以不断地补充弹药。

3）一旦子弹打完了之后,若要补充弹药,就需要再次拉枪栓,机枪才会开火。

4）但是,正在发射子弹时,是不能随便再拉枪栓的,那样会抛弃未发射的子弹,还可能损坏机枪。

那么,士兵(CPU)该基于什么策略操控该机枪呢?

1）如果 Tx_FIFO_DataNum>0,说明 FIFO(弹链)中有未发完的数据(子弹),说明现在机枪正在开火(Tx 发送数据中),说明待会儿会有 Tx 中断(自动上膛击发),说明 Tx_FIFO 中压入的数据(继续补充的子弹)会被发送(发射)出去。

2）如果 Tx_FIFO_DataNum=0,只能证明 FIFO(弹链)里没有数据(子弹)了。但只要判断出 UART 的 BUSY 位是 1,就说明最后一个数据正在发送(枪膛里还有一发子弹),这时压入 FIFO 的数据(子弹)也会被自动发送(发射)出去。这种情况下是不允许人工置标志位,触发 Tx 中断的(不许人工拉枪栓上膛)。

3）如果 Tx_FIFO_DataNum=0(弹链没子弹),而且 UART 不 BUSY(枪膛也没子弹),这时给 Tx_FIFO 压入数据(补充弹药),就必须人工置标志位触发 Tx 中断(必须拉枪栓),数据才能发送出去(子弹才能打出去)。

注:BUSY 为设备是否空闲的标志位。

```
/*************************************************************
 * 名　　称:Tx_FIFO_WriteChar()
 * 功　　能:往 Tx 发送 FIFO 中写 1 字节
 * 入口参数:Data   待写入 FIFO 的数据
 * 出口参数:1  写入数据成功;  0  写入数据失败
 * 说　　明:"全新"一次发送数据必须手动触发 Tx 中断;"非全新"发送一定不能手动触发
           Tx 中断。全新发送的判据必须同时满足 FIFO 无数据和 Tx 不 Busy 两个条件
 * 范　　例:无
 *************************************************************/
char Tx_FIFO_WriteChar(unsigned char Data)
{
    if(Tx_FIFO_DataNum == TX_FIFO_SIZE) return(0);
                                        //判断 FIFO 是否已装满未读数据,若装满,则返回 0
    _disable_interrupts();              //操作 FIFO 前一定要关总中断
    //-----"全新"一次发送数据必须手动触发 Tx 中断-----
    if((Tx_FIFO_DataNum == 0) && (!(UCA0STAT & UCBUSY)))
                                        //判断是否为一次"全新"发送
        IFG2 |= UCA0TXIFG;              //手动触发一次
    Tx_FIFO_DataNum ++ ;               //未读取数据个数加 1
    Tx_FIFO[Tx_FIFO_IndexW] = Data;     //将数据写入写指针位置的 FIFO 数组
    Tx_FIFO_IndexW ++ ;                //写指针移位
    if (Tx_FIFO_IndexW >= TX_FIFO_SIZE) //判断指针是否越界
        Tx_FIFO_IndexW = 0;            //写指针循环归零
```

从零开启大学生电子设计之路——基于 MSP430 LaunchPad 口袋实验平台

173

```
_enable_interrupts();                //恢复总中断使能
return(1);                           //返回成功
}
```

10.6.6　读字节函数 Tx_FIFO_ReadChar( )

Tx_FIFO_ReadChar( )函数将放在 UART 的 Tx 中断中执行,其功能是硬件 UART 从发送 FIFO 中读取数据到 TxBuffer 寄存器中,进而把 TxBuffer 的数据发送出去。

如果用机枪的例子来说明,Tx_FIFO_ReadChar( )函数的功能就是从弹链中取一颗子弹放入枪膛。枪上膛的能量(调用一次 Tx_FIFO_ReadChar( )函数)有两种来源:

1) 人工拉第一次枪栓(人工置 Tx 标识位 UCA0TXIFG)。

2) 前一颗子弹发射后,火药后坐力产生的能量(Tx 发送中断)。

```
/*****************************************************
 * 名     称:Tx_FIFO_ReadChar()
 * 功     能:从 Tx 发送 FIFO 中读 1 字节
 * 入口参数:* Chr   待存放字节变量的指针
 * 出口参数:1   读取数据成功;  0   读取数据失败
 * 说     明:操作 FIFO 时需要关闭总中断
 * 范     例:无
 *****************************************************/
char Tx_FIFO_ReadChar(unsigned char  * Chr)
{
    if(Tx_FIFO_DataNum == 0)return(0);//判断 FIFO 是否有未读数据,若没有,则返回 0
    _disable_interrupts();            //操作 FIFO 前一定要关总中断
    Tx_FIFO_DataNum -- ;              //待读取数据个数减一
    * Chr = Tx_FIFO[Tx_FIFO_IndexR];  //将读指针位置的 FIFO 数据赋给指针所指变量
    Tx_FIFO_IndexR ++ ;              //读指针移位
    if(Tx_FIFO_IndexR >= TX_FIFO_SIZE)//判断指针是否越界
        Tx_FIFO_IndexR = 0;           //读指针循环归零
    _enable_interrupts();             //恢复总中断使能
    return(1);                        //返回成功
}
```

10.6.7　FIFO 清空函数 Tx_FIFO_Clear( )

该函数与 Rx_FIFO_Clear( )道理一样,不解释。

```
/*****************************************************
 * 名     称:Tx_FIFO_Clear()
```

* 功　　能:清空 Tx 发送 FIFO 区
* 入口参数:无
* 出口参数:无
* 说　　明:清空并不需要真的去将 FIFO 每一个字节的数据写 0,
* 　　　　　只需读写指针清零和空满计数清零即可
* 范　　例:无
**/
```
void Tx_FIFO_Clear()
{
    _disable_interrupts();          //操作 FIFO 前一定要关总中断
    Tx_FIFO_DataNum = 0;            //FIFO 中未读取数据数目清零
    Tx_FIFO_IndexR = 0;             //FIFO 中模拟读指针清零
    Tx_FIFO_IndexW = 0;             //FIFO 中模拟写指针清零
    _enable_interrupts();           //恢复总中断使能
}
```

10.7　超级终端

UART 串口通信相比 SPI 和 I²C 有一个无法比拟的优势,那就是可以与计算机互联(通过免费的超级终端软件)。这意味着可以"免费"使用计算机的屏幕和键盘为己所用。

10.7.1　硬件连接

LaunchPad G2 电路板上的 UART 串口与计算机通信有两种连接方式:软件模拟 UART 或者是硬件 UART。自从 MSP430G2553 推出以后,LaunchPad G2 标配的都是 MSP430G2553 单片机,都具备硬件 UART 的 USCI 模块,所以,跳线应该如图 10.4 提示那样——横着插。图 10.4 中 G2 版本为 1.5 版。

图 10.4　MSP－EXP430G2 板跳线图

10.7.2　超级终端软件安装设置

Windows 7 之前版本在附件中都自带超级终端软件,并支持中文显示。计算机中没有这个软件也没关系,网上很容易下载到免费、免安装的 Windows 超级终端软件(hypertrm.exe)。其实超级终端软件有很多种,但有些不支持中文显示,为了通用性考虑,本书只针对最普通的 Windows 自带的超级终端软件来讲解。

从零开启大学生电子设计之路——基于 MSP430 LaunchPad 口袋实验平台

176

如图 10.5 所示,打开超级终端以后,配置过程分 4 步:

1) 随便取个名字。

2) 选择正确的 MSP - EXP430G2 串口号。如果这一步没有出现 COM 选项,只有 TCP/IP 的选项,则表明 LaunchPad 的串口驱动没有安装正确。错误的原因千差万别,只能在网上根据具体现象搜索解决问题。

3) 配置串口参数。参数需与单片机的 UART 初始化参数一致,另外选择数据流控制"无"。波特率一般都会设置为 9 600,其通信速率比较高,又可以只使用 32.768 kHz 的低频晶振来实现(可以工作在 LPM3)。

4) 单片机编好程序,就可以"对话"了。

图 10.5　超级终端的设置过程

10.7.3　在超级终端上显示信息

对于使用计算机屏幕,无非就是单片机通过 UART 往计算机的超级终端发送数据。这个功能非常有用,可以将单片机内部那些人眼看不见摸不着的数据显示在屏幕上。超级终端的一些特殊的控制命令,如回车、退格,可以网上查询。

10.7.4　使用键盘输入信息

利用计算机的键盘作为输入设备,需要做两件事:

1) 单片机接收串口数据,并立刻发送回超级终端。因为超级终端并不显示键盘的输入值,为了符合人们的操作习惯,需要利用单片机回发数据,从而显示在超级终端上。

2)对接收到的数据帧做判别。例如,键盘输入 O、N,然后按 Enter 键,控制单片机上的某个 LED 亮;输入 O、F、F,然后按 Enter 键,控制单片机的某个 LED 灭。

10.8　例程——超级终端人机交互

下面通过例子来说明如何进行人机交互。如图 10.6 所示,MSP – EXP430G2 上 P1.0 和 P1.6 用跳线连接有两个 LED,将 UART 跳线按照图 10.4 所示那样连接,要求用超级终端控制两个 LED 的亮灭。亮灭指令分别为 LED1_ON、LED1_OFF、LED2_ON 和 LED2_OFF。

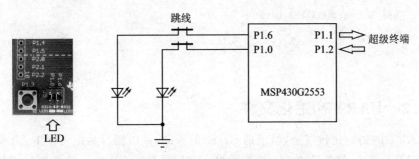

图 10.6　UART 超级终端将要控制的两个 LED

如图 10.7 所示,本例程要调用的外部文件较多,为了完整体现文件管理的思想,我们按初始化文件、全局变量文件、库函数文件、事件文件 4 大类方法建立和分类管理外部文件。其中,UART_FIFO 库函数文件、UART_Gloal 全局变量文件在前面的 UART FIFO 库函数小结中已经详细介绍。下面对主函数文件、初始化文件、和 UART 事件文件进行讲解。

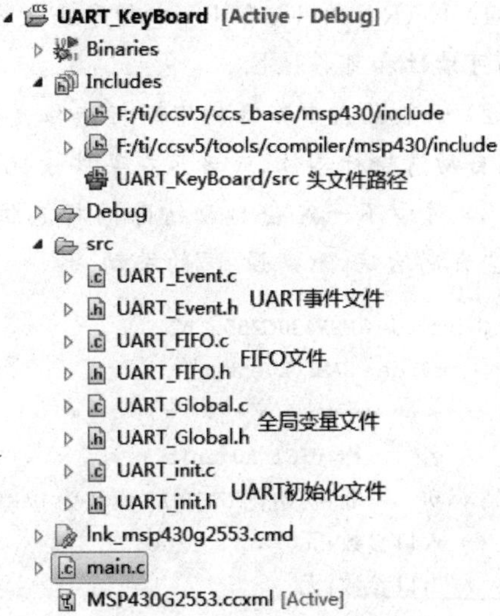

10.8.1　主函数文件

一般采用图 10.7 这样复杂的文件管理之后,主函数将会极其简洁,描述程序意图的内容一般都出现在事件处理函数中,也就是要到事件文件中去找寻答案。本例中,主函数只管初始化 UART,其他就是休眠。由于 UART 的波特率时钟源选择的是 ACLK,所以可以 LPM3 休

图 10.7　UART 人机交互例程的文件管理

从零开启大学生电子设计之路——基于 MSP430 LaunchPad 口袋实验平台

眠。32.768 kHz 的 ACLK 最大能支持的波特率是 9 600 Hz,通常见到的大量 MSP430 的 UART 波特率都设为 9 600 Hz,目的是能低功耗运行。

```
# include "MSP430G2553.h"
# include "UART_Event.h"
# include "UART_FIFO.h"
# include "UART_Global.h"
# include "UART_init.h"


void main(void) {
    WDTCTL = WDTPW + WDTHOLD;                    //Stop watchdog timer
    USCI_A0_init();
    _bis_SR_register(LPM3_bits) ;
    while(1){
    }
}
```

10.8.2　UART 初始化文件

UART 的初始化较复杂,但借助 Grace 的帮助,可以很容易把 USCI_A0 模块配置为 UART 模式、波特率 9 600、8 位数据、无校验、1 位停止位。其他要说明的事项如下:

1) UART 的 Tx 和 Rx 中断子函数内都采用事件处理函数的格式来编写,增强代码可读性和可移植性。

2) 一般独占中断源的中断标志位是会自动清除的,其他需要查询的中断,往往不能自动清除标志位,或者只在某些情况下会清除标志位。

3) 对于不一定会自动清除的标志位,保险起见,退出中断前都人工清零一遍。这是"有病治病,无病强身"的举动。

```
# include "MSP430G2553.h"
# include "UART_Event.h"
/ * * * * * * * * * * * * * * * * * * * * * * * * * * * * * * * * * * * * * * *
 * 名    称:USCI_A0_init()
 * 功    能:初始化 USCI_A0 模块为 UART 模式
 * 入口参数:无
 * 出口参数:无
 * 说    明:UART 设为波特率 9600,8 位数据,无校验,1 位停止位
 *          UART 初始化配置较复杂,可以使用 Grace 配置后再移植代码的方法
 * 范    例:无
 * * * * * * * * * * * * * * * * * * * * * * * * * * * * * * * * * * * * * * */
void USCI_A0_init(void)
```

```
{
    //-----开启 I/O 口的 TXD 和 RXD 功能-----
    P1SEL = BIT1 + BIT2 ;                  //P1.1 = RXD, P1.2 = TXD
    P1SEL2 = BIT1 + BIT2;
    //-----设置 UART 时钟源为 ACLK-----
    UCA0CTL1 |= UCSSEL_1;                   //CLK = ACLK
    //-----移植 Grace 配置的波特率参数-----
    UCA0BR0 = 0x03;                         //32kHz/9600 = 3.41
    UCA0BR1 = 0x00;
    UCA0MCTL = UCBRS1 + UCBRS0;             //Modulation UCBRSx = 3
    UCA0CTL1 &= ~UCSWRST;                   // * * Initialize USCI state machine * *
    IE2 |= UCA0RXIE + UCA0TXIE;             //Enable USCI_A0 TX/RX interrupt
    _enable_interrupts();                   //开总中断
}
/* * * * * * * * * * * * * * * * * * * * * * * * * * * * * * * * * * * * *
 * 名      称:USCI0TX_ISR()
 * 功      能:响应 Tx 中断服务
 * 入口参数:无
 * 出口参数:无
 * 说      明:凡是中断标志位有可能不被自动清除的,均手动清除一次,以防万一
 * 范      例:无
 * * * * * * * * * * * * * * * * * * * * * * * * * * * * * * * * * * * * */
#pragma vector = USCIAB0TX_VECTOR
__interrupt void USCI0TX_ISR(void)
{
    IFG2& = ~UCA0TXIFG;                     //手动清除标志位
    UART_OnTx();                            //调用 Tx 事件处理函数
}
/* * * * * * * * * * * * * * * * * * * * * * * * * * * * * * * * * * * * *
 * 名      称:USCI0RX_ISR()
 * 功      能:响应 Rx 中断服务
 * 入口参数:无
 * 出口参数:无
 * 说      明:凡是中断标志位有可能不被自动清除的,均手动清除一次,以防万一
 * 范      例:无
 * * * * * * * * * * * * * * * * * * * * * * * * * * * * * * * * * * * * */
#pragma vector = USCIAB0RX_VECTOR
__interrupt void USCI0RX_ISR(void)
{
    IFG2& = ~UCA0RXIFG;                     //手动清除标志位
    UART_OnRx();                            //调用 Rx 事件处理函数
}
```

179

从零开启大学生电子设计之路
——基于 MSP430 LaunchPad 口袋实验平台

10.8.3　UART 事件文件

UART 的事件文件比较复杂,但值得耐心阅读。

1. 头文件与宏定义

对 LED 的 I/O 做宏定义处理,消除硬件差异。待显示字符需要提前编好字符串数组,将来存入 ROM 中。

```
# include "MSP430G2553.h"
# include "UARt_Global.h"
# include "UART_FIFO.h"
# include "UART_Event.h"
//-----对于硬件有关的代码宏定义处理-----
# define LED1_ON P1DIR|= BIT0 ; P1OUT|= BIT0
# define LED1_OFF P1DIR|= BIT0 ; P1OUT&= ~BIT0
# define LED2_ON P1DIR|= BIT6 ; P1OUT|= BIT6
# define LED2_OFF P1DIR|= BIT6 ; P1OUT&= ~BIT6
//-----预存入 ROM 中的显示代码-----
const unsigned char Out_DELETE[] = "\x8 \x8";    /* VT100 backspace and clear */
const unsigned char String1[] = "命令:LED1_ON LED1_OFF LED2_ON LED2_OFF\r\n";
const unsigned char String2[] = "Please input Command:\r\n";
const unsigned char String3[] = "Are you crazy? \r\n";
const unsigned char String4[] = "I was born for these! \r\n";
const unsigned char String5[] = "I have got it! \r\n";
const unsigned char String6[] = "It is easy for me! \r\n";
const unsigned char String7[] = "As your wish! \r\n";
void Command_match();                 //字符匹配命令函数,提前声明
```

2. UART_OnTx()

UART_OnTx()函数非常简单,Tx_FIFO 里有数据就将数据移到 Tx Buffer 寄存器中去。正如前面提到过的,发送(输出)总比接收(输入)容易。

```
/*************************************************************
 * 名    称:UART_OnTx()
 * 功    能:UART 的 Tx 事件处理函数
 * 入口参数:无
 * 出口参数:无
 * 说    明:Tx_FIFO 里有数据就将数据移到 Tx Buffer 寄存器中去
 * 范    例:无
 *************************************************************/
void UART_OnTx(void)
{
```

```
        unsigned char Temp = 0;
        if(Tx_FIFO_DataNum>0)
        {
            Tx_FIFO_ReadChar(&Temp);              //调用 FIFO 库函数
            UCA0TXBUF = Temp;
        }
    }
```

3. UART_OnRx()

由于本例程的目的不是从上位机获取数据,而是获取命令,因此必须对命令数据进行判断。UART_OnRx()函数非常复杂,包含以下内容:

1) 将 Rx 接收到的数据缓存。

2) 必须发回上位机数据,以便上位机的屏幕能够回显。

3) 回显的内容还必须区分是命令还是普通数据。对于"回车""退格"命令的回显操作要区别对待。

4) 回显完成后,是对接收到的数据进行分类判断。

5) 如果是"回车",且 FIFO 中有数据,则可以调用命令判别函数看看整个命令是什么。如果 FIFO 里没有数据(说明直接按了 Enter 键),则回显命令提示行。

6) 如果不是"回车"是"退格",则需要操作 FIFO,删除最近存入 FIFO 的数据,具体见代码部分。

7) 如果既不是"回车"也不是"退格",则作为普通数据存入 FIFO。

```
/********************************************************
 * 名     称:UART_OnRx()
 * 功     能:UART 的 Rx 事件处理函数
 * 入口参数:无
 * 出口参数:无
 * 说     明:对接收到的数据,区别对待进行处理
 * 范     例:无
 ********************************************************/
void UART_OnRx(void)
{
    unsigned char Temp = 0;
    Temp = UCA0RXBUF;                    //预存下 Tx Buffer 数据
    //-----首先必须回显屏幕-----
    if(Temp == 0x0d)                     //如果是回车
    {
        Tx_FIFO_WriteChar('\r');
        Tx_FIFO_WriteChar('\n');
    }
```

```
        else if(Temp == 0x08 || Temp == 0x7f)      //如果是退格
        {
            UART_SendString(Out_DELETE);           //发送退格键
        }
        else                                        //如果是正常显示数据
            Tx_FIFO_WriteChar(Temp);                //回显数据
    //-----回车后开始数据帧识别-----
        if(Temp == 0x0d)                            //如果是回车,表明可以做个"了断"了
        {
            if(Rx_FIFO_DataNum > 0)                 //FIFO里有数据,则进行数据判断
            {
                Command_match();                    //判断命令是什么
                Rx_FIFO_Clear();                    //清空 FIFO
            }
            else{                                   //如果啥数据都没有(只按了回车)
                UART_SendString(String1);           //显示命令提示符
                UART_SendString(String2);           //显示命令提示符
            }
        }
    //-----退格键则要删除 FIFO 里一个数据-----
        else if(Temp == 0x08 || Temp == 0x7f)       //如果是退格键,则需要删除一个
        {
            if( Rx_FIFO_DataNum>0)                  //有数据才需要删,没有数据当然不用删
            {
                _disable_interrupts();              //操作 FIFO 时必须关中断
                Rx_FIFO_DataNum -- ;                //待读数据减 1
                if(Rx_FIFO_IndexW >0)               //防止溢出
                    Rx_FIFO_IndexW -- ;             //写指针退格
                _enable_interrupts();
            }
        }
    //-----既不是回车也不是退格,那就正常存命令数据-----
        else
        {
            Rx_FIFO_WriteChar(Temp);                //正常写 FIFO
        }
}
```

4. UART_SendString()

发送字符串函数 UART_SendString()用来替代系统函数 Printf()。

1) 使用 Printf()的好处是方便,随时随地想写什么字符串都可以,但缺点是

Printf( )函数本身要占用大量的 ROM 存储空间。

2) 使用 UART_SendString( )函数的缺点是必须预先把字符串编成 const 数组，用起来不能随心所欲，但其优点是节省 ROM 空间。

```
/*********************************************
* 名      称:UART_SendString()
* 功      能:用 UART 发送一个字符串
* 入口参数:*Ptr  字符串首地址
* 出口参数:无
* 说      明:字符串如果很长,超过 Tx_FIFO 长度,则会发生阻塞 CPU
* 范      例:无
*********************************************/
void UART_SendString(const unsigned char * Ptr)   //给上位机发送字符串
{
    while( * Ptr)
    {
        Tx_FIFO_WriteChar( * Ptr ++ );
    }
}
```

5. Command_match( )

命令字的匹配没有什么太好的办法，就是用判断语句进行判断。本例中，由于 4 个命令字都一定包含有"LED? _O??"5 个字母（"?"表示通配符），所以可以先判断这 5 个字母，节省一些 if 判断语句。

```
/*********************************************
* 名      称:Command_match()
* 功      能:对接收到的命令数据进行匹配,根据匹配结果控制 LED 并回显处理结果
* 入口参数:无
* 出口参数:无
* 说      明:共 4 种预先约定的命令字:LED1_ON,LED1_OFF,LED2_ON,LED2_OFF
* 范      例:无
*********************************************/
void Command_match()   //字符匹配命令
{
    unsigned char Command_Num = 0;
    //-----命令共 4 种:LED1_ON,LED1_OFF,LED2_ON,LED2_OFF-----
    if((Rx_FIFO[0] == 'L')&&(Rx_FIFO[1] == 'E')&&(Rx_FIFO[2] == 'D')
        &&(Rx_FIFO[4] == '_')&&(Rx_FIFO[5] == 'O'))   //先匹配共有字母 LED? _O??
        {
            if((Rx_FIFO[3] == '1')&&(Rx_FIFO[6] == 'N'))
                Command_Num = 1;                        //匹配上命令字 LED1_ON
```

从零开启大学生电子设计之路——基于 MSP430 LaunchPad 口袋实验平台

```
        if((Rx_FIFO[3] == '1')&&(Rx_FIFO[6] == 'F')&&(Rx_FIFO[7] == 'F'))
            Command_Num = 2;                    //匹配上命令字 LED1_OFF
        if((Rx_FIFO[3] == '2')&&(Rx_FIFO[6] == 'N'))
            Command_Num = 3;                    //匹配上命令字 LED2_ON
        if((Rx_FIFO[3] == '2')&&(Rx_FIFO[6] == 'F')&&(Rx_FIFO[7] == 'F'))
            Command_Num = 4;                    //匹配上命令字 LED2_OFF
    }
switch(Command_Num)
{
case  0：UART_SendString(String3);break;     //没匹配上任何命令,发送错误提示语
//-----执行 LED 控制命令,并给出正面积极提示语-----
case 1：LED1_ON;UART_SendString(String4);break;
case 2：LED1_OFF;UART_SendString(String5);break;
case 3：LED2_ON;UART_SendString(String6);break;
case 4：LED2_OFF;UART_SendString(String7);break;
default;break;
}
}
```

10.9　人机交互演示

接下来对前面编写的人机交互代码的效果贴图演示,如图 10.8 所示。

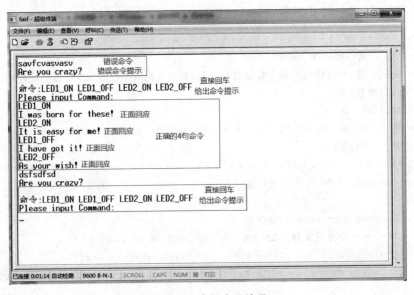

图 10.8　人机交互演示

第 **11** 章

USCI 的 SPI 模式

11.1 概 述

SPI 共分为 4 种工作模式：三线制主模式、三线制从模式、四线制主模式和四线制从模式。四线制 SPI 多一个 STE(Slave Transmit Enable)引脚，也就是有主机控制的从机使能功能，类似很多芯片的片选 CS 功能。STE 大部分情况用软件控制就行。为了使教程简洁明了，只详细讲解三线制 SPI，并且单片机控制外设时，一般都是主模式，所以这里只讲解三线制 SPI 主模式。

11.2 三线制 SPI 主模式的 Grace 配置

11.2.1 使用 Grace 初始化 SPI

如图 11.1 所示，在 Grace 中单击 USCI_B0 模块，选择 SPI 模式。

如图 11.2 所示，为三线制 SPI 主模式的 Grace 配置。需进行以下配置：

1）时钟源：SPI 的通信速率较高，一般应选择 SMCLK 为时钟源。

2）模式选择：无特殊情况，单片机都选择三线制主模式。

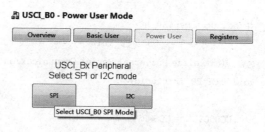

图 11.1　USCI_B0 模块选择 SPI 模式

3）使能各数据线：Grace 会根据单片机型号给出绝对正确的数据线 I/O 选项。除了 STE，其他下拉菜单都选使能。

4）通信速率：直接填入期望的通信速率，Grace 会自动计算时钟源的分频系数。

5）数据位格式：通常都为 8 位，低位在前。如果外设有特殊要求，按外设说明书来配置。

6）中断事件函数：包括 Tx 中断和 Rx 中断，可让 Grace 帮助生成事件处理函数。

7) 时钟相位和极性:CKPH 和 CKPL 控制位默认即可。

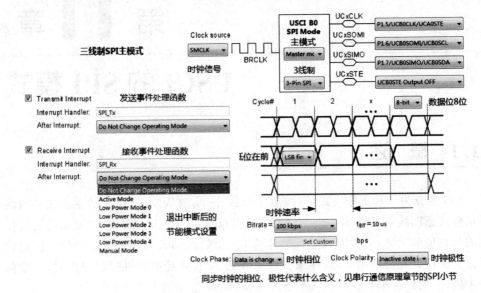

图 11.2　三线制 SPI 主模式的 Grace 高级配置图

11.2.2　SPI 初始化代码

将 11.2.1 小节 Grace 配置保存并编译,可得到 SPI 初始化代码。

在 USCI_B0_init.c 中得到 USCI_B0 的初始化代码,受篇幅限制,增减了部分注释。

```
# include <msp430.h>
/*  ========USCI_B0_init========
 *  Initialize Universal Serial Communication Interface B0 SPI 2xx */
void USCI_B0_init(void)
{
    UCB0CTL1 |= UCSWRST;
    UCB0CTL0 = UCMST + UCMODE_0 + UCSYNC;    //选择为三线制 SPI 主模式
    UCB0CTL1 = UCSSEL_2 + UCSWRST;           //选择 SMLCK
    UCB0BR0 = 10;                            //波特率设为 100k
    UCB0CTL1 &= ~UCSWRST;
}
```

在 CSL_init.c 中集中写各个外设的中断服务子函数并统一调用初始化函数,以便阅读和改写。受篇幅限制,增减了部分注释,但是没有删除其他模块的初始化函数,以便对比。SPI 有关的代码改为了黑斜体字。几点注意:

1) 代码中包含了 10.2.1 小节 UART 的 Grace 配置部分，也就是说，USCI_A0 和 USCI_B0 均被启用。

2) USCI_A0 和 USCI_B0 共用中断向量，所以在中断里需要判断标志位才能知道是哪个设备发生了中断。

3) USCI_B0 被设定为退出中断后不改变节能模式，10.2.2 小节中将 USCI_A0 设定为退出中断后改变节能模式，对比两者代码的区别。

```
/*    ======== CSL_init.c ========
 *    DO NOT MODIFY THIS FILE - CHANGES WILL BE OVERWRITTEN */
/* external peripheral initialization functions */
extern void GPIO_init(void);                   //声明一系列初始化外部函数
extern void BCSplus_init(void);
extern void USCI_B0_init(void);                //声明 SPI 初始化外部函数
extern void USCI_A0_init(void);
extern void System_init(void);
extern void WDTplus_init(void);
# include <msp430.h>
/*    ======== CSL_init =========
 *    Initialize all configured CSL peripherals */
void CSL_init(void)
{
    WDTCTL = WDTPW + WDTHOLD;
    GPIO_init();
    BCSplus_init();
    USCI_B0_init();                            //调用 SPI 初始化外部函数
    USCI_A0_init();
    System_init();
    WDTplus_init();
}
/* Interrupt Function Prototypes */
extern void UART_Tx(void);
extern void Uart_Rx(void);
extern void SPI_Tx(void);        //声明外部函数(在 Grace 中配置的发送事件处理函数)
extern void SPI_Rx(void);        //声明外部函数(在 Grace 中配置的接收事件处理函数)
/* ======== USCI A0/B0 TX Interrupt Handler Generation ======== */
# pragma vector = USCIAB0TX_VECTOR             //USCI A0/B0 共用的中断向量
__interrupt void USCI0TX_ISR_HOOK(void)
{

    if (IFG2 & UCA0TXIFG) {                     //判断中断源是否为 USCI_A0
        UART_Tx();    /* USCI_A0 Transmit Interrupt Handler */
```

```
        __bic_SR_register_on_exit(LPM4_bits); /* Enter active mode on exit */
    }
    else {                                    //判断中断源是否为 USCI_A0
        SPI _Tx();                            //在 Grace 中配置的发送事件处理函数
        /* No change in operating mode on exit */  //不改变节能模式
    }
}
/*  ======== USCI A0/B0 RX Interrupt Handler Generation ======== */
# pragma vector = USCIAB0RX_VECTOR
__interrupt void USCI0RX_ISR_HOOK(void)
{
    if (IFG2 & UCA0RXIFG){                     //判断中断源是否为 USCI_A0
        UART_Rx();       /* USCI_A0 Receive Interrupt Handler */
        __bic_SR_register_on_exit(LPM4_bits);
        __bis_SR_register_on_exit(LPM3_bits);  /* Enter low power mode 3 on exit */
    }
    else if ( IFG2 & UCB0RXIFG) {              //判断中断源是否为 USCI_B0
        SPI _Rx();                             //在 Grace 中配置的接收事件处理函数
        /* No change in operating mode on exit */  //不改变节能模式
    }
}
```

11.3　SPI 的库函数文件

基于 USCI 硬件的 SPI 通信与 UART 有两点不同：

1) SPI 不能一口气不停地发送或者接收数据，而是需要 CS 片选信号将数据分段。段的长度不定，收发段首字节前，主机必须给 CS 使能，段数据收发完毕后主机必须给 CS 禁止。由于数据是分段处理的，所以每字节的地位是不对等的，也就无法用 FIFO 的思想进行处理。

2) SPI 虽然和 UART 一样是全双工通信，但是 SPI 的 Tx 和 Rx 共用了 CLK，所以两者并不独立。Tx 的时候，一定同时在 Rx，这时主机 CPU 必须对 Rx 数据舍弃。同理，主机 CPU 在 Rx 的时候，一定同时在 Tx(摒弃 Tx 数据是从机的事，不关 CPU 的事)。因此 Rx 和 Tx 中断标志位都需要清零。

SPI 库函数的功能：

1) 能让 CPU 控制 SPI 发送一帧若干字节的数据，而无需考虑使能 CS 控制。

2) 能让 CPU 控制 SPI 接收一帧若干字节的数据，而无需考虑使能 CS 控制。

11.3.1　硬件宏定义

本例程提供一种便于修改硬件的宏定义写法。这种写法可将 SPI 的底层驱动移植到任意种类单片机上，不限于 MSP430。

```
#include"MSP430G2553.h"
//-----硬件 SPI 引脚宏定义-----
#define SPI_SIMO          BIT2          //x.2
#define SPI_SOMI          BIT1          //x.1
#define SPI_CLK           BIT4          //x.4
#define SPI_CS            BIT5          //x.5
//-----硬件 SPI 控制端口宏定义-----
#define SPI_SEL2          P1SEL2
#define SPI_SEL           P1SEL
#define SPI_DIR           P1DIR
#define SPI_OUT           P1OUT
#define SPI_REN           P1REN
//-----使能端 CS 端口宏定义-----
#define SPI_CS_SEL2       P2SEL2
#define SPI_CS_SEL        P2SEL
#define SPI_CS_OUT        P2OUT
#define SPI_CS_DIR        P2DIR
```

11.3.2　变量声明

1) 与 FIFO 不同，本例程采用指针的方法操作 1 帧数据的"缓存"，包括 * pTx-Data 和 * pRxData。

2) TxByteCnt 和 RxByteCnt 用于表示缓存的容量，相当于 FIFO 操作中的空满指示变量。

3) SPI_Rx_Or_Tx 变量用于控制收发中断的开启/关闭。SPI 一般不像 UART 那样同时打开 Tx 和 Rx 中断。

```
//-----定义发送/接收缓存-----
unsigned char  * SPI_Tx_Buffer;
unsigned char  * SPI_Rx_Buffer;
//-----定义待发送/接收的字节数-----
unsigned char  SPI_Tx_Size = 0;
unsigned char  SPI_Rx_Size = 0;
//-----定义发送/接收模式标志-----
unsigned char SPI_Rx_Or_Tx = 0;              //0 仅接收；1 仅发送；2 收发
```

11.3.3　初始化函数 SPI_init()

将 USCI_A0 初始化为三线制 SPI 主机模式。SPI 引脚的初始化代码需配合 11.3.1 小节"硬件宏定义"来看，其他初始化代码可借助 Grace 辅助配置。

```
/* ********************************************************
 * 名    称:SPI_init()
 * 功    能:对硬件 SPI 进行初始化设置
 * 入口参数:无
 * 出口参数:无
 * 说    明:如需使用后面的读写函数,在程序开始必须先调用该初始化函数
 * 范    例:SPI_init();
 * ********************************************************/
void SPI_init(void)
{
    //-----引脚初始化为 SPI 功能-----
    SPI_SEL  |= SPI_CLK + SPI_SOMI + SPI_SIMO;
    SPI_SEL2 |= SPI_CLK + SPI_SOMI + SPI_SIMO;
    SPI_DIR  |= SPI_CLK + SPI_SIMO;
    //-----SD 卡 SPI 模式下,需要将 SOMI 加上拉电阻-----
    SPI_REN |= SPI_SOMI;
    SPI_OUT |= SPI_SOMI;
    //-----使能 CS 引脚为输出功能-----
    SPI_CS_SEL   &= ~SPI_CS;
    SPI_CS_SEL2  &= ~SPI_CS;
    SPI_CS_OUT  |= SPI_CS;
    SPI_CS_DIR   |= SPI_CS;
    //-----复位 UCA0-----
    UCA0CTL1 |= UCSWRST;
    //-----3-pin, 8-bit SPI 主机模式- 上升沿----
    UCA0CTL0 = UCCKPL + UCMSB + UCMST + UCMODE_0 + UCSYNC;
    //-----时钟选择 SMCLK,MSB first-----
    UCA0CTL1 = UCSWRST + UCSSEL_2;
    //-----f_UCxCLK = 12MHz/50 = 240kHz-----
    UCA0BR0 = 50;
    UCA0BR1 = 0;
    UCA0MCTL = 0;
    //-----开启 UCA0-----
    UCA0CTL1 &= ~UCSWRST;
    //-----清除中断标志位-----
    IFG2 &= ~(UCA0RXIFG + UCA0TXIFG);
    __bis_SR_register(GIE);
}
```

11.3.4　使能控制函数

为方便代码移植和硬件隔离,很多有具体含义但涉及硬件的代码段,即使再简单,也要用函数封装起来。

```
/******************************************************
*  名      称:SPI_CS_High()
*  功      能:三线硬件 SPI 模式,控制使能 CS 引脚为高电平
*  入口参数:无
*  出口参数:无
*  说      明:此处的 CS 引脚可以根据硬件的需要,任意指定引脚作 CS 均可
*  范      例:SPI_CS_High();
******************************************************/
void SPI_CS_High(void)
{
    SPI_CS_OUT |= SPI_CS;
}
/******************************************************
*  名      称:SPI_CS_Low()
*  功      能:三线硬件 SPI 模式,控制使能 CS 引脚为低电平
*  入口参数:无
*  出口参数:无
*  说      明:此处的 CS 引脚可以根据硬件的需要,任意指定引脚作 CS 均可
*  范      例:SPI_CS_Low();
******************************************************/
void SPI_CS_Low(void)
{
    SPI_CS_OUT & = ~SPI_CS;
}
```

11.3.5　中断选择函数 SPI_Interrupt_Sel()

SPI_Interrupt_Sel()函数用于选择性开启 Tx 或 Rx 中断。

1) 对 UART 来说,Tx 和 Rx 所有数据都是有效的,所以 Tx 和 Rx 应同时开启中断以正确收发数据。

2) SPI 的 Tx 和 Rx 多数情况下只有一个是有效的,另外一个是陪衬的"无效数据",所以不能两个中断都开启,以免无效数据挤占有效数据。

3) 需要注意的是,不开 Tx 中断并不意味着不需要发送数据。即使是只接收数据,也需要空发数据以产生公共 CLK,只是空发数据不会产生 Tx 中断,而接收数据会产生 Rx 中断。

4) 此外,中断标志位的触发是不依赖中断使能与否的。因此,即使不开启中断,

从零开启大学生电子设计之路——基于 MSP430 LaunchPad 口袋实验平台

191

也需要清除相应的中断标志位,否则下次使能中断就会自动触发中断事件了。

```
/*********************************************************
* 名    称:SPI_Interrupt_Sel()
* 功    能:开启发送或接收中断
* 入口参数:onOff = 0   关闭发送中断,打开接收中断
*          onOff = 1   关闭接收中断,打开发送中断
*          onOff = 2   打开接收中断,打开发送中断
* 出口参数:无
* 说    明:使用此函数来控制选择当前中断模式,便于合理地运用中断
* 范    例:SPI_Interrupt_Sel(0);        //关闭发送中断,打开接收中断
*          SPI_Interrupt_Sel(1);        //关闭接收中断,打开发送中断
*********************************************************/
void SPI_Interrupt_Sel(unsigned char onOff)
{
    if(onOff == 0)                       //只开接收中断
    {
        IE2 & = ~UCA0TXIE ;
        IE2 |= UCA0RXIE ;
    }
    else if(onOff == 1)                  //只开启发送中断
    {
        IE2 & = ~UCA0RXIE ;
        IE2 |= UCA0TXIE ;
    }
    else                                 //收发全开
    {
        IE2 |= UCA0RXIE ;
        IE2 |= UCA0TXIE ;
    }
}
```

11.3.6　接收帧函数 SPI_RxFrame()

接收预定字节长度的数据,即 1 个帧的数据。注意事项如下:

1) 只有当 SPI 不忙(判断 UCA0STAT 的 UCBUSY 位)时,才能更新帧数据。

2) 记得切换收发中断使能。

3) 每接收一字节数据,需要靠空发一字节数据来提供 CLK。

```
/*********************************************************
* 名    称:SPI_RxFrame()
* 功    能:三线硬件 SPI 模式下,接收指定数目的字节
```

```
*  入口参数: * pBuffer   指向存放接收数据的数组
*            size   要接收的字节数
*  出口参数:0   当前硬件 SPI 在忙
*            1   当前数据已发送完毕
*  说     明:使用该函数可以接收指定个数的一帧数据
*  范     例:SPI_RxFrame(CMD,6);              //接收 6 个字节,并依次放入 CMD 中
*********************************************************/
unsigned char SPI_RxFrame(unsigned char * pBuffer, unsigned int size)
{
    if(size == 0)              return (1);
    if(UCA0STAT & UCBUSY)      return (0);       //判断硬件 SPI 正忙,返回 0
    _disable_interrupts();                       //关闭总中断
    SPI_Rx_Or_Tx = 0;                            //开启接收模式
    SPI_Rx_Buffer = pBuffer;                     //将发送缓存指向待发送的数组地址
    SPI_Rx_Size = size - 1;                      //待发送的数据个数
    SPI_Interrupt_Sel(SPI_Rx_Or_Tx);            //SPI 中断开启选择
    _enable_interrupts();                        //开总中断
    UCA0TXBUF = 0xff;         //在接收模式下,也要先发送一次空字节,以便提供通信时钟
    _bis_SR_register(LPM0_bits);                 //进入低功耗模式 0
    return (1);
}
```

11.3.7　发送帧函数 SPI_TxFrame()

发送预定长度的数据,即 1 帧的数据。注意事项如下:

1) 只有 SPI 不忙(判断 UCA0STAT 的 UCBUSY 位),才能更新帧。

2) 发送第一个数据时,需要人工往 UCA0TXBUF 放一次数据,相当于 Tx FIFO 操作里,人工置 TXIFG 标志位。

```
********************************************************
*  名     称:SPI_TxFrame()
*  功     能:三线硬件 SPI 模式下,发送指定数目的字节缓存
*  入口参数: * pBuffer   指向待发送的数组地址
*            size   待发送的字节数
*  出口参数:0   当前硬件 SPI 在忙
*            1   当前数据已发送完毕
*  说     明:使用该函数可以发送指定个数的一帧数据
*  范     例:SPI_TxFrame(CMD,6);              //从 CMD 中取出并发送 6 个字节
*********************************************************/
unsigned char SPI_TxFrame(unsigned char * pBuffer, unsigned int size)
{
    if(size == 0)              return (1);
```

从零开启大学生电子设计之路——基于 MSP430 LaunchPad 口袋实验平台

```
    if(UCA0STAT & UCBUSY)       return (0);      //判断硬件 SPI 正忙,返回 0
    _disable_interrupts();                        //关闭总中断
    SPI_Rx_Or_Tx = 1;                             //开启发送模式
    SPI_Tx_Buffer = pBuffer;                      //将发送缓存指向待发送的数组地址
    SPI_Tx_Size = size - 1;                       //待发送的数据个数
    SPI_Interrupt_Sel(SPI_Rx_Or_Tx);             //SPI 中断开启选择
    _enable_interrupts();                         //开总中断
    UCA0TXBUF = * SPI_Tx_Buffer;                  //先发送第一个字节人工触发第一次"发送"中断
    _bis_SR_register(LPM0_bits);                  //进入低功耗模式 0
    return (1);
}
```

11.3.8　中断服务子函数

在 Tx 和 Rx 中断服务中,需要用到事件处理函数,所以事件处理函数应提前声明。另外,在顶层函数里,操作 SPI 可能需要低功耗休眠处理,以等待 SPI 收发完毕,所以在收发中断服务里都添加了唤醒 CPU 的代码。

```
//-----提前声明事件处理函数-----
static void SPI_TxISR();
static void SPI_RxISR();
/ * * * * * * * * * * * * * * * * * * * * * * * * * * * * * * * * * * * * * * * * * * * * * *
 * 名      称:USCI0TX_ISR_HOOK()
 * 功      能:响应 Tx 中断服务
 * 入口参数:无
 * 出口参数:无
 * 说      明:包含唤醒主循环 CPU 的代码
 * 范      例:无
 * * * * * * * * * * * * * * * * * * * * * * * * * * * * * * * * * * * * * * * * * * * * * */
# pragma vector = USCIAB0TX_VECTOR
__interrupt void USCI0TX_ISR_HOOK(void)
{
    //-----发送中断事件引擎函数-----
    SPI_TxISR();
    //-----判断此次操作是否完成,完成则退出低功耗-----
    if(SPI_Tx_Size == 0)
    _bic_SR_register_on_exit(LPM0_bits);
}
/ * * * * * * * * * * * * * * * * * * * * * * * * * * * * * * * * * * * * * * * * * * * * * *
 * 名      称:USCI0RX_ISR_HOOK()
 * 功      能:响应 Rx 中断服务
 * 入口参数:无
```

* 出口参数:无
* 说　　明:包含唤醒主循环 CPU 的代码
* 范　　例:无
***/
pragma vector = USCIAB0RX_VECTOR
__interrupt void USCI0RX_ISR_HOOK(void)
{
    //-----接收中断事件引擎函数-----
    SPI_RxISR();
    //-----判断此次操作是否完成,完成则退出低功耗-----
    if(SPI_Rx_Size == 0)
    _bic_SR_register_on_exit(LPM0_bits);
}

11.3.9　事件处理函数 SPI_RxISR()

UART 的 Rx 事件处理函数,几点注意事项:

1) 清中断标志位:有时候是通过操作 BUF 寄存器自动清除,有时候必须另用代码人工清除。

2) 提供 Rx 时的 CLK:往 UCA0TXBUF 里"扔"数据发送,纯粹是为了提供公共CLK 的目的。

/***
* 名　　称:SPI_RxISR()
* 功　　能:UART 的 Rx 事件处理函数
* 入口参数:无
* 出口参数:无
* 说　　明:对接收到的数据,区别对待进行处理
* 范　　例:无
***/
static void SPI_RxISR()
{
    * SPI_Rx_Buffer = UCA0RXBUF;
//读取接收缓存,同时,用于清除 UCA0RXIFG 中断标志位
    if(SPI_Rx_Size! = 0)
    {
        SPI_Rx_Size -- ;   //待发送的数据减 1
        SPI_Rx_Buffer ++ ;   //发送指针向下一字节偏移
        UCA0TXBUF = 0xff;   //纯粹为了提供 CLK,UCA0TXIFG 标志位同时被清除
    }
    IFG2 & = ~UCA0TXIFG;   //清除发送中断标志位
}

从零开启大学生电子设计之路——基于 MSP430 LaunchPad 口袋实验平台

195

11.3.10　事件处理函数 SPI_TxISR( )

SPI_TxISR( )为 Tx 事件处理函数。再强调一遍清除标志位的重要性,因为 SPI 的 Tx 标志位和 Rx 标识位是"孪生"的(即使不开中断),所以一定要两个都清除。

```
/******************************************************
 * 名    称:SPI_TxISR()
 * 功    能:SPI 的 Tx 事件处理函数
 * 入口参数:无
 * 出口参数:无
 * 说    明:对接收到的数据,区别对待进行处理
 * 范    例:无
 ******************************************************/
static void SPI_TxISR()
{
    UCA0RXBUF;                //对 UCA0RXBUF 空操作,用于清除 UCA0RXIFG 中断标志位
    if(SPI_Tx_Size! = 0)
    {
        SPI_Tx_Size -- ;      //待发送的数据减 1
        SPI_Tx_Buffer ++ ;    //发送指针向下一字节偏移
        UCA0TXBUF = * SPI_Tx_Buffer;
                              //放入发送缓存,同时,用于清除 UCA0TXIFG 中断标志位
    }
    else
        IFG2 & = ~UCA0TXIFG; //最后一次不操作 UCA0TXBUF,需要人为清除标志位
}
```

11.3.11　波特率函数

有些外设对 SPI 通信有速度要求,SPI_HighSpeed( )和 SPI_LowSpeed( )函数用于简单的配置 SPI 速度。

```
/******************************************************
 * 名    称:SPI_HighSpeed()
 * 功    能:设置 SPI 为高速
 * 入口参数:无
 * 出口参数:无
 * 说    明:有些 SPI 设备可工作在高速 SPI 状态
 * 范    例:无
 ******************************************************/
void SPI_HighSpeed()
{
```

```
    UCA0CTL1 |= UCSWRST;
    UCA0BR0 = 2;                                    //f_UCxCLK = 12 MHz/2 = 6 MHz
    UCA0BR1 = 0;
    UCA0MCTL = 0;
    UCA0CTL1 & = ~UCSWRST;
}
/******************************************************
* 名    称:SPI_LowSpeed()
* 功    能:设置 SPI 为低速
* 入口参数:无
* 出口参数:无
* 说    明:有些 SPI 设备需要工作在低速 SPI 状态
* 范    例:无
******************************************************/
void SPI_LowSpeed()
{
    UCA0CTL1 |= UCSWRST;
    UCA0BR0 = 50;                                   //f_UCxCLK = 12 MHz/50 = 240 kHz
    UCA0BR1 = 0;
    UCA0MCTL = 0;
    UCA0CTL1 & = ~UCSWRST;
}
```

11.3.12　头文件 SPI.h

最后,通过讲解 SPI.h 来说明 SPI 库函数的功能。

1) SPI_CS_High():将 CS 电平置高。

2) SPI_CS_LOW():将 CS 电平置低。

3) SPI_HighSpeed():将 SPI 设为高速。

4) SPI_LowSpeed():将 SPI 设为低速。

5) SPI_init():初始化 SPI 模块。

6) SPI_TxFrame():一次完整的 SPI“帧”发送。

7) SPI_RxFrame():一次完整的 SPI“帧”接收。

```
/*************** spi.h ***************/
#ifndef SPI_H_
#define SPI_H_

extern unsigned char SPI_Delay;
extern void SPI_CS_High(void);
extern void SPI_CS_Low(void);
```

```
extern void SPI_HighSpeed(void);
extern void SPI_LowSpeed(void);
extern void SPI_init(void);
extern unsigned char SPI_TxFrame(unsigned char * pBuffer, unsigned int size);
extern unsigned char SPI_RxFrame(unsigned char * pBuffer, unsigned int size);

#endif /* SPI_H_ */
```

11.4　SD 存储卡

SD 卡(Secure Digital Memory Card)大家都不陌生,比如,在数码相机中大量使用 SD 卡来存储照片;在智能手机中则使用体积小巧的 TF 卡(Trans-FLash),也叫 Micro SD 卡,两者功能引脚上兼容,就是大小不一样。

本教材配套的 MSP - EXP430G2 扩展板上集成了一个 TF(Micro SD)卡槽,可以实现单片机对 TF(Micro SD)卡的读写。如图 11.3 所示,TF 卡插上卡套后可作为 SD 卡使用,TF 卡有 8 个引脚,SD 卡是 9 个。TF 卡仅比 SD 卡少一个 VSS(也就是 GND),功能上没有区别。操作 SD 卡有两种模式:SD 卡模式和 SPI 模式。单片机读写 SD 卡一般都使用 SPI 模式,这里也仅介绍 SPI 控制方式。

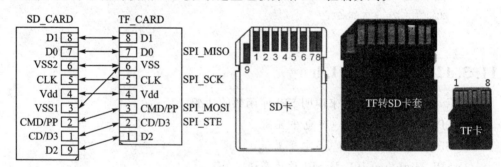

图 11.3　SD 卡与 TF 卡的引脚对应

11.4.1　SD 卡存储的特点

SD 卡规范的数据手册有好几百页,如果真正完全讲解 SD 卡的全部功能,可以另写一本书了,所以这里只讲解最有用的一小部分知识。

我们"手边"用的各种存储器,如 U 盘和各种数据卡(SD 卡只是数据卡的一种),都是基于闪存(Flash)原理,而且是闪存中的 NAND 类型(详见第 15 章)。NAND 型 Flash 的好处就是成本低,现在的 U 盘动辄都数十个 GB。当然,甘蔗没有两头甜, NAND 的缺点是读写均需要以 512 字节(1 扇区)为单位来进行。因此,操作 SD 卡具有以下特点:

1）每次读写前，有非常复杂的初始化操作。

2）每次读写都必须以 512 字节的 1 扇区为单位来进行。

3）扇区操作时，很多单片机的全部 RAM 都不到 512 字节，这时，可以存前半部分数据先处理，舍弃后半部分（空读不存）。下次再存后半部分数据，空读前半部分。当然，类似原理可以把 1 扇区数据分成更多部分多次处理。

4）与读扇区的"曲线救国"不同，写扇区的操作永远不能分几次进行。任何一次写扇区之前都已经"自动"执行了一次擦除扇区的操作（Flash 是擦除数据的"快枪手"，这也是 Flash 名字的由来）。

5）SD 卡中任何文件都是从一个扇区的首部开始存，占 N 个扇区，第 N 个扇区未用的字节将无法被利用。所以读写 SD，实际是以扇区为"地址"操作的。

基于以上特点，我们仅讲解以下知识点：

1）SD 卡（TF 卡）使用 SPI 控制的硬件连接。

2）如何初始化 SD 卡。

3）如何读取一个扇区数据。

4）如何写入一个扇区数据。

11.4.2　SD 卡的 SPI 模式硬件连接

图 11.4 所示为 MSP - EXP430G2 扩展板上 TF 卡槽的实际硬件连线。卡槽的引脚数实际上是 10 个，多出的两个引脚主要功能就是实现插卡检测。当 TF 插入卡槽时，机械运动会将 9 引脚 Det 接到 10 引脚外壳金属上，如果把 10 引脚接地，9 引脚接单片机的某输入引脚便可以实现插卡检测。图 11.4 中，没有启用插卡检测功能，9、10 引脚都被直接连到了 GND。

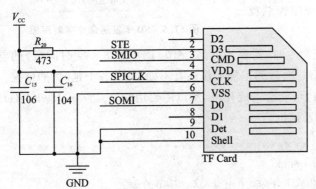

图 11.4　LaunchPad 扩展板上的 TF 卡槽硬件连接

在图 11.4 所示的连接中，需要注意 STE 信号按规定需要外接上拉电阻，电源处外接了两个差值 100 倍的电容去耦（106 和 104）。

从零开启大学生电子设计之路——基于 MSP430 LaunchPad 口袋实验平台

从零开启大学生电子设计之路

——基于 MSP430 LaunchPad 口袋实验平台

11.4.3 SD 卡的命令字

如图 11.5 所示，SD 卡的命令字由 6 个字节组成。

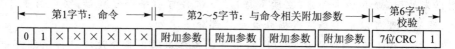

图 11.5 SD 卡的命令字结构

1）第 1 字节是命令（CMD0、CMD1 等），其中前两位一定是 01，所以，第 1 字节数据为"命令的代码＋0x40"。例如：CMD17，命令字的第 1 字节即为 0x11＋0x40＝0x51。

2）第 2～5 的 4 个字节，是与命令有关的附加参数，可能是空，也可能是 32 位地址。

3）第 6 字节的高 7 位是 CRC 校验值，最后一位一定是 1。不懂什么是 CRC 校验码没关系，SD 模式通信才需要 CRC 校验。

图 11.6 所示为 SD 卡发送命令的时序图，时序图中，凡是发送 0xFF 的情形均是空发 CLK 的意思。我们根据时序编写"万能"代码。

当新遇到一个编程任务的时候，可以先只编写顶层应用层，需要什么底层函数只管凭空捏造，假设已经存在就行了。这样，一方面可以排除细节琐事的干扰；另一方面，顶层应用程序天然就是可移植的了。

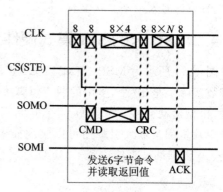

图 11.6 SD 卡发送命令字时序图

参考图 11.6，在发送完命令时，需要等 N 个字节（图中的 8×N 时间段）的空时钟才会有应答。这是我们第一次碰到正常工作还有不确定的"若干延时"的情况。如果用普通 while 等待返回值，可能会造成死机，所以需要用"do{..i——} while(i)"结构，实现超时判断而不致永远死机。

```
/******************************************************
* 名    称:Write_Command_SD()
* 功    能:SD 卡在 SPI 模式下,向 SD 卡中写入 6 个字节的命令
* 入口参数:CMD   指向存放 6 个字节命令的数组
* 出口参数:SD 卡应答值
* 说    明:向 SD 卡中一次写入 6 个字节的命令
* 范    例:Write_Command_SD(CMD);
******************************************************/
```

```
unsigned char Write_Command_SD(unsigned char  * CMD)
{
    unsigned char tmp = 0;
    unsigned char i = 0;
    SD_CS_High();
    //-----先发 8 个空 clock-----
    SD_Write_Byte(0xFF);
    SD_CS_Low();
    //-----写入 6 个字节的命令字帧-----
    SD_Write_Frame(CMD,6);
    //-----空第一次,即忽略第一个返回值-----
    SD_Read_Byte();
    i = SD_TIMEOUT;
    do
    {
        tmp = SD_Read_Byte();
        i--;
    } while((tmp == 0xff)&&i);
    return(tmp);
}
```

在程序中,涉及 5 个还不存在的子函数,先放一边,以后再慢慢写。

```
void SD_Write_Byte(unsigned char Value){}
void SD_Write_Frame(unsigned char * pBuffer,unsigned int size)
void SD_CS_High(){}
void SD_CS_Low(){}
unsigned char SD_Read_Byte() {}
```

11.4.4 SD 卡的复位函数 SD_Reset()

由于 SD 上电后默认就是 SD 模式,所以需要给复位命令然后再设置为 SPI 模式。复位需要给 SD 卡发送 CMD0(0x40)命令。

发送 0xFF 10 次(实际上需要至少 74 个同步时钟,也就是 74 位)→CS 拉高→发送 0xFF→CS 使能→发送 0x40→发送 0x00 四次→发送规定的 CRC 校验码 0x95→发送若干字节的 0xFF 作为同步时钟→直到收到 0x01→CS 拉高。

SD 卡复位代码注意事项有以下几点:

1) 图 11.7 中框选部分可整体看成是"发送 6 字节命令并等待返回值",这个可直接调用前面编写的 Write_Command_SD()函数,以后不再时序图中特别框选这部分进行强调。

2) 按 SD 卡规范,命令往往要发多次才能有应答,所以许多地方需要超时判断。

从零开启大学生电子设计之路——基于 MSP430 LaunchPad 口袋实验平台

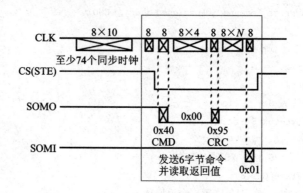

图 11.7　SD 卡的复位时序

```
/ * * * * * * * * * * * * * * * * * * * * * * * * * * * * * * * * * * * * * * * * * *
* 名　　称:SD_Reset()
* 功　　能:复位 SD 卡
* 入口参数:无
* 出口参数:0　复位 SD 失败;　1　复位 SD 成功
* 说　　明:上电后 SD 卡为 SD 模式,需先复位后才能设置为 SPI 模式
* 范　　例:无
* * * * * * * * * * * * * * * * * * * * * * * * * * * * * * * * * * * * * * * * * */
unsigned char SD_Reset()
{
    unsigned char i = 0,temp = 0;
    unsigned char CMD[6] = {SD_CMD0,0x00,0x00,0x00,0x00,SD_CMD0_CRC};
    SD_CS_High();                        //CS 片选使能
    for(i = 0;i<0x0f;i++)                //空发 80 个 CLK(10 字节)
    {
        SD_Write_Byte(SD_EMPTY_CLK);
    }
    i = TIMEOUT;                         //超时门限值
    do{
        temp = Write_Command_SD(CMD);    //发送 6 字节命令并读取返回值
        i--;
    }while((temp !  = SD_RESET_ACK) && i); //超时判断
    if(i -= 0)
        return(0);                       //超时,返回失败代码
    else
        return (1);
}
```

11.4.5　SPI 模式函数 SD_Set_SPI()

在完成 SD 卡复位以后,就可以写 CMD1 命令初始化为 SPI 方式了。如图 11.8

所示,和复位模式差不多格式,只不过没有了 74 个同步时钟,发送数据是 0x41,CRC 校验位随便写,SD 相应字节为 0x00。由于只有 SD 模式才会 CRC 校验,所以图 11.8 中的 CRC 校验位置随便写什么都行。

CS 拉高→发送 0xFF→CS 使能→发送 0x41→发送 0x00 四次→随便发送点什么作为 CRC 校验码(比如 0xFF)→发送若干字节的 0xFF 作为同步时钟→直到收到 0x00→CS 拉高。

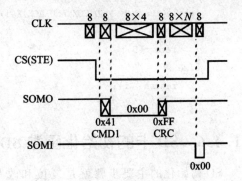

图 11.8　将 SD 卡设置为 SPI 模式

同样,用"见森林不管树木"的方式编写 SPI 模式代码:

```
/**********************************************
 * 名     称:SD_Set_SPI()
 * 功     能:将 SD 卡设为 SPI 模式
 * 入口参数:无
 * 出口参数:0  复位 SD 失败;  1  复位 SD 成功
 * 说     明:需先复位操作后才能进行设置 SPI 模式操作
 * 范     例:无
 **********************************************/
unsigned char SD_Set_SPI()
{
    unsigned char i = 0,temp = 0;
    unsigned char CMD[6] = {0};
    //-----将命令拆分为 4 字节-----
    CMD[0] = SD_CMD1;
    CMD[1] = ((0x00ffc000 & 0xff000000) >>24);
    CMD[2] = ((0x00ffc000 & 0x00ff0000) >>16);
    CMD[3] = ((0x00ffc000 & 0x0000ff00) >>8);
    CMD[4] = 0x00ffc000 & 0x000000ff;
    CMD[5] = SD_SPI_CRC;
    i = TIMEOUT;                          //超时门限值
    do{
        CMD[0] = SD_CMD41;                //CMD41 命令
        temp = Write_Command_SD(CMD);     //发送 CMD41 进行激活
        if(temp == 0x00)
        {
            SD_CS_High(); }
        i-- ;
```

从零开启大学生电子设计之路——基于 MSP430 LaunchPad 口袋实验平台

203

```
    }while((temp！= SD_COMMAND_ACK)&&i);        //超时判断
    if(i == 0)
        return(0);                              //超时,返回失败代码
    else
        return (1);
}
```

11.4.6　SD 卡的初始化函数 SD_Init()

　　SD 初始化的主要步骤就是复位和改写为 SPI 模式,所以利用 SD_Reset() 和 SD_SetSPI()两个函数很容易实现 SD 卡的初始化。初始化的注意事项如下:

　　1) 初始化时,CLK 时钟不能高于 400 kHz。

　　2) 初始化完成后,CLK 时钟就可以切换高速运行。

```
/***************************************************
* 名　　称:SD_Init()
* 功　　能:初始化 SD 卡为 SPI 模式
* 入口参数:无
* 出口参数:0  初始化失败;  1  初始化成功
* 说　　明:初始化 SD 卡为 SPI 模式
* 范　　例:SD_Init();
***************************************************/
unsigned char SD_Init()
{
    unsigned char temp = 0 ;
    //-----初始化之前,先将 SPI 设为低速(SPI_clk = 300K 左右)-----
    SD_Low_Speed();
    //-----复位 SPI-----
    temp = SD_Reset();
    if(temp == 0)
        return(0);
    //-----设定 SD 为 SPI 模式-----
    temp = SD_Set_SPI();
    if(temp == 0)
        return(0);
    //----初始化完成以后,将 SPI 速度提到高速(10 MHz 左右),便于快速读写扇区----
    SD_High_Speed();
    return(1);
}
```

　　同样,对于上面的初始化函数,把 CLK 的速度提高或降低的函数先放一边,以后再说。

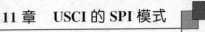

11.4.7　读扇区函数 SD_Read_Sector( )

SD 卡只能按 512 字节 1 个扇区为单位来读数据,还可以用 CMD16 命令更改为每次读写 N 个扇区。这里采用默认的读写 1 个扇区操作。

如图 11.9 所示:CS 拉高→发送 0xFF→CS 使能→发送 CMD17 (0x51)→将 32 位扇区地址分 4 字节发送(高位字节在前)→再随便发送点什么作为 CRC 校验码(比如 0xFF)→再发送若干字节的 0xFF 作为同步时钟→直到收到 0x00→再发送若干字节的 0xFF 作为同步时钟→直到收到 0xFE→开始接收 512 字节数据→接收 2 字节 CRC 校验数据→CS 拉高。

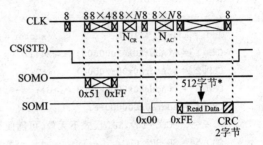

图 11.9　SD 卡默认读 1 扇区

继续编写与硬件无关的顶层应用函数,由于 MSP430G2553 只有 512 字节的 RAM,无法一次存储 1 个扇区的数据,所以这里采取读取全部扇区但选择性存储部分字节的方法来操作。注意事项如下:

1) 大量的超时判断给代码阅读造成一定障碍,操作 SD 就这样,习惯就好。

2) 扇区物理地址一定要转换成逻辑地址,具体就是左移 9 位,这个是规定。

3) 直接写"SD_Read_Byte();"就是空读操作,意思是不存储返回值。空读在 SD 卡操作中有重要意义,即 SD 卡不能跳读(指定读某字节),但可以空读(按顺序都读,但是选择性存储)来"曲线救国"。

```
/********************************************************
* 名      称:SD_Read_Sector()
* 功      能:SD 卡在 SPI 模式下,从 SD 卡中,在指定的位置处,读出指定个数的数据到缓存
* 入口参数:Addr    物理扇区的地址
*            * Ptr  指向存放读取数据的数据缓存
*          FirstNum 从该扇区读取首个字节的偏移地址
*          Num    此次操作要读取的数据个数(FirstNum + Num<512)
* 出口参数:0   读取失败
*            1   读取成功
* 范      例:SD_Read_Sector(83241,buffer,0,100);//从扇区 83241 中读出 100 个字节,
                                              //放入 buffer 中
********************************************************/
unsigned char SD_Read_Sector(unsigned long Addr,unsigned char * Ptr,unsigned int
FirstNum,unsigned int Num)
{
    unsigned char temp = 0;
```

```
unsigned int i = 0;
unsigned int EndNum = 0;
unsigned char CMD[6] = {0};
//-----命令 17-----
CMD[0] = SD_CMD17;
//-----将 32 位地址拆分------
Addr = Addr <<9;                    //sector = sector * 512  将物理地址转换为逻辑地址
CMD[1] = ((Addr&0xFF000000)>>24);
CMD[2] = ((Addr&0x00FF0000)>>16);
CMD[3] = ((Addr&0x0000FF00)>>8);
CMD[4] = Addr&0x000000FF;
//-----CRC 校验,SPI 模式下无效,可随便给-----
CMD[5] = SD_SPI_CRC;
//----等待 SD 卡应答----
i = TIMEOUT;                        //超时门限值
do{
        temp = Write_Command_SD(CMD);
        i--;
}while((temp! = SD_COMMAND_ACK)&&i); //超时判断
if (i == 0)
{
    SD_CS_High();
    return(0);                      //超时,返回失败代码
}
//----等待 SD 卡应答--------------
i = TIMEOUT;                        //超时门限值
do{
    temp = SD_Read_Byte();
    i--;
}while(( temp ! = SD_DATA_ACK)&&i);  //超时判断
if (i == 0)
{
    SD_CS_High();
    return(0);                      //超时,返回失败代码
}
//-----读取指定字节-----
EndNum = FirstNum + Num;
for(i = 0;i<FirstNum;i++)
{
    //-----空读(放弃存储)其他字节-----
        SD_Read_Byte();
}
```

从零开启大学生电子设计之路——基于 MSP430 LaunchPad 口袋实验平台

```
SD_Read_Frame(Ptr,Num);              //读取有效字节
for(i = 0;i＜512 - EndNum;i + + )
{
//-----空读(放弃存储)其他字节-----
        SD_Read_Byte();
}
//-----空读两次 CRC--Byte-----
SD_Read_Byte();
SD_Read_Byte();
SD_CS_High();
return (1);
}
```

11.4.8　写扇区函数 SD_Write_Sector()

如图 11.10 所示,SD 卡最小写入单位也为 1 个扇区。

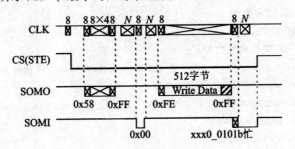

图 11.10　SD 卡默认写 1 扇区

CS 拉高→发送 0xFF→CS 使能→发送 CMD24(0x58)→将 32 位扇区地址分 4 字节发送→高位字节在前)→随便发送点什么作为 CRC 校验码(比如 0xFF)→发送若干字节的 0xFF 作为同步时钟→直到收到 0x00→再发送若干字节的 0xFF 作为同步时钟→发送 0xFE 作为数据头→开始发送 512 字节数据→随便发送 2 字节 CRC 校验数据→接收到 SD 应答 xxx0_0101b→发送若干字节 0xFF 作为同步时钟→等待 SOMI 变高→CS 拉高。

继续按"时间顺序"写代码。如果写不满 512 字节,可以选择写特定一段长度,其他空间填充 0。注意事项如下:

1) 写 SD 卡时,扇区物理地址一定要转换成 32 位地址,具体就是左移 9 位。

2) 与读 SD 卡"空读"操作相对应的是写 SD 卡时只写部分真实数据,其他空间"写 0"操作。但这种方法与"空读"的曲线救国效果还是不一样的。多次读取 SD 卡,总能把数据拼凑完整,而每次写 SD 卡扇区时,该扇区都会被先全部擦除,所以只要一次写不满 SD 的一个扇区,永远也别想写满,分多少次写都不行。

/ ★★

```
*  名      称:SD_Write_Sector()
*  功      能:SD 卡在 SPI 模式下,向 SD 卡中,在指定的位置写入指定个数的数据
*  入口参数:Addr   物理扇区的地址
*              * Ptr   指向待写数据的数据缓存
*              FirstNum   写入该扇区的首个字节偏移地址
*              Num   此次操作要写入的数据个数(FirstNum + Num<512)
*  出口参数:0   写入失败;  1   写入成功
*  范      例:SD_Write_Sector(83241,buffer, 0,100); //向扇区 83241 中写入 100 个字节
* * * * * * * * * * * * * * * * * * * * * * * * * * * * * * * * * * * * * * * */
unsigned char SD_Write_Sector(unsigned long Addr , unsigned char * Ptr,unsigned int
FirstNum,unsigned int Num)
{
    unsigned char temp = 0;
    unsigned int EndNum = 0;
    unsigned int i = 0;
    unsigned char CMD[6] = {0};
    //-----发送命令-----
    CMD[0] = SD_CMD24;
    //-----将 32 位地址拆分------
    Addr = Addr <<9;                      //sector = sector * 512   将物理地址转换为逻辑地址
    CMD[1] = ((Addr&0xFF000000)>>24);
    CMD[2] = ((Addr&0x00FF0000)>>16);
    CMD[3] = ((Addr&0x0000FF00)>>8);
    CMD[4] = Addr&0x000000FF;
    //-----CRC 校验,SPI 模式下无效,可随便给-----
    CMD[5] = SD_SPI_CRC;
    //----等待 SD 卡应答----
    i = TIMEOUT;                          //超时门限值
    do{
        temp = Write_Command_SD(CMD);
        i-- ;
    }while((temp != SD_COMMAND_ACK)&&i);   //超时判断
    if (i==0)  return(0);                 //超时,返回失败代码
    //----空发若干次 CLK----
    for(i = 0;i<SD_WRITE_DELAY;i++ )
    {
        SD_Write_Byte(SD_EMPTY_CLK);
    }
    //SD_Write_Frame(pTemp,SD_WRITE_DELAY);
    //-----发送数据头字节-----
    SD_Write_Byte(SD_DATA_ACK);
    //-----发送 512 字节数据,含空数据----
```

```
EndNum = FirstNum + Num;
for(i = 0;i<FirstNum;i++)
{
        //-----写空数据-----
    SD_Write_Byte(SD_EMPTY_DATA);
}
SD_Write_Frame(Ptr,Num);                    //写有效数据
for(i = 0;i<512 - EndNum;i++)
{
        //-----写空数据-----
        SD_Write_Byte(SD_EMPTY_DATA);
}
//-----发送 2 个字节的校验位-----
SD_Write_Byte(0xff);
SD_Write_Byte(0xff);
//-----判断 SD 的应答是否为 xxx00101b-------
temp = SD_Read_Byte();
temp = temp &0x01F;
if(temp != SD_WRITE_ACK)
{
    SD_CS_High();
    return(0);
}
//--------直发 CLK,直到不 BUSY------
i = TIMEOUT;                                 //超时门限值
do{
        i--;
}while(SD_Read_Byte() != 0xff &&i);          //超时判断
if (i == 0)
{
    SD_CS_High();
    return(0);                               //超时,返回失败代码
}
//---成功完成写数据,将片选 CS 拉高------
SD_CS_High();
return 1;
}
```

11.4.9　宏定义

顶层函数描述完毕,现在开始写底层函数。首先要还的欠账是一大堆命令的宏定义。

```
# include"SD_HardWare. h"
# include "SD_SPI. h"
//-----SD 卡相关的命令宏定义-----
# define SD_WRITE_DELAY        100          //先发 74 个以上的时钟
# define SD_EMPTY_CLK          0xFF
# define SD_EMPTY_DATA         0x00
# define SD_SPI_CRC            0xFF         //SPI 模式下 CRC 无效,随便给
# define SD_CMD0_CRC           0x95         //复位命令 CMD0 的 CRC 校验码
# define SD_CMD0               0 + 0x40     //复位命令
# define SD_CMD1               1 + 0x40     //SPI 模式命令
# define SD_CMD17              17 + 0x40    //读扇区命令
# define SD_CMD24              24 + 0x40    //写扇区命令
# define SD_CMD41              41 + 0x40    //初始化扇区命令
# define SD_CMD55              55 + 0x40    //初始化扇区命令
//-----SD 卡相关应答-----
# define SD_COMMAND_ACK        0x00         //命令应答
# define SD_RESET_ACK          0x01         //复位应答
# define SD_DATA_ACK           0xFE         //数据应答
# define SD_WRITE_ACK          0x05         //写扇区应答
//----系统超时控制----
# define SD_TIMEOUT            100
# define TIMEOUT               200
```

11.4.10　底层硬件子函数

在编写 SD 的初始化函数、读扇区函数、写扇区函数的时候,"捏造"了一堆"空头支票"子函数,现在逐一兑现。这些子函数实际都是与 SPI. c 相衔接的硬件有关的函数,所以专门放在外部文件 SD_HardWare. c 中。

1. 低波特率函数 SD_Low_Speed()

SD 卡初始化阶段必须低速,所以专门设计 SD_Low_Speed()函数。

```
/ ***********************************************
*  名     称:SD_Low_Speed()
*  功     能:SD 卡在 SPI 读取模式下,使能 SPI 的时钟为低速(300K 左右)
*  入口参数:无
*  出口参数:无
*  说     明:由于在初始化完 SD 卡时,需要的速度很低,此函数更改当前 SPI 工作的速度,
*            使其在 300K 左右
*  范     例:SD_Low_Speed();
* ***********************************************/
void SD_Low_Speed()
```

```
{
    SPI_LowSpeed();
}
```

2. 高波特率函数 SD_High_Speed()

初始化完成后,应恢复高速 SPI 时钟,以加快读写速度。

```
#include"MSP430G2553.h"
#include"USCI_SPI.h"
/ *******************************************************
*  名      称:SD_High_Speed()
*  功      能:SD 卡在 SPI 读取模式下,使能 SPI 的时钟为高速传输模式
*  入口参数:无
*  出口参数:无
*  说      明:该函数可以更改当前 SPI 工作的速度。一般在初始化完 SD 卡后
*              需要将 SPI 的速度提高,加快读写速度
*  范      例:SD_High_Speed();
****************************************************** */
void SD_High_Speed()
{
    SPI_HighSpeed();
}
```

3. 使能函数 SD_CS_High()和 SD_CS_Low()

这两个函数中实际都是在调用底层 SPI 的函数,为什么要多此一举呢? 这就是硬件隔离的思想。SPI 有关的内容要被 SD_HardWare.c 这一层完全隔离,即顶层函数文件 SD_SPI.c 里要见不到任何与硬件有关的函数。

```
/ ***************************************************
*  名    称:SD_CS_High()
*  功    能:SD 卡在 SPI 读取模式下,控制使能 CS 引脚为高电平
*  入口参数:无
*  出口参数:无
*  说    明:此处的 CS 引脚可以根据硬件的需要,任意指定引脚作 CS 均可
*  范    例:SD_CS_High();
*************************************************** */
void SD_CS_High()
{
    SPI_CS_High();                    //此处,调用底层 G2 硬件接口函数
}
/ ***************************************************
*  名    称:SD_CS_Low()
```

* 功　　能:SD 卡在 SPI 读取模式下,控制使能 CS 引脚为低电平
* 入口参数:无
* 出口参数:无
* 说　　明:此处的 CS 引脚可以根据硬件的需要,任意指定引脚作 CS 均可
* 范　　例:SD_CS_Low();
***/

```
void SD_CS_Low()
{
    SPI_CS_Low();                    //此处,调用底层 G2 硬件接口函数
}
```

4. 写字节函数 SD_Write_Byte( )

调用 SPI 库函数实现对 SD 卡发 1 字节数据。

```
/********************************************************
* 名　　称:SD_Write_Byte()
* 功　　能:SPI 模式下,向 SD 卡中写入 1 字节数据
* 入口参数:value　当前要写入的数据
* 出口参数:无
* 说　　明:使用该函数可以向 SD 卡中写入 1 字节数据
* 范　　例:SD_Write_Byte();            //将 value 写入 SD 卡中
********************************************************/
void SD_Write_Byte(unsigned char value)
{
    unsigned char temp = 0;
    do{
        //-----此处,调用底层 G2 硬件接口函数 -----
        temp = SPI_TxFrame(&value,1);
    }while(temp == 0);
}
```

5. 写帧函数 SD_Write_Frame( )

调用 SPI 库函数实现对 SD 卡发 1 帧数据。

```
/********************************************************
* 名　　称:SD_Write_Frame()
* 功　　能:SPI 模式下,向 SD 卡中写入 size 个字节数据
* 入口参数:*pBuffer　当前要写入的数据头指针
*            size　计划要写入的数据个数
* 出口参数:无
* 说　　明:使用该函数可以向 SD 卡中写入 size 个字节
* 范　　例:无
********************************************************/
```

```
void SD_Write_Frame(unsigned char * pBuffer,unsigned int size)
{
    unsigned char temp = 0;
    do{
        // -----此处,调用底层 G2 硬件接口函数 -----
        temp = SPI_TxFrame(pBuffer,size);
    }while(temp == 0);
}
```

6. 读字节 SD_Read_Byte( )

调用 SPI 库函数实现对 SD 卡收 1 字节数据。

```
/ * * * * * * * * * * * * * * * * * * * * * * * * * * * * * * * * * * * * * * * * * * * * *
 * 名    称:SD_Read_Byte()
 * 功    能:SPI 模式下,读取 SD 卡中的 1 字节数据
 * 入口参数:无
 * 出口参数:value  当前读取出的数据
 * 说    明:使用该函数可以读取 SD 卡中的 1 字节数据
 * 范    例:tempt = SD_Read_Byte();          //读取一个字节,并赋给 tempt 变量
 * * * * * * * * * * * * * * * * * * * * * * * * * * * * * * * * * * * * * * * * * * * * */
unsigned char SD_Read_Byte()
{
    unsigned char value = 0;
    unsigned char temp = 0;
    do{
        // -----此处,调用底层 G2 硬件接口函数 -----
        temp = SPI_Rx(&value,1);
    }while(temp == 0);
    return value;
}
```

7. 读帧函数 SD_Read_Frame( )

调用 SPI 库函数实现对 SD 卡读 1 帧数据。

```
/ * * * * * * * * * * * * * * * * * * * * * * * * * * * * * * * * * * * * * * * * * * * * *
 * 名    称:SD_Read_Frame()
 * 功    能:SPI 模式下,从 SD 卡中读出 size 个字节数据
 * 入口参数:* pBuffer  存储的读 SD 数据的头指针
 *          size  计划要读取的数据个数
 * 出口参数:无
 * 说    明:使用该函数可以从 SD 卡中读出 size 个字节
 * 范    例:无
 * * * * * * * * * * * * * * * * * * * * * * * * * * * * * * * * * * * * * * * * * * * * */
```

```
void SD_Read_Frame(unsigned char * pBuffer, unsigned int size)
{
    unsigned char temp = 0;
    do{
        //-----此处,调用底层 G2 硬件接口函数-----
        temp = SPI_Rx(pBuffer,size);
    }while(temp == 0);
}
```

11.4.11　文件结构

SD 卡的库函数涉及众多文件,需要梳理一下方便大家查找比对。图 11.11 所示为各个文件所涉及的函数,头文件中的内容也一并列出。

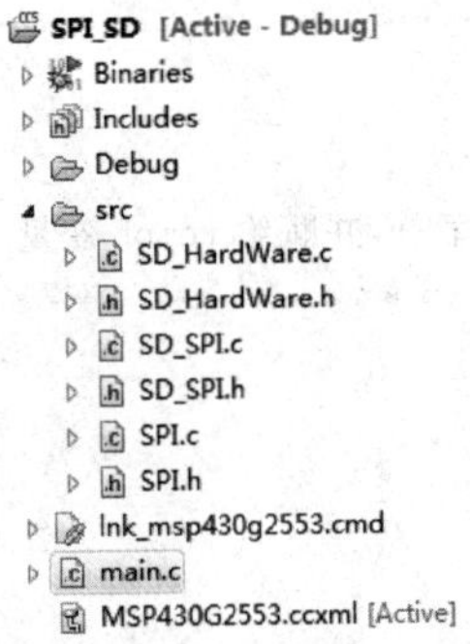


```
/* SD_SPI.c*/
#include"SD_HardWare.h"
#include " SPI.h"
unsigned char Write_Command_SD(unsigned char *CMD)
unsigned char SD_Write_Sector(unsigned long Addr ,unsigned char *Ptr,unsigned char FirstNum,unsigned int Num)
unsigned char SD_Read_Sector(unsigned long Addr ,unsigned char *Ptr,unsigned char FirstNum,unsigned int Num)
unsigned char SD_Init()
unsigned char SD_Reset()
unsigned char SD_Set_SPI()
```

```
/* SD_SPI.h*/
extern unsigned char SD_Init();
extern unsigned char SD_Reset();
extern unsigned char SD_Read_Sector(unsigned long Addr ,unsigned char *Ptr,unsigned char FirstNum,unsigned int Num);
extern unsigned char SD_Write_Sector(unsigned long Addr ,unsigned char *Ptr,unsigned char FirstNum,unsigned int Num);
extern unsigned char SD_Set_SPI();
```

```
/*SD_HardWare.c*/
#include"MSP430G2553.h"
#include"SPI.h"
void SD_High_Speed()
void SD_Low_Speed()
void SD_CS_High()
void SD_CS_Low()
void SD_Write_Byte(unsigned char value)
void SD_Write_Frame(unsigned char  *pBuffer,unsigned int size)
unsigned char SD_Read_Byte()
void SD_Read_Frame(unsigned char  *pBuffer, unsigned int size)
```

```
/*SPI.c*/
#include"MSP430G2553.h"
void USCI_A0_init(void)
void SPI_CS_High(void)
void SPI_CS_Low(void)
void SPI_Interrupt_Sel(unsigned char onOff)
char SPI_RecieveFrame(unsigned char  *pBuffer, unsigned int size)
char SPI_SendFrame(unsigned char  *pBuffer, unsigned int  size)
static void SPI_TxISR();
static void SPI_RxISR();
__interrupt void USCI0TX_ISR_HOOK(void)
__interrupt void USCI0RX_ISR_HOOK(void)
```

```
/* SD_HardWare.h*/
extern void SD_Write_Byte(unsigned char Value);
extern void SD_Write_Frame(unsigned char  *pBuffer,unsigned char size);
extern void SD_CS_High();
extern void SD_CS_Low();
extern unsigned char SD_Read_Byte();
extern void SD_Read_Frame(unsigned char  *pBuffer, unsigned int size);
extern void SD_High_Speed();
extern void SD_Low_Speed();
```

```
/* SPI.h*/
extern void SPI_CS_High(void);
extern void SPI_CS_Low(void);
extern void SPI_HighSpeed(void);
extern void SPI_LowSpeed(void);
extern void SPI_init(void);
extern unsigned char SPI_TxFrame(unsigned char  *pBuffer,
                                 unsigned int size);
extern unsigned char SPI_RxFrame(unsigned char  *pBuffer,
                                 unsigned int size);
```

图 11.11　SD 卡库函数的文件结构

11.5　例程——SD 卡读写扇区

往指定扇区写 128 字节数据，再读回到 DATA[]数组。程序只执行一遍后休眠，在 CCS 中查看变量值，核对是否正确读写 SD 卡。

11.5.1　主函数

主函数中依次设置 DCO→GPIO→SPI 初始化→SD 初始化→调用写 SD 函数→调用读 SD 函数→LED 指示成功→休眠。

```
# include"MSP430G2553.h"
# include"SD_SPI.h"
# include"USCI_SPI.h"
# define SD_SECTOR_ADDR    52360         //SD 卡待操作的扇区地址
# define SD_SECTOR_FIRST    0
# define SD_SECTOR_NUM    128
unsigned char DATA[128] = {0};
void My_Write_Data();
void My_Read_Data();
void main()
{
    unsigned char temp = 0;
    WDTCTL = WDTPW + WDTHOLD;
    // -----DCO 设为 12 MHz-----
    BCSCTL1 = CALBC1_12MHZ;
    DCOCTL = CALDCO_12MHZ;
    // -----操作指示灯-----
    P1DIR |= BIT0;
    P1OUT & = ~BIT0;
    // -----初始化硬件 SPI-----
     USCI_A0_init();
    // -----直到初始化成功(一般一次就可初始化成功)-----
    do{
        temp = SD_Init();
    } while(temp == 0);
    // -----写入指定的扇区 128 个字节-----
    My_Write_Data();
    // -----指定的扇区读取 128 个字节-----
    My_Read_Data();
    P1OUT |= BIT0;
    _bis_SR_register(LPM3_bits);
}
```

11.5.2　写 SD 卡函数 My_Write_Data()

写 SD 卡函数 My_Write_Data() 的任务是：

1) 构造一个局部变量数组并赋值 0~127。

2) 将数组写入 SD 卡指定扇区。

```
/************************************************************
* 名    称:My_Write_Data()
* 功    能:往 SD 卡中写 128 字节数
* 入口参数:无
* 出口参数:无
* 说    明:此函数用于演示写 SD 卡
* 范    例:无
************************************************************/
void My_Write_Data()
{
    unsigned char i = 0,temp = 0;
    unsigned char Temp[128] = {0};
    for (i = 0;i< = 127;i++)
    {
        Temp[i] = i;      //给临时变量赋值
    }
    do{                   //一直写入 SD 扇区,直到此次写入操作成功(一般一次就可成功)
    temp = SD_Write_Sector(SD_SECTOR_ADDR,Temp,SD_SECTOR_FIRST,SD_SECTOR_NUM);
    }while(temp == 0 );
}
```

11.5.3　读 SD 卡函数 My_Read_Data()

读 SD 卡函数 My_Read_Data() 的任务是：

1) 从 SD 卡指定扇区读取 128 字节。

2) 将 128 字节数据存入全局变量数组 DATA[] 中,供验证查看。

```
/************************************************************
* 名    称:My_Read_Data()
* 功    能:从 SD 卡指定位置中读 128 字节数
* 入口参数:无
* 出口参数:无
* 说    明:此函数用于演示读 SD 卡
* 范    例:无
************************************************************/
void My_Read_Data()
```

```
{
    unsigned char i = 0, temp = 0;
    for (i = 0; i < 127; i ++)
    {
        DATA[i] = 0;        //先清除缓存内容
    }
    do{                     //一直读取 SD 扇区,直到此次读取操作成功(一般一次就可成功)
    temp = SD_Read_Sector(SD_SECTOR_ADDR , DATA, SD_SECTOR_FIRST, SD_SECTOR_NUM);
    }while(temp == 0);
}
```

11.5.4　查看数据

如果程序代码没有任何问题,则依次单击 ✎ 、 ✳ 、 ▶ 、 ⏸ 按钮后,就可以查看变量窗口,核对 DATA 数组的值是否依次是 0~127,如图 11.12 所示。

1) 注意 Value 的格式应为十进制显示。

2) 先烧录程序,再插入 TF 卡,避免 TF 卡初始化失败。

3) P1.0 所接红色 LED 亮起,说明程序运行到该行,表明 SD 卡读写程序成功。

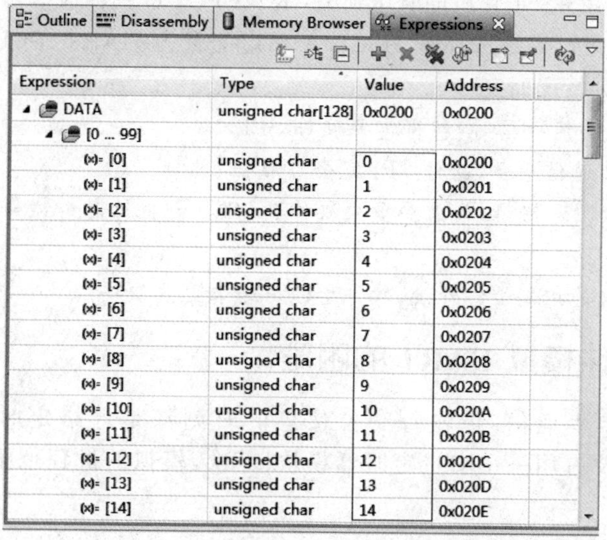

Expression	Type	Value	Address
▲ ⊞ DATA	unsigned char[128]	0x0200	0x0200
▲ ⊞ [0 ... 99]			
(x)= [0]	unsigned char	0	0x0200
(x)= [1]	unsigned char	1	0x0201
(x)= [2]	unsigned char	2	0x0202
(x)= [3]	unsigned char	3	0x0203
(x)= [4]	unsigned char	4	0x0204
(x)= [5]	unsigned char	5	0x0205
(x)= [6]	unsigned char	6	0x0206
(x)= [7]	unsigned char	7	0x0207
(x)= [8]	unsigned char	8	0x0208
(x)= [9]	unsigned char	9	0x0209
(x)= [10]	unsigned char	10	0x020A
(x)= [11]	unsigned char	11	0x020B
(x)= [12]	unsigned char	12	0x020C
(x)= [13]	unsigned char	13	0x020D
(x)= [14]	unsigned char	14	0x020E

图 11.12　查看 DATA 数组的数据

第 **12** 章

USCI 的 I²C 模式

12.1 概　述

USCI 模块分为 USCI_A 和 USCI_B 两种。其中，USCI_A 可配置为 UART 或 SPI 模式，USCI_B 可配置为 SPI 或 I²C 模式。MSP430G2553 集成了一个 USCI_A 和一个 USCI_B 模块。

12.1.1　鱼和熊掌的取舍

当 MSP430G2553 单片机同时用到 UART、SPI、I²C 三种通信功能时，该如何取舍 USCI 的配置呢？我的选择是 USCI_A 一定配置为 UART，而 USCI_B 配置为 SPI 还是 I²C 则分情况而定。

1）SPI 追求高速通信时，就得需要硬件 SPI。

2）低速 SPI 通信场合，软件 SPI 完全可胜任。

3）完整的 I²C 通信，比如需要多主机仲裁，从机会拉低时钟线等场合，则需要硬件 I²C。

4）如果仅仅是控制 I²C 外设，软件 I²C 用起来更方便些。

12.1.2　软件模拟 UART 的困难

UART 是异步通信，传输每一位信息的时刻都是严格定时的。软件模拟 UART，首先需要占用一个宝贵定时器模块；其次，模拟的过程也很"悲催"。打个比方：

1）人就如 CPU，UART 通信就像是一份 Part Time Job（CPU 当然有更重要的其他任务）。

2）虽说每次上班（收发 1 位）就干 2 分钟，但是严格要求每天每 96 分钟（波特率）上班一次，否则就不给工钱（通信失败），有人愿意干这种 Part Time Job 吗？

12.1.3　同步通信的自由

每一个正常人都有一个梦想，在"钱不少挣、活不少干"的前提下，什么时候上班干活自己说了算。以 SPI 和 I²C 为代表的同步通信就有这样的特点。还是打个比方：

1) 人还是如 CPU,同步通信也是一份 Part Time Job,但 CPU 可以什么时候方便什么时候干活,纯粹利用业余时间就行。

2) 具体表现在：CPU 就是 Boss,手持"时钟线"掌控全局,想什么时候收发数据就什么时候收发。

12.1.4　完整的 I²C 协议

完整的 I²C 协议其实也非常难以软件模拟。难点有两个,数据线上的多主机仲裁和时钟线上的从机拉低时钟线强迫主机等待。这两条困难看似不相关,但根源是一样的,就是每个人说的话都可能不算数,还得看其他人的脸色。还是打个比方：

1) 大家合伙做买卖,都是"老板"。

2) 董事会议上想干什么,先要判断是不是自己在"负责"(主机仲裁)。

3) 仲裁这活可不轻松,这意味着每个人时刻都要竖起耳朵(每一位数据都不能放过)听"舆论"(数据总线电平)是否对自己有利(电平一致)。

4) 就算是自己占了主动权(仲裁获胜),也不能随便在董事会议上喊"某某,给我干什么什么去"。

5) 在你长篇大论的同时也要竖起耳朵(每一位数据都不能放过)听,是否有人有"意见"要喊停。谁都可以喊停(拉低时钟总线电平),原因可能是要接电话(先忙别的任务),也可能是不高兴,嫌你语速太快(波特率太高)。

6) 等你长篇大论说完了,别人还可以说"没听清你说什么"(无应答)。然后主机就当场"晕厥"了,然后就没有然后了。

12.1.5　简化的 I²C 协议

我们经常也能看到软件模拟 I²C 的代码,只要不涉及多主机仲裁和从机碰时钟线这两件事,代码还是非常简单的。这种情况下,"业余时间"控制 CLK 发号施令即可,不需"监听"民意。

事实上,单片机控制外设大部分都符合上述情况,原因如下：

1) 只有一个单片机,控制 N 个外设,没有别的单片机争做主机。

2) 外设从来都很"听话",只要主机的"语速"不超标,从不出现外设拉低时钟线的情况,也不会无应答。

12.2　使用 Grace 初始化 I²C

对单片机控制外设来说,I²C 一般都工作于主模式。如图 12.1 所示,在 Grace 中单击 USCI_B0 模块,选择 I²C 模式。

从零开启大学生电子设计之路
——基于 MSP430 LaunchPad 口袋实验平台

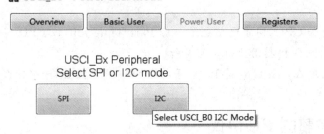

图 12.1　USCI_B0 模块选择 I²C 模式

图 12.2 所示为 I²C 主模式的 Grace 高级配置。为标注方便,框图位置略做调整。对于初学者,仅需配置好时钟源、通信速率,其他默认,即可完成 I²C 的初始化。

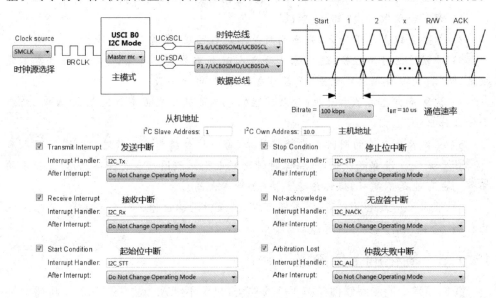

图 12.2　I²C 主模式的 Grace 高级配置图

正如第 9 章介绍的,完整的 I²C 通信"构造"非常复杂,所以在图 12.2 中有 6 种中断事件可能需要 CPU 响应,如下述。

1) 发送中断和接收中断:和前面 UART、SPI 的功能一样,表示 UCB0TXBUF 已空或 UCB0RXBUF 已满,可以发送下一字节数据或者读取 1 字节数据。

2) 起始位中断:某主机发起一次通信,虽然 USCI 模块会自动响应呼叫,但是这个中断可以用于指示其他设备通信已经开始。

3) 停止位中断:停止位中断发生后,意味着总线空闲,在事件处理函数中,本机 CPU 可以控制产生起始位试图建立自己的通信。

4) 无应答中断:无应答中断表明从机地址不存在或发生故障,也可能是永久故障,在事件处理函数中,主机 CPU 应该对此异常有"应急响应方案"。

5) 仲裁失败中断：在多主机通信中，本机(主机)发起的通信可能会仲裁失败(仲裁原理见 9.4 节)。与从机无应答不同，仲裁失败"不丢人"，也不属于故障，是正常的通信事件。在事件处理函数中，主机 CPU 得对此事件做出响应处理，比如等待下一次停止位中断，总线被释放后，再次发起通信。

12.3　I²C 的初始化代码

在 USCI_B0_init. c 中，得到 I²C 的初始化代码(黑斜体字部分，其余均为注释)。I²C 的配置相对复杂，所以我们保留 Grace 的注释部分，并添加部分中文注释，请耐心详细看注释。如果配置为从机，则仅有 UCMST 控制位置 0 这一个区别，后面不再重复 I²C 从机初始化的代码了。

```
# include <msp430.h>
/* *   ======== USCI_B0_init ========
 *   Initialize Universal Serial Communication Interface B0 I2C 2xx */
void USCI_B0_init(void)
{
    /* Disable USCI */
    UCB0CTL1 |= UCSWRST；        //先关闭 USCI_B0 模块以便进行初始化设置


    /* Control Register 0
     * ~UCA10 -- Own address is a 7-bit address    默认本机地址为 7 位
     * ~UCSLA10 -- Address slave with 7-bit address 默认将要进行通信的从机地址为 7 位
     * ~UCMM -- Single master environment. There is no other master in the system.
     * The address compare unit is disabled.默认单主机模式，该模式下地址比较仲裁功
     * 能被关闭。参阅 9.4.5 小节
     * UCMST -- Master mode 配置为主机模式，当配置为从机时，只有这一位不一样
     * UCMODE_3 -- I2C Mode   USCI 配置为 I2C 模式
     * UCSYNC -- Synchronous Mode   USCI 配置为同步通信模式 */
    UCB0CTL0 = UCMST + UCMODE_3 + UCSYNC；       //配置含义见上面的注释


    /* * Control Register 1
     * UCSSEL_2 - SMCLK   时钟源选 SMCLK
     * ~UCTR - Receiver      通信时默认读模式
     * ~UCTXNACK -- Acknowledge normally   默认不发"无应答"
     * ~UCTXSTP -- No STOP generated   默认不触发停止位
     * ~UCTXSTT -- Do not generate START condition   默认不触发发起始位
     * UCSWRST -- Enabled. USCI logic held in reset state 仍然关闭 USCI_B0   */
    UCB0CTL1 = UCSSEL_2 + UCSWRST；


    /*   I2C Own Address Register                单主机时，主机可以没有本机地址
```

从零开启大学生电子设计之路——基于 MSP430 LaunchPad 口袋实验平台

```
 *    ~UCGCEN -- Do not respond to a general call    主机默认不响应呼叫    * /
 UCB0I2COA = 10;

 /* I2C Slave Address Register */                     //从机地址
 UCB0I2CSA = 1;

 /* Bit Rate Control Register 0 */                    //设定通信速率
 UCB0BR0 = 10;

 /* USCI_Bx I2C Interrupt Enable Register             //中断使能寄存器配置
  * UCNACKIE -- Interrupt enabled                     //开启无应答中断
  * UCSTPIE -- Interrupt enabled                      //开启起始位中断
  * UCSTTIE -- Interrupt enabled                      //开启停止位中断
  * UCALIE -- Interrupt enabled */                    //开启仲裁失败中断
 UCB0I2CIE = UCNACKIE + UCSTPIE + UCSTTIE + UCALIE;

 /* Enable USCI */                                    //打开 USCI 模块
 UCB0CTL1 & = ~UCSWRST;
}
```

在 CSL_init.c 中集中写各个外设的中断服务子函数并统一调用初始化函数,以便阅读和改写。除了配置为 I²C 模式的 USCI_B(代码为黑斜体字),配置为 UART 的 USCI_A 的初始化代码也一并附上,以便对比。

USCI_A 和 USCI_B 共用中断向量,所以在中断中要进行多次判断(事件判断)才能决定该调用哪个事件处理函数。

```
/*    ======== CSL_init.c ========
 *    DO NOT MODIFY THIS FILE - CHANGES WILL BE OVERWRITTEN */
/* external peripheral initialization functions */
extern void GPIO_init(void);
extern void BCSplus_init(void);
extern void USCI_B0_init(void);
extern void USCI_A0_init(void);
extern void System_init(void);
extern void WDTplus_init(void);
# include <msp430.h>
/*    ======== CSL_init =========
 *    Initialize all configured CSL peripherals */
void CSL_init(void)
{
    /* Stop watchdog timer from timing out during initial start-up.
                                                关狗以便进行初始化 */
```

```
WDTCTL = WDTPW + WDTHOLD;
/* initialize Config for the MSP430 GPIO    GPIO 初始化 */
GPIO_init();
/* initialize Config for the MSP430 2xx family clock systems (BCS)
                                                    基础时钟初始化 */
BCSplus_init();
/* initialize Config for the MSP430 USCI_B0USCI_B0   模块初始化(被配置为 I2C) */
USCI_B0_init();
/* initialize Config for the MSP430 USCI_A0          USCI_A0 模块初始化 */
USCI_A0_init();
/* initialize Config for the MSP430 System Registers   初始化系统寄存器 */
System_init();                          //主要工作包括中断标志位清零,开启各中断使能
/* initialize Config for the MSP430 WDT +    看门狗模块初始化 */
WDTplus_init();
}
/* ======== Interrupt Function Definitions ======== */
/* Interrupt Function Prototypes */                      //中断事件处理函数声明
extern void UART_Tx(void);                               //UART 发送事件处理函数
extern void UART_Rx(void);                               //UART 接收事件处理函数
extern void I2C_Tx(void);                                //I2C 发送事件处理函数
extern void I2C_Rx(void);                                //I2C 接收事件处理函数
extern void I2C_STT(void);                               //I2C 起始位事件处理函数
extern void I2C_STP(void);                               //I2C 停止位事件处理函数
extern void I2C_NACK(void);                              //I2C 无应答事件处理函数
extern void I2C_AL(void);                                //I2C 仲裁失败事件处理函数
/* ======== USCI A0/B0 TX Interrupt Handler Generation ======== */
#pragma vector = USCIAB0TX_VECTOR
__interrupt void USCI0TX_ISR_HOOK(void)
{
    if (IFG2 & UCA0TXIFG) {
        /* USCI_A0 Transmit Interrupt Handler */ //判断中断源为 UART 的 Tx 中断
        UART_Tx();                        //执行 UART 发送中断事件函数
        /* Enter active mode on exit */
        __bic_SR_register_on_exit(LPM4_bits);     //退出中断时变成活动模式
    }
    else if (IFG2 & UCB0TXIFG) {
        /* USCI_B0 Transmit Interrupt Handler */ //判断中断源为 I2C 的 Tx 中断
        I2C_Tx();                         //执行 I2C 发送中断事件函数
        /* No change in operating mode on exit */ //退出中断时不改变低功耗模式
    }
    else {
        /* USCI_B0 Receive Interrupt Handler */ //判断中断源为 I2C 的 Rx 中断
```

从零开启大学生电子设计之路——基于 MSP430 LaunchPad 口袋实验平台

```
        I2C _Rx();                                    //执行 I2C 接收中断事件函数
        /* No change in operating mode on exit */    //退出中断时不改变低功耗模式
    }
}
/*  ======== USCI A0/B0 RX Interrupt Handler Generation ======== */
#pragma vector = USCIAB0RX_VECTOR
__interrupt void USCI0RX_ISR_HOOK(void)
{
    if (IFG2 & UCA0RXIFG) {
    /* USCI_A0 Receive Interrupt Handler */         //判断中断源为 UART 的 Rx 中断
        UART_Rx();                                   //执行 UART 接收中断事件函数
    /* Enter low power mode 3 on exit */
        __bic_SR_register_on_exit(LPM4_bits);
        __bis_SR_register_on_exit(LPM3_bits);        //退出中断时低功耗模式改为 LPM3
    }
    else if (UCB0STAT & UCSTTIFG) {
    /* USCI_B0 I2C Start Condition Interrupt Handler */ //判断中断源为 I2C 的起始位中断
        I2C _STT();                                  //执行 I2C 起始位中断事件函数
    /* No change in operating mode on exit */        //退出中断时不改变低功耗模式
    }
    else if (UCB0STAT & UCSTPIFG) {
    /* USCI _B0 I2C Stop Condition Interrupt Handler */ //判断中断源为 I2C 的停止位中断
        I2C _STP();                                  //执行 I2C 停止位中断事件函数
    /* No change in operating mode on exit */        //退出中断时不改变低功耗模式
    }
    else if (UCB0STAT & UCNACKIFG) {
    /* USCI _B0 I2C NACK Interrupt Handler */        //判断中断源为 I2C 的无应答中断
        I2C _NACK();                                 //执行 I2C 无应答中断事件函数
    /* No change in operating mode on exit */        //退出中断时不改变低功耗模式
    }
    else if (UCB0STAT & UCALIFG) {
    /* USCI _B0 I2C Arbitration Lost Interrupt Handler */ //判断中断源为 I2C 的仲裁失败中断
        I2C _AL();                                   //执行 I2C 仲裁失败中断事件函数
        /* No change in operating mode on exit */    //退出中断时不改变低功耗模式
    }
}
```

　　Grace 自动生成的代码里出现了 6 个函数，即 UART_Tx()、I2C_Tx()、I2C_Rx()、UART_Rx()、I2C_STT()、I2C_STP()、I2C_NACK()和 I2C_AL()。这 6 个函数被自动放到了相应的中断里面，利用函数封装可以增加代码的可读性。

12.4　I²C 的库函数文件

I²C 通信也不能使用 FIFO 进行缓存,I²C 通信的特点是:

1) 与 SPI 类似,I²C 的通信数据也要分段,段长度不确定。

2) 与 SPI、UART 都不同的是,I²C 的段与段之间的从机地址,读写标志还需重新写过。

3) 对于每一段数据的传输,主机都必须人工给一个起始位信号 UCTXSTT,段数据发送完毕后人工给一个停止位信号 UCTXSTP,这比 SPI 的使能 CS 控制还要复杂一点。

I²C 的库函数文件 USCI_I2C.c 的编写,就是为顶层函数提供简单的收发一帧数据的函数,而不用考虑发送帧头数据前的起始位、发送帧尾数据后的停止位、从机地址、读写标志等麻烦事。

12.4.1　宏定义及变量声明

I²C 的每一帧长度都是不定的,所以本例程采用指针的方法操作"缓存",包括 * pTxData 和 * pRxData。TxByteCnt 和 RxByteCnt 用于帧内待操作数据的计数,作用相当于 FIFO 操作中的空满指示变量。

提示:养成习惯,声明变量时一定要同时赋初值,否则将来会引发一堆无名"肿痛"。

```
#include"MSP430G2553.h"


#define TX_STATE            0           /* I2C 发送状态 */
#define RX_STATE            1           /* I2C 接收状态 */
//-----对 SMCLK 分频产生 I2C 通信波特率-----
#define I2C_BAUDRATE_DIV    14          /* I2C 波特率控制 */
#define SLAVE_ADDR          0x20        /* 从机 TCA6416A 的地址 */
static unsigned char   TxByteCnt = 0;       //剩余发送数据
static unsigned char   RxByteCnt = 0;       //剩余接收数据
static unsigned char * pTxData;             //待发送 TX 数据的指针
static unsigned char * pRxData;             //Rx 接收存放数据的指针
unsigned char     I2C_State = 0;            //收发状态指示变量
```

12.4.2　初始化函数 I2C_Init()

USCI_B0 模块的初始化函数,I²C 设为三线制主机状态,初始化代码可由 Grace 辅助配置。

1) 波特率的分频系数由宏定义调整。

2）暂不开启 Tx 和 Rx 的中断使能，另有函数负责使能控制。

```
/ ************************************************
 * 名    称:I2C_Init()
 * 功    能:初始化 USCI_B0 模块为 I2C 模式
 * 入口参数:无
 * 出口参数:无
 * 说    明:I2C 设为三线制主机状态,暂不使能 Tx 和 Rx 中断
 * 范    例:无
 ************************************************/
void I2C_Init()
{
    _disable_interrupts();
    P1SEL |= BIT6 + BIT7;                       //GPIO 配置为 USCI_B0 功能
    P1SEL2|= BIT6 + BIT7;                       //GPIO 配置为 USCI_B0 功能
    UCB0CTL1 |= UCSWRST;                        //软件复位状态
    UCB0CTL0 = UCMST + UCMODE_3 + UCSYNC;       //同步通信 I2C 主机状态
    UCB0CTL1 = UCSSEL_2 + UCSWRST;              //使用 SMCLK,软件复位状态
    UCB0BR0 = I2C_BAUDRATE_DIV ;                //除了分频系数,实际波特率还与 SMCLK 有关
    UCB0BR1 = 0;                                //这一级别的分频一般不启用
    UCB0I2CSA = SLAVE_ADDR;                     //I2C 从机地址,可在宏定义中修改
    UCB0CTL1 & = ~UCSWRST;                      //开启 I2C
    _enable_interrupts();
}
```

12.4.3　初始化函数 I2C_Tx_Init()

此函数负责仅开启 Tx 中断。I²C 通信为半双工,显然正常情况下不会同时发生收发中断,因此有必要用函数将其中一个关掉。

```
/ ************************************************
 * 名    称:I2C_Tx_Init()
 * 功    能:仅使能 I2C 的 Tx 中断
 * 入口参数:无
 * 出口参数:无
 * 说    明:I2C 通信只能半双工,只使能一个中断,工作可靠
 * 范    例:无
 ************************************************/
void I2C_Tx_Init()
{
    _disable_interrupts();
    while((UCB0STAT & UCBUSY)||UCB0CTL1 & UCTXSTP);     //确保总线空闲
    IE2 & = ~UCB0RXIE;                                  //关闭 Rx 中断
```

```
        I2C_State = TX_STATE;
        IE2 |= UCB0TXIE;                                        //允许 Tx 中断
        _enable_interrupts();                                   //开总中断
}
```

12.4.4 初始化函数 I2C_Rx_Init()

此函数负责仅开启 Rx 中断。

```
/*************************************************************
 * 名     称:I2C_Rx_Init()
 * 功     能:仅使能 I2C 的 Rx 中断
 * 入口参数:无
 * 出口参数:无
 * 说     明:I2C 通信只能半双工,只使能一个中断,工作可靠
 * 范     例:无
 *************************************************************/
void I2C_Rx_Init()
{
    _disable_interrupts();
    while ((UCB0STAT & UCBUSY)||UCB0CTL1 & UCTXSTP);           //确保总线空闲
    IE2 & = ~UCB0TXIE;                                         //关闭 Rx 中断
    I2C_State = RX_STATE;
    IE2 |= UCB0RXIE;                                           //允许 Tx 中断
    _enable_interrupts();                                      //开总中断
}
```

12.4.5 发送帧函数 I2C_TxFrame()

I²C 中只能一次性把一段数据全部写入缓存,而不能中途添加数据,所以只能把要发送的数据"打包"成一帧,一次性放入缓存。

```
/*************************************************************
 * 名     称:I2C_TxFrame()
 * 功     能:新发送 1 帧数据
 * 入口参数:* p_Tx    待发送数据的首地址
 *          num    待发送数据的个数
 * 出口参数:0  失败;  1  成功
 * 说     明:只有不 BUSY 且 STOP 已复位的情况下才允许发送新的帧
 * 范     例:无
 *************************************************************/
unsigned char I2C_TxFrame(unsigned char * p_Tx,unsigned char num)
{
```

从零开启大学生电子设计之路
——基于 MSP430 LaunchPad 口袋实验平台

```
    if ((UCB0STAT & UCBUSY)||(UCB0CTL1 & UCTXSTP))        return(0);
    pTxData = (unsigned char  * )p_Tx;          //更新数据指针
    TxByteCnt = num;                            //更新剩余发送数据个数
    UCB0CTL1 |= UCTR + UCTXSTT;                 //I2C Tx 位，软件 start condition
    _bis_SR_register(CPUOFF + GIE);             //进 LPM0 模式，开总中断
    return(1);
}
```

12.4.6　接收帧函数 I2C_RxFrame()

I2C_RxFrame()的道理和 I2C_TxFrame()差不多。

```
/ * * * * * * * * * * * * * * * * * * * * * * * * * * * * * * * * * * * * * *
 * 名      称:I2C_RxFrame()
 * 功      能:新接收 1 帧数据
 * 入口参数:* p_Tx   数据待存放的首地址
 *           num    待接收数据的个数
 * 出口参数:0  失败;  1  成功
 * 说      明:只有不 BUSY 且 STOP 已复位的情况下才允许接收新的帧
 * 范      例:无
 * * * * * * * * * * * * * * * * * * * * * * * * * * * * * * * * * * * * * */
unsigned char I2C_RxFrame(unsigned char * p_Rx,unsigned char num)
{
    if ((UCB0STAT & UCBUSY)||(UCB0CTL1 & UCTXSTP))        return(0);
    pRxData = (unsigned char  * )p_Rx;          //更新数据指针
    RxByteCnt = num;                            //更新剩余接收数据个数
    UCB0CTL1 & = ~UCTR;
    UCB0CTL1 |= UCTXSTT;                        //I2C Rx 位，软件 start condition
    _bis_SR_register(CPUOFF + GIE);             //进 LPM0 模式，开总中断
    return(1);
}
```

12.4.7　中断服务函数 USCIAB0TX_ISR()

　　USCIAB0TX_ISR()函数为中断事件处理函数。由于 I²C 的 Tx 和 Rx 使用的都是 USCIAB0TX 中断源，所以需要在中断里判断一下到底是哪种中断，直接由自定义的全局变量 I2C_State 判断一下即可，然后就可以决定是调用发送事件处理函数 I2C_TxFrame_ISR，还是接收事件处理函数 I2C_RxFrame_ISR 了。

　　由于 I²C 的通信过程实际是阻塞的，CPU 除非有其他非 I²C 通信相关的任务可以执行，否则就应该休眠。代码中预留了当无数据需要收发时，唤醒主循环中 CPU 的语句。

```
void I2C_TxFrame_ISR(void);
void I2C_RxFrame_ISR(void);
/* * * * * * * * * * * * * * * * * * * * * * * * * * * * * * * * * * * *
 * 名    称:USCIAB0TX_ISR()
 * 功    能:响应 I2C 的收发中断服务
 * 入口参数:无
 * 出口参数:无
 * 说    明:I2C 的 Tx 和 Rx 共用中断入口
 * 范    例:无
 * * * * * * * * * * * * * * * * * * * * * * * * * * * * * * * * * * * */
# pragma vector = USCIAB0TX_VECTOR
__interrupt void USCIAB0TX_ISR(void)
{
    _disable_interrupts();                          //等同于_DINT
  if(I2C_State == TX_STATE)                          //判断是收状态还是发状态
    I2C_TxFrame_ISR();                               //事件:发送帧
  else
    I2C_RxFrame_ISR();                               //事件:接收帧
      // - - - - - - 预留给主循环中唤醒 CPU 用途 - - - - - -
        if(RxByteCnt == 0 || TxByteCnt == 0)          //如果没有待发送或待接收数据
          __bic_SR_register_on_exit(CPUOFF);          //Exit LPM0
        _enable_interrupts();                        //等同于_ENIT
}
```

12.4.8　事件处理函数 I2C_TxFrame_ISR()

本函数的任务是依次发送缓存中的数据。唯一要注意的是,当发送完最后一个数据时,应当置停止标志位。

```
/* * * * * * * * * * * * * * * * * * * * * * * * * * * * * * * * * * * *
 * 名    称:I2C_TxFrame_ISR()
 * 功    能:I2C 的 Tx 事件处理函数,发送缓存数组中的数据
 * 入口参数:无
 * 出口参数:无
 * 说    明:类似于 FIFO 操作,但指针无需循环
 * 范    例:无
 * * * * * * * * * * * * * * * * * * * * * * * * * * * * * * * * * * * */
void I2C_TxFrame_ISR(void)
{
    if (TxByteCnt)                          //检查数据是否发完
    {
      UCB0TXBUF = * pTxData;                 //装填待发送数据
```

```
        pTxData ++ ;                        //数据指针移位
        TxByteCnt -- ;                       //待发送数据个数递减
    }
    else                                    //数据发送完毕
    {
        UCB0CTL1 |= UCTXSTP;                 //置停止位
        IFG2 &= ~UCB0TXIFG;                  //人工清除标志位(由于没有写 Buffer,不会自动清除)
    }
}
```

12.4.9　事件处理函数 I2C_RxFrame_ISR()

本函数的任务是依次将接收寄存器 RxBuff 中的数据写入缓存中。

```
/ ***********************************************************
 * 名    称:I2C_RxFrame_ISR()
 * 功    能:I2C 的 Rx 事件处理函数,读取 UCB0RXBUF 写入指定缓存数组中
 * 入口参数:无
 * 出口参数:无
 * 说    明:类似读 FIFO 操作,但指针无需循环
 * 范    例:无
 ************************************************************/
void I2C_RxFrame_ISR(void)
{
        if (RxByteCnt == 1)             //只剩 1 字节没接收时(实际已经在 RxBuff 里了)
            UCB0CTL1 |= UCTXSTP;        //软件产生停止位
        RxByteCnt -- ;                  //待接收字节数递减
      * pRxData = UCB0RXBUF;            //存储已接收的数据
      * pRxData ++ ;                    //数据指针移位
}
```

12.4.10　头文件 USCI_I2C.h

最后,通过 USCI_I2C.h 来说明 I²C 库函数的功能。

1) I2C_Init():负责将 USCI_B0 配置为 I²C 模式。

2) I2C_Tx_Init():每次通过 I²C 写数据前,先调用本函数。

3) I2C_Rx_Init():每次通过 I²C 读数据前,先调用本函数。注意 I²C 主发从收模式时,只有写数据操作,但 I²C 主收从发模式时,是先写(从机地址、读写位)再读的操作。

4) I2C_TxFrame():配置一次完整的发送过程(起始位+若干数据+停止位)。

5) I2C_RxFrame():配置一次完整的接收过程(起始位+若干数据+停止位)。

```
#ifndef I2C_H_
#define I2C_H_

extern void I2C_Init();
extern void I2C_Tx_Init();
extern void I2C_Rx_Init();
extern unsigned char I2C_TxFrame(unsigned char * p_Tx,unsigned char num);
extern unsigned char I2C_RxFrame(unsigned char * p_Tx,unsigned char num);

#endif /* I2C_H_ */
```

12.5　I/O 扩展芯片 TCA6416A

12.5.1　I/O 扩展基本原理

MSP430G 系列单片机的 I/O 口不多,很多人看到 G2 的第一反应就是"引脚这么少,叫人怎么用啊"。其实引脚少的单片机也很普遍,关键是看干什么用,6 个引脚的单片机也是有的。

扩展输出口的方法就是将串行数据转为并行数据输出,串入并出移位寄存器加一个锁存器就可以将串行转并行输出(也就是扩展了 I/O 口),比如 74 系列通用数字逻辑器件 74HC595,可以任意级联扩展输出口。图 12.3 所示为扩展输出 I/O 口原理图。

1) MCU 需要 3 个 I/O 来扩展任意个数的并行信号输出,图 12.3 中给出的是 8 位并行输出,增加位数并不需要再增加 I/O 口。

2) P1.0 负责给出移位时钟,每输出一个时钟上升沿,P1.1 的串行数据口输出的数据右移一位进入移位寄存器。

3) 当新的 8 位数据 D7′~D0′全部进入移位寄存器后,P1.2 控制的锁存器"开闸放水"一次,将旧数据 D7~D0 更新为新数据 D7′~D0′,然后立刻锁存住,就完成了一次串行数据转并行数据的输出。

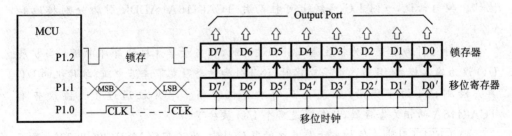

图 12.3　扩展输出 I/O 口的原理

串行转并行的代价是速度变慢。理论上,普通 I/O 比 1 串转 16 并输出的速度至少快 16 倍。假如普通 I/O 翻转电平的速度是 1 MHz,转 16 并输出后,速度降为62.5 kHz。这个速度对于很多应用已绰绰有余,比如和人有关的输入输出设备(键盘、段式 LCD/LED 驱动、点阵 LCD/LED 驱动等)。

扩展输入口的方法类似,只不过使用的是并入串出的移位寄存器,这里不详细介绍了。

12.5.2　TCA6416A 的硬件连接

类似 74HC595 的串并转换芯片虽然廉价,但是它只能扩展输出口,不能同时扩展出双向 I/O 口。TI 公司有一款基于 I²C 控制的双向 I/O 扩展芯片 TCA6416A,既解了 G2 的燃眉之急,又可以顺便学习 I²C 协议的使用。

图 12.4 所示为 MSP-EXP430G2 扩展板上 TCA6416A 的实际电路连接图。

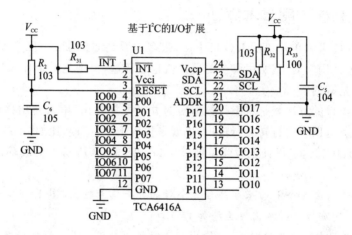

图 12.4　TCA6416A 硬件连接原理图

1) TCA6416A 可以扩展出 16 个双向 I/O 口,为了与单片机的 I/O 区别,图 12.4中 TCA6416A 扩展出的 I/O 标注为 IO00～IO07 和 IO10～IO17。

2) ADDR 引脚是 I²C 设备的地址引脚,通过接地或 V_{CC} 可设置为两个不同的地址。换句话说,一组 I²C 总线上可挂两片 TCA6416A(ADDR 引脚分别接地和V_{CC})。

3) $\overline{INT}$ 引脚是专门为扩展输入引脚设计的,相当于单片机的外部中断。当扩展I/O 设为输入模式,且输入电平变化时,$\overline{INT}$ 引脚便会触发下降沿中断,单片机的 I/O再去检测 $\overline{INT}$ 的下降沿,触发真正的单片机中断。单片机通过 I²C 协议查看TCA6416A 的相关寄存器,便知晓是哪个 I/O 被按下。

4) $\overline{RESET}$ 引脚地位相当于单片机的复位引脚,为了节约 MSP430G2553 为数不多的 I/O 口,这里仿照单片机的上电复位电路用 R_2 和 C_6 给 TCA6416A 也设计了上电复位电路。

5）SDA、SCL 和 $\overline{\text{INT}}$ 引脚必须外接上拉电阻（R_{31}、R_{32}、R_{33}），在第 5 章叙述过，MSP430 内部集成电阻是不能做输出上拉电阻的（只能做输入上（下）拉电阻）。

6）电源 V_{CC} 和地 GND 之间接电容 C_5（100 nF，标柱为 104），用于去耦，起到"有病治病，无病强身"的作用。

12.5.3　TCA6416A 的寄存器

首先，把 TCA6416A 扩展出的 16 个普通 I/O 口，理解成单片机的 P0 和 P1 口，CPU 对 I/O 口的读写实际上都是通过寄存器进行的。其次，参考图 12.3 的移位寄存器原理，扩展出的 I/O 也是无法位操作的，读写都必须多位同时进行。TCA6416A 的寄存器设计其实很好理解，共 4 组寄存器，下面先分析需要哪 4 组。

1）需要 16 位的 Input Port Registers 来存储 16 个 I/O 的输入状态，相当于单片机中的 PxIN。

2）需要 16 位的 Output Port Registers 来存储 16 个 I/O 的输入状态，相当于单片机中的 PxOUT。

3）需要 16 位的 Configuration Registers 来存储 I/O 的输入输出方向，相当于单片机中的 PxDIR。

4）需要 16 位的 Polarity Inversion Registers 来存储是否对 I/O 取反操作，这个功能在单片机中没有。

CPU 对于 I/O 口的操作有置 1、置 0 和取反三种。单片机可以通过先读出 I/O 状态，再做异或逻辑的办法实现取反。但是，在 TCA6416A 中，就必须先用 I²C 协议读 Input Port Registers，CPU 运算后，再用 I²C 写 Output Port Registers。这个时间非常长，所以 TCA6416A 直接集成了硬件 I/O 电平翻转电路，相当于"复杂指令集"了一回。

图 12.5～图 12.8 是实际的 TCA6416A 寄存器，使用 TCA6416A 的过程就是配置这几个寄存器。剩下的问题就是如何用 I²C 协议与芯片进行通信了。

Registers 0 and 1 (Input Port Registers)

BIT	I-07	I-06	I-05	I-04	I-03	I-02	I-01	I-00
DEFAULT	×	×	×	×	×	×	×	×
BIT	I-17	I-16	I-15	I-14	I-13	I-12	I-11	I-10
DEFAULT	×	×	×	×	×	×	×	×

图 12.5　TCA6416A 的 I/O 输入寄存器

Registers 2 and 3（Output Port Registers）

BIT	O－07	O－06	O－05	O－04	O－03	O－02	O－01	O－00
DEFAULT	1	1	1	1	1	1	1	1
BIT	O－17	O－16	O－15	O－14	O－13	O－12	O－11	O－10
DEFAULT	1	1	1	1	1	1	1	1

图 12.6　TCA6416A 的 I/O 输出寄存器

Registers 4 and 5（Polarity Inversion Registers）

BIT	P－07	P－06	P－05	P－04	P－03	P－02	P－01	P－00
DEFAULT	0	0	0	0	0	0	0	0
BIT	P－17	P－16	P－15	P－14	P－13	P－12	P－11	P－10
DEFAULT	0	0	0	0	0	0	0	0

图 12.7　TCA6416A 的 I/O 反相寄存器

Registers 6 and 7（Configuration Registers）

BIT	C－07	C－06	C－05	C－04	C－03	C－02	C－01	C－00
DEFAULT	1	1	1	1	1	1	1	1
BIT	C－17	C－16	C－15	C－14	C－13	C－12	C－11	C－10
DEFAULT	1	1	1	1	1	1	1	1

图 12.8　TCA6416A 的 I/O 方向寄存器

12.5.4　TCA6416A 写数据

对于 TCA6416A 来说，可能要写 3 种数据。I/O 输出电平寄存器、I/O 方向寄存器和 I/O 电平极性翻转寄存器这 3 个寄存器都影响实际的 I/O 输出，所以三者的地位是完全平等的，写的方法也一样。

图 12.9 所示为 TCA6416A 的写寄存器操作时序图。原说明书中将写 I/O 与写寄存器分开画图，其实这完全没有必要，写 I/O 的本质还是写寄存器。一次完整的写寄存器分为 4 部分：

1）从机地址。从机地址的前 6 位固定为 010000，为什么不定成 000000 呢？这是因为如果每种类型的 I²C 从机设备都从 000000 起始的话，那地址就区分不开了，所以每种 I²C 设备都会跳开一段地址赋值。第 7 位是真正的地址，只有两种可能。第 8 位用于表示读操作还是写操作。

2）命令字。这 8 位实际就是选择写哪个寄存器。高 5 位固定，用低 3 位表示 8 种寄存器。

3）寄存器 0。先写寄存器 0，高位在前，低位在后。

4）寄存器 1。后写寄存器 1。

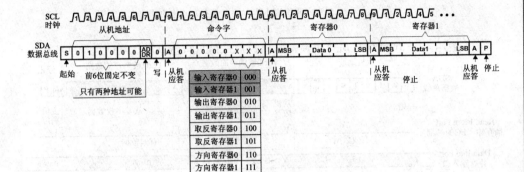

图 12.9　TCA6416A 的写寄存器操作时序图

12.5.5　TCA6416A 读数据

单片机在真正读 TCA6416A 数据前，需要写命令告诉 TCA6416A 是操作哪个寄存器。然后才是真正的读数据。写命令需要 2 字节：从机地址＋命令。读数据需要 3 字节：从机地址＋低位数据＋高位数据。

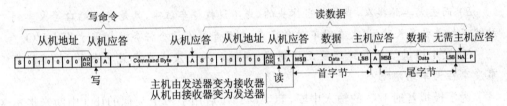

图 12.10　TCA6416A 读寄存器操作

12.5.6　TCA6416A 的 I/O 输入寄存器

图 12.11 所示为读 I/O 输入寄存器的"读数据"操作时序图部分（即为图 12.10 的后半部分，不包括写命令部分）。为了把各种异常情况下的现象都描述清楚，图 12.11 做得非常复杂。

只需注意，图 12.11 中 I/O 电平共变化了 5 次，而实际被单片机读到的却是两次锁存 I/O 电平时刻对应的数据 Data1 和数据 Data4，知道这点就够了。本节其余部分属于"鸡肋"，可放弃阅读。

在初学者看来，I/O 口的输入输出功能是对偶的，控制两者一样容易。其实，两者的难度有云泥之别。大家回忆一下，用 MCU 控制 LED 亮灭的代码和识别按键的代码的差异。识别按键的代码可是入门学习中痛苦的回忆。

为什么会有这么大的差别呢？举个现实中的例子：

1) 对于开车送人到火车站（只送到站），我是毫无压力的，既不愁没地方停车，也没有火车晚点的问题，送到我就回，耽误不了多少时间。开车送人这个任务相当于写 I/O。

从零开启大学生电子设计之路——基于 MSP430 LaunchPad 口袋实验平台

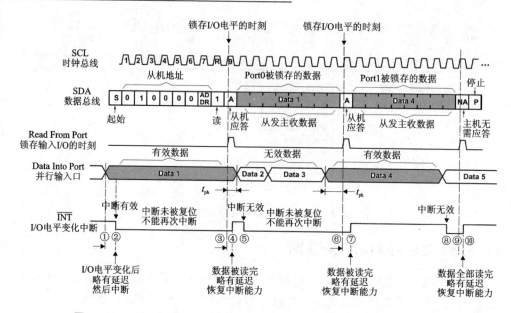

图 12.11　TCA6416A 读 I/O 输入寄存器时序图（此图初学者可放弃研究）

2）而去火车站接人，我是相当怵头的，先不说找停车位难，只是在出站口等火车到站就不知道要多长时间（火车时不时会晚点）。开车接人这个任务就相当于是读 I/O。

3）读 I/O 其实比接站还要无语得多，要接的人上没上车都是未知的，总不能有事没事往火车站跑吧？

为了模拟普通 I/O 的输入中断，TCA6416A 启用了一个类似的 $\overline{\text{INT}}$ 中断来提示输入 I/O 有变化。但是，由于 I/O 输入的变化速度可能远高于读 I/O 输入寄存器的速度，所以，TCA6416A 的中断和单片机的 I/O 外部中断还不太一样。输入 I/O 的变化可以触发 $\overline{\text{INT}}$ 产生下降沿变成低电平，但 $\overline{\text{INT}}$ 要等 I²C 的应答位才能恢复高电平（重新具备中断能力）。也就是说，TCA6416A 的 $\overline{\text{INT}}$ 中断无法响应快速变化的输入信号，当然也可以不用中断的方法判断 I/O 输入，定时扫描的方法同样适用于 TCA6416A。

12.6　TCA6416A 库函数文件

TCA6416A 库函数所要解决的问题是，如何能方便地操作输出 I/O 进行输出，如何能方便地读回输入 I/O 的值。

12.6.1　宏定义与全局变量

1）对 TCA6416A 的控制寄存器进行宏定义，以便编程时容易理解。

2）TCA6416A 输入 I/O 的值将存入全局变量 TCA6416A_InputBuffer 中。

3) volatile 的作用是禁止编译器对变量进行优化。有些时候,编译器"厉行节约"的工作会违背主人的意图,用上 volatile 后,就相当于主人告诉仆人(编译器),"这个要挑好的买,不要怕花钱"。

4) 本例中,未必使用 volatile 定义的 TCA6416A_InputBuffer,但用上没坏处,顺便介绍 volatile 的用法。个别情况下,代码调试不通的原因是编译器的优化级别太高(太抠门)。

```
# include "USCI_I2C.h"
//-----控制寄存器定义-----
# define    In_CMD0        0x00       //读取引脚输入状态寄存器;只读
# define    In_CMD1        0x01
# define    Out_CMD0       0x02       //控制引脚输出状态寄存器;R/W
# define    Out_CMD1       0x03
# define    PIVS_CMD0      0x04       //反向控制引脚输出状态寄存器;R/W
# define    PIVS_CMD1      0x05
# define    CFG_CMD0       0x06       //引脚方向控制;1:In;   0:Out
# define    CFG_CMD1       0x07
volatile unsigned int TCA6416A_InputBuffer = 0;
```

12.6.2　发送帧函数 TCA6416_Tx_Frame()

本函数的作用是向 TCA6416A 发送一帧数据。由于 I²C 通信协议必须用起始位和结束位来分割数据,所以,发完整一帧的函数(包括提供起始结束位)远比发送字节的函数有用。

直接调用底层驱动即可实现 TCA6416A 发送一帧数据。但是要注意下面几个问题:

1) 任何硬件通信模块发送数据的速度都是有限的,对 I²C 来说,如果前一帧没有发送完毕,是无法准备后一帧数据的(看清了,是准备都不行,基于 FIFO 的 UART 还可以提前准备),所以底层硬件驱动函数 I2C_TxFrame() 是带返回值的,即可能不成功。

2) 从 I²C 协议底层函数的角度来说,是不阻塞 CPU 的,返回值携带的信息可以提示上层函数,让上层函数自行决定该怎么办。

3) 但对于 TCA6416_Tx_Frame() 函数来说,如果数据帧准备不成功,能怎么办? 休眠了都没法唤醒,只能不停地重试,直到成功。因此,这里用了阻塞代码——do while 语句。

```
/************************************************************
 *  名    称:TCA6416_Tx_Frame()
 *  功    能:给 TCA6416 发送一帧数据
 *  入口参数:*p_Tx   待发送数据的头指针
```

```
*          num    数据字节数
* 出口参数:无
* 说      明:调用底层驱动实现,发送成功为止
* 范      例:无
*************************************************/
void TCA6416_Tx_Frame(unsigned char * p_Tx,unsigned char num)
{
    unsigned char temp = 0;
    do{
        temp = I2C_TxFrame(p_Tx, num);
    }while(temp == 0);
}
```

12.6.3　接收帧函数 TCA6416_Rx_Frame( )

TCA6416_Rx_Frame( )函数功能是接收完整的一帧数据,和 TCA6416_Tx_Frame( )函数非常类似,不多解释了。

```
/************************************************
* 名      称:TCA6416_Rx_Frame()
* 功      能:从 TCA6416A 接收一帧函数
* 入口参数: * p_Rx   待存放数据的头指针
*          num    待接收字节数
* 出口参数:无
* 说      明:调用底层驱动函数实现,接收成功为止
* 范      例:无
*************************************************/
void TCA6416_Rx_Frame(unsigned char * p_Rx,unsigned char num)
{
    unsigned char temp = 0;
    do {
        temp = I2C_RxFrame(p_Rx, num);
    }while(temp == 0);
}
```

12.6.4　初始化函数 TCA6416A_Init( )

TCA6416A 的初始化主要做以下几件事:

1)长延时,这个是必须有的。因为没有额外给 TCA6416A 复位控制 I/O,CPU一定要等 TCA6416A 复位完成才能与之通信。

2)初始化硬件 I²C,并设为使用最频繁的发送模式。

3)将按键所在的 4 个 I/O 设为输入,其他 12 个设为输出。(这是与 G2 扩展板

硬件连接匹配的。)

```
/*************************************************************
 * 名      称:TCA6416A_Init()
 * 功      能:TCA6416A 初始化
 * 入口参数:无
 * 出口参数:无
 * 说      明:实际是调用 I2C 初始化程序,将 TCA6416A 的输入输出口作定义
 * 范      例:无
 *************************************************************/
void TCA6416A_Init(void)
{
    unsigned char conf[3] = {0};
    __delay_cycles(100000);//TCA6416A 的复位时间比单片机长,延迟确保上电时可靠复位
    I2C_Init();
    I2C_Tx_Init();                          //永远默认发送模式
    //----根据扩展板的引脚使用,将按键所在引脚初始化为输入,其余引脚初始化为输出
    conf[0] = CFG_CMD0;                     //TCA6416A 控制寄存器
    conf[1] = 0x00;                         //0 0 0 0_0 0 0 0   (LED0~LED7)
    TCA6416_Tx_Frame(conf,2);               //写入命令字
    conf[0] = CFG_CMD1;
    conf[1] = 0x0f;                         //0 0 0 0_1 1 1 1 (按键)
    TCA6416_Tx_Frame(conf,2);               //写入命令字
    //----上电先将引脚输出为高(此操作对输入引脚无效)
    conf[0] = Out_CMD0;
    conf[1] = 0xff;                         //某位置 1,输出为高,0 为低
    TCA6416_Tx_Frame(conf,2);               //写入命令字
    conf[0] = Out_CMD1;
    conf[1] = 0xff;
    TCA6416_Tx_Frame(conf,2);               //写入命令字
}
```

12.6.5　输出控制函数 PinOUT()

PinOUT()即为可以操作 1 位 I/O 的函数。注意事项如下:

1) 实际对 TCA6416A 来说,可控制的最小单位是 1 个字节(8 位),所以代码中区分了高 8 位和低 8 位来处理。

2) MSP430 单片中用类似于 P1OUT＝P1OUT|BIT1 按位操作来对 1 位置 1,这实际包含了先读 P1OUT 寄存器再逻辑运算,再写的操作。对单片机来说,读 P1OUT 就是"吱一声"的事儿。

3) 但对 TCA6416A 来说,想要读输出寄存器,却要"脱层皮"才行。因此,额外占用单片机的 RAM 在 TCA6416A 的外部存储下"输出寄存器",避免"按位操作"时

读取输出寄存器。

4) static unsigned char pinW0 和 static unsigned char pinW1 相当于映射了 TCA6416A 的输出寄存器的效果。

```
/*******************************************************
 * 名      称:PinOUT()
 * 功      能:控制 TCA6416A 指定 port 输出指定电平
 * 入口参数:pin  待操作的 I/O 引脚;  status   I/O 的设置状态
 * 出口参数:无
 * 说      明:无
 * 范      例:无
 *******************************************************/
void PinOUT(unsigned char pin,unsigned char status)
{
    //用于缓存已写入相应引脚的状态信息,此操作避免读回 TCA6416A 中当前寄存器的值
    static unsigned char pinW0 = 0xff;
    static unsigned char pinW1 = 0xff;
    unsigned char out0_7[2] = {0};              //引脚 pin0~pin7 输出状态缓存
    unsigned char out10_17[2] = {0};            //引脚 pin10~pin17 输出状态缓存
    if(pin< = 7)          //所选引脚为 pin0~pin7 ,刷新所要操作的输出缓存 pinW0 状态
    {
        if(status == 0)
            pinW0 & = ~(1<<pin);
        else
            pinW0 |= 1<<pin;
        out0_7[0] = Out_CMD0;
        out0_7[1] = pinW0;
        TCA6416_Tx_Frame(out0_7,2);          //将更新后的数据包写入芯片寄存器
    }
    else if(pin> = 10 && pin< = 17)
                    //所选引脚为 pin10~pin17 ,刷新所要操作的输出缓存 pinW1 状态
    {
        if(status == 0)
            pinW1 & = ~(1<<(pin%10));
        else
            pinW1 |= 1<<(pin%10);
        out10_17[0] = Out_CMD1;
        out10_17[1] = pinW1 ;
        TCA6416_Tx_Frame(out10_17,2);          //将更新后的数据包写入芯片寄存器
```

```
    }
    else
    {
        __no_operation();                    //Set breakpoint >>here<<
    }
}
```

12.6.6　输入检测函数 PinIN()

操作收发帧函数,即可读出 I/O 输入值,存入全局变量 TCA6416A_InputBuffer 后,即可当成类似于 P1IN 输入寄存器来调用。

```
/********************************************************
 * 名    称:PinIN()
 * 功    能:读取 TCA6416A 指定 port 输入电平给全局变量 TCA6416A_InputBuffer
 * 入口参数:无
 * 出口参数:无
 * 说    明:类似读 FIFO 操作,但指针无需循环
 * 范    例:无
 ********************************************************/
void PinIN()
{
    unsigned char temp[2] = {0};
    unsigned char conf[1] = {0};
    conf[0] = In_CMD1;
    TCA6416_Tx_Frame(conf,1);                //写入要读取的寄存器地址命令
    I2C_Rx_Init();                           //将 I2C 切换到 Rx 模式 初始化
    TCA6416_Rx_Frame(&temp[0],1);            //读取 I/O 输入寄存器
    TCA6416_Rx_Frame(&temp[1],1);            //读取 I/O 输入寄存器,用不上也要读
    //----将最新键值更新到输入缓存----
    TCA6416A_InputBuffer = TCA6416A_InputBuffer&0x00ff;
    TCA6416A_InputBuffer |= (((unsigned int)temp[0])<<8 )&0xff00;
    I2C_Tx_Init();
}
```

12.6.7　文件结构

鉴于调用外部文件较多,这里把所有外部文件中用到的函数做个归类图(如图 12.12 所示),方便查阅。

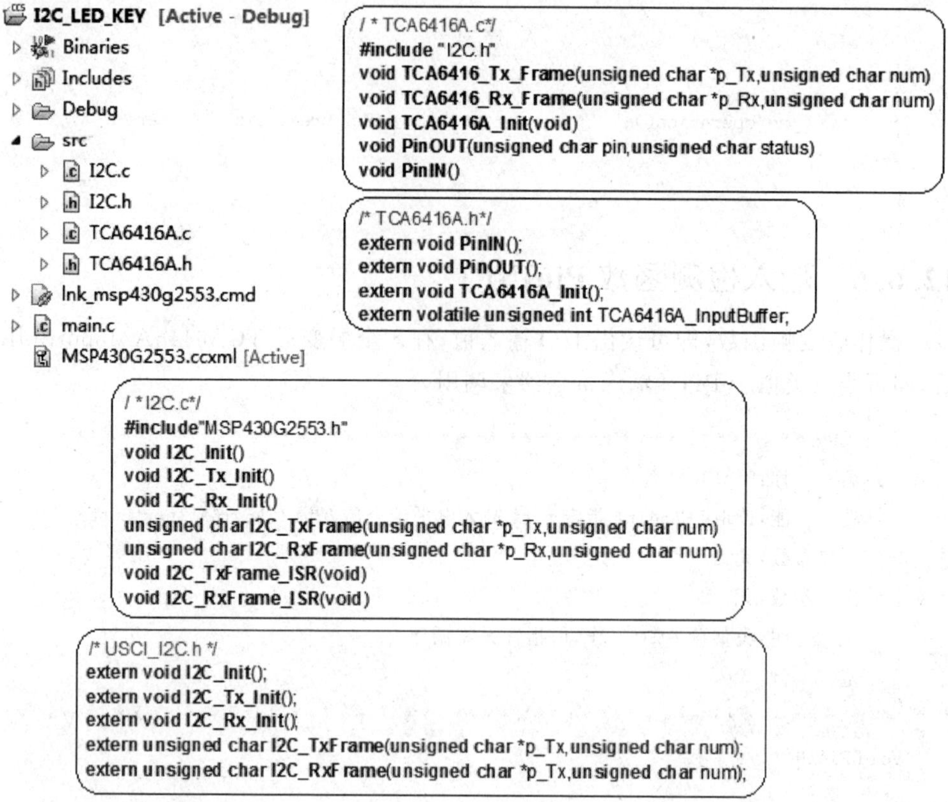

```
CCS  I2C_LED_KEY  [Active - Debug]
  ▷ ⚙ Binaries
  ▷ 📰 Includes
  ▷ 📂 Debug
  ◢ 📂 src
      ▷ 📄 I2C.c
      ▷ 📄 I2C.h
      ▷ 📄 TCA6416A.c
      ▷ 📄 TCA6416A.h
  ▷ 📄 lnk_msp430g2553.cmd
  ▷ 📄 main.c
     📄 MSP430G2553.ccxml [Active]
```

```
/ * TCA6416A.c*/
#include "I2C.h"
void TCA6416_Tx_Frame(unsigned char *p_Tx,unsigned char num)
void TCA6416_Rx_Frame(unsigned char *p_Rx,unsigned char num)
void TCA6416A_Init(void)
void PinOUT(unsigned char pin,unsigned char status)
void PinIN()
```

```
/*TCA6416A.h*/
extern void PinIN();
extern void PinOUT();
extern void TCA6416A_Init();
extern volatile unsigned int TCA6416A_InputBuffer;
```

```
/ *I2C.c*/
#include"MSP430G2553.h"
void I2C_Init()
void I2C_Tx_Init()
void I2C_Rx_Init()
unsigned char I2C_TxFrame(unsigned char *p_Tx,unsigned char num)
unsigned char I2C_RxFrame(unsigned char *p_Rx,unsigned char num)
void I2C_TxFrame_ISR(void)
void I2C_RxFrame_ISR(void)
```

```
/* USCI_I2C.h */
extern void I2C_Init();
extern void I2C_Tx_Init();
extern void I2C_Rx_Init();
extern unsigned char I2C_TxFrame(unsigned char *p_Tx,unsigned char num);
extern unsigned char I2C_RxFrame(unsigned char *p_Tx,unsigned char num);
```

图 12.12 外部函数图

12.7 例程——I²C 扩展 I/O

　　如图 12.13 所示,在 MSP－EXP430G2 扩展板中,TCA6416A 有 8 个 I/O 用于控制 LED,有 4 个 I/O 用于控制 4 个机械按键。编写一个测试代码,上电初始,8 个 LED 间隔亮灭表示 TCA6416A 初始化成功。此后每个按键控制两个 LED 的亮灭。

　　注:MSP－EXP430G2 板上的 LED 跳线必须拔除,避免与 I²C 冲突。

12.7.1 主函数

　　1) 调用各种外设初始化,将 LED 状态设为间隔亮灭。

　　2) 在 while(1)主循环中,使用了一种低功耗代码写法。即依靠定时中断唤醒 CPU 的方法实现低功耗。

　　3) 这种写法,可以避免在定时中断里写事件处理代码,可以增强代码的可读性。即代码不会被中断弄得跳来跳去,世界上要是没有中断"捣乱",代码读起来不知道会多顺畅!

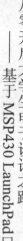

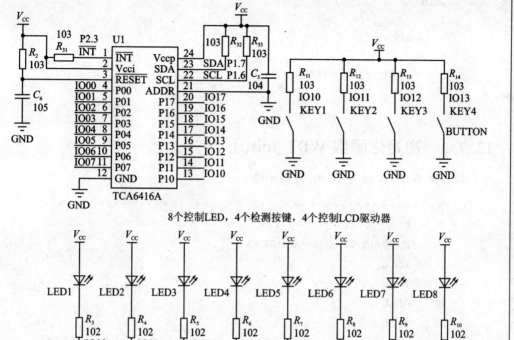

8个控制LED，4个检测按键，4个控制LCD驱动器

图 12.13　TCA6416A 控制 LED 和按键

```
# include"MSP430G2553.h"
# include"TCA6416A.h"
void WDT_init();
void I2C_IODect()        ;              //检测事件确实发生了
void main(void)
{
    WDTCTL = WDTPW + WDTHOLD;           //关狗
    BCSCTL1 = CALBC1_16MHZ;             /* Set DCO to 16 MHz */
    DCOCTL = CALDCO_16MHZ;
    TCA6416A_Init();                    //初始化 I/O 扩展口
//-----提示初始化成功----
    PinOUT(0,1);                        //指定 0 号引脚输出为 1
    PinOUT(1,0);                        //指定 1 号引脚输出为 0
    PinOUT(2,1);                        //指定 2 号引脚输出为 1
    PinOUT(3,0);                        //指定 3 号引脚输出为 0
    PinOUT(4,1);                        //指定 4 号引脚输出为 1
    PinOUT(5,0);                        //指定 5 号引脚输出为 0
    PinOUT(6,1);                        //指定 6 号引脚输出为 1
    PinOUT(7,0);                        //指定 7 号引脚输出为 0
    WDT_init();
```

从零开启大学生电子设计之路——基于 MSP430 LaunchPad 口袋实验平台

```
        while(1)
        {
            PinIN();
            I2C_IODect();
            _bis_SR_register(LPM0_bits);
        }
    }
```

12.7.2　初始化函数 WDT_init()

初始化 WDT 中断为 16 ms 定时中断。

```
/*******************************************************
 * 名      称:WDT_init()
 * 功      能:初始化 WDT 定时中断为 16 ms
 * 入口参数:无
 * 出口参数:无
 * 说      明:无
 * 范      例:无
 ******************************************************/
void WDT_init()
{
    //-----设定 WDT 为-----------
    WDTCTL = WDT_ADLY_16;
    //-----WDT 中断使能--------------------
    IE1 |= WDTIE;
}
```

12.7.3　中断服务函数 WDT_ISR()

WDT 中断服务子函数中,只有一句代码,就是唤醒 CPU。这里既用到了 WDT 所产生的定时,又避免了在 WDT 中断里放置复杂代码而影响程序的条理性。

```
/*******************************************************
 * 名      称:WDT_ISR()
 * 功      能:WDT 定时中断服务
 * 入口参数:无
 * 出口参数:无
 * 说      明:无
 * 范      例:无
 ******************************************************/
#pragma vector = WDT_VECTOR
```

```
__interrupt void WDT_ISR(void)
{
    __bic_SR_register_on_exit(LPM0_bits );          //定时中断唤醒
}
```

12.7.4 事件处理函数 I2C_IO10_Onclick()

TCA6416A 的扩展 IO10 的按下事件处理函数,可根据需要修改不同的代码。函数中设置一个静态局部变量 turn,这是因为要对 TCA6416A 的 I/O 取反操作。按常规,首先要读取 TCA6416A 内部的输出寄存器值,这在普通单片机 I/O 操作中是"吱一声"的事,但是对 TCA6416A 来说却非常麻烦。因此,采用变通的办法,额外占用一个 RAM 来"记忆"TCA6416A I/O 的原状态。

```
/* ********************************************************
 * 名      称:I2C_IO10_Onclick()
 * 功      能:TCA6416A 的扩展 IO10 的按下事件处理函数
 * 入口参数:无
 * 出口参数:无
 * 说      明:无
 * 范      例:无
 * ******************************************************/
void I2C_IO10_Onclick()
{
    static unsigned char turn = 1;
    turn ^= BIT0;
    PinOUT(0,turn);                 //指定 0 号引脚输出为 0&1
    PinOUT(1,turn);                 //指定 1 号引脚输出为 0&1
}
```

12.7.5 事件处理函数 I2C_IO11_Onclick()

TCA6416A 的扩展 IO11 的按下事件处理函数,可根据需要修改不同的代码。

```
/* ********************************************************
 * 名      称:I2C_IO11_Onclick()
 * 功      能:TCA6416A 的扩展 IO11 的按下事件处理函数
 * 入口参数:无
 * 出口参数:无
 * 说      明:无
 * 范      例:无
 * ******************************************************/
void I2C_IO11_Onclick()
```

```
    {
        static unsigned char turn = 1;
        turn ^= BIT0;
        PinOUT(2,turn);              //指定 2 号引脚输出为 0&1
        PinOUT(3,turn);              //指定 3 号引脚输出为 0&1
    }
```

12.7.6　事件处理函数 I2C_IO12_Onclick()

TCA6416A 的扩展 IO12 的按下事件处理函数,可根据需要修改不同的代码。

```
/************************************************************
 * 名    称:I2C_IO12_Onclick()
 * 功    能:TCA6416A 的扩展 IO12 的按下事件处理函数
 * 入口参数:无
 * 出口参数:无
 * 说    明:无
 * 范    例:无
 ************************************************************/
void I2C_IO12_Onclick()
{
    static unsigned char turn = 1;
    turn ^= BIT0;
    PinOUT(5,turn);              //指定 5 号引脚输出为 0&1
    PinOUT(4,turn);              //指定 4 号引脚输出为 0&1

}
```

12.7.7　事件处理函数 I2C_IO13_Onclick()

TCA6416A 的扩展 IO13 的按下事件处理函数,可根据需要修改不同的代码。

```
/************************************************************
 * 名    称:I2C_IO13_Onclick()
 * 功    能:TCA6416A 的扩展 IO13 的按下事件处理函数
 * 入口参数:无
 * 出口参数:无
 * 说    明:无
 * 范    例:无
 ************************************************************/
void I2C_IO13_Onclick()
{
    static unsigned char turn = 1;
    turn ^= BIT0;
```

```
    PinOUT(6,turn);           //指定 6 号引脚输出为 0&1
    PinOUT(7,turn);           //指定 7 号引脚输出为 0&1
}
```

12.7.8　事件检测函数 I2C_IODect()

事件检测函数的作用是判断具体哪个 I/O 按下，判断方法与 7.10 节"例程——定时扫描非阻塞按键"一致。

```
/********************************************************
 * 名    称:I2C_IODect()
 * 功    能:TCA6416A 的扩展 I/O 事件检测函数
 * 入口参数:无
 * 出口参数:无
 * 说    明:检测具体哪个扩展 I/O 被按下
 * 范    例:无
 ********************************************************/
void I2C_IODect()                    //检测事件确实发生了
{
    static unsigned char KEY_Now = 0;
    unsigned char KEY_Past;
    KEY_Past = KEY_Now;
    //----判断 I2C_IO10 所连的 KEY1 按键是否被按下-----
    if((TCA6416A_InputBuffer&BIT8) == BIT8)
        KEY_Now |= BIT0;
    else
        KEY_Now &= ～BIT0;
    if(((KEY_Past&BIT0) == BIT0)&&(KEY_Now&BIT0)！= BIT0)
        I2C_IO10_Onclick();
    //----判断 I2C_IO11 所连的 KEY2 按键是否被按下------
    if((TCA6416A_InputBuffer&BIT9) == BIT9)
        KEY_Now |= BIT1;
    else
        KEY_Now &= ～BIT1;
    if(((KEY_Past&BIT1) == BIT1)&&(KEY_Now&BIT1)！= BIT1)
        I2C_IO11_Onclick();
    //----判断 I2C_IO12 所连的 KEY3 按键是否被按下------
    if((TCA6416A_InputBuffer&BITA) == BITA)
        KEY_Now |= BIT2;
    else
        KEY_Now &= ～BIT2;
    if(((KEY_Past&BIT2) == BIT2)&&(KEY_Now&BIT2) == 0)
```

从零开启大学生电子设计之路——基于 MSP430 LaunchPad 口袋实验平台

```
    {
        I2C_IO12_Onclick();
    }
//----判断 I2C_IO13 所连的 KEY4 按键是否被按下------
    if((TCA6416A_InputBuffer&BITB)==  BITB)
        KEY_Now |= BIT3;
    else
        KEY_Now &=~BIT3;
    if(((KEY_Past&BIT3)==BIT3)&&(KEY_Now&BIT3)==0)
    {
        I2C_IO13_Onclick();
    }
}
```

12.7.9　程序效果

正确的程序运行效果是，上电后，LED 间隔亮灭，如图 12.14 所示。4 个按键各控制 2 个 LED 亮灭。

图 12.14　TCA6416A 初始化成功效果

第 **13** 章

软件串行通信与条件编译

13.1 概　述

在没有推出带 USCI 模块的 G 系列单片机前，MSP‐EXP430G2 开发板上有用 TA 软件模拟 UART 通信的例程。现在有了带硬件 UART 的 MSP430G2 系列单片机，大可不必"死磕"软件 UART 了。

但是对于 SPI 和 I²C 来说，掌握其软件实现方法是很有必要的。

1）帮助理解通信协议原理，很多时候硬件通信模块的代码反而枯燥难以理解。

2）软件实现协议灵活方便。在恰当的场合，软件 SPI 和 I²C 可以取代硬件 SPI、I²C。

本章内容将介绍软件 SPI 和 I²C 的实现代码，并引入条件编译的概念，实现软硬件通信协议代码的"共存"。

13.2 软件 SPI

SPI 有 4 种极性模式，分别定义了时钟 CLK 的上升沿和下降沿对应 Tx 还是 Rx，CLK 的空闲状态是高电平还是低电平。最常用的是 CLK 的上升沿 Tx、下降沿 Rx，CLK 空闲状态是低电平，如图 13.1 所示。

软件 SPI 要取代硬件 SPI 库函数，只需要功能兼容 USCI_SPI. h 中的外部声明函数即可。

```
extern void SPI_CS_High(void);
extern void SPI_CS_Low(void);
extern void SPI_HighSpeed(void);
extern void SPI_LowSpeed(void);
extern void SPI_init(void);
extern unsigned char SPI_TxFrame(unsigned char * pBuffer, unsigned int size);
extern unsigned char SPI_RxFrame(unsigned char * pBuffer, unsigned int size);
```

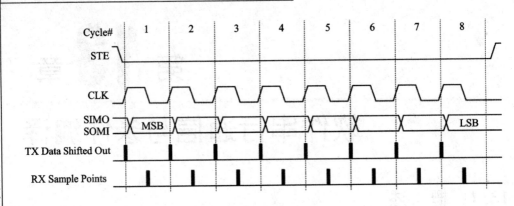

图 13.1　SPI 协议时序图

13.2.1　变量及宏定义

首先对 SPI 涉及的 4 个 I/O 进行宏定义。静态局部变量 SPI_Delay 的作用是为了调节 SPI 通信速度,因为软件 SPI 的速度是靠延时来调节的。

```
static unsigned char SPI_Delay = 50;          // = 5 μs
# define DelayMCLK_FREQ        12000000       //用于精确延时函数
//-----对从机使能 CS(STE)引脚宏定义-----
# define SPI_CS_HIGH          P2OUT |= BIT4
# define SPI_CS_LOW           P2OUT & = ～BIT4
//-----对通信时钟 CLK 引脚宏定义-----
# define SPI_CLK_HIGH         P1OUT |= BIT4
# define SPI_CLK_LOW          P1OUT & = ～BIT4
//-----对从收主发 SIMO 引脚宏定义-----
# define SPI_SIMO_HIGH        P1OUT |= BIT2
# define SPI_SIMO_LOW         P1OUT & = ～BIT2
//-----对从发主收 SOMI 引脚宏定义-----
# define SPI_SOMI_IN          P1IN &BIT1
```

13.2.2　初始化函数 SPI_init()

初始化函数 SPI_init()兼容硬件 SPI 的初始化命名,软件 SPI 的初始化就是 I/O 方向的初始化。

```
********************************************************
* 名      称:SPI_init()
* 功      能:兼容硬件 SPI 的初始化命名
* 入口参数:无
* 出口参数:无
* 说      明:实际功能是初始化 SPI 相关 I/O 的方向
```

```
  * 范     例:无
  *******************************************************/
void SPI_init(void)
{
    P1DIR |= BIT2 + BIT4;
    P2DIR |= BIT4;
    P1DIR &= ~BIT1;
}
```

13.2.3　使能控制函数

```
/********************************************************
  * 名     称:SPI_CS_High(void)
  * 功     能:兼容上层函数的调用
  * 入口参数:无
  * 出口参数:无
  * 说     明:无
  * 范     例:无
  *******************************************************/
void SPI_CS_High(void)
{
    SPI_CS_HIGH;
}
/********************************************************
  * 名     称:SPI_CS_Low(void)
  * 功     能:兼容上层函数的调用
  * 入口参数:无
  * 出口参数:无
  * 说     明:无
  * 范     例:无
  *******************************************************/
void SPI_CS_Low(void)
{
    SPI_CS_LOW;
}
```

13.2.4　延时函数 delay_us()

延时函数 delay_us()用于软件 SPI 调节速度。上层函数如对 SPI 通信速率有要求,可通过全局变量 SPI_Delay 调节。

```
/************************************************************
 * 名    称:delay_us()
 * 功    能:μs级延时
 * 入口参数:无
 * 出口参数:无
 * 说    明:通过全局变量 SPI_Delay 传入参数
 * 范    例:无
 ************************************************************/
static void delay_us(void)
{
    unsigned int i = 0;
    for(i = 0;i<SPI_Delay;i++)
        __delay_cycles(DelayMCLK_FREQ/10000000);      //μs 延时
}
```

13.2.5 发送字节函数 Tx_Char()

参考图 13.2,SPI 协议发送每一位都分 3 步走:CLK 拉低→更新数据线→CLK 拉高。重复 8 次就发送完 1 字节。发送字节时,高位在前,低位在后。

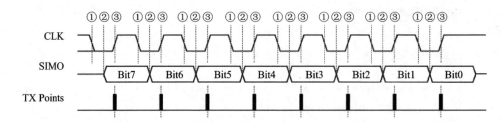

图 13.2　SPI 协议发送 1 字节的时序

```
/************************************************************
 * 名    称:Tx_Char()
 * 功    能:主机向从机发送 1 字节数据
 * 入口参数:data   待发送的数据
 * 出口参数:无
 * 说    明:无
 * 范    例:无
 ************************************************************/
void Tx_Char(unsigned char data)
{
    unsigned char i = 0;
    for(i = 0;i<8;i++)
    {
        SPI_CLK_LOW;                delay_us();
```

```
    if((data<<i)&BIT7)              SPI_SIMO_HIGH;
    else                            SPI_SIMO_LOW;
    delay_us();
    SPI_CLK_HIGH;           delay_us();
    }
}
```

13.2.6　接收字节函数 Rx_Char()

参考图 13.3,SPI 协议接收每一位都分 3 步走:CLK 拉高→CLK 拉低(从机更新数据)→主机读取数据。重复 8 次就接收完 1 字节。接收字节时,高位在前,低位在后。

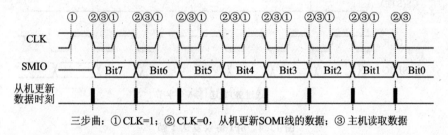

图 13.3　SPI 协议主机接收 1 字节数据

注意,代码中 Temp 左移 1 位的操作一定要放前面,因为实际传输 8 位数据,只需要移位 7 次。如果移位操作放后面,则最后会将 Bit7 移出,Bit0 位数据是空。

```
/***********************************************************
* 名      称:Rx_Char()
* 功      能:主机接收从机 1 字节数据
* 入口参数:无
* 出口参数:无
* 说      明:无
* 范      例:无
***********************************************************/
unsigned char Rx_Char()
{
    unsigned char i = 0;
    unsigned char Temp = 0;
    for(i = 0;i<8;i++)
    {
    SPI_CLK_LOW;     delay_us();
    SPI_CLK_HIGH ;   delay_us();
    Temp = Temp<<1;             //移位,这句须放在前面
    if(SPI_SOMI_IN )            //先收高位
```

从零开启大学生电子设计之路——基于 MSP430 LaunchPad 口袋实验平台

253

```
                    Temp |= BIT0;              //置 1
//                  else Temp & = ～BIT0;       //可省略,默认就是 0
        }
        return Temp;
}
```

13.2.7　发送帧函数 SPI_TxFrame( )

如图 13.4 所示,SPI 协议发送 1 帧数据的时序为:CS 使能,按"发送 1 位三步曲"发送 $8 \times N$ 位,CS 禁止。为了兼容不同的硬件,CS 使能和禁止不封在函数中。

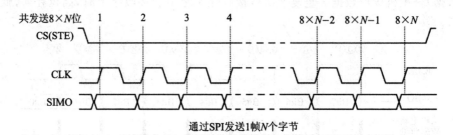

图 13.4　SPI 协议发送 1 帧

```
/ * * * * * * * * * * * * * * * * * * * * * * * * * * * * * * * * * * * * * * * * * * * * * * * *
 * 名      称:SPI_TxFrame()
 * 功      能:主机向从机发送 1 个帧数据
 * 入口参数: * pBuffer   指向待发送的数组;  size   数组中数据的个数
 * 出口参数:1   发送完毕
 * 说      明:无
 * 范      例:无
 * * * * * * * * * * * * * * * * * * * * * * * * * * * * * * * * * * * * * * * * * * * * * * * */
unsigned char SPI_TxFrame(unsigned char * pBuffer, unsigned int size)
{
    _disable_interrupts();
    unsigned char i = 0;
    for(i = 0;i<size;i ++ )                     //然后依次发送各字节数据
    {
        Tx_Char( * pBuffer);
        pBuffer ++ ;
    }
    _enable_interrupts();
    return 1;
}
```

13.2.8　接收帧函数 SPI_RxFrame()

如图 13.5 所示，SPI 协议接收 1 帧数据的时序为：CS 使能，按"接收 1 位三步曲"接收 $8 \times N$ 位，CS 禁止。为了兼容不同的硬件，CS 使能和禁止不封在函数中。

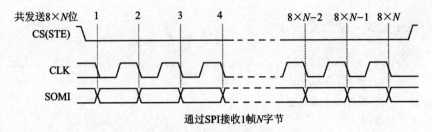

图 13.5　SPI 协议接收 1 帧

```
/*********************************************************
* 名    称:SPI_RxFrame()
* 功    能:主机接收从机1帧数据
* 入口参数:* pBuffer  指向待存放接收数据的数组; size  数据的个数
* 出口参数:1  接收完毕
* 说    明:无
* 范    例:无
*********************************************************/
unsigned char SPI_RxFrame(unsigned char * pBuffer, unsigned int size)
{
    unsigned char i = 0;
    _disable_interrupts();
    for(i = 0;i<size;i ++ )                      //然后依次接收各个字节数据
    {
        * pBuffer = Rx_Char();
        pBuffer ++ ;
    }
    _enable_interrupts();
    return 1;
}
```

13.2.9　波特率设定函数

通过静态局部变量 SPI_Delay 改变 SPI 通信速率。

```
/*********************************************************
* 名    称:SPI_HighSpeed()
* 功    能:设置 SPI 为高速
* 入口参数:无
```

* 出口参数:无
* 说　　明:有些 SPI 设备可工作在高速 SPI 状态
* 范　　例:无
**/

```
void SPI_HighSpeed()
{
    SPI_Delay = 1;
}
```

/**

* 名　　称:SPI_LowSpeed()
* 功　　能:设置 SPI 为低速
* 入口参数:无
* 出口参数:无
* 说　　明:有些 SPI 设备需要工作在低速 SPI 状态
* 范　　例:无
**/

```
void SPI_LowSpeed()
{
 SPI_Delay = 50;
}
```

13.3　使用条件编译

条件编译的含义是"在 XX 条件下,才对 XX 代码进行编译"。借助条件编译,我们可以将软件 SPI 与硬件 SPI 的代码都写到 SPI.c 文件中。依靠在 SPI.H 文件中加一个条件开关,来选择对哪段代码进行实际编译。

13.3.1　条件编译的基本语法

实际条件编译的格式符号有好几种,这里就介绍 #ifdef 和 #endif 两种格式。

```
/********************SPI.c********************
#ifdef   SOFT_SPI              //Begin of SOFT_SPI
...
//软件 SPI 的代码放这里
...
#endif                         //End of SOFT_SPI

#ifdef   HARD_SPI              //Begin of HARD_SPI
...
//硬件 SPI 的代码放这里
```

...
```
#endif                          //End of HARD_SPI
```

如果在 SPI.h 文件中出现 #define HARD_SPI，则硬件 SPI 的代码会被编译，也就是代码有效。

```
/******************SPI.h******************
...
#define  HARD_SPI              //条件编译,HARD_SPI 启用硬件 SPI 代码
...
```

如果在 SPI.h 文件中出现 #define SOFT_SPI，则硬件 SPI 的代码会被编译，也就是代码有效。

```
/******************SPI.h******************
...
#define  SOFT_SPI              //条件编译,SOFT_SPI 启用软件 SPI 代码
...
```

如果在 SPI.h 文件中 #define SOFT_SPI 和 #define HARD_SPI 都出现，则软硬件 SPI 的代码均会被编译。这种情况下肯定会冲突出错，所以，要避免这种情况。

当然，如果用上 #ifdef、#else、#endif 的条件编译结构，就可以避免出现冲突，不过 #else 的代码运行条件就不显眼了。有关其他类型条件编译结构的用法，请自行参阅 C 语言资料。

```
/******************SPI.h******************
...
#define  HARD_SPI              //条件编译,HARD_SPI 启用硬件 SPI 代码
#define  SOFT_SPI              //条件编译,SOFT_SPI 启用硬件 SPI 代码
...
```

在 CCS 中，被编译和未被编译的代码分别显示为白底色和灰底色，如图 13.6 所示，软件 SPI 代码部分未被编译。

13.3.2　例程——软硬件 SPI 读写 TF 卡

在第 11 章编写了一个通过硬件 SPI 读写 TF(SD) 卡的例程。现在把软件 SPI 的代码也放入其中，通过条件编译来实现。先来看看该例程的文件结构，有哪些需要改动，如图 13.7 所示。

1) SPI.c 文件。同时放入软件 SPI 和硬件 SPI 的代码，用条件编译代码 #ifdef 和 #endif 隔开。

```
/************************SPI.c************************
#include"MSP430G2553.h"
```

```
185 函数参数：无
186 * 说    明：有些SPI设备需要工作在低速SPI状态
187 * 使用范例：无
188 *****************************************************************/
189 void SPI_LowSpeed()
190 {
191 SPI_Delay=50;
192 }                                        灰色部分表示代码未被编译
193 #endif   //End of SOFT_SPI
194
195 #ifdef HARD_SPI        //Begin of HRAD_SPI      白色部分表示代码被编译
196
197 //-----硬件SPI管脚宏定义-----
198 #define SPI_SIMO        BIT2    //1.2
199 #define SPI_SOMI        BIT1    //1.1
200 #define SPI_CLK         BIT4    //1.4
```

图 13.6　条件编译代码与未被编译的代码

▲ SD_Hard_or_Soft_SPI [Active - Debug]
　▷ Binaries
　▷ Includes
　▷ Debug
　▲ src
　　▷ SD_HardWare.c ⇐ 与顶层函数的接口，无需修改
　　▷ SD_HardWare.h ⇐ 与顶层函数的接口，无需修改
　　▷ SD_SPI.c ⇐ 顶层函数，无需修改
　　▷ SD_SPI.h ⇐ 顶层函数，无需修改
　　▷ SPI.c   ⇐ 硬件有关，需要修改
　　▷ SPI.h   ⇐ 硬件有关，需要修改
　▷ lnk_msp430g2553.cmd
　▷ main.c
　　MSP430G2553.ccxml [Active]

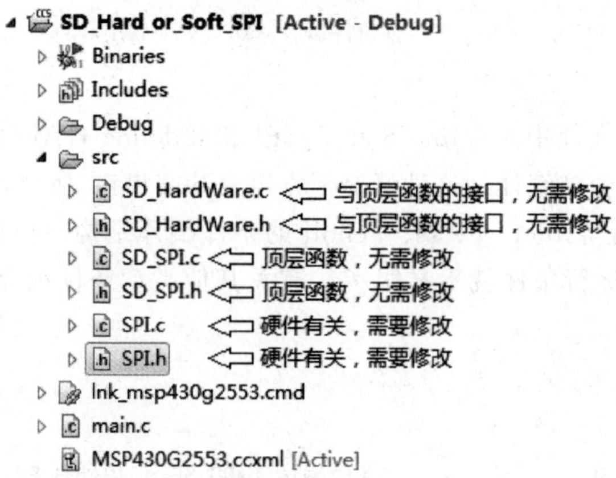

图 13.7　TF(SD)卡文件结构

```
# include"SPI.h"

# ifdef   SOFT_SPI        //Begin of SOFT_SPI
...
//-----软件 I2C 的代码-----
...
# endif                   //End of SOFT_SPI
// ================= 软硬件 SPI 代码分割区 ==================
# ifdef HARD_SPI          //Begin of HRAD_SPI
...
//-----硬件 I2C 的代码-----
...
# endif   //end of HARD_SPI
```

2) SPI. h 文件。加入 ♯ define SOFT_SPI 和 ♯ define HARD_SPI,一次只能启用一个。

```
♯ ifndef SPI_H_
♯ define SPI_H_

//♯ define HARD_SPI              //条件编译,HARD_SPI 启用硬件 SPI 代码
♯ define SOFT_SPI               //条件编译,SOFT_SPI 启用软件 SPI 代码
extern void SPI_CS_High(void);
extern void SPI_CS_Low(void);
extern void SPI_HighSpeed(void);
extern void SPI_LowSpeed(void);
extern void SPI_init(void);
extern unsigned char SPI_TxFrame(unsigned char * pBuffer, unsigned int size);
extern unsigned char SPI_RxFrame(unsigned char * pBuffer, unsigned int size);

♯ endif /* SPI_H_ */
```

13.4　软件 I²C

由于 I²C 大部分情况下都是用于 MCU 控制外设,所以并不涉及多主机仲裁、时钟同步及从机拉低时钟线等复杂操作。这种情况下的软件 I²C 实现非常简单,基本上就是记流水账。

我们将编写软件 I²C 的底层驱动函数,完全兼容硬件 I²C 的 I2C. c 文件。只要功能兼容地构造出 I2C. h 头文件中的 5 个外部函数,软硬件 I²C 驱动文件就可以互换通用。对于 TCA6416A 等顶层应用文件则无需修改。

```
/* USCI_I2C.h */
extern void I2C_Init();
extern void I2C_Tx_Init();
extern void I2C_Rx_Init();
extern unsigned char I2C_TxFrame(unsigned char * p_Tx,unsigned char num);
extern unsigned char I2C_RxFrame(unsigned char * p_Tx,unsigned char num);
♯ endif /* I2C_H_ */
```

13.4.1　库函数及宏定义

1) 传入 CPU 时钟频率参数 MCLK_FREQ,以便实现精确的延时函数。

2) 用了宏定义屏蔽具体的 I/O 操作。

3) 为了兼容硬件 I²C 的代码,以便上层函数不做任何修改,写了两个空函数。

```
#include "MSp430G2553.h"

#define MCLK_FREQ          1000000                //此处填写实际时钟频率
//-----屏蔽硬件差异,对 I2C 的 I/O 操作进行宏定义-----
#define I2C_CLK_HIGH       P1DIR &=～BIT6;
#define I2C_CLK_LOW        P1DIR |= BIT6; P1OUT &=～BIT6
#define I2C_DATA_HIGH      P1DIR &=～BIT7
#define I2C_DATA_LOW       P1DIR |= BIT7; P1OUT &=～BIT7
#define I2C_DATA_IN        P1IN&BIT7
#define I2C_START          Start()
#define I2C_STOP           Stop()
//-----从机地址宏及读写操作位的宏定义-----
#define SLAVE_ADDR         0x20                   //填写实际的从机地址
#define SLAVE_ADDR_W       SLAVE_ADDR<<1          //自动生成,不用修改
#define SLAVE_ADDR_R       (SLAVE_ADDR<<1)+1      //自动生成,不用修改


//-----为兼容硬件 I2C 编写的空函数
void I2C_Tx_Init(){}
void I2C_Rx_Init(){}
```

13.4.2　延时函数 delay_us()

1) 不同 I^2C 设备的最高通信速率不一样,所以可能需要延时函数进行匹配。

2) _delay_cycles() 是系统函数,使用汇编语言编写,可实现对时钟脉冲的精确延时。

3) 函数如传入参数会影响延时的精度,所以不传入参数为宜。

4) 本例中,TCA6416A 速率较高,实验表明单片机 16M 主时钟时,模拟软件 I^2C 仍然无需延时,所以延时函数取空函数即可。

```
/ * * * * * * * * * * * * * * * * * * * * * * * * * * * * * * * * * * * * * * *
 * 名      称:delay_us()
 * 功      能:μs 级精确延时
 * 入口参数:无
 * 出口参数:无
 * 说      明:实际延时值与 CPU 时钟频率有关,所以使用了 MCLK_FREQ 宏定义实现自动调
            整;不同的 I2C 设备其速度不一样,并不一定遵守 100 kHz 和 400 kHz 的规范。
            因此延时参数可视情况添加
 * 范      例:无
 * * * * * * * * * * * * * * * * * * * * * * * * * * * * * * * * * * * * * * */
static void delay_us()
{
//    _delay_cycles(MCLK_FREQ/1000);              //1 000 μs 延时
```

```
//     _delay_cycles(MCLK_FREQ/10000);          //100 μs 延时
//     _delay_cycles(MCLK_FREQ/100000);         //10 μs 延时
//     _delay_cycles(MCLK_FREQ/1000000);        //1 μs 延时
}
```

13.4.3　起始位函数 Start()

参考图 13.8,按 I²C 协议规范要求给出起始位。

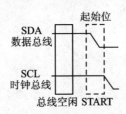

图 13.8　I²C 规范的起始位

```
/*************************************************
 * 名    称:Start()
 * 功    能:模拟 I2C 的起始位
 * 入口参数:无
 * 出口参数:无
 * 说    明:无
 * 范    例:无
 *************************************************/
void Start()
{
    I2C_DATA_HIGH;
    delay_us();
    I2C_CLK_HIGH;
    delay_us();
    I2C_DATA_LOW;
    delay_us();
    I2C_CLK_LOW;
    delay_us();
}
```

13.4.4　结束位函数 Stop()

参考图 13.9,按 I²C 协议规范要求给出停止位。

```
/*************************************************
 * 名    称:Stop()
```

从零开启大学生电子设计之路——基于 MSP430 LaunchPad 口袋实验平台

261

从零开启大学生电子设计之路
——基于 MSP430 LaunchPad 口袋实验平台

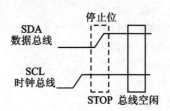

图 13.9　I²C 规范的停止位

```
 * 功      能:模拟 I2C 的停止位
 * 入口参数:无
 * 出口参数:无
 * 说      明:无
 * 范      例:无
 ********************************************************/
void Stop()
{
    I2C_CLK_LOW;
    delay_us();
    I2C_DATA_LOW;
    delay_us();
    I2C_CLK_HIGH;
    delay_us();
    I2C_DATA_HIGH;
    delay_us();
}
```

262

13.4.5　初始化函数 I2C_Init()

软件 I²C 的初始化状态实际就是 STOP 位后的空闲状态。

```
/************************************************************
 * 名      称:I2C_Init()
 * 功      能:兼容硬件 I2C 的格式,给一个初始化函数
 * 入口参数:无
 * 出口参数:无
 * 说      明:I2C 的初始状态就是总线释放状态
 * 范      例:无
 ********************************************************/
void I2C_Init()
{
    P1DIR |= BIT6;          //SCL 引脚为输出
    P1DIR & = ~BIT7;        //SDA 引脚为输入
    I2C_CLK_LOW;
```

```
    I2C_STOP;
}
```

13.4.6　发送字节函数 Send_Char( )

参考图 13.10,主机向从机发送 1 个字节,注意事项如下:

1) 通过按位操作取出字节中的位。

2) 通过移位操作从高位到低位发送 8 位。

3) 发送完 1 字节后,从机会有 1 个应答位。虽然不真去判断该应答位,但要提供 1 个 CLK 时钟。

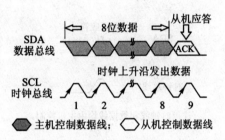

图 13.10　主机向从机发送 1 字节

```
/ ***************************************************
*  名    称:Send_Char()
*  功    能:主机向从机发送 1 字节数据
*  入口参数:data   待发送数据
*  出口参数:无
*  说    明:发完 8 位后,从机有一个应答位
*  范    例:无
  ***************************************************/
void Send_Char(unsigned char data)
{
    unsigned char i = 0;
    for(i = 0;i<8;i ++ )
    {
        if((data<<i)&BIT7)
            I2C_DATA_HIGH;
        else
            I2C_DATA_LOW;
        I2C_CLK_HIGH;
        delay_us();
        I2C_CLK_LOW ;
        delay_us();
    }
```

```
//---- 最后一个 CLK,接收从机应答位,但不作判断 ----
I2C_CLK_HIGH;
delay_us();
I2C_CLK_LOW;
delay_us();
}
```

13.4.7 主机应答函数 Master_Ack()

参考图 13.11,主机接收完从机的数据后,要给出一个应答位。Master_Ack()用于模拟该应答位。

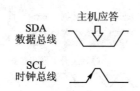

注:时钟线和数据线均由主机控制。

图 13.11 主机应答

```
/*******************************************************
 * 名    称:Master_Ack()
 * 功    能:主机的接收应答
 * 入口参数:无
 * 出口参数:无
 * 说    明:当主机接收完从机 8 个字节数据后,主机要控制数据线发出 0 应答信号。
 *          之后再释放总线
 * 范    例:无
 *******************************************************/
void Master_Ack()
{
    I2C_DATA_LOW;      //主机控制数据线,给 0 信号
    delay_us();
    I2C_CLK_HIGH;      //主机发出应答位 0
    delay_us();
    //-----释放总线 -----
    I2C_CLK_LOW;
    delay_us();
    I2C_DATA_HIGH;
}
```

13.4.8 接收字节函数 Get_Char()

参考图 13.12,接收 1 字节的原理和发送类似,只不过此时的数据线是由从机控

·制,最后数据线才由主机控制给出应答位。

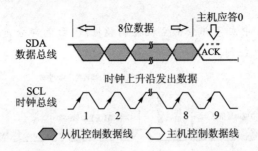

图 13.12　I^2C 规范主机接收从机 1 字节数据

```
/***************************************************************
 *  名     称:Get_Char()
 *  功     能:主机接收从机 1 字节数据
 *  入口参数:无
 *  出口参数:Temp  接收的 1 字节数据
 *  说     明:接收完最后一位数据后,主机要给出应答位
 *  范     例:无
 ***************************************************************/
unsigned char Get_Char()
{
    unsigned char i = 0;
    unsigned char Temp = 0;
    I2C_DATA_HIGH;
    for(i = 0;i<8;i++)
    {
        I2C_CLK_HIGH;
        delay_us();
        Temp = Temp<<1;
        if((I2C_DATA_IN) == BIT7)          //先收高位
            Temp |= BIT0;
        delay_us();
        I2C_CLK_LOW;
        delay_us();
    }
    //-----应答位-----
    Master_Ack();
    return(Temp);
}
```

13.4.9　发送帧函数 I2C_TxFrame()

对于 I^2C 通信来说,不仅是收发 1 位没有意义,即使是收发 1 字节,也没有意义,

从零开启大学生电子设计之路——基于 MSP430 LaunchPad 口袋实验平台

只有完整的一帧通信才有实质效果。1 帧的定义即由起始位开始,停止位结束,如图 13.13 所示。

注意:图 13.13 中灰色部分由主机控制数据线,白色部分是由从机控制数据线,而时钟线永远由主机控制。

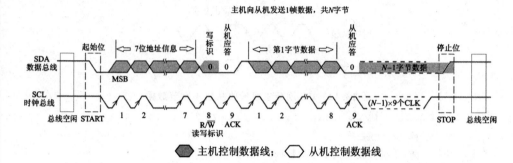

图 13.13 主机向从机发送 1 帧数据

参考图 13.13,主机发送若干字节的 1 帧数据函数,名称兼容硬件 I²C 文件。发送 1 帧的过程如下:

1) 关中断,避免 I²C 通信被打断。

2) 给出起始位。

3) 发送从机地址和写标志位。

4) 依次发送 N 位数据。

5) 给出结束位。

6) 开总中断,返回成功标志。

```
/******************************************************
 * 名     称:I2C_TxFrame()
 * 功     能:主机发送若干字节的 1 帧数据
 * 入口参数:* p_Tx   指向待发送数据数组;  num   待发送数据个数
 * 出口参数:1   发送完毕
 * 说     明:无
 * 范     例:无
 ******************************************************/
unsigned char I2C_TxFrame(unsigned char * p_Tx,unsigned char num)
{
    _disable_interrupts();
    unsigned char i = 0;
    I2C_START;
    Send_Char(SLAVE_ADDR_W);          //先发送器件地址和写标志
    for(i = 0;i<num;i++)              //然后依次发送各字节数据
    {
```

```
        Send_Char( * p_Tx);
        p_Tx ++ ;
    }
    I2C_STOP;
    _enable_interrupts();
    return 1;
}
```

13.4.10　接收帧函数 I2C_RxFrame()

与发送数据同理,对于 I^2C 通信来说,只有完整的接收 1 帧通信才有实质效果。1 帧的定义即由起始位开始,停止位结束,如图 13.14 所示。

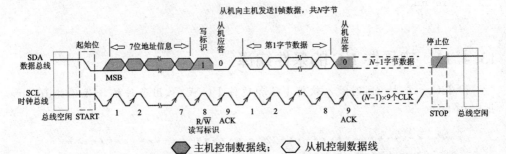

图 13.14　从机向主机发送 1 帧数据

参考图 13.14 主机接收若干字节的 1 帧数据函数,名称兼容硬件 I^2C 文件。接收 1 帧的过程如下:

1) 关中断,避免 I^2C 通信被打断。

2) 给出起始位。

3) 发送从机地址和读标志位。

4) 依次接收 N 位数据。

5) 给出结束位。

6) 开总中断,返回成功标志。

```
/*************************************************
 * 名    称:I2C_RxFrame()
 * 功    能:主机接收若干字节的 1 帧数据
 * 入口参数:* p_Tx　指向存放待接收数据数组;　num　待发送数据个数
 * 出口参数:1　接收完毕
 * 说    明:无
 * 范    例:无
 *************************************************/
unsigned char I2C_RxFrame(unsigned char * p_Tx,unsigned char num)
```

从零开启大学生电子设计之路——基于 MSP430 LaunchPad 口袋实验平台

```
{
    unsigned char i = 0;
    _disable_interrupts();;
    I2C_START;
    Send_Char(SLAVE_ADDR_R);              //先发送器件地址和读标志
    for(i = 0;i<num;i++)                  //然后依次接收各字节数据
    {
        * p_Tx = Get_Char();
        p_Tx++;
    }
    I2C_STOP;
    _enable_interrupts();
    return 1;
}
```

13.4.11　软硬件 I²C 的条件编译

1) I2C. c 文件。同时放入软件 I²C 和硬件 I²C 代码,用条件编译代码#ifdef 和#endif 隔开。

```
/ * * * * * * * * * * * * * * * * * * * * * * I2C.c * * * * * * * * * * * * * * * * * * * * * * *
#include"MSP430G2553.h"
#include"I2C.h"

#ifdef HARD_I2C                          //Begin of Hard I2C
#define TX_STATE      0                  / * I2C 发送状态 * /
#define RX_STATE      1                  / * I2C 接收状态 * /
...
    * pRxData = UCB0RXBUF;               //存储已接收的数据
    * pRxData++;                         //数据指针移位
}
#endif                                   //End of Hard I2C
// = = = = = = = = = = = = = = = = = = = = 分割线 = = = = = = = = = = = = = = = = = = = =
#ifdef SOFT_I2C                          //Begin of Soft I2C
#define MCLK_FREQ     1000000            //此处填写实际时钟频率
//-----屏蔽硬件差异,对 I2C 的 I/O 操作进行宏定义-----
#define I2C_CLK_HIGH
P1DIR & = ~BIT6;
...
    _enable_interrupts();
    return 1;
}
```

#endif   //End of Soft I2C

2) I2C.h 文件。加入#define SOFT_I2C 和#define HARD_I2C,一次只能启用一个。

```
/ * * * * * * * * * * * * * * * * * * * * * * * I2C.h * * * * * * * * * * * * * * * * * * * * * * * *
#ifndef I2C_H_
#define I2C_H_
//#define HARD_I2C
#define SOFT_I2C
extern void I2C_Init();
extern void I2C_Tx_Init();
extern void I2C_Rx_Init();
extern unsigned char I2C_TxFrame(unsigned char * p_Tx,unsigned char num);
extern unsigned char I2C_RxFrame(unsigned char * p_Tx,unsigned char num);


#endif / * I2C_H_ * /
```

第 **14** 章

LCD 段式液晶

14.1 概 述

"这是什么开发板啊,连块屏幕都没有!"对于很多没有屏幕的开发板,很多初学者都懒得多瞧上一眼。有屏幕固然学习起来方便一些,但屏幕绝不是学习单片机最重要的部件。仿真器才是最重要的,什么变量、寄存器不能用计算机直接看? 还非得用个"小屏幕"。在用 51 单片机的年代,一个能用于 51 单片机的仿真头可要上千"大米"啊! 我看见很多同学一直将仿真器当下载器用,这才是真的让人着急的事。

反观前面章节有很多的经典例程,仅仅用到了按键和 LED,再后来,用 UART 与计算机通信,可以用计算机显示屏作为单片机的屏幕。由此可见,屏幕并没有大家想象的那么重要。

言归正传,如图 14.1 所示,作为 MSP - EXP430G2 的扩展板,上面还是扩展了一块 128 段 LCD 段式液晶作为显示屏。一方面,可以增强初学者学习 G2 的"必胜信念";另一方面,使用"超低功耗的"段式液晶作为"超低功耗"单片机 MSP430 的屏幕属于如虎添翼的正确之举。

图 14.1 128 段 LCD 段式液晶实物图

14.2 LCD 液晶原理

抛开彩色液晶显示器这样复杂的原理不谈,仅就单色的段式液晶原理来讨论。

14.2.1　LCD 显示原理

　　小时候,我的求知欲特别强,想不通原理的东西能拆的都给拆了,绝大部分都没能再装回去。比如,计算器的屏幕拆下来我就傻眼了,一根导线都没有,就一个玻璃片和两根密封胶条。多年以后我才明白,那些胶条俗称"斑马条",就是连接玻璃屏的导线,如图 14.2 所示,黑白相间的分别为导电和不导电的橡胶。当然,LCD 也可以不用导电橡胶而直接引出金属引脚。

导电橡胶

图 14.2　LCD 用的导电胶条(斑马条)

　　当知道 LCD 确实要用电以后,另一个问题来了,玻璃怎么导电? 原来,金属膜也可以是透明的,只要够薄。看似啥都没有的玻璃片上其实密布导线,那么这些导线究竟控制什么来显示呢?

　　图 14.3 所示的液晶段码图中,凡是黑色阴影部分都被灌上了传说中的液晶,液晶块上如果加电压就会变得不透光(这里就不介绍什么是偏振光了),表现为黑色。如果把"共同进退"的黑块用透明导线并联,使用同一个电压信号控制,就称为 1 段。段的大小长短完全是设计时人为决定的,比如图中"TI University Program Technology for tomorrow's Innovators"就被设计成了"同亮同灭"的 1 段。上方 8 字旁边的小数点,也被设计为单独的 1 段,这便是段式液晶的由来。MSP‐EXP430G2 扩展板上的这块液晶被设计成了 128 段,分段的原则这里就不介绍了。

271

这是1段,段的大小不一、长度不等,共128段

这是1段

图 14.3　液晶段码图

从零开启大学生电子设计之路——基于 MSP430 LaunchPad 口袋实验平台

14.2.2　LCD 的驱动

理论上说,128 个定做造型的发光二极管也可以按图 14.3 排列得到一个"LED 段式显示屏"(现实中没有人会这样做,成本会很惊人)。那两者使用起来会有什么区别呢?

1) 一般思维能够想象的小区别就不说了,最大的一个区别就是 LED 不需要专门的驱动芯片,最多是加三极管放大电流的小问题,而 LCD 必须要专用的驱动芯片。

2) 前面说了,液晶加电压就变得不透光,但是如果长时间加直流电,液晶很快就会老化报废,所以,加在 LCD 上的实际是交流电。

3) 交流电的频率还有讲究,频率越高,功耗越大(相当于对板极的寄生电容不停地充放电),频率太低,人眼视觉能看出闪烁。

14.2.3　128 段 LCD 的控制引脚

如果大家知道数码管的动态扫描原理,就可以想到,并不需要 128 个信号来控制 128 段液晶。在 LCD 设计加工阶段,就已经定下了要多少个信号来控制,实际在电路板上的连接只有唯一选择。

128 段 LCD 最常用的设计方法是 4 个 COMx 和 32 个 SEGx,两者的组合就是 128。切记,千万别用多位数码管动态显示的段选和位选来理解 COM 和 SEG,LCD 与 LED 的控制方式"半毛钱"关系都没有,大量初学者学习 LCD 时都会深陷在段选和位选的误区中不能自拔。

正确的理解是:

1) 任何 1 段显示都需要 1 个 COMx 和 1 个 SEGx 构成回路通电,比如显示 "Min"段,对应的就是 COM1 和 SEG1 通电;想显示"—"段,对应的就是 COM2 和 SEG1 通电;想显示"TI University Program Technology for tomorrow's Innovators"段,对应的就是 COM1 和 SEG9。

2) LCD 中段的内容虽然由客户决定,但"段"对应的 COMx 和 SEGx 却是生产工厂根据最容易的布线方式决定的。

3) 至于 COMx 和 SEGx 上该加什么样的电压,以及如何动态显示,这都不关单片机的事。

4) 单片机的 CPU 实际并不直接控制 COMx 和 SEGx,只需"告诉"LCD 驱动器打算显示的 0~127 段号码就行。如图 14.4 所示,前面提到的"Min"段号是 0,"—"段号是 1,"TI..."的段号是 40。

14.2.4　LCD 的其他参数

工厂生产出的 LCD 除了 COM 数外,其实还有几个参数,这里简要介绍一下:

1) Bias:偏置电压 VCC/2,VCC/3 或 VCC/4。"知识越多越反动",只说一下现

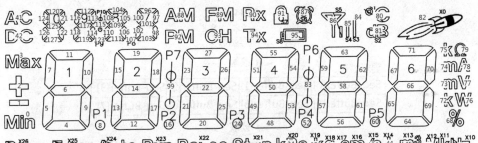

从零开启大学生电子设计之路——基于 MSP430 LaunchPad 口袋实验平台

图 14.4　段式液晶的段号

象吧,如果 LCD 被工厂设计为 VCC/3 的 Bias,而在驱动器里设定为 VCC/2,结果就是未被"点亮"的段也隐约显现。设为 VCC/3 的 Bias 后,屏幕一下就变干净了。

2) 可视角度:LCD 其实分 TN、HTN、STN、FSTN 很多种,它们最大的区别就是可视角度不一样。TN 屏可视角度最差,但是最便宜。这个道理在计算机的液晶显示器上也是一样的,不是越大的 LCD 就越贵,还要看色彩和可视角度怎么样。MSP - EXP430G2 扩展板上用的是什么屏幕你们懂的。

14.3　显存隔离与显示译码

14.3.1　显存隔离

考虑这么个问题,作为顶层应用函数,其任务就是决定我想显示什么,至于底层硬件实现显示,那和我没半毛钱关系。如何实现这一机制呢?有一个重要的概念,就是显存。在单片机中,定义 8 个 16 位的 unsigned int 型变量 LCD_Buffer[0]~LCD_Buffer[7]为显示缓存。

```
unsigned int LCD_Buffer[8] = {0,0,0,0,0,0,0,0};        //全局变量,显存
```

如图 14.5 所示,顶层函数若想修改 LCD 的显示内容,只需修改 LCD_Buffer[0]~LCD_Buffer[7]的内容。至于 LCD 驱动器怎么读显存 LCD_Buffer[0]~LCD_Buffer[7]来实现真实的显示,则不用操心。

14.3.2　人肉显示译码

有了显存并不是一劳永逸的,如果顶层函数收到命令,打算显示的画面如图 14.6 所示。

那么顶层应用函数如何知道写显示缓存 LCD_Buffer[x]该写成什么样呢?根据图 14.4 查找需要显示的都有哪些段。

123456

⇩

顶层函数

改写 ⇩

显示缓存

| Seg_Buffer[0] | Seg_Buffer[1] | Seg_Buffer[2] | Seg_Buffer[3] |
| Seg_Buffer[4] | Seg_Buffer[5] | Seg_Buffer[6] | Seg_Buffer[7] |

⇩ 读取

底层显示函数

⇩

123456

图 14.5　显示缓存的作用

TI University Program　Technology for tomorrow's innovators

图 14.6　某个显示任务

如表 14.1 所列,给每个要显示的段标上●,统计出每个 LCD_Buffer[x] 的值。最后算出 128 位显示缓存从高位至低位依次为 0x17F7、0xB7D7、0x0000、0x00AF、0xAD6C、0x0100、0x0E5C、0x7600。如果每次都这样数,手指头、脚趾头都要数断掉。这还只是预设数,若要显示变量呢? 该黔驴技穷了。

表 14.1　人肉法计算显示译码

显示缓存	范 围	高 4 位				次高 4 位				次低 4 位				低 4 位			
LCD_Buffer[7]	127~112	1				7				F				7			
					●	●	●	●		●	●	●	●	●	●	●	
		127	126	125	124	123	122	121	120	119	118	117	116	115	114	113	112
LCD_Buffer[6]	111~96	B				7				D				7			
		●		●	●		●	●	●	●	●		●		●	●	●
		111	110	109	108	017	106	105	104	103	102	101	100	99	98	97	96
LCD_Buffer[5]	95~80	0				0				0				0			
		95	94	93	92	91	90	89	88	87	86	85	84	83	82	81	80

274

显示缓存	范围	高4位				次高4位				次低4位				低4位			
LCD_Buffer[4]	79~64	0				0				A				F			
		79	78	77	76	75	74	73	72	●71	70	●69	68	●67	●66	●65	●64
LCD_Buffer[3]	63~48	A				D				6				C			
		●63	62	●61	60	●59	●58	57	●56	55	●54	●53	52	●51	●50	49	48
LCD_Buffer[2]	47~32	0				1				0				0			
		47	46	45	44	43	42	41	●40	39	38	37	36	35	34	33	32
LCD_Buffer[1]	31~16	0				E				5				C			
		31	30	29	28	●27	●26	●25	24	23	●22	21	●20	●19	●18	17	16
LCD_Buffer[0]	15~0	7				6				0				0			
		15	●14	●13	●12	11	●10	●9	8	7	6	5	4	3	2	1	0

　　费尽千辛万苦整理出表 14.1,绝不是要大家忆苦思甜,而是帮助大家更好地理解"显存"的概念。

　　并不是所有的 LCD 都这么复杂,一些只有"8 字"的简单 LCD,显示译码就非常有规律,但是这种"显示内容丰富"的 128 段 LCD 则不行。原因是:

　　1)定制时,生产商按怎么好布线怎么设计段顺序。

　　2)不是每个 8 字的 a、b、c、d、e、f、g 段的顺序都是一样的(如定制的这块 LCD 中,大"8"字和小"8"字就是不一样的段顺序),dp 的定义更是要多乱有多乱。

　　3)同一个"8"字的控制位甚至可能不在一个字节。

　　所以,把 128 段 LCD 当成是"点阵"屏幕来理解更为恰当,即 8 字段之间毫无关联。至于如何方便地使用这个"点阵"屏就得靠显示译码库函数了。

14.4　显示译码库函数文件

　　显示译码库函数,包括以下部分:

　　1)必须对 128 段进行宏定义,否则神仙也记不住段号。

　　2)显示单段函数,比如 LCD_DisplaySeg(10),显示第 10 段。

　　3)显示单个数码的函数,比如 LCD_DisplayDigit(3,9),将第 3 个"8"字段显示 9。

　　4)基于单个数码的函数,编写显示整数的函数 LCD_DisplayNum()。

　　5)专门拆分单个 8 字段的数据及地址的函数 Calculate_NumBuff()。

6) 另外还有清屏函数、消隐单段函数等。

14.4.1　LCD 段码宏定义

首先将 128 段的含义进行宏定义,宏定义内容很长,对应关系见表 14.2。

```
# ifndef LCD_128_H_
# define LCD_128_H_
//段码序号宏定义
# define      _LCD_MIN      0
# define      _LCD_NEG      1
# define      _LCD_POS      2
# define      _LCD_MAX      3
……//太长了,不写了
```

关于段码宏定义命名的原则:

1) 由于宏定义非常多,将来很难避免与变量重名,所以在宏定义最前面加"_"以示区别。

2) 通常情况下,宏定义全部用大写字母的方法来区分变量和宏定义,在这里由于涉及很多物理单位,大小写的含义会不一样,所以,宏定义里面有小写也有大写。

3) 在 128 段中,有几个从属段(Slave Seg)单独显示是没有含义的,必须与后面的主段(Master Seg)组合才有意义,比如,_LCD_m_V 实际只显示 m,要配合 _LCD_V 才能显示 mV。这种从属段(Slave Seg)都有三个下画线,最后一个下画线后面是它从属的主段(Master Seg)。

表 14.2　128 段宏定义

名　称	段　号	名　称	段　号	名　称	段　号	名　称	段　号
_LCD_MIN	0	_LCD_M_Hz	46	_LCD_1G	6	_LCD_6D	64
_LCD_NEG	1	_LCD_k_Hz	47	_LCD_2A	19	_LCD_6E	65
_LCD_POS	2	_LCD_PRECENT	68	_LCD_2B	18	_LCD_6F	67
_LCD_MAX	3	_LCD_k_W	72	_LCD_2C	17	_LCD_6G	66
_LCD_DOT0	8	_LCD_m_V	73	_LCD_2D	12	_LCD_7A	96
_LCD_DOT1	16	_LCD_m_A	74	_LCD_2E	13	_LCD_7B	97
_LCD_DOT2	24	_LCD_k_OHOM	75	_LCD_2F	15	_LCD_7C	98
_LCD_DOT3	52	_LCD_W	76	_LCD_2G	14	_LCD_7D	103
_LCD_DOT4	60	_LCD_V	77	_LCD_3A	27	_LCD_7E	102
_LCD_DOT5	107	_LCD_A	78	_LCD_3B	26	_LCD_7F	100
_LCD_DOT6	123	_LCD_OHOM	79	_LCD_3C	25	_LCD_7G	101
_LCD_COLON0	99	_LCD_DEGREE	80	_LCD_3D	20	_LCD_8A	104
_LCD_COLON1	83	_LCD_dB	81	_LCD_3E	21	_LCD_8B	105
_LCD_COLON2	115	_LCD_ROC_logo	82	_LCD_3F	23	_LCD_8C	106

名　称	段　号	名　称	段　号	名　称	段　号	名　称	段　号
_LCD_BUSY	28	_LCD_3_AT	84	_LCD_3G	22	_LCD_8D	111
_LCD_ERROR	29	_LCD_2_AT	85	_LCD_4A	55	_LCD_8E	110
_LCD_AUTO	30	_LCD_AT	86	_LCD_4B	54	_LCD_8F	108
_LCD_RUN	31	_LCD_BELL	87	_LCD_4C	53	_LCD_8G	109
_LCD_PAUSE	32	_LCD_AM	88	_LCD_4D	48	_LCD_9A	112
_LCD_STOP	33	_LCD_FM	89	_LCD_4E	49	_LCD_9B	113
_LCD_kPA	34	_LCD_RX	90	_LCD_4F	51	_LCD_9C	114
_LCD_k_g	35	_LCD_LOCK	91	_LCD_4G	50	_LCD_9D	119
_LCD_pre_s	36	_LCD_PM	92	_LCD_5A	63	_LCD_9E	118
_LCD_m_pre_s	37	_LCD_CH	93	_LCD_5B	62	_LCD_9F	116
_LCD_c_m_pre_s	38	_LCD_TX	94	_LCD_5C	61	_LCD_9G	117
_LCD_g	39	_LCD_LOWBAT	95	_LCD_5D	56	_LCD_10A	120
_LCD_TI_logo	40	_LCD_1A	11	_LCD_5E	57	_LCD_10B	121
_LCD_AC	41	_LCD_1B	10	_LCD_5F	59	_LCD_10C	122
_LCD_DC	42	_LCD_1C	9	_LCD_5G	58	_LCD_10D	127
_LCD_Hz	43	_LCD_1D	4	_LCD_6A	71	_LCD_10E	126
_LCD_L	44	_LCD_1E	5	_LCD_6B	70	_LCD_10F	124
_LCD_M3	45	_LCD_1F	7	_LCD_6C	69	_LCD_10G	125

14.4.2　显单个数码函数 LCD_DisplayDigit()

编写 LCD_DisplayDigit()函数没有诀窍,人工数出来,只不过变成库函数以后,一劳永逸了。关于函数的一些说明如下:

1) 每个显示缓存 LCD_Buffer[]都有 16 位,显示数字时不能用"＝"改写(会影响其他不相关的位),只能用"|＝"改写。用"|＝"改写时,一定要把相关位用"&＝～"先置 0。

2) 如果填写的待显数不是 0~9 这 10 个数,那么效果就是消隐这一个"8"字段。我们可以增加一个宏定义"LCD_DIGIT_CLEAR　11"来表示这种情况,增加可读性。

3) 有的"8 字"段译码值分属两个 LCD_Buffer[]缓存,比如第 2 个"8"字段。

```
#define LCD_DIGIT_CLEAR      11
/***************************************************************
* 名      称:LCD_DisplayDigit()
* 功      能:让 128 段式液晶的特定"8"字段显示 0~9
* 入口参数:Digit   想显示的数 0~9,传入其他数字则为消隐
*          Position   显示的数位(第几个"8"字)
* 出口参数:无
```

从零开启大学生电子设计之路——基于 MSP430 LaunchPad 口袋实验平台

```
 *  说       明:大数码"8"字编号从左至右为 1~6,小数码"8"字编号从右至左为 7~10
 *  范       例:LCD_DisplayDigit(9,1 ),第 1 个"8"字段显示 9
 *               LCD_DisplayDigit(LCD_DIGIT_CLEAR,1),第 1 个"8"字段消隐
 ********************************************************/
void LCD_DisplayDigit(unsigned char Digit,unsigned char Position )
{
  switch (Position)
  {
  case 1:
      LCD_Buffer[0] & = 0xf10f;                //先完全清除第 0 个"8"字段
      switch (number)
      {
      case 0:LCD_Buffer[0]  |= 0x0eb0;     break;
      case 1:LCD_Buffer[0]  |= 0x0600;     break;
      case 2:LCD_Buffer[0]  |= 0x0c70;     break;
      case 3:LCD_Buffer[0]  |= 0x0e50;     break;
      case 4:LCD_Buffer[0]  |= 0x06c0;     break;
      case 5:LCD_Buffer[0]  |= 0x0ad0;     break;
      case 6:LCD_Buffer[0]  |= 0x0af0;     break;
      case 7:LCD_Buffer[0]  |= 0x0e00;     break;
      case 8:LCD_Buffer[0]  |= 0x0ef0;     break;
      case 9:LCD_Buffer[0]  |= 0x0ed0;     break;
      default:                   break;   //这种情况说明是"消隐"该"8"字段
      }
  case 2:
      {...}
  case 3:
      {...}
  case 4:
      {...}
  case 5:
      {...}
  case 6:
      {...}
  case 7:
      {...}
  case 8:
      {...}
  case 9:
      {...}
  case 10:
      {...}
```

从零开启大学生电子设计之路——基于 MSP430 LaunchPad 口袋实验平台

```
        }
    }
```

由于程序太长,下面用表 14.3 说明 10 个"8"字段的显示译码值。表中消隐对应显"8",数码编号 2 涉及操作两个缓存。表中"—"表明不涉及该变量的赋值。

表 14.3　显示译码表

编号	显存	消隐	显 0	显 1	显 2	显 3	显 4	显 5	显 6	显 7	显 8	显 9
1	buffer[0]	0EF0	0EB0	0600	0C70	0E50	06C0	0AD0	0AF0	0E00	0EF0	0ED0
2	buffer[0]	F000	B000	—	7000	5000	C000	D000	F000	0000	F000	D000
	buffer[1]	000E	000E	0006	000C	000E	0006	000A	000A	000E	000E	000E
3	buffer[1]	0EF0	0EB0	0600	0C70	0E50	06C0	0AD0	0AF0	0E00	0EF0	0ED0
4	buffer[3]	00EF	00EB	0060	00C7	00E5	006C	00AD	00AF	00E0	00EF	00ED
5	buffer[3]	EF00	EB00	6000	C700	E500	6C00	AD00	AF00	E000	EF00	ED00
6	buffer[4]	00EF	00EB	0060	00C7	00E5	006C	00AD	00AF	00E0	00EF	00ED
7	buffer[6]	00F7	00D7	0006	00E3	00A7	0036	00B5	00F5	0007	00F7	00B7
8	buffer[6]	F700	D700	0600	E300	A700	3600	B500	F500	0700	F700	B700
9	buffer[7]	00F7	00D7	0006	00E3	00A7	0036	00B5	00F5	0007	00F7	00B7
10	buffer[7]	F700	D700	0600	E300	A700	3600	B500	F500	0700	F700	B700

14.4.3　显示数字函数 LCD_DisplayNum( )

由于 128 段 LCD 显示内容较丰富,很难穷举能用到的库函数,所以只编写一个简单的显示函数作为范例。实际应用中,应根据实际情况另行调用 LCD_DisplayDigit( )建自己的库函数。LCD_DisplayNum( )函数主要完成了:

1) 负数判别和负号显示。

2) 数字的拆分显示。

3) 消隐多余的 0。

```
/***************************************************
*  名      称:LCD_DisplayNum()
*  功      能:在 LCD 上连续显示一个整型数据
*  入口参数:Digit    显示数值(-32 768~32 767)
*  出口参数:无
*  说      明:该函数仅限在大屏幕的 8 字段上显示
*  范      例:LCD_DisplayNum( 12345);        //显示结果 12345
             LCD_DisplayNum( -12345);       //显示结果 -12345
***************************************************/
void LCD_DisplayNum( long int Digit)
```

从零开启大学生电子设计之路——基于 MSP430 LaunchPad 口袋实验平台

```
    {
      unsigned char i = 0;
      unsigned char DispBuff[6] = {0};
      if(Digit<0)
      {
      Digit = - Digit;                          //处理负数
      LCD_DisplaySeg( _LCD_NEG);                 //显示负号
      }
      else
          LCD_ClearSeg(_LCD_NEG);                //清除负号
      for(i = 0;i<6;i ++ )                       //拆分数字
        {
          DispBuff[i] = Digit % 10;
          Digit/ = 10;
        }
      for(i = 5;i>1;i -- )                       //消隐无效 0
        {
          if (DispBuff[i] == 0) DispBuff[i] = LCD_DIGIT_CLEAR;
          else break;
        }
      for(i = 0;i<6;i ++ )
        {
          LCD_DisplayDigit(DispBuff[i],6 - i);
        }
    }
```

14.4.4　计算数码显存函数 Calculate_NumBuff()

实际应用中,每次都更新 128 位缓存,速度较慢,且可能会影响其他任务。

1) 简单分析可以得出结论,需要实时更新的段只有 8 字段,其他字符单位段一般都是一次性写入。

2) 有必要编写一个函数,把每个 8 字段对应的 128 位缓存中数据提取出来放在 1 个字节中。

3) 还要知道该 8 字首段在 LCD 驱动器的 128 位(32 字节,每字节 4 位)缓存中的地址,首段号码除以 4 就可以得到地址。

4) Calculate_NumBuff() 中的传入参数使用了指针,目的是取出计算参数。

```
/************************************************************
 * 名     称:Calculate_NumBuff()
 * 功     能:计算单个 8 字的显存和起始地址
 * 入口参数:Position   8 字段的位置
```

```
*                  * Num_Buffer   需要更新的段码的指针
*                     * Addr   需要更新的段码的起始地址的指针
* 出口参数:无
* 说    明:无
* 范    例:无
*********************************************************/
void Calculate_NumBuff(unsigned char Position,unsigned char  * Num_Buffer,unsigned
char * Addr)
{
    switch(Position)
    {
    case 1: * Num_Buffer = (LCD_Buffer[0]&0x0ff0)>>4;    * Addr = 4/4;  break;
    case 2: * Num_Buffer = ((LCD_Buffer[0]&0xf000)>>12 + ((LCD_Buffer[1]&0x000f)<
<4));
                                                        * Addr = 12/4; break;
    case 3: * Num_Buffer = (LCD_Buffer[1]&0x0ff0)>>4;    * Addr = 20/4; break;
    case 4: * Num_Buffer = (LCD_Buffer[3]&0x00ff);       * Addr = 48/4; break;
    case 5: * Num_Buffer = (LCD_Buffer[3]&0xff00)>>8;    * Addr = 56/4; break;
    case 6: * Num_Buffer = (LCD_Buffer[4]&0x00ff);       * Addr = 64/4; break;
    case 7: * Num_Buffer = (LCD_Buffer[6]&0x00ff);       * Addr = 96/4; break;
    case 8: * Num_Buffer = (LCD_Buffer[6]&0xff00)>>8;    * Addr = 104/4;break;
    case 9: * Num_Buffer = (LCD_Buffer[7]&0x00ff);       * Addr = 112/4;break;
    case 10: * Num_Buffer = (LCD_Buffer[7]&0xff00)>>8;   * Addr = 120/4;break;
    default:                                             break;
    }
}
```

14.4.5　辅助控制函数

辅助性的函数有 3 个:

1) 直接显示某段函数 LCD_DisplaySeg():在对单位符号等段进行显示的时候,直接调用段宏定义将会非常方便。

2) 直接消隐某段函数 LCD_ClearSeg():在更新显示时,不要忘记消隐。

3) 清除全屏显示函数 LCD_Clear():当屏幕显示内容很多,需要一次性清屏时,调用该函数。

```
/*********************************************************
* 名    称:LCD_DisplaySeg()
* 功    能:显示一段段码
* 入口参数:SegNum   0~127 段号码
* 出口参数:无
* 说    明:无
```

```
*  范     例:LCD_DisplaySeg(_LCD_TI_logo),显示 TI logo
****************************************************/
void LCD_DisplaySeg(unsigned char SegNum)
{
    LCD_Buffer[SegNum/16] |= 1<<(SegNum % 16);
}

****************************************************
 *  名     称:LCD_ClearSeg()
 *  功     能:清除一段段码
 *  入口参数:SegNum   0~127 段号码
 *  出口参数:无
 *  说     明:无
 *  范     例:LCD_ClearSeg(_LCD_TI_logo),显示 TI logo
****************************************************/
void LCD_ClearSeg(unsigned char SegNum)
{
    LCD_Buffer[SegNum/16] & = ~(1<<(SegNum % 16));
}
/****************************************************
 *  名     称:LCD_Clear()
 *  功     能:清屏
 *  入口参数:无
 *  出口参数:无
 *  说     明:无
 *  范     例:无
****************************************************/
void LCD_Clear()
{
    unsigned char i = 0;
    for ( i = 0;i< = 7;i++ ) LCD_Buffer[i] = 0;
}
```

14.4.6　头文件 LCD_128.h

在显示库函数的头文件中,除了对 128 段的宏定义外,有以下函数需要对外引用。

```
extern void LCD_Clear();
extern void LCD_DisplaySeg(unsigned char SegNum);
extern void LCD_ClearSeg(unsigned char SegNum);
extern void LCD_DisplayDigit(unsigned char Digit,unsigned char Position);
extern void LCD_DisplayNum(long int Digit);
```

```
extern void Calculate_NumBuff(unsigned char Position,unsigned char * Num_Buffer,un-
signed char * Addr);
```

14.5　LCD 驱动器 HT1621

前面讨论的是顶层应用函数如何编写,即如何把"图像"变成 128 段的组合,还没涉及如何把显存 LCD_Buffer[]的内容显示出来,这就要靠 LCD 驱动器了。MSP430 的 4 系列和 6 系列自带 LCD 驱动器,MSP430G2553 则必须依靠外接驱动芯片才能控制 LCD。这对 MSP430G2553 来说也不算是什么缺点,4 系列和 6 系列虽然带驱动器,但是动辄几十个 I/O 口(驱动 128 段需要 36 个)被用掉还是很肉疼的。128 段 LCD 驱动器 HT1621 只要 1 元钱就能买到,占用单片机的 I/O 口也只有 4 个。

14.5.1　HT1621 的硬件连接

图 14.7 所示为 MSP–EXP430G2 扩展板上 HT1621 与 128 段式 LCD 的硬件连线图。

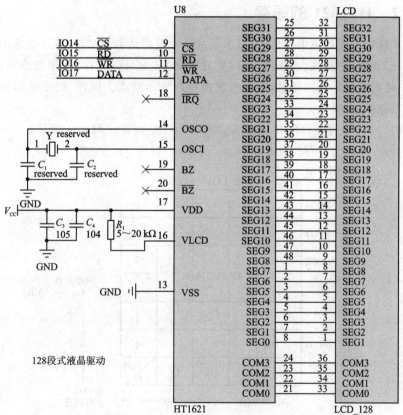

图 14.7　MSP–EXP430G2 扩展板上的 LCD 控制器连接图

HT1621 与 LCD_128 之间的 36 根数据线不用多做解释,接下来解释图 14.7 中左边这些引脚的用途:

1) $\overline{\text{CS}}$、$\overline{\text{RD}}$、$\overline{\text{WR}}$、DATA 为一组控制信号线,分别是片选、读时钟、写时钟和数据线,后面会具体讲单片机怎么操作。

2) IRQ 是 HT1621 的一个输出,可以被单片机当定时器或看门狗来用,图 14.7 中未使用该功能。

3) OSCO 和 OSCI 之间接 32.768 kHz 晶振,HT1621 时钟源来源方法有很多,这里就不一一讲了。图 14.7 中的 32.768 kHz 晶振也可不接(因为没用到 HT1621 的定时器功能,不需要这么精确的时钟源)。HT1621 默认使用的是内部振荡器。

4) BZ 和 $\overline{\text{BZ}}$ 可以接一个蜂鸣器,单片机可以通过 HT1621 让蜂鸣器发出 2 kHz 或 4 kHz 的鸣响,图 14.7 里也没有用到它。

5) 电源 V_{DD} 和 V_{LCD} 之间接电阻 R_1,可以调节液晶的显示对比度,觉得颜色淡,就减小 R_1 的阻值。20 kΩ 仅是一个参考值,实际 MSP - EXP430G2 扩展板上 R_1 的阻值会随 LCD 材质不同而调整。

14.5.2　HT1621 的显存

大家都知道计算机中有显卡,显卡的一个重要参数就是显存(用于显示的内存)。显存是一个很重要的概念,任何屏幕(集成驱动器)如果有显存,意味着控制器(单片机)某一时刻与屏幕失去联系,屏幕也能保持原显示状态。同理,改变显示画面实际就是改写显存。

HT1621 中显存矩阵的排列方式如图 14.8 所示,显存的地址位共 6 位,代表 32 个地址,每个地址的内存位宽是 4 位。

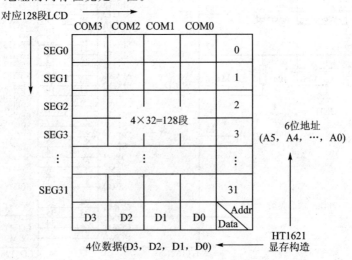

图 14.8　HT1621 的显存结构

顶层函数在单片机中定义显存数组 LCD_Buffer[] 与 HT1621 的显存是一一对应关系的,只是字和位的排列不同。

14.6　硬件隔离的思想

不知道同学们有没有意识到,要想使用 MSP‑EXP430G2 扩展板上这块 128 段式液晶比"登天"还要难。如图 14.9 所示,单片机必须用 I^2C 协议去控制 TCA6416A 输出 4 个控制信号 CS、WR、RD、DATA,哪怕只是改变一次 CS 的电平,实际工作量就是完整的 I^2C 通信了一次。更不要说 CS、WR、RD、DATA 还需要复杂时序才能操作 HT1621 进而控制 128 段式液晶。

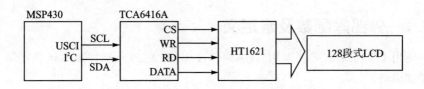

图 14.9　LCD 控制的信号控制图

毫不夸张地说,有本事"点亮"这块 LCD,初学者的帽子就可以丢进历史的垃圾桶了。用函数进行硬件隔离的思想一直贯穿本教程,这里向大家推荐硬件隔离的另一种方法:宏定义。

大家有没有想过,如果不是用 TCA6416A 间接控制 CS、WR、RD 和 DATA,而是直接用单片机的 I/O 来控制,该有多好啊!还记得第 5 章讲过,模拟线与输出,用宏定义消除硬件差异吗?回忆一下(想不起来什么是"线与"逻辑请自觉面壁)。

```
＃define   P10_ON   P1DIR & = ～BIT0;              //I/O 设为输入,相当于"线与"输出 1
＃define   P10_OFF  P1DIR |= BIT0; P1OUT & = ～BIT0; //I/O 设为输出,输出 0
```

所以,这里也可以用宏定义来隔离讨厌的 TCA6416A。宏定义与函数不同,没有入栈与出栈操作,仅仅是从书写角度替换代码,所以速度要快于函数。

PinOUT(14,0) 是命令 I^2C 协议的 TCA1621A 的 P1.4(第 13 个 I/O)输出低电平的函数,实际实现起来是非常复杂的。对于 HT1621 来说,直接用 HT1621_CS_LOW 就行,具体如何把 CS 拉低不是这里要考虑的事。

```
//－－－－－控制信号线宏定义－－－－－
＃define HT1621_CS_LOW          PinOUT(14,0)
＃define HT1621_CS_HIGH         PinOUT(14,1)
＃define HT1621_RD_LOW          PinOUT(15,0)
＃define HT1621_RD_HIGH         PinOUT(15,1)
＃define HT1621_WR_LOW          PinOUT(16,0)
```

```
#define HT1621_WR_HIGH            PinOUT(16,1)
#define HT1621_DATA_LOW           PinOUT(17,0)
#define HT1621_DATA_HIGH          PinOUT(17,1)
```

之后,就可以专心地写 HT1621 的库函数了,无论是用单片机"原装"I/O,还是用扩展出的"水货"I/O 控制 HT1621,都和我们无关了。

14.7　HT1621 库函数文件

有了宏定义隔离这个"神器"之后,就可以甩开包袱学习如何操作 HT1621 了。

1) 初始化 HT1621。

2) 刷新 HT1621 的显存。

14.7.1　外部库函数及宏定义

要使用 HT1621 首先要调用 TCA6416A 库,有关 TCA6416A 库函数在第 12 章已有详细讲解。

```
#include "MSP430G2553.h"
#include "HT1621.h"
#include "TCA6416A.h"


//-----控制信号线宏定义-----
#define HT1621_CS_LOW             PinOUT(14,0)
#define HT1621_CS_HIGH            PinOUT(14,1)
#define HT1621_RD_LOW             PinOUT(15,0)
#define HT1621_RD_HIGH            PinOUT(15,1)
#define HT1621_WR_LOW             PinOUT(16,0)
#define HT1621_WR_HIGH            PinOUT(16,1)
#define HT1621_DATA_LOW           PinOUT(17,0)
#define HT1621_DATA_HIGH          PinOUT(17,1)
//-----Ht1621 命令宏定义-----
#define HT1621_COMMAND            4              //100
#define HT1621_WRITEDISBUF        5              //101
#define HT1621_INIT               0x29           //1/3 bias + 4 com
#define HT1621_ON                 0x03           //开启 LCD 偏压
#define HT1621_OSC                0x01           //开启内部振荡器
```

14.7.2　位发送函数 HT1621_SendBit()

HT1621_SendBit() 函数功能是向 HT1621 发送一位,后面将会反复用到。

```
/***************************************************
```

```
*  名      称:HT1621_SendBit()
*  功      能:向 HT1621 发送一位
*  入口参数:Code    所有位都是 0,则数据线置低;反之置高
*  出口参数:无
*  说      明:无
*  范      例:无
****************************************************/
void HT1621_SendBit(unsigned int Code)
{
    HT1621_WR_LOW;
    if (Code == 0)
    {
        HT1621_DATA_LOW;
    }
    else
    {
        HT1621_DATA_HIGH;
    }
    HT1621_WR_HIGH;
}
```

14.7.3　初始化函数 HT1621_init()

HT1621 在使用前必须将 LCD 控制输出 Turn on,配置 BIAS 模式和 COM 数（我们的 LCD 应使用 1/3 bias、4 COM 模式,这个是 LCD 生产图纸上标定好的）。HT1621 的部分命令字如表 14.4 所列,100 代表是写命令,如果要连续写命令,只需发送一遍 100 即可。X 表示无所谓 1 或 0 的空发位。

表 14.4　HT1621 的部分命令字

名　称	命令代码	功　能
LCD OFF	**100** 00000010X	Turn off LCD outputs
LCD ON	**100** 00000011X	Turn on LCD outputs
BIAS & COM	**100** 0010abXcX	c=0：1/2 bias option c=1：1/3 bias option ab=00：2 commons option ab=01：3 commons option ab=10：4 commons option
SYS EN	**100** 0000000X	Turn on system oscillator

写命令字时序如图 14.10 所示,$\overline{\text{CS}}$片选低电平使能后,第一段数据 100 表示写

命令,第二段00000010表示开启LCD驱动(空发1位结尾),第三段001010X1(实际中发00101001)表示设定LCD驱动为1/3 bias和4 com模式(空发1位结尾),第四段00000001表示开启内部振荡器,最后要空发1位作为结尾。

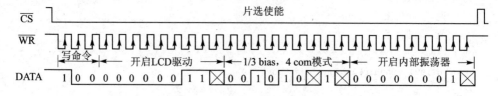

图14.10　HT1621的初始化时序

下面把图14.10翻译成代码,像流水账一样,共需发送4段,很好理解。

```
/******************************************************
 *  名    称:HT1621_init()
 *  功    能:HT1621的初始化函数
 *  入口参数:无
 *  出口参数:无
 *  说    明:初始化为开启LCD驱动,1/3 bias,4 com
 *  范    例:无
 ******************************************************/
void HT1621_init()
{
    unsigned char i = 0;
    unsigned char Temp = 0;
    // ----将全部信号线拉高,再CS使能----
    HT1621_CS_HIGH;
    HT1621_WR_HIGH;
    HT1621_DATA_HIGH;
    HT1621_CS_LOW;
    //----发送初始化命令字100,表明是写命令--------
    Temp = HT1621_COMMAND;
    for(i = 0;i<3;i++)
    {
        HT1621_SendBit(Temp&BIT2);
        Temp = Temp<<1;
    }
    //-----开启LCD驱动-----
    Temp = 0x03;
    for(i = 0;i<8;i++)
    {
        HT1621_SendBit(Temp&BIT7);
        Temp = Temp<<1;
```

```
}
  HT1621_WR_LOW;        //-----空发 1 位 X-----
 HT1621_WR_HIGH;
//-----开启设为 1/3 bias 和 4 com-----
Temp = HT1621_INIT;
for(i = 0;i<8;i++)
{
  HT1621_SendBit(Temp&BIT7);
  Temp = Temp<<1;
}
  HT1621_WR_LOW;        //-----空发 1 位 X-----
 HT1621_WR_HIGH;
 //-----开启内部振荡器-----
Temp = HT1621_OSC;
for(i = 0;i<8;i++)
{
  HT1621_SendBit(Temp&BIT7);
  Temp = Temp<<1;
}
  HT1621_WR_LOW;        //-----空发 1 位 X-----
  HT1621_WR_HIGH;
  HT1621_CS_HIGH;       //-----CS 置高,片选禁止
}
```

14.7.4　全显存刷新函数 HT1621_Reflash()

对于段式液晶的缓存来说,一共就 128 位,每次都完全将显存重写的方式俗称"刷屏"。HT1621 的连续写模式最适合用来刷屏。

图 14.11 所示为连续写显存模式,第一段 101 表示是写显存操作,第二段为起始显存地址,后面都是数据,地址自动递增。流水账代码,无需解释。

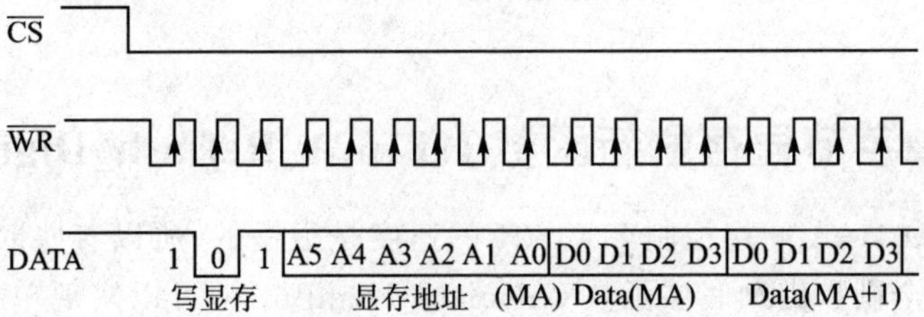

图 14.11　HT1621"刷屏"时序

```
/**************************************************************
 * 名    称:HT1621_Reflash()
 * 功    能:更新 HT1621 的显示缓存
```

```
*  入口参数:*p   显存的映射指针
*  出口参数:无
*  说      明:需要指定显示缓存数据地址
*  范      例:HT1621_Reflash(LCD_Buffer),更新 HT1621 中全部 128 段显存
**********************************************************/
void HT1621_Reflash(unsigned int * p)
{
    unsigned char i = 0,j = 0;
    unsigned int Temp = 0;
    HT1621_CS_LOW;           //使能
    //----发送命令字 101,表明是写显存-------
    for(i = 0;i<3;i++)
    {
        HT1621_SendBit((HT1621_WRITEDISBUF<<i)&BIT2);
    }
    //-----发送显存首地址 000000----
    for(i = 0;i<=5;i++)
    {
        HT1621_SendBit(0);
    }
    //----发送 128 位显存,分 8 字每字 16 位-------
    for(i = 0;i<8;i++)
    {
        Temp = * p++;
        for(j = 0;j<16;j++)
        {
            HT1621_SendBit(Temp&BIT0);
            Temp = Temp>>1;
        }
    }
    HT1621_CS_HIGH;            //使能禁止
}
```

14.7.5　单字节显存刷新函数 HT1621_Reflash_Digit()

使用 TCA6416A 间接控制 HT1621 的速度是很慢的,所以有些时候,能不刷全部 128 段就不全刷。借助底层函数 Calculate_NumBuff()可以实现单字节的更新显示。这些字节已经过处理,对应 10 个 8 字段的显示。

```
/****************************************************
*  名      称:HT1621_Reflash_Digit()
*  功      能:只更新 8 字数字所在的段
```

```
* 入口参数:Position   8 字段的位置
* 出口参数:无
* 说　　明:
* 范　　例:HT1621_Reflash_Digit(6),更新第 6 个 8 字段
************************************************************/
void HT1621_Reflash_Digit(unsigned char Position)
{
  unsigned char Num_Buffer = 0;
  unsigned char Addr = 0;
   unsigned char i = 0;
  Calculate_NumBuff( Position,&Num_Buffer,&Addr);
  HT1621_CS_LOW;                //使能
  //-----发送命令字 101,表明是写显存-------
  for(i = 0;i<3;i++)
  {
    HT1621_SendBit((HT1621_WRITEDISBUF<<i)&BIT2);
  }
  //----发送 6 位待写显存首地址------
  for(i = 0;i<6;i++)
  {
    HT1621_SendBit((Addr<<i)&BIT5);
  }
   //----发送 1 字节-------
  for(i = 0;i<8;i++)
    {
    HT1621_SendBit(Num_Buffer&BIT0);
    Num_Buffer = Num_Buffer>>1;
    }
    HT1621_CS_HIGH;               //使能禁止
}
```

14.8　例程——LCD 显示自检

为 MSP - EXP430G2 扩展板编写一个 LCD 开机自检画面。LCD 的段依次从 0 段开始到 127 段全部点亮,再依次全部消失;接着 10 个数码段的显示全部从 0 依次切换到 9;然后清屏,主数码管显示-123456,最后显示 PASS。

14.8.1　主函数部分

主函数部分基本上是流水账,很好理解。

```
# include"MSP430G2553.h"
# include"TCA6416A.h"
# include"HT1621.h"
# include"LCD_128.h"
# define myMCLK              1000000
void LCD_Display_Pass();
void main(void)
{
    unsigned char i = 0,j = 0;
    WDTCTL = WDTPW + WDTHOLD;      //关狗
    P1DIR = 0;
    P2DIR = 0;
    BCSCTL1 = CALBC1_1MHZ;        / * Set DCO to 1 MHz * /
    DCOCTL = CALDCO_1MHZ;
    TCA6146A_Init();              //初始化 I/O 扩展口
//----提示初始化成功,8 个 LED 间隔亮灭----
    PinOUT(0,1);                  //指定 0 号引脚输出为 1
    PinOUT(1,0);                  //指定 1 号引脚输出为 0
    PinOUT(2,1);                  //指定 2 号引脚输出为 1
    PinOUT(3,0);                  //指定 3 号引脚输出为 0
    PinOUT(4,1);                  //指定 4 号引脚输出为 1
    PinOUT(5,0);                  //指定 5 号引脚输出为 0
    PinOUT(6,1);                  //指定 6 号引脚输出为 1
    PinOUT(7,0);                  //指定 7 号引脚输出为 0
    HT1621_init();               //初始化 lcd_128
while(1)
    {
    //----从 0 段至 127 段依次点亮------
    for(i = 0;i< = 127;i++)
    {
        LCD_DisplaySeg(i);
        HT1621_Reflash(LCD_Buffer);
    }
     __delay_cycles(myMCLK);      //适当延时约为 1 s
    //----从 127 段至 0 段依次熄灭
    for(i = 128;i>0;i--)
    {
        LCD_ClearSeg(i-1);
        HT1621_Reflash(LCD_Buffer);
    }
     __delay_cycles(myMCLK);      //适当延时约为 1 s
    //-----所有数码段显示一致,从 0 切换到 9----
```

```
for(i = 0;i< = 9;i ++ )
{
    for(j = 1;j< = 10;j ++ )
    {
        LCD_DisplayDigit(i,j);
    }
    HT1621_Reflash(LCD_Buffer);
    __delay_cycles(myMCLK/2);        //适当延时约为0.5 s
}
LCD_Clear();
//-----大数码段显示 - 12456----
LCD_DisplayNum( - 123456);
HT1621_Reflash(LCD_Buffer);
__delay_cycles(myMCLK);             //适当延时约为 1 s
LCD_Clear();
//----测试结束,显示 PASS----
LCD_Display_Pass();
__delay_cycles(2 * myMCLK);         //适当延时约为 2 s
_bis_SR_register(LPM3_bits);        //自检完毕,休眠
    }
}
```

14.8.2　字符显示函数 LCD_Display_Pass( )

此函数给出了一种用 8 字段显示字母的方法。常规方法计算字母段太复杂,可以变通地采用先调用显示库函数显示最接近的数字,再使用消隐少量段的方法显示字母。

```
/ ********************************************************
 *  名      称:LCD_Display_Pass()
 *  功      能:显示 PASS 字母的函数
 *  入口参数:无
 *  出口参数:无
 *  说      明:使用先显示数字,后删除特定段的方法实现字母显示
 *  范      例:LCD_Display_Pass(),在 LCD 上显示 PASS 字样
 *********************************************************/
void LCD_Display_Pass()
{
    LCD_DisplayNum(8855);
    LCD_ClearSeg(_LCD_3C);
    LCD_ClearSeg(_LCD_3D);
    LCD_ClearSeg(_LCD_4D);
```

```
//----显示 logo----
LCD_DisplaySeg(_LCD_TI_logo);
LCD_DisplaySeg(_LCD_QDU_logo);
HT1621_Reflash(LCD_Buffer);
}
```

14.8.3　LCD 自检完成效果

自检完成后,屏幕将会停留在 PASS 状态,如图 14.12 所示。扩展板上的 LED 灯间隔亮灭为 TCA6416A 初始化成功提示。

图 14.12　LCD 自检程序完成效果

第 **15** 章

存储器

15.1 概　述

存储器在单片机中扮演着重要角色,初学者在入门时虽然可以跳过存储器的知识,但是入门后还是要学习各种类型的存储器,否则极容易闭门造车。常用的存储器包括 SRAM、DRAM、EEPROM、Flash、FIFO RAM 和 FRAM。

以前,人们将存储器分为只读存储器 ROM(Read Only Memory)和随机存储器 RAM(Random Access Memory)。

1)顾名思义,那时的 ROM 只能读不能写,而 RAM 可读可写。

2)为什么我们不干脆都用可读可写的 RAM 呢? 原因是 RAM 的构造使其掉电就失去数据,所以掉电不失数据的 ROM 就不可或缺了。

根据 RAM 和 ROM 的特性,人们将程序放在 ROM 里(提前用特殊方法写入),而将程序运行过程中产生的变量数据放在 RAM 里随时存取,这样一来,ROM 和 RAM 都物尽其用了。

随着时间的推移,更新型的存储器不断出现,所以这些存储器也被划为 ROM 或 RAM 的类别中,但是不再以能擦写为分类依据了。那以什么为划分依据呢?

1)以速度为标准,速度快的就算是 RAM,速度慢的为 ROM(当然一定得掉电不失数据才能作为 ROM)。

2)现在常用的 RAM 可以分 SRAM、DRAM、FIFO RAM 三大类别,它们掉电后数据都会丢失。

3)现在常用的 ROM 可分为 Flash ROM 和 EEPROM,它们都是可以读写的,但是比 RAM 写要复杂,需要先擦后写。因为擦写速度太慢,所以归类为 ROM。

15.2　SRAM

SRAM(Static RAM),即静态 RAM,优点是速度快,缺点是成本高。

15.2.1　SRAM 的存储原理

SRAM 存储数据的原理是数字电子技术中的"双稳态电路"。如图 15.1(a)所示,T1、T2 构成双稳态电路。金属氧化物半导体场效应管 MOSFET(简称场效应管或 MOS)开关的原理如图 15.1(b)所示,控制极高电平,开关接通;控制极低电平,开关断开。双稳态电路实现存储器原理:

1)如果一开始 Q 点电平为 1,Q' 电平为 0,则 T1 导通而 T2 断开,Q 和 Q' 的状态将"互锁"一直保持,这是第一稳态。

2)如果一开始 Q 点电平为 0,Q' 电平位 1,则 T2 导通而 T1 断开,Q 和 Q' 的状态也将"互锁"一直保持,这是第二稳态。

3)如果把第一稳态认为存储 1,第二稳态认为存储 0,这就是 1 位内存。

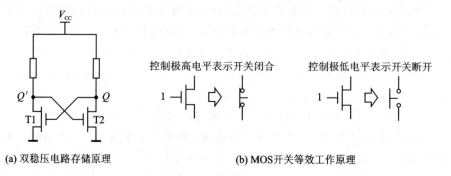

(a) 双稳压电路存储原理　　　　　　(b) MOS开关等效工作原理

图 15.1　双稳态电路

15.2.2　SRAM 的读写操作

只有双稳态电路还不能构成可读写的内存。如图 15.2(a)所示为 6 MOS 构成的一个 SRAM 存储单元。

1)T5、T6 起到读写内存的作用。

2)T3、T4 等效为双稳态电路中所需的 2 个电阻,因为集成电路中的电阻实际都是由场效应管 MOSFET 等效构成的。

3)字线 Z 相当于地址线,位线 W 和 W' 相当于数据线。

要对该 SRAM 存储单元进行写操作,首先需要将字线设为 $Z=1$,选通该 SRAM 单元。

1)写 1 时,将位线 W 置 1,将位线 W' 置 0,T1 导通,A 点电平为 0;T2 断开,B 点电平为 1。断开 T5、T6 后,T1 和 T2 的控制极电平被 A、B"交叉互锁",A 点电平维持 0,B 点电平维持 1,存储单元被存入数据 1(以位线 W 连接的 B 点为准)。

2)写 0 时,将位线 W 置 0,将位线 W' 置 1,T1 截止,A 点电平为 1;T2 导通,B 点电平为 0。断开 T5、T6 后,T1 和 T2 的控制极电平被 A、B"交叉互锁",A 点电平

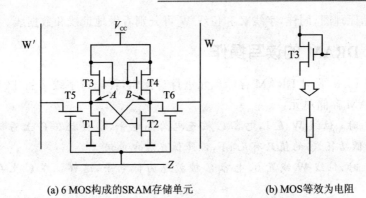

(a) 6 MOS构成的SRAM存储单元　　　(b) MOS等效为电阻

图 15.2　6 MOS 构成的 SRAM 存储单元原理图

维持 1，B 点电平维持 0，存储单元被存入数据 0（以 B 点为准）。

　　读 SRAM 时，字线 Z 选通该存储单元（T6 导通），直接判断位线 W 电平即可读出数据是 1 还是 0。

15.2.3　SRAM 小结

　　1）SRAM 之所以叫静态 RAM 是因为"双稳态电路"只要维持供电，电路状态就不会改变，存储信息就不会丢失。大家要奇怪了，还有一直供电信息也会丢失的存储器？ 这个真的有，计算机中俗称内存条的东西就是供着电信息也会丢失的，这个稍后会讲。

　　2）SRAM 的最大缺点是结构太复杂，一个 SRAM 存储单元需要 6 只 MOS 开关管，所以成本很高。在计算机中，只有 CPU 中的一级、二级缓存用的是 SRAM（两者速度等级不一样）。现代计算机一级缓存为 kB 级，二级缓存为 MB 级，"内存条"则可达到 GB 级。

　　3）在单片机中，不另加说明 RAM 指的就是 SRAM，一般大小仅有数十 B 到数十 kB。当然还可以外扩 SRAM 存储芯片。

15.3　DRAM

　　DRAM（Dynamic RAM），即动态 RAM，优点是容量大，速度还算快，缺点是使用麻烦。

15.3.1　DRAM 存储原理

　　DRAM 存储数据的原理是用一个开关对一个电容值极小的电容上充电、放电来存储信息，通过检测电容电压，判断存储数据是 1 还是 0。图 15.3 所示为

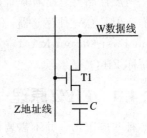

图 15.3　DRAM 存储原理

从零开启大学生电子设计之路——基于 MSP430 LaunchPad 口袋实验平台

DRAM 存储原理图,同样,字线 Z 和位线 W 可分别看做地址线和数据线。

15.3.2 DRAM 的读写操作

参考图 15.3,要对 DRAM 存储单元进行写操作,首先将字线 Z 置 1(T1 导通),选通该 DRAM 存储单元:

1)写 1 时,位线 W 置 1,电容 C 被充电为高电平,这样就在 C 上存储了"1"数据。为了降低功耗,C 的值只有几 pF,以降低充放电电流。

2)写 0 时,位线 W 线置 0,电容 C 被放电为低电平,这样就在 C 上存储了"0"数据。

粗略分析,读 DRAM 数据也很简单,不过就是 Z 置 1 选通该 DRAM 存储单元,直接读取 W 数据线电平即可得到电容 C 上的数据。但实际中,却要麻烦得多:

1)对电容 C 读取电压时,不可避免会引入外部电容(因为 C 本身极小,任何分布电容对 C 来说都是很大的),电容 C 将会泄放掉绝大部分电荷,即为破坏性读取。所以,要正常使用 DRAM,读取电容后必须马上补充电荷。

2)即使不读取电容电压,电容 C 自身也会漏电,所以 DRAM 不像 SRAM 那样通电就能保持数据不变。因此,DRAM 必须定时刷新,周期性检查每一个存储电容的电压,如果存储数据为 1,则补充电荷至最高电平。

15.3.3 DRAM 小结

1)虽然使用起来很不方便,但是 DRAM 只用一个开关和一个电容就实现了存储,便于集成,容量可以做到很大。前面提到,现在能买到的计算机内存条都是 GB 级的,单颗内存颗粒容量也在几百 MB 至 GB 范围。

2)单片机内部一般不带 DRAM 单元,但是可以外扩 DRAM 储存芯片。单片机使用的单颗外部 DRAM 芯片容量可以达到几百 MB 以上,是一种性价比较高的内存扩展方式。

15.4 FIFO

一般存储器总是有地址的,读写前都需要先选通地址,然后再读写数据,这很好理解。但是有一种存储器,不能选择对特定地址进行读写,这就是 FIFO RAM(First Input First Output RAM):先写入的数据必须先读出,为读写循环移位的存储器,也常简称 FIFO。

15.4.1 FIFO 原理

有些应用场合并不需要像用 RAM 那样,需要对特定地址存储单元进行读写,而只需依次按顺序写数据,又依次按顺序读数据。这样一来存储器结构就可以简化,由于不需要读写地址,速度可以更快。

举例说明 FIFO 和普通 RAM 的区别:

1) 图书馆的书本如存储的数据,正常情况下,当人们需要借特定一本书(相当于读数据操作)时,需要先找到放书的位置(即地址),然后再去取出该书。还书(相当于写数据操作)同样要找到放书的位置(即地址),然后把书放回去,这无疑会比较慢(RAM)。

2) 如果图书馆规定,读者只能按顺序从书架上第一本开始依次借书(不能自选),还书时,也必须排好队,依次把书按排队顺序放回书架,那么这样的图书馆效率肯定要高得多(FIFO)。

3) FIFO 的满指示,即图书馆有责任提示书架已经被塞满(数据写满全部存储空间),不许再排队还书(FIFO 写满)。只有来人借走一本书(读走一个数据),才重新允许还书(写)。

4) FIFO 的空指示,即图书馆有责任提示书架已经被借空(数据全部读完),不许再排队借书(FIFO 读空)。只有当有人来还一本书(写入一个数据),这时才重新允许借书(读)。

15.4.2　FIFO 的应用

上面提到的图书馆还书规则看似不可理喻,但在某些场合却是合情合理的。

1) 当使用高速 ADC 对模拟信号进行采样时,采样数据必须用高速缓存进行存储。ADC 采样时,可以连续写入数据,数据还原时,也仅需连续一次性读取数据。因此,对于高速 ADC 采样缓存用途,FIFO 将是首选。

2) 对视频图像采集缓存的应用中,图像数据传输速度快、量极大,但是读写又是完全按顺序的,这时也可以使用 FIFO。

15.4.3　FIFO 小结

1) 使用 FIFO 的场合有两个特点:数据流大而且速度快;读写严格按顺序。

2) 一般 FIFO 都是基于 SRAM 存储原理的,价格极贵。

3) 还有一类使用 DRAM 做成的 FIFO,读指针写指针不能循环,只能整体清空,称为伪 FIFO,价格很便宜,适合帧视频缓冲等场合。

15.5　场效应管浮栅存储原理

EEPROM、Flash ROM 都是基于场效应管浮栅存储原理的存储器。相比于掩膜、熔丝和磁盘、光盘的原理,浮栅存储原理比较难理解,所以有必要解释一下什么是浮栅;否则就告诉大家浮栅电荷可储存 100 年,谁也不会相信。为了便于初学者理解,场效应管的各电极名称、外部电路的连接方式这里都不作介绍。

从零开启大学生电子设计之路——基于 MSP430 LaunchPad 口袋实验平台

15.5.1　场效应管开关原理

普通场效应管 MOSFET 的原理如图 15.4 所示。左右导线连着的 N 型半导体，双 N 区之间隔着 P 型半导体，所以两导线不连通。

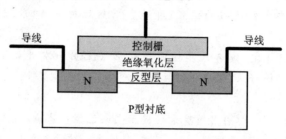

图 15.4　普通场效应管原理图

当控制栅上加电压时，由于电场效应（控制栅和衬底之间构成电容），离控制栅较近的 P 型半导体会变成 N 型，称为反型层。控制栅电压大于门限值时，反型层将左右 N 型半导体区连通。左右导线便可通过完整的 N 型半导体导电了。也就是左右导线是否互联，取决于控制栅上是否加上大于门限的电压，参考前面图 15.1(b) 的MOS 开关。

15.5.2　浮栅场效应管

如图 15.5 所示，用于存储器的场效应管引入了浮栅和隧穿氧化层。隧穿氧化层是一层极薄的绝缘层，在一定条件下（例如加足够高的电压），电子由于隧道效应（tunneling effect）可以进出浮栅（进入浮栅为写、拉出浮栅为擦）。隧道效应消失后，浮栅上的电子将重新被绝缘层包围，号称 100 年放不完。浮栅上带负电荷后，控制栅必须加比平常更高的电压，才能开启反型层。

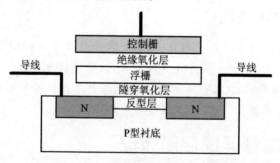

图 15.5　场效应管的浮栅存储结构

数据就存储在浮栅中。没有被"写数据"的浮栅场效应管（未充负电荷），控制栅加正常电压后，左右导线导通。被写数据的浮栅场效应管，控制栅加正常电压不足以使左右导线连通。配以合适的外部读、擦、写电路后便可作为掉电不失存储器使用了。

从零开启大学生电子设计之路——基于 MSP430 LaunchPad 口袋实验平台

15.5.3 EEPROM 与 Flash 的区别

EEPROM 和 Flash ROM 的区别就在于隧穿区和外部读擦写电路构造不同，这里不展开讲。它们的区别最终体现在：

1) EEPROM 构造复杂些，但是擦写寿命可达百万次，可字擦除；

2) Flash ROM 容量可以很大，但擦写寿命为 1 万～10 万次，只能段擦除。Flash ROM 的段包含若干字，一般为 512 字节，也可设计为小于 512 字节，具体由功能需要决定。

大家也许觉得，把段设计得非常小，比如就 1 个字节，Flash 不就没有擦除不方便的问题了吗？

1) "甘蔗没有两头甜"，任何事物如果往一个极端发展只有好处没有坏处的话，另一端就不会存在于世了。

2) 比如电路中，电阻越大越好，那么这个电阻根本就不会存在，断路就是了；如果一个电阻越小越好，那么该电阻也不会存在，导线短路就是了。

3) Flash 的名字翻译为闪存，就是与段操作相联系的，一次擦一段，是瞬间擦完的概念，而不是一个字节一个字节擦一段的概念。如果把 Flash 的段变成 1 字节，就不叫 Flash 了。

15.6 EEPROM

EEPROM(Electrically Erasable Programmable Read – Only Memory)，即电可擦除 ROM。在 EEPROM 之前，出现过两种可写的 ROM：

1) 基于不可恢复的熔丝与反熔丝结构的一次性可写的 PROM。熔丝与反熔丝的意思是将"保险丝"烧断或将开关管永久击穿来"存储"数据。现在这种技术仍然有使用，主要用于程序保密。当产品出厂时，将编程/下载口熔丝永久烧断，以防被窃取芯片内程序。

2) 可紫外线擦除的 EPROM(Erasable Programmable Read – Only Memory)。EPROM 也是基于浮栅原理，只不过浮栅电子逃逸靠的是紫外线（能级高的光子）。EPROM 的擦写非常复杂，现在基本灭绝。因为老设备维修备件的因素，市场上还有少量的 EPROM 在售。如图 15.6 所示，EPROM 非常容易辨认，芯片上开了一个照射紫外线用的窗口。

图 15.6 芯片开窗的 EPROM

回到 EEPROM 上来，EEPROM 容量小但使用比 Flash ROM 方便，现在主要用于存储数据量不大,但随时需要调整且要长期保存、掉电不失的数据,比如用户配置的各种设置信息。

15.7 Flash ROM

Flash 实际可分为 NOR Flash 和 NAND Flash 两类,两者大有区别。

1) NOR Flash 可以按字节读取数据,所以可以直接在上面运行代码(也就是作为 ROM 使用),MCU 中的 Flash ROM 就属于 NOR Flash。

2) NAND Flash 只能按扇区读取数据,所以不能在上面运行代码,U 盘就是 NAND Flash。

显然,NOR Flash 价格高且容量小,否则就没有存在 NAND Flash 的必要了。这里讨论的是用于 MCU ROM 的 NOR Flash。

对 Flash 的擦写需要专门的编程电压发生器,如果 MCU 集成了该片内外设,便可在程序运行中对 Flash 的内容进行擦写,从而使 MCU 无需外接 EEPROM 芯片进行掉电不失数据存储。

MSP430 全系列单片机都集成有 Flash 控制器,能够产生 Flash 写操作所需的时序以及编程电压。

15.8 FRAM

除了前面介绍的各种 RAM 和 ROM,其实还有一种铁电存储器(FRAM)。它读写速度快并且掉电数据不丢失,简单说,FRAM 既可做 RAM 也可做 ROM 用。

FRAM 与前面所有提到的存储器原理都不同,它有一个特殊的地方,即掉电不丢失的读取寿命是有限的,约 100 亿次。100 亿次看似很多,但这是读取寿命,并不是擦写寿命,因为读数据的频繁程度是要高得多的。在超过寿命次数以后,FRAM 并不是坏掉了,而是 FRAM 将掉电易失,只能作为 RAM 使用。

FRAM 的成本还比较高,也不是太流行,其原理本书不做进一步介绍。MSP430 的 FR 系列使用铁电储存器,有兴趣的同学可参考 FR 系列的说明书来学习。

第 **16** 章

Flash 控制器

16.1 概　述

得益于各种强大的单片机编译工具,大多数时候我们都不需要知道单片机的内存结构和寻址操作就可以完成单片机程序的开发。但是对于单独使用 Flash 控制器进行读写来说,主人自己必须知道要往哪儿写数据,从哪儿读数据,编译器这个仆人无法帮助主人做出该选择,就好像仆人可以帮主人做饭,但不能替主人吃饭那样。

如图 16.1 所示,Grace 在 Flash 控制器的配置中,仅能帮助我们正确设置 Flash 编程时钟,其他也是爱莫能助,所以本章后面的内容不再涉及 Grace。

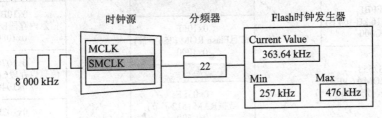

图 16.1　使用 Grace 自动选择 Flash 时钟的分频值

16.2　MSP430 单片机的内存结构

16.2.1　普林斯顿结构与哈佛结构

处理器按存储器构架可分为普林斯顿结构(冯·诺依曼结构)和哈佛结构。普林斯顿结构处理器的 RAM 和 ROM 统一编址,共用地址总线和数据总线。哈佛结构的处理器,RAM 和 ROM 分开编址,有两条地址总线和两条数据总线。这样一来,处理器在一个机器周期内可以同时获得指令(来自 ROM)和操作数(来自 RAM),从而提高了执行速度。

哈佛结构更适合高速处理器,例如最新构架的 ARM 系列处理器和 DSP 处理器。MSP430 单片机属于低功耗低速类处理器,采用的是普林斯顿结构。

16.2.2　MSP430 的内存结构

MSP430 单片机有 20 位地址总线，寻址范围 1 MB，远大于实际单片机具备的内存容量。为什么要设计这么大的寻址范围呢？一是为了将来更高型号单片机预留升级空间，二是可以留出足够的空白区以兼容不同型号单片机的起始寻址地址保持一致。

图 16.2 所示为 MSP430G2553 单片机的内存编址，最低地址为 0x0000，最高地址为 0xFFFF。

最高地址段为主 Flash ROM，共 16 kB，地址范围为 0xC000～0xFFFF。

1) 主 Flash 分为 32 段（Segment），每段 512 字节，Flash 的结构决定了段是最小擦除单位，所以 1 次最少擦 512 字节。

2) 每段又分为 8 块（Block），每块 64 字节，块是最大可连续写单位。

3) 主 Flash 的最高 64 字节是不能被用户占用的，那里存放了中断向量（矢量）表。

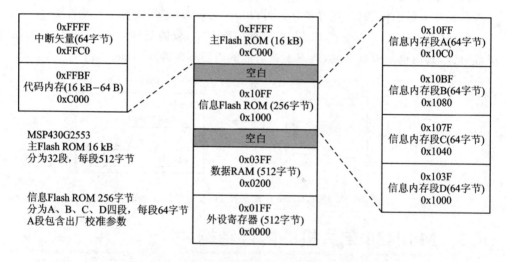

图 16.2　MSP430G2553 单片机的内存地址结构

内存地址最低位置为 RAM 区域，包括变量、堆栈、16 位外设寄存器、8 位外设寄存器和 8 位 SFR 寄存器。所有 MSP430 单片机的片内外设寄存器地址都是相同的，所以不同型号的 MSP430 单片机可以很好地兼容程序代码。

16.2.3　Infomation Flash

参考图 16.2 所示，MSP430G2553 单片机在中间地址 0x1000～0x10FF 区域还有四段 Flash ROM 称为 InfoFlash。这 A、B、C、D 四段每段大小为 64 字节。为什么设置这么小呢？

1) Flash 只能段擦除，改写段内任何 1 字节数据都需要先备份该段其他数据再整体擦除，之后再恢复。小段利于使用 RAM 来进行快速备份。

2）主 Flash 一般用来存放程序代码，一次性"烧录"编程，大段批量擦写速度快，所以使用了 512 字节一段。

3）InfoFlash A 段中存放了出厂校验数据，在 MSP430G2553 中只存有 DCO 校准参数，而其他信号单片机中可能还包括电压基准校验、温度传感器校准等一系列参数。所以 InfoFlash A 段非常重要，除非万不得已不要使用 A 段作为存储用途。图 16.3 所示为 InfoFlash A 段结构的示例，表格截取自 MSP430x2xx 单片机说明书的 TLV（Tag Length Value）章节。

Table 24-1. Example SegmentA Structure

Word Address	Upper Byte	Lower Byte	Tag Address and Offset
0x10FE	CALBC1_1MHZ	CALDCO_1MHZ	0x10F6 + 0x0008
0x10FC	CALBC1_8MHZ	CALDCO_8MHZ	0x10F6 + 0x0006
0x10FA	CALBC1_12MHZ	CALDCO_12MHZ	0x10F6 + 0x0004
0x10F8	CALBC1_16MHZ	CALDCO_16MHZ	0x10F6 + 0x0002
0x10F6	0x08 (LENGTH)	TAG_DCO_30	0x10F6
0x10F4	0xFF	0xFF	
0x10F2	0xFF	0xFF	
0x10F0	0xFF	0xFF	
0x10EE	0xFF	0xFF	
0x10EC	0x08 (LENGTH)	TAG_EMPTY	0x10EC
0x10EA	CAL_ADC_25T85		0x10DA + 0x0010
0x10E8	CAL_ADC_25T30		0x10DA + 0x000E
0x10E6	CAL_ADC_25VREF_FACTOR		0x10DA + 0x000C
0x10E4	CAL_ADC_15T85		0x10DA + 0x000A
0x10E2	CAL_ADC_15T30		0x10DA + 0x0008
0x10E0	CAL_ADC_15VREF_FACTOR		0x10DA + 0x0006

图 16.3　InfoFlash A 段存储部分示例

16.2.4　MSP430 的程序自升级

本章 Flash 控制器的操作对象主要为信息 Flash ROM 段，当然也可以对未被程序代码占用的主 Flash 进行操作。ROM 和 RAM 统一编址的普林斯顿结构有一个好处，就是可以实现程序代码的在线升级。

对于 MCU 来说，ROM 和 RAM "看起来"是一样的，这样就可以把本该在 ROM 中运行的代码复制到 RAM 中（比如专门用于升级的代码），再通过定义函数指针调用指针函数的方式在 RAM 上运行。这样一来，就是纯粹用 RAM 在运行单片机了，此时 CPU 就可以对 Flash ROM 内容进行彻底改写，然后再回到 ROM 上执行代码，从而实现程序自升级。

16.2.5　内存中的字与字节

处理器有 8 位、16 位、32 位、64 位的区别，位数很大程度上代表了性能的高低。普通 51 单片机是 8 位处理器，说明它的 CPU 每次可以对 8 位长度的数据进行运算。

MSP430 单片机是 16 位处理器,CPU 每次可以对 16 位长度的数据进行运算。

MSP430 的内存可以寻址到字节(8 位)或者寻址到字(16 位),也就是说,可以处理 1 字节(8 位)长度数据,也可以处理 1 字(16 位)长度数据,位数再多的数据就必须分几次处理了(利用 C 语言中的结构体和组合体)。

图 16.4 所示为 MSP430 单片机的内存的位、字节(8 位)和字(16 位)。字节的地址为奇数或偶数地址,而字地址一定是偶数地址,字中的低字节一定是偶数地址。

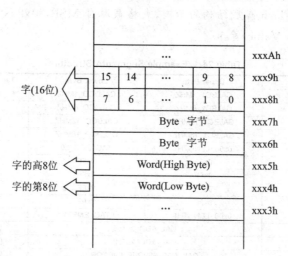

图 16.4　MSP430 内存中的位、字节与字

如何控制读写的是 1 个字节还是 1 个字的数据呢? 只要变量类型是 8 位的,那么读写的就是字节;如果变量是 16 位的,那么读写的就是 1 个字。图 16.4 中,如果读取字,地址给的无论是 xxx4h 还是 xxx5h,读回的数据都是 xxx4h 和 xxx5h 的两个字节,而不会是 xxx5h 和 xxx6h 的两个字节。

16.3　Flash 控制器的时钟

Flash 的读操作很简单,报地址就出数据,但是擦和写操作比较复杂,需要一个时钟。时钟周期短,写入不可靠;时钟周期长,会降低 Flash 擦写寿命。按规定,Flash 时钟频率为 257~476 kHz。

图 16.5 所示为 Flash 时钟结构,可以选择时钟来源和分频系数。

1) 由于 ACLK 时钟一般为外部低频晶振 32.768 kHz 或者内部低频振荡器 12 kHz,所以都是不足以提供所需的 257~476 kHz 频率的。

2) MCLK 与 CPU 捆绑销售,不利于低功耗,所以一般所有片内外设的时钟都不会使用 MCLK。

3) SMCLK 的频率一般 1~16 MHz 不等,需要分频后才能提供给 Flash 时钟。

分频由寄存器 FN0～FN5 控制,分频计算公式如下:

分频系数＝FN5×32＋ FN4×16＋ FN3×8＋ FN2×4＋ FN1×2＋ FN0×1＋1

最大分频系数为 64 分频。

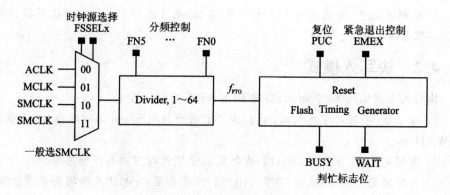

图 16.5 Flash 时钟控制器

16.4 Flash 的写操作

Flash 存储器空白时各比特位均为 1,写 Flash 的过程实际是将各位 1 改写为 0 的过程。当确认待写入空间为空白时,可以直接进行写操作。如果待写空间不为空白,重复写入倒不会天崩地裂,不过是重复写 0。

写 Flash 有两种方式:字节/字写入和块写入,由 BLKWRT 控制位来选择。

16.4.1 字节写入模式

下面介绍 Flash 字节/字写入方式,如图 16.6 所示。

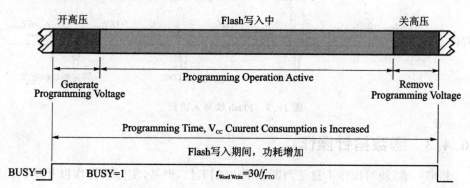

图 16.6 Flash 字节/字写入过程

1) BUSY＝0 代表 Flash 控制器空闲。与一般编程习惯不同,BUSY＝1 时禁止干任何事情,只能用 while(FCTL3&BUSY)语句死循环等待 BUSY＝0。如果等得不耐烦了,写图 16.5 中所示的 EMEX 紧急退出控制位强行终止 Flash 操作。

2) 写 Flash 的过程:首先是打开编程电压发生器,然后写入 Flash,最后关掉编程电压发生器。这期间,BUSY 位一直维持高电平。

3) 这种方式下,每次可写入 1 个字节(8 位)或 1 个字(16 位),每次写操作都要开关编程电压发生器。

16.4.2　块写入模式

块写入方式如图 16.7 所示,需将 BLKWRT 控制位置 1。

1) 与字节/字写入方式相比,除了 BUSY 用于判断 Flash 工作状态外,还多出一个 WAIT 位。

2) 当写完 1 字/字节时,WAIT 位会置 1,表明此时可以写下一字节。

3) 只有写完全部 1 块(64 字节),BUSY 位才会置 0,也就是块写每次最少写 64 字节。

4) 由于只需开关一次编程电压发生器,所以块写操作要快。

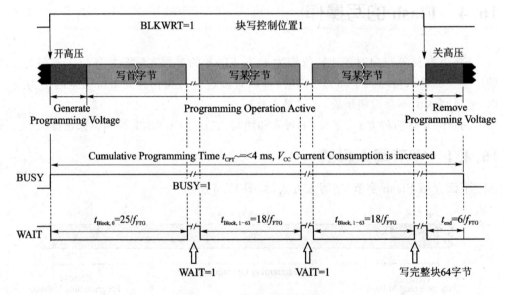

图 16.7　Flash 块写入过程

16.4.3　函数指针操作

粗略一看,块写操作不过是判断一下 WAIT 位,但是,实际块操作极其复杂。原因是块操作开始后,就不允许对任何 Flash 段进行任何操作。看清楚,是任何操作都不行,包括读 Flash,也就是 CPU 不能从 Flash ROM 中读取程序指令。

解决办法是前面提到的函数指针的办法。

1) 正常下载程序时,块写函数 Flash_BlockWrite()是放在 ROM 中,备用。

2）需要块写操作时,先在 RAM 中开辟一段足够长的 RAMCodes[]数组。

3）找出 ROM 中块写函数 Flash_BlockWrite()的入口地址指针,通过指针移位操作的办法把块写函数 Flash_BlockWrite()整个复制到 RAMCodes[]数组里。

4）建函数指针 Flash_BlockWrite_RAM,并将其指向 RAMCodes[]数组首地址。

5）调用 Flash_BlockWrite_RAM()函数,完成块写操作。

可以看出,块写操作其实是非常复杂的,还需要占用宝贵的 RAM。除非是类似在线升级代码等用途,否则一般不建议使用块写函数。

初学者先不用考虑块写的问题,有需要时,先复习 C 语言的函数指针/指针函数内容,然后就什么都明白了。

16.5　Flash 的擦除操作

如果要对 Flash 数据进行改写,需要先擦除。Flash 的擦写寿命保证值是 1 万次,典型值 10 万次。如果 Flash 仅用作存放程序代码的 ROM,那是足够用,因为完成一次下载程序只消耗 1 次寿命,但是,数万次的寿命用于掉电不失的数据存储,是非常纠结的。原因在于,哪怕只有 1 个字节要改写,也需要擦写整个 Flash 段。举个例子:

1）某 1 字节数据需要每分钟保存一次(不过分吧),那么 1 天将保存 1 440 遍。

2）按 10 万次擦写寿命来算,连续工作不到 70 天,整个数据段就毁了。

有两个方法可以延长 Flash 寿命:

1）对于那些不频繁调用仅需记录的非掉电数据,可以循环记录,递增地址计满整段后,再统一擦除。

2）对于需要频繁调用的非掉电数据,应先使用 RAM 存储数据,在掉电前再将数据写入 Falsh。采用这种方法要引入电池电量检测和 LPM4 关机功能,在将要电池耗尽和人工关机前,才将数据写入 Flash。

注:MSP430 单片机低功耗模式 LPM4 下,RAM 数据不会丢失,而功耗电流小于电池漏电流,可作为等效关机使用。

在 Flash 控制器中,MERAS 和 ERASE 控制位负责擦写模式选择,LOCKA 负责保护信息字段不被改写,对 LCOKA 位写 1 则改变(切换)状态,写 0 则没作用,默认表示处于保护状态,如表 16.1 所列。

表 16.1　Flash 控制器的擦除模式

MERAS	ERASE	擦除模式	说　明
0	0	不擦除	默认不进行擦除
0	1	单段擦除	此设置最常用

从零开启大学生电子设计之路——基于 MSP430 LaunchPad 口袋实验平台

MERAS	ERASE	擦除模式	说　明
1	0	擦除所有段	将单片机运行代码擦除升级时才用
1	1	LCOKA＝0：擦主 Flash 区和信息字段；LOCKA＝1：仅擦主 Flash 区	最不常用

16.6　Flash 的寄存器

　　Flash 控制器的主要控制寄存器有 FCTL1/2/3/4，其中 FCTL4 不常用。如图 16.8 所示的寄存器都是 16 位寄存器，高 8 位用于安全校验，必须写入 0A5h，否则会重启单片机。与看门狗寄存器类似，任何情况下只能用"＝"进行赋值，原因见看门狗章节。Flash 控制器的控制位较多，常用的有以下几位：

　　1) BLKWRT 和 WRT 配合：使能写字/字节或块写操作。

　　2) MERAS、ERASE 和 LOCKA 配合：决定擦除方式。

　　3) FSSELx，FNx 配合：设定 Flash 时钟及分频。

　　4) EMEX：写此位可紧急退出 Flash 操作。

　　5) LOCK：Flash 擦写锁定，锁定后不允许擦写。

　　6) WAIT 和 BUSY：用于 Flash 擦写中判断操作结束。

　　7) LOCKA：用于锁定和解锁 InfoFlashA 段。该控制位用法特殊，每次置 1 切换锁定和解锁状态，置 0 无意义。

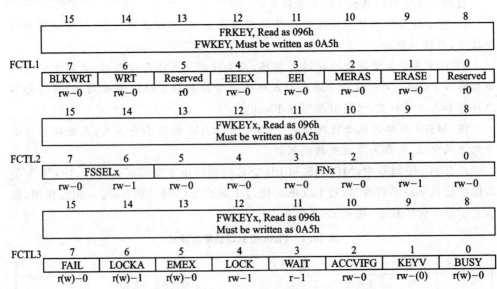

图 16.8　Flash 控制寄存器

16.7　Flash 操作库函数文件

Flash 作为一种通用外设,应该编写库函数以便调用。库函数编写基于以下几点考虑:

1) 块写函数需要在 RAM 中调用函数指针来使用,本库函数未涉及。

2) 长字节的数据类型读写需使用结构体,本库函数未涉及。

3) 所有函数均针对无符号整型数据,如需使用有符号整型,需修改函数。

4) 对 InfoA 段单独处理,只有读字节函数 Flash_SegA_ReadChar(),不提供擦写函数。

16.7.1　库函数说明

```
/* 实际适用于 MSP430x2xx 系列单片机,包含以下 10 个常用功能函数:
*(1)初始化。Flash_Init(unsigned char Div,unsigned char Seg):依据 SMCLK 频率计算设
*   定 Flash 的时钟的分频系数,靠 Seg 段号码确定计划操作的段起始地址。
*(2)整段擦除。Flash_Erase():段擦除函数。
*(3)读字节。Flash_ReadChar(unsigned int Addr):读取偏移地址 Addr 位置 1 个字节的
*   数据。
*(4)读字。Flash_ReadWord(unsigned int Addr):读取偏移地址 Addr 位置 1 个字的数据。
*(5)读一串字节到 RAM 数组。Flash_ReadSeg(unsigned int Addr, unsigned int SegSize,
*   char * Array):读取起始偏移地址为 Addr,长度 SegSize 个字节数据到 RAM 的 Array
*   数组。
*(6)直接写 1 个字节。Flash_Direct_WriteChar(unsigned int Addr):直接写偏移地址 Addr
*   位置 1 个字节的数据。
*(7)直接写 1 个字。Flash_Direct_WriteWord(unsigned int Addr):直接写偏移地址 Addr
*   位置 1 个字的数据。
*(8)备份后写 1 字节。Flash_Bak_WriteChar(unsigned int Addr):先备份段内其他数据,
*   擦写后,在偏移地址 Addr 位置写 1 个字节的数据,再还原段内其他数据。(仅限信息
*   Flash 段,使用 RAM 备份)
*(9)备份后写 1 个字。Flash_Bak_WriteWord(unsigned int Addr):先备份段内其他数据,
*   擦写后,在偏移地址 Addr 位置写 1 个字的数据,再还原段内其他数据。(仅限信息 Flash
*   段,使用 RAM 备份)。
*(10)读 SegA 专用函数。Flash_SegA_ReadChar(unsigned int Addr):读取 SegA 段偏移地址
*    Addr 位置 1 个字节的数据。
* 说明:
* ① 块写函数需要在 RAM 中调用函数指针来使用,本库函数未涉及。
* ② 其他长字节的数据类型读写需使用结构体,本库函数未涉及。
* ③ 所有函数均针对无符号整型数据,如需使用有符号整型,需修改函数。
* ④ 对 InfoA 段单独处理,只有读字节函数 Flash_SegA_ReadChar(),不提供擦写函数。
* ⑤ 其他函数的段操作首地址 SegAddr 被 Flash_Init()函数"限定",不易发生误写 */
```

```
#include    "MSP430G2553.h"
unsigned int SegAddr = 0;                    //全局变量
unsigned int SegPre = 0;                     //全局变量 当前信息段
```

16.7.2　初始化函数 Flash_Init()

在 Flash_Init()函数中有两个任务:一是设置好分频系数;二是将待写段首地址集中处理,防止写错。

```
/************************************************************
* 名      称:Flash_Init()
* 功      能:对 Flash 时钟进行初始化设置
* 入口参数:Div   根据 SMCLK 频率计算的所需分频值,可设定为 1~64
*           Seg   段号,可设为"0"~"31"或""A"、"B"、"C"、"D"
* 出口参数:1   配置成功;            0   配置失败
* 说      明:操作 Flash 其他函数前,需要调用该初始化函数设置时钟分频和待操作段首
*           地址。其他函数中均不出现绝对地址,防止误操作
* 范      例:Flash_Init(3,'B')        3 分频、对 Info B 段操作
************************************************************/
unsigned char Flash_Init(unsigned char Div,unsigned char Seg )
{
    //-----设置 Flash 的时钟和分频,分频为恰好为最低位,直接用 Div-1 即可-----
    if(Div<1) Div = 1;
    if(Div>64) Div = 64;
    FCTL2 = FWKEY + FSSEL_2 + Div - 1;             //默认使用 SMCLK,分频系数参数传入
    //-----操作对象为主 Flash 段的情况,可通过 512 的倍数设置段起始地址-----
    SegPre = Seg;                          //获取当前段
    if (Seg <= 31)                         //判断是否处于主 Flash 段
        {
        SegAddr = 0xFFFF - (Seg + 1) * 512 + 1;//计算段起始地址
        return(1);                         //赋值成功后即可退出并返回成功标志"1"
        }
    //-----操作对象为信息 Flash 段的情况,穷举即可-----
    switch(Seg)                            //判断是否处于信息 Flash 段
        {
        case 'A':  case'a':    SegAddr = 0x10C0; break;
        case 'B':  case'b':    SegAddr = 0x1080; break;
        case 'C':  case'c':    SegAddr = 0x1040; break;
        case 'D':  case'd':    SegAddr = 0x1000; break;
        default:   SegAddr = 0x20FF;  return(0); //0x20FF 地址为空白区,保护 Flash
        }
    return(1);
}
```

16.7.3　擦除函数 Flash_Erase()

```
/******************************************************
* 名      称:Flash_Erase()
* 功      能:擦除 Flash 的一个数据块,擦写段由初始化函数 Flash_Init()的 SegAddr 变量决定
* 入口参数:无
* 出口参数:无
* 说      明:函数中给出了擦除 InfoFlashA 段的操作代码(已注释掉了),但不建议初学者使用
* 范      例:无
******************************************************/
void Flash_Erase()
{
  unsigned char * Ptr_SegAddr;                      //Segment pointer
  Ptr_SegAddr = (unsigned char * )SegAddr;          //Initialize Flash pointer
  FCTL1 = FWKEY + ERASE;                            //段擦除模式
  FCTL3 = FWKEY;                                    //解锁
  //FCTL3 = FWKEY + LOCKA;                          //对 InfoFlashA 也解锁
  _disable_interrupts();
  * Ptr_SegAddr = 0;                               //擦除待操作段
  while(FCTL3&BUSY);                                //Busy
  _enable_interrupts();
  FCTL1 = FWKEY;                                    //取消擦模式
  FCTL3 = FWKEY + LOCK;                             //上锁
// FCTL3 = FWKEY + LOCK + LOCKA;                    //对 InfoFlashA 也上锁
}
```

16.7.4　读字节函数 Flash_ReadChar()

```
/******************************************************
* 名      称:Flash_ReadChar()
* 功      能:从 Flash 中读取一个字节
* 入口参数:Addr   存放数据的偏移地址
* 出口参数:Data   读回的数据,当偏移溢出时返回 0
* 说      明:无
* 范      例:无
******************************************************/
unsigned char Flash_ReadChar(unsigned int Addr)
{
  unsigned char Data = 0;
  unsigned int * Ptr_SegAddr,temp = 0;            //Segment pointer
  //-----段范围限定。为了内存管理安全,只允许本段操作-----
  if((SegPre< = 31&&Addr> = 512) ||(SegPre>31&&Addr> = 64))
```

```
      return 0;
    temp = SegAddr + Addr;
    Ptr_SegAddr = (void * )temp;                //initialize Flash pointer
    Data = * (Ptr_SegAddr);
    return(Data);
}
```

16.7.5　读字函数 Flash_ReadWord()

```
/ * * * * * * * * * * * * * * * * * * * * * * * * * * * * * * * * * * * * * * * * * * * *
 * 名      称:Flash_ReadWord()
 * 功      能:从 FlashROM 读回一个整型变量,地址应为偶数
 * 入口参数:Addr   存放数据的偏移地址,仍按字节计算,须为偶数
 * 出口参数:Data   读回的整型变量值,当偏移溢出时返回 0
 * 说      明:无
 * 范      例:无
 * * * * * * * * * * * * * * * * * * * * * * * * * * * * * * * * * * * * * * * * * * */
unsigned int Flash_ReadWord (unsigned int Addr)
{
    unsigned int * Ptr_SegAddr;
    unsigned int temp = 0,Data = 0;          //Segment pointer
    //----- 段范围限定。为了内存管理安全,只允许本段操作 -----
    if((SegPre< = 31&&Addr> = 512) ||(SegPre>31&&Addr> = 64) )
        return 0;
    temp = SegAddr + Addr;
      Ptr_SegAddr = (void * )temp;             //Initialize Flash pointer
    Data = * (Ptr_SegAddr);
    return(Data);
}
```

16.7.6　读整段函数 Flash_ReadSeg()

```
/ * * * * * * * * * * * * * * * * * * * * * * * * * * * * * * * * * * * * * * * * * * *
 * 名      称:Flash_ReadSeg()
 * 功      能:将 Flash 段内一串数据复制到 RAM 的 Array 数组
 * 入口参数:Addr   起始偏移地址
 *          SegSize   数据个数
 *          * Array   RAM 中数组的头指针
 * 出口参数:返回出错信息   0   偏移溢出;   1   正常工作
 * 说      明:无
 * 范      例:无
 * * * * * * * * * * * * * * * * * * * * * * * * * * * * * * * * * * * * * * * * * * */
```

```
char Flash_ReadSeg(unsigned int Addr, unsigned int SegSize,unsigned char * Array)
{
    unsigned int i = 0,temp = 0;
    unsigned char * Ptr_SegAddr;                //Segment pointer
        //----- 段范围限定。为了内存管理安全,只允许本段操作 -----
    if((SegPre< = 31&&(Addr + SegSize)>512) ||(SegPre>31&&(Addr + SegSize)>64) )
        return 0;
    for(i = 0;i<SegSize;i ++ )
    {
        temp = SegAddr + Addr + i;              //防止编译器处理指针偏移出错
        Ptr_SegAddr = (unsigned char * )temp;   //Initialize Flash pointer
        Array[i] = * Ptr_SegAddr;               //指针移位方法赋值
    }
        return 1;
}
```

16.7.7　直接写字节函数 Flash_Direct_WriteChar()

```
/*************************************************************
* 名      称:Flash_Direct_WriteChar()
* 功      能:强行向 Flash 中写入 1 个字节(Char 型变量),而不管是否为空
* 入口参数:Addr   存放数据的偏移地址
          Data   待写入的数据
* 出口参数:返回出错信息   0   偏移溢出;        1   正常工作
* 范      例:Flash_Direct_WriteChar(0,123);    将常数 123 写入 0 单元
          Flash_Direct_WriteChar(1,a);          将整型变量 a 写入 1 单元
*************************************************************/
char Flash_Direct_WriteChar (unsigned int Addr,unsigned char Data)
{
    unsigned int temp = 0;
    unsigned char * Ptr_SegAddr;                //Segment pointer
        //----- 段范围限定。为了内存管理安全,只允许本段操作 -----
    if((SegPre< = 31&&Addr> = 512) ||(SegPre>31&&Addr> = 64) )
        return 0;
    temp = SegAddr + Addr;
    Ptr_SegAddr = (unsigned char * )temp;       //Initialize Flash pointer
    FCTL1 = FWKEY + WRT;                         //正常写状态
    FCTL3 = FWKEY;                              //解除锁定
//  FCTL3 = FWKEY + LOCKA;                      //解除锁定(包括 A 段)
    _disable_interrupts();                      //关总中断
    * Ptr_SegAddr = Data;                       //指定地址,写 1 字节
    while(FCTL3&BUSY);                          //等待操作完成
```

```
    _enable_interrupts();                    //开总中断
    FCTL1 = FWKEY;                           //退出写状态
    FCTL3 = FWKEY + LOCK;                    //恢复锁定,保护数据
//  FCTL3 = FWKEY + LOCK + LOCKA;           //恢复锁定,保护数据(包括 A 段)
    return 1;
}
```

16.7.8　直接写字函数 Flash_Direct_WriteWord()

```
/*******************************************************
 * 名      称:Flash_Direct_WriteWord()
 * 功      能:强行向 Flash 中写入一个字型变量,而不管存储位置是否事先擦除
 * 入口参数:Addr   存放数据的偏移地址,仍按字节计算,须为偶数
           Data   待写入的数据
 * 出口参数:返回出错信息   0   偏移溢出;       1   正常工作
 * 范      例:Flash_Direct_WriteWord(0,123);    将常数 123 写入 0 单元
           Flash_Direct_WriteWord(2,a);        将整型变量 a 写入 2 单元
 *******************************************************/
char Flash_Direct_WriteWord (unsigned int Addr,unsigned int Data)
{
    unsigned int temp = 0;
    unsigned int * Ptr_SegAddr;              //Segment pointer
        //-----段范围限定。为了内存管理安全,只允许本段操作-----
    if((SegPre<=31&&Addr>=512)||(SegPre>31&&Addr>=64))
        return 0;
    temp = SegAddr + Addr;
    Ptr_SegAddr = (unsigned int *)temp;     //Initialize Flash pointer
    FCTL1 = FWKEY + WRT;                     //正常写状态
    FCTL3 = FWKEY;                           //解除锁定
//  FCTL3 = FWKEY + LOCKA;                   //解除锁定(包括 A 段)
    _disable_interrupts();                   //关总中断
    * Ptr_SegAddr = Data;                    //写 16 位字
    while(FCTL3&BUSY);                        //等待操作完成
    _enable_interrupts();                    //开总中断
    FCTL1 = FWKEY;                           //退出写状态
    FCTL3 = FWKEY + LOCK;                    //恢复锁定,保护数据
//  FCTL3 = FWKEY + LOCK + LOCKA;           //恢复锁定,保护数据(包括 A 段)
    return 1;
}
```

16.7.9　备份擦写字节函数 Flash_Bak_WriteChar()

```
/*******************************************************
```

```
*  名      称:Flash_Bak_WriteChar()
*  功      能:不破坏段内其他数据,向 Flash 中写入一个字节(Char 型变量)
*  入口参数:Addr   存放数据的地址
            Data   待写入的数据
*  出口参数:返回出错信息  0   偏移溢出;       1    正常工作
*  范      例:Flash_Bak_WriteChar(0,123);      将常数 123 写入 0 单元
            Flash_Bak_WriteChar(1,a);          将变量 a 写入 1 单元
***********************************************************/
char Flash_Bak_WriteChar (unsigned char Addr,unsigned char Data)
{
    unsigned int temp = 0;
    unsigned char * Ptr_SegAddr;              //Segment pointer
    unsigned char BackupArray[64];            //开辟 64 字节的临时 RAM 备份 Seg
    unsigned char i = 0;
        //----- 段范围限定。为了内存管理安全,只允许本段操作 -----
    if((SegPre< = 31&&Addr> = 512) || (SegPre>31&&Addr>64))
        return 0;
    for(i = 0;i<64;i++)
    {
        temp = SegAddr + i;
        Ptr_SegAddr = (unsigned char * )temp; //Initialize Flash  pointer
        BackupArray[i] = * Ptr_SegAddr;       //指针移位方法赋值
    }
    Flash_Erase();                            //擦除待操作段
    FCTL1 = FWKEY + WRT;                       //正常写入(非块写)
    FCTL3 = FWKEY ;                            //解锁
//  FCTL3 = FWKEY ;                            //解锁(含 A 段)
    for (i = 0; i<64; i++)
    {
    _disable_interrupts();                    //关总中断
    if(i == Addr)
    {
        temp = SegAddr + Addr;
        Ptr_SegAddr = (unsigned char * )temp; //Initialize Flash pointer
        * Ptr_SegAddr = Data;                 //写数据
        while(FCTL3&BUSY);                     //等待写操作完成
    }
    else
    {
        temp = SegAddr + i;
        Ptr_SegAddr = (unsigned char * )temp; //Initialize Flash pointer
        * Ptr_SegAddr = BackupArray[i];       //恢复 Flash 内的其他数据
```

317

```
        while(FCTL3&BUSY);                    //等待写操作完成
    }
    _enable_interrupts();                     //开总中断
    }
    FCTL1 = FWKEY;                            //清除写
    FCTL3 = FWKEY + LOCK;                     //上锁
//  FCTL3 = FWKEY + LOCK;                     //上锁(含 A 段)
    return 1;
}
```

16.7.10　备份擦写字函数 Flash_Bak_WriteWord()

```
/**************************************************************
* 名      称:Flash_Bak_WriteWord()
* 功      能:不破坏段内其他数据,向 Flash 中写入一个字(int 型变量)
* 入口参数:Addr   存放数据的地址,仍然是以字节为单位的偏移地址,须为偶数
            Data   待写入的数据
* 出口参数:返回出错信息   0   偏移溢出;           1   正常工作
* 说      明:MSP430 单片机可以对 16 位数据直接操作,所以,为了加快速度,函数中均直接
            对 word 进行操作
* 范      例:Flash_Bak_WriteWord(0,123);        将常数 123 写入 0 单元
            Flash_Bak_WriteWord(1,a);          将变量 a 写入 1 单元
**************************************************************/
char Flash_Bak_WriteWord(unsigned int Addr,unsigned int Data)
{
    unsigned int * Ptr_SegAddr;              //Segment pointer
    Ptr_SegAddr = (unsigned int *)SegAddr;   //Initialize Flash pointer
    //-----注意:以下操作数全部为 word16 位数据类型-----
    unsigned int BackupArray[32];            //开辟 32 字(64 字节)的临时 RAM 备份 Seg
    unsigned int i = 0;
    //----- 段范围限定。为了内存管理安全,只允许本段操作-----
    if((SegPre< = 31&&Addr> = 512)||(SegPre>31&&Addr>64))
    return 0;
    for(i = 0;i<32;i++)                      //word 型占两个字节
    {
      BackupArray[i] = *(Ptr_SegAddr + i);   //指针移位方法对字赋值
    }
    Flash_Erase();                           //擦除待操作段
    FCTL1 = FWKEY + WRT;                     //正常写入(非块写)
    FCTL3 = FWKEY;                           //解锁
//  FCTL3 = FWKEY + LOCKA;                   //解锁(含 A 段)
    for (i = 0; i<32; i++)                   //word 型占 2 个字节,须跳过奇数地址
```

```
{
    _disable_interrupts();                      //关总中断
    if(i == Addr)
    {
        * (Ptr_SegAddr + Addr) = Data;          //写字型数据
        while(FCTL3&BUSY);                      //等待写操作完成
    }
    else
    {
        * (Ptr_SegAddr + i) = BackupArray[i];   //恢复 Flash 内的其他数据,按字恢复
        while(FCTL3&BUSY);                      //等待写操作完成
    }
    _enable_interrupts();                       //开总中断
    }
    FCTL1 = FWKEY;                              //清除写
    FCTL3 = FWKEY + LOCK;                       //上锁
//  FCTL3 = FWKEY + LOCK + LOCKA;              //上锁(含 LOCKA)
    return 1;
}
```

16.7.11　读 InfoA 字节函数 Flash_SegA_ReadChar()

```
/ ***********************************************************
* 名    称:Flash_SegA_ReadChar()
* 功    能:从 InfoA 中读取一个字节
* 入口参数:Addr   存放数据的偏移地址
* 出口参数:Data   读回的数据;偏移溢出时,返回 0
* 说    明:无
* 范    例:无
***********************************************************/
unsigned char Flash_SegA_ReadChar (unsigned int Addr)
{
    unsigned int temp = 0;
    unsigned char Data = 0;
    //----- 段范围限定。为了内存管理安全,只允许本段操作 -----
    if(Addr >= 64)
        return 0;
    unsigned char * Ptr_SegAddr;               //Segment pointer
    temp = 0x10c0 + Addr;
    Ptr_SegAddr = (unsigned char * )temp;      //Initialize Flash pointer
    Data = * Ptr_SegAddr;                      //直接为 InfoA 首地址,未使用全局变量 SegAddr
    return(Data);
}
```

第 **17** 章

比较器 Comparator_A＋

17.1 概　述

　　大家是否注意到,MSP430 的学名是混合信号微控制器(mixed signal microcontroller)。混合信号是什么意思呢? 就是带有模拟片内外设。在初学者看来,和单片机有关的模拟外设无外乎 ADC 和 DAC,总不能单片机里集成运放什么的吧!

　　借用 Grace 图形化编程工具来看一看 MSP430G2313 单片机(非 G2553)的片内外设情况。如图 17.1 所示,可操作的片内外设有时钟(BCS＋)、Flash 控制器、I/O Port、比较器 Comp_A＋、看门狗 WDT＋、Timer_A3 和 USCI 串行通信模块。

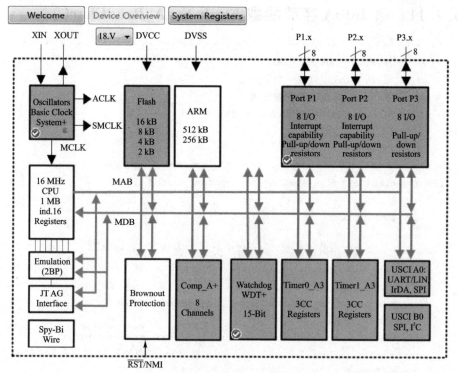

图 17.1　MSP430G2313 的片内外设

MSP430G2313 的模拟片内外设在哪儿呢？答案是比较器。比较器是一类特殊的运放,所以比较器属于模拟外设是不需要怀疑的(稍后会讲一些比较器和普通运放的不同之处)。现在大家的疑问来了,这不是要赖吗？比较器算什么呀,下回干脆借用三个引脚集成个三极管好了,那也是混合信号单片机了。

一个容易被忽视的真相是,模拟信号转变为数字信号大多数都是依靠比较器实现的。比较器是连接模拟信号和数字信号的桥梁。

17.2　比较器的用途

比较器的原理说起来很简单,比较两个模拟信号的大小,将大或小的结果以数字1、0 的方式输出。也就是,输入是模拟信号,输出为数字信号。下面介绍 3 种类型的模/数转换器(ADC):逐次比较型、并行比较型和积分型。它们都是用比较器作为核心元件的 ADC。

17.2.1　比较器用于逐次逼近型 ADC

比较器可以看成一个天平,最基本的 ADC 原理是什么呢？就是天平秤物的原理。

例 17.1　有一批待测货物 A,每个质量都相同(实际是 **5.1 g**)。有 1 架天平和 7个 1 g 的砝码 B,天平的最大量程为 8 g,假设货物 A 的质量不超过天平量程。

幼儿园教小朋友的聪明方法(如图 17.2 所示):

1) 取 4 个(最大量程 1/2)砝码,如果结果为 1(货物重),则表示货物大于 4 g,二进制数最高位置 1。

2) 鉴于第一次的测量结果为 1,可以再加上 2 个(最大量程 1/4)砝码,如果结果为 0(货物轻),则表示货物质量小于 6 g,二进制数次高位置 0。

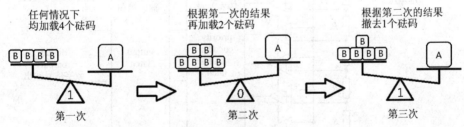

图 17.2　逐次逼近法

3) 鉴于上次测量结果为 0,撤下 2 个砝码,再加上 1 个(最大量程 1/8)砝码,如果结果为 1(货物重),表示货物质量大于 5 g,二进制数最低位置 1。

4) 如图 17.2 所示,最终测的的结果就是天平中央的示数 101,也就是 5 g。

这种幼儿园教小朋友的方法称为逐次逼近法,基于这种"天才宝贝"方法的ADC,其学名叫 SAR 型 ADC。对于 3 位分辨率的 SAR,需要测量 3 次。

从零开启大学生电子设计之路——基于 MSP430 LaunchPad 口袋实验平台

17.2.2　比较器用于并行比较型 ADC

SAR 型 ADC 只用了 1 个天平,成本低,但是速度慢,比较的次数多。

例 17.2　有一批待测货物 A,每一个质量都相同(实际是 **5.1 g**)。有若干架天平和若干个 **1 g** 的砝码 B,天平的最大量程为 **8 g**,假设货物 A 的质量不超过天平量程。

成年人用的笨方法(如图 17.3 所示):

1) 同时动用 7 个天平,依次设定砝码值为 7 g、6 g、5 g、4 g、3 g、2 g、1 g。

2) 将 7 个一样的 A 货物同时放上 7 个天平。

3) 按优先编码的方法,读取天平示数。图 17.3 天平读数为 0011111,优先编码为 101(0011111→0010000→101)。

这种大人才会用的笨办法叫做并行比较法,基于该原理的 ADC 叫 Flash 型 ADC。Flash 型 ADC 只需比较一次就可得到结果,速度最快。当然,代价也是巨大的,需要的比较器多到咂舌(N 位 ADC 需要 2^N-1 个比较器)。

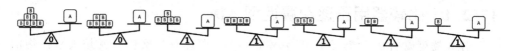

图 17.3　并行比较法

图 17.4 将天平换成了比较器,将砝码换成了分压电阻,这就是实际 Flash 型 ADC 结构。

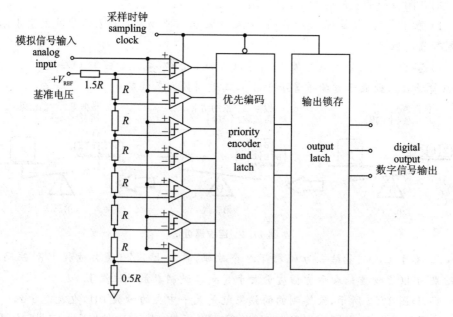

图 17.4　Flash 型 ADC 结构

1）基准电压和分压电阻构成了砝码，其精度将直接影响 ADC 测量的精度。

2）由于成本太高，Flash 型 ADC 一般只有 8 位（耗用 255 个比较器），最高 10 位（耗用 1 023 个比较器）。

3）图 17.4 中的分压电阻阻值并不都相等（最高位置为 1.5R，最低位置为 0.5R），这样的设计可以将量化误差减小到 ±0.5LSB，而不是图 17.3 那样的 1LSB。详细解释自行网络搜索，关键词"量化误差 0.5LSB"。

17.2.3 比较器用于积分型 ADC

前两小节介绍了比较器在 SAR 和 Flash 型 ADC 中的应用，其实还有两种模/数转换器（Σ-Δ 型和流水线型 ADC）内部都使用了比较器。事实上，只有非主流的间接型 ADC 才没有用到比较器（如压频转换型）。

有同学要说了："说了这么多，无非就是证明比较器有用、很有用、非常有用，那单片机中只集成一个比较器，我也啥都干不了啊?"做 SAR 型 ADC 缺 N 个开关，做 Flash 型 ADC，那是缺心眼。

本节将要介绍的积分型 ADC（Slope 型）会再次震撼大家幼小的心灵——比较器还可以这么用。在很多传感器应用中，传感信号都转化为电阻值的变化，如图 17.5 所示为积分法测电阻值的电路连接。

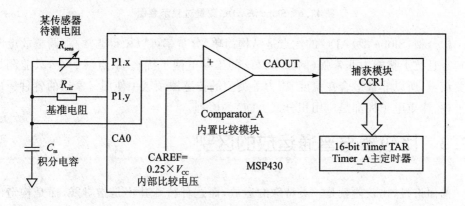

图 17.5 积分法测电阻

结合图 17.6，文字描述测量过程如下：

1）P1.y 接 V_{CC} 足够长时间，积分电容 C_m 上预充电压 V_{CC}。

2）P1.y 接地的瞬间，Timer_A 主定时器清零并开始计数。

3）C_m 通过基准电阻 R_{ref} 放电（P1.y 接地）到 $V_{CC}/4$ 电压的瞬间，比较器 Comparator_A 产生下降沿。

4）捕获模块 CCR1 捕获到下降沿，从而测量出基准电阻的放电时间 t_{REF}。

5）P1.x 接 V_{CC} 足够长时间，积分电容 C_m 上预充电压 V_{CC}。

6）P1. x 接地的瞬间,Timer_A 主定时器清零并开始计数。

7）C_m 通过待测电阻 R_{sens} 放电(P1. x 接地)到 $V_{CC}/4$ 电压的瞬间,比较器 Comparator_A 产生下降沿。

8）捕获模块 CCR1 捕获到下降沿,从而测量出待测电阻的放电时间 t_{SENS}。

9）$R_{sens}/t_{SENS}＝R_{ref}/t_{REF}$,仅与比值有关,与 V_{CC} 和电容没关系。

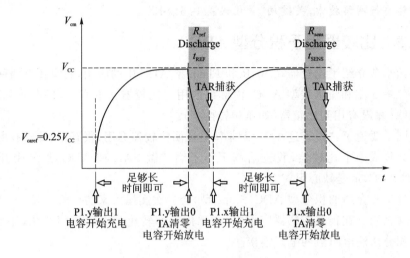

图 17.6　Slope 法 ADC 测量过程示意图

积分型(Slope 型)ADC 的优点是结构简单,分辨率可以做得非常高(调整放电时间),并且抗干扰能力非常强(例如 50 Hz 的工频电网干扰)。缺点就一个,只能测量缓变信号,所以非常适合在温度、压力等类型的传感器领域中使用。家用的各种厨房电子秤、体重电子秤都是应用积分型 ADC 的原理。

17.3　比较器与普通运放的区别

前面讲过,比较器就是一类特殊的运放,而这种特殊并不是指贵贱,而是构造的侧重点不一样。作为初学者,并不需要深入去理解,记住以下结论即可:

1）一般情况,不要混用普通运放和比较器,那样很可能是把家具当劈柴烧。

2）比较器的压摆率比普通运放高,简单说,就是"快"。

3）相比于比较器,普通运放内部有补偿电容,不易自激振荡。

4）输入端:普通运放正常工作时两输入端几乎没有压差,所以其输入端往往有电压嵌位保护。比较器的输入端则没有,混用时应特别注意。

5）输出端:运放输出端一般是图腾柱输出,多数不能满幅输出(轨至轨型除外)。比较器多数是集电极开路 OC 或漏极开路 OD 输出,需外接上拉电阻,以便匹配后级电平。图腾柱与 OC、OD 输出的区别可见第 5 章。

从零开启大学生电子设计之路——基于 MSP430 LaunchPad 口袋实验平台

17.4　模块 Copmarator_A+

比较器本身原理很简单,直接通过 Grace 图形化编程工具来看看都有哪些功能设置。参考图 17.7,MSP430 内部集成的"Comparator_A+"模块的功能十分全面。

如何使用比较器,看图 17.7 就行。一些注意事项如下:

1) 一共有 8 个 I/O 口可作为比较器的输入来源,但比较器就 1 个,所以最多是分时复用。

2) 比较器的内部参考电压接法是可以调整的。

3) 比较器的输出部分可选择接入一个内置的低通滤波器,消除电压毛刺,抗干扰。

4) 比较器输出的信号可由内部进入 TA 的捕获模块,实现前面提到的 Slope 型 ADC 用途。

5) 输入极性对调的同时比较器输出也会反相,实质上等于没反相,这点特别要注意!

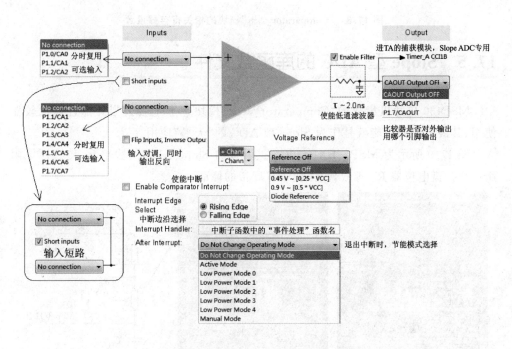

图 17.7　Comparator_A 的主要功能框图

"Comparator_A+"模块的相关寄存器设置如图 17.8 所示,已全部用中文标识,结合图 17.7,应该很好理解。

CACTL1, Comparator_A+ Control Register 1

7	6	5	4	3	2	1	0
CAEX	CARSEL	CAREFx		CAON	CAIES	CAIE	CAIFG
☐	☐	Reference C ▾		☐	☐	☐	[R/W]
输入对调	基准电压位置对调	基准电压选择		使能比较器	中断边沿	使能中断	中断标志

CACTL2, Comparator_A+ Control Register 2

7	6	5	4	3	2	1	0
CASHORT	P2CA4	P2CA3	P2CA2	P2CA1	P2CA0	CAF	CAOUT
☐	☐	☐	☐	☐	☐	☐	[R]
输入短路	比较器两端的输入来源					滤波器开关	比较器输出

CAPD, Comparator_A+, Port Disable Register

7	6	5	4	3	2	1	0
CAPD7	CAPD6	CAPD5	CAPD4	CAPD3	CAPD2	CAPD1	CAPD0
☐	☐	☐	☐	☐	☐	☐	☐

8个比较器输入通道的输入使能

图 17.8　"Comparator_A＋"模块的相关寄存器设置

17.5　Slope 型 ADC 的库函数文件

MSP430 单片机集成的"Comparator_A＋"模块一般不会去当外部普通比较器使用，其最重要的功能就是作为 Slope 型 ADC 的"天平"使用。

图 17.9 所示为 MSP - EXP430G2 扩展板的 Slope ADC 实验单元，传感器电阻用一个拨盘电位器 R_w 等效代替，位于扩展板的侧面。

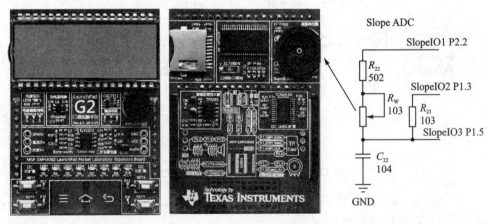

图 17.9　MSP - EXP430G2 扩展板上的 Slope ADC 单元

17.5.1 使用 Grace 配置 Comparator_A＋

如图 17.10 所示,根据 MSP－EXP430G2 扩展板上的实际电路,我们调用 Grace 来完成比较器模块的初始化配置。

1) 比较器的同相端连接 P1.5,反相端使用内部 0.25V_{CC} 参考电压。

2) 比较器输出启用了内部集成的滤波器。

3) 比较器的输出直接从内部连到捕获模块 Timer_A CCI1B 上。Timer_A CCI1B 特指 Timer0_A CCI1B,即 Timer0_A 的捕获模块 1 的 B 通道,每个捕获模块会有两个备选通道 A 和 B。

4) 一定要注意,输入选择了反相,输出也会反相。

在下一小节我们还需要配置捕获模块。

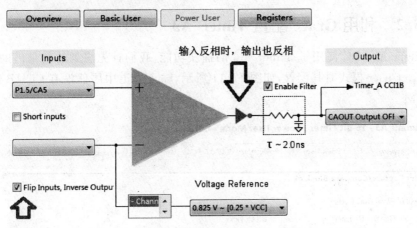

图 17.10 使用 Grace 配置 Slope ADC 实验单元

移植 Grace 的比较器模块初始化代码,建立 ComparatorA.c 文件。

```
/********************ComparatorA.c********************/
# include <msp430.h>
/***********************************************
 * 名      称:Comparator_Aplus_init()
 * 功      能:比较器模块初始化,从 Grace 移植
 * 入口参数:无
 * 出口参数:无
 * 说      明:比较器的同相端连接 P1.5,反相端使用内部 0.25VCC 参考电压,比较器输出
 *            启用了滤波器,比较器的输出直接从内部连到捕获模块 Timer_A CCI1B 上
 * 范      例:无
 ***********************************************/
void Comparator_Aplus_init(void)
```

```
{
    CACTL1 = CAEX + CAREF_1 + CAON;
    CACTL2 = P2CA3 + P2CA1 + CAF;
    CAPD = CAPD5;
}
```

对应的 ComparatorA.h 文件。

```
/*******************ComparatorA.h********************/
#ifndef COMPARATORA_H_
#define COMPARATORA_H_

extern void Comparator_Aplus_init(void);

#endif /* COMPARATORA_H_ */
```

17.5.2　利用 Grace 配置 Timer_A3

Slope 型 ADC 使用了 Timer_A3 的捕获功能，我们首先想到的就是借助 Grace 的 Power user 模式对其配置，如图 17.11 所示，输入通道中居然没有 CCI1B 通道可供选择！

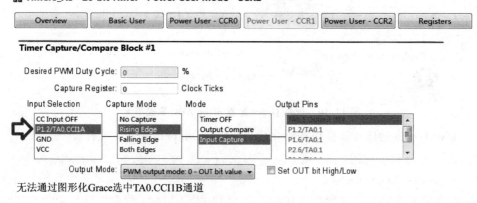

无法通过图形化Grace选中TA0.CCI1B通道

图 17.11　Grace 中没有 TA0.CCI1B 选项

在前面介绍 Grace 的时候说过，Basic user 模式是给菜鸟用的，Power user 模式是给老鸟用的，但是也有 Power user 模式也解决不了问题的时候，这就要用到 Register 模式了。打开 Grace 的 Register 模式，如图 17.12 所示，配置粗线框中的部分即可。

只配置 Register 编译时会报错，原因是启用了 CCIE 中断，但是没给中断事件处理函数起名字。回到 Power user 模式中，给中断 Interrupt Handler 填上名字 Slope_

从零开启大学生电子设计之路——基于 MSP430 LaunchPad 口袋实验平台

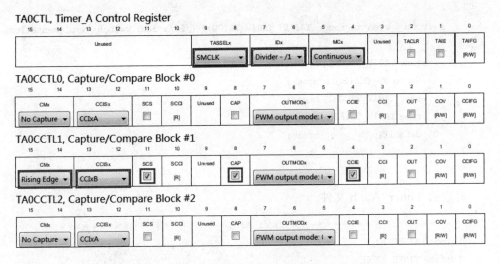

图 17.12 使用 Grace 的 Register 模式配置捕获模块

TA_CCI1B,如图 17.13 所示。

☑ Enable Capture/Compare Interrupt

Interrupt Handler: Slope_TA_CCI1B

After Interrupt: Do Not Change Operating Mode

图 17.13 Power user 模式中添加中断事件处理函数名

只填上 Slope_TA_CCI1B 函数名,编译时还是会报错,CCS 会提示 Slope_TA_CCI1B( )没有被声明。这时需要到 Grace 工程的 main.c 文件中,先建一个空的 Slope_TA_CCI1B( )函数。完成这一切以后,保证该工程处于被激活状态(active),就可以单击编译图标 了。(没有被激活的工程,编译按钮是灰的,如 。

编译成功后,将 Grace 生成的初始化代码和中断配置代码合并,建立 Timer_A3.c 文件。

```c
/*********************Timer_A3.c**********************/
#include "MSP430G2553.h"
#include "Slope.h"
void Timer0_A3_init(void)
{
    //- - - - 捕获模式 - - - -
    TA0CTL = TASSEL_2 + ID_0 + MC_2;                    //连续计数开始
    TA0CCTL1 = CM_1 + CCIS_1 + SCS + CAP + OUTMOD_0  +  CCIE;
                                                        //OUTMOD_0 可省略
}
#pragma vector = TIMER0_A1_VECTOR
__interrupt void TIMER0_A1_ISR_HOOK(void)
```

```
    {
        switch (__even_in_range(TA0IV, TA0IV_TAIFG)) //Efficient switch-implementation
        {
            case TA0IV_TACCR1:
            Slope_TA_CCI1B(); break;
            case TA0IV_TACCR2: break;
            case TA0IV_TAIFG:  break;
            default:           break;
        }
    }
}
```

对应的 Timer_A3.h 文件。

```
/ * * * * * * * * * * * * * * * * * * * * *Timer_A3.h* * * * * * * * * * * * * * * * * * * * * /
# ifndef TIMER_A3_H_
# define TIMER_A3_H_

extern void Timer0_A3_init(void);

# endif / * TIMER_A3_H_ * /
```

17.5.3　Slope ADC 顶层函数文件

参考图 17.14,slope.c 的功能如下：

1）调用函数初始化各个硬件模块。

2）控制相应的 I/O 充放电。

3）在捕获中断里将捕获值读回,用于计算 R_{sens} 的电阻值。

1. 全局变量与宏定义

Slope 型 ADC 测量时,会将电阻所连的 I/O 轮流输出高电平(充电)、低电平(放电)、高阻(不影响其他电阻测量),所以需要对 I/O 的三种输出做宏定义。

全局变量共有 3 个。

1）R_REF 和 R_SENS 都是被测电阻,设成全局变量不用解释。

2）Slope_Measure_Flag 的意义特殊,一般取名带 Flag 的都是起标识作用的变量,而且往往都是全局变量,因为这个标识是在 A 函数标识后给 B 函数看的,必须能跨函数甚至是跨文件调用才有意义。

3）参考图 17.14,Slope 型 ADC 的测量原理是轮流使用比较器天平"称东西",所以本例中的 Slope_Measure_Flag 是用来标识当前测量的是参考电阻还是传感器电阻的用途。

```
# include "MSP430G2553.h"
# include "Timer_A3.h"
```

从零开启大学生电子设计之路——基于 MSP430 LaunchPad 口袋实验平台

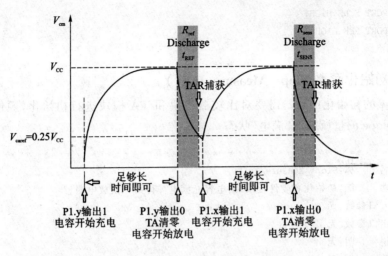

图 17.14　Slope 型 ADC 操作图

```
# include "ComparatorA.h"
# define PORT_REF_LOW    P1DIR |= BIT3;P1OUT & = ~BIT3    //参考电阻所接 I/O 输出 0
# define PORT_REF_HIGH   P1DIR |= BIT3;P1OUT |= BIT3      //参考电阻所接 I/O 输出 1
# define PORT_REF_HZ     P1DIR & = ~BIT3                  //参考电阻所接 I/O 高阻
# define PORT_SENS_LOW   P2DIR |= BIT2;P2OUT & = ~BIT2    //传感器电阻所接 I/O 输出 0
# define PORT_SENS_HIGH  P2DIR |= BIT2;P2OUT |= BIT2      //传感器电阻所接 I/O 输出 1
# define PORT_SENS_HZ    P2DIR & = ~BIT2                  //传感器电阻所接 I/O 输出高阻
# define TAR_CLEAR       TA0CTL |= TACLR                  //清除 TA 时钟计数值
```

```
unsigned char Slope_Measure_Flag = 0；    //全局变量标志,用于识别当前所测的是什么电阻
unsigned int R_REF = 0;                   //全局变量,参考电阻的相对电阻值
unsigned int R_SENS = 0;                  //全局变量,传感器电阻的相对电阻值
```

2. 充电函数 Slope_Port_Charge()

每次使用 Slope 测量前,都需要先对积分电容充电,本函数的作用就是开启 I/O 高电平对积分电容充电。

```
/*********************************************************
 * 名    称:Slope_Port_Charge()
 * 功    能:开启充电电源,一直将积分电容上的电充满
 * 入口参数:无
 * 出口参数:无
 * 说    明:充满电后,等待放电信号
 * 范    例:无
 *********************************************************/
void Slope_Port_Charge()
{
```

```
        PORT_SENS_HIGH;
        PORT_REF_HIGH;
}
```

3. 初始化函数 Slope_Measure_Init()

Slope 的初始化函数。需要对比较器模块和 TA 模块进行初始化，顺便准备好第一次 Slope 测量所需的"满电"状态。

```
/*********************************************************
 * 名     称:Slope_Measure_Init()
 * 功     能:初始化各硬件模块,给电容充满电等待第一次放电测量
 * 入口参数:无
 * 出口参数:无
 * 说     明:无
 * 范     例:无
 *********************************************************/
void Slope_Measure_Init()
{
        Comparator_Aplus_init();
        Timer0_A3_init();
        Slope_Port_Charge();
}
```

4. 测量参考电阻函数 Slope_Measure_REF()

测量参考电阻阻值的过程包括：

1）标识全局变量标识，表明本次测量的是参考电阻。

2）对传感器电阻所连 I/O 做高阻处理，避免影响参考电阻阻值的测量。

3）TA 的主时钟清零。

4）参考电阻所连 I/O 置 0 开始放电。

```
/*********************************************************
 * 名     称:Slope_Measure_REF()
 * 功     能:启动参考电阻的测量
 * 入口参数:无
 * 出口参数:无
 * 说     明:无
 * 范     例:无
 *********************************************************/
void  Slope_Measure_REF()
{
        Slope_Measure_Flag = 0;      //置全局变量标志,表明此次测量的是参考电阻
        PORT_SENS_HZ;                //传感器电阻连 I/O 高阻,去除对电路影响
```

从零开启大学生电子设计之路——基于 MSP430 LaunchPad 口袋实验平台

```
    TAR_CLEAR;                    //TA 主时钟清零
    PORT_REF_LOW;                 //开启参考电阻放电通道,开始计数测量放电时间
}
```

5. 测传感器电阻函数 Slope_Measure_SENS( )

测量传感器电阻阻值的过程与测量参考电阻阻值的过程类似,不再赘述。

```
/************************************************************
 * 名      称:Slope_Measure_SENS()
 * 功      能:启动传感器电阻的测量
 * 入口参数:无
 * 出口参数:无
 * 说      明:无
 * 范      例:无
 ************************************************************/
void Slope_Measure_SENS()
{
    Slope_Measure_Flag = 1;       //置全局变量标志,表明此次测量的是传感器电阻
    PORT_REF_HZ;                  //参考电阻所连 I/O 高阻,去除对电路影响
    TAR_CLEAR;                    //TA 主时钟清零
    PORT_SENS_LOW;                //开启传感器电阻放电通道,开始计数测量放电时间
}
```

6. 事件处理函数 Slope_TA_CCI1B( )

Slope 型 ADC 的测量原理就是利用捕获采集电容,经待测电阻从 V_{CC} 放电到 $0.25V_{CC}$ 所花的时间。所以捕获模块捕获的时间,就是电阻的相对"阻值"。通过对全局变量标志位的判断,可得知测量的是哪只电阻。

```
/************************************************************
 * 名      称:Slope_TA_CCI1B()
 * 功      能:针对 Slope 应用的捕获中断事件处理函数,测得电阻值
 * 入口参数:无
 * 出口参数:无
 * 说      明:根据标识位,判断本次测量的是参考电阻还是传感器电阻
 * 范      例:无
 ************************************************************/
void Slope_TA_CCI1B()
{
    switch(Slope_Measure_Flag)
    {
        case 0: R_REF = TA0CCR1;            break;
        case 1: R_SENS = TA0CCR1;          break;
```

```
        default: break;
    }
}
```

7. 头文件 Slope.h

最后,列举一下 Slope.h 头文件中对外引用的变量和函数名称。

```
#ifndef SLOPE_H_
#define SLOPE_H_

extern unsigned char Slope_Measure_Flag;
extern unsigned int R_REF;
extern unsigned int R_SENS;
extern void Slope_Measure_Init();
extern void Slope_Measure_REF();
extern void Slope_Measure_SENS();
extern void Slope_TA_CCI1B();
extern void Slope_Port_Charge();

#endif /* SLOPE_H_ */
```

17.6　例程——拨盘电位器

参考图 17.15,将拨盘电位器当做类似于"旋转编码器"的按键来使用,通过旋转拨盘电位器,控制 8 个 LED 的亮灭,形成灯柱效果,并将其他信息显示在 LCD 屏幕上。

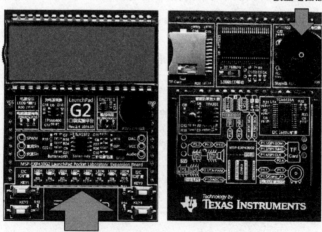

图 17.15　拨盘电位器控制 LED 的亮灭

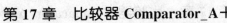

图 17.16 所示是拨盘电位器控制 LED 灯柱外加 LCD 显示所要用到的各库函数文件，相当于是对前几章库函数做一个综合。本节中，只需要编写 main.c 文件，其他文件做好正确的文件路径包含即可。

```
▲ ⬢ Slope_ADC [Active - Debug]
    ▷ ⬡ Binaries
    ▷ ⬡ Includes
    ▷ ⬢ Debug
    ▲ ⬢ src
        ▲ ⬢ TCA6416A
            ▷ ⬡ HT1621.c
            ▷ ⬡ HT1621.h
            ▷ ⬡ I2C.c
            ▷ ⬡ I2C.h
            ▷ ⬡ LCD_128.c
            ▷ ⬡ LCD_128.h
            ▷ ⬡ TCA6416A.c
            ▷ ⬡ TCA6416A.h
        ▷ ⬡ ComparatorA.c
        ▷ ⬡ ComparatorA.h
        ▷ ⬡ Slope.c
        ▷ ⬡ Slope.h
        ▷ ⬡ Timer_A3.c
        ▷ ⬡ Timer_A3.h
    ▷ ⬡ lnk_msp430g2553.cmd
    ▷ ⬡ main.c
    ⬡ MSP430G2553.ccxml [Active]
```

图 17.16　Slope 型 ADC 实验例程引用的库函数文件

17.6.1　宏定义与变量

全局变量只有拨盘电位器的等效按键值 Key。电阻值与按键值的对应关系由 const unsigned char R_Class[] 数组来描述。

1）使用 const 关键字表明是常量数组，将不会占用宝贵的 RAM。

2）在硬件电路中，10 kΩ 拨盘电位器串联了 5.1 kΩ 的定值电阻，所以整个电阻的最小值是 5.1 kΩ，最大值是 15.1 kΩ。

3）为了避免出现小数（浮点数），将电阻单位变为百欧。

```
# include"MSP430G2553.h"
# include "Slope.h"
# include "TCA6416A.h"
# include "HT1621.h"
# include "LCD_128.h"
```

从零开启大学生电子设计之路——基于 MSP430 LaunchPad 口袋实验平台

```
unsigned char Key = 0;                        //拨盘电位器的电阻等效按键值
//-----待测"传感器电阻"的分档值,实际接入了 5.1 kΩ 定值电阻 + 10 kΩ 拨盘电位器-----
const unsigned char R_Class[8] = {55,67,82,97,113,128,138,144}; //单位为百欧

void WDT_OnTime();
void Slope_R_Dect();                          //测得待测电阻后的事件处理函数
void TCA6416A_LED(unsigned char num);         //LED 灯柱显示函数
void Display_SLOPE();                         //LCD 字符显示函数
void Display_RSENS(unsigned char Rsens);      //LCD 电阻值显示函数
```

17.6.2　主函数部分

主函数中主要是对硬件模块进行初始化,另外 WDT 中断的代码较简单,也放在 main 函数中了。

1) 初始化函数包括 TCA6416A、HT1621、Slope 测量所需的 TA 和比较器模块。

2) 初始化完成后,先调用显示函数,点亮 LCD 上固定不变的显示内容。

3) 最后开始 WDT 中断,开始测量电阻。

```
void main(void) {
    WDTCTL = WDTPW + WDTHOLD;
    BCSCTL1 = CALBC1_16MHZ;                    /* Set DCO to 16 MHz */
    DCOCTL = CALDCO_16MHZ;
    __delay_cycles(100000);                    //等待电压稳定
    TCA6416A_Init();
    Slope_Measure_Init();
    HT1621_init();
    LCD_Clear();
    Display_SLOPE();
    HT1621_Reflash(LCD_Buffer);
    //-----设定 WDT 为 16 ms 定时中断-----
    WDTCTL = WDT_ADLY_16;
    //-----WDT 中断使能-----
    IE1 |= WDTIE;
    _enable_interrupts();
    while(1);
}
```

17.6.3　中断服务函数 WDT_ISR()

在本例中,其实不需要对 WDT 的定时间隔有非常严格的要求,大于电容充满电的时间就行。如果 WDT 本身的事件处理函数时间非常长(本例就是这样),那么下

一次 WDT 中断来临就会与代码冲突。因此,在 WDT 定时中断子函数中,一进来就关掉 WDT 中断使能,执行完事件处理函数之后再开中断。

```
/ *************************************************
 * 名      称:WDT_ISR()
 * 功      能:WDT 定时中断子函数
 * 入口参数:无
 * 出口参数:无
 * 说      明:直接调用事件处理函数即可
 * 范      例:无
 *************************************************/
# pragma vector = WDT_VECTOR
__interrupt void WDT_ISR(void)
{
    IE1& = ~WDTIE;
    WDT_OnTime();
    IE1 |= WDTIE;
}
```

17.6.4 事件处理函数 WDT_OnTime()

这是整个例程的关键事件处理函数。需要实现的功能包括:

1) 将 WDT 中断分为"奇数次"和"偶数次"两类。

2) 在奇数 WDT 中断中,对积分电容充电补充电荷,为下一次 Slope 测量做准备。这段时间对测量精度没有影响,所以将判断电阻分档、控制 LED 光柱和 LCD 显示的程序放在这部分执行。

3) 进偶数 WDT 中断后,积分电容早已处于满电状态,可以开始电阻测量。上电后前 8 次测量的机会只给参考电阻,从第 9 次开始就不再对参考电阻进行测量,一心一意测拨盘电位器电阻。参考电阻的 8 次测量的结果取平均后,作为校准参数备用。

```
/ *************************************************
 * 名      称:WDT_OnTime()
 * 功      能:WDT 定时中断的事件处理函数
 * 入口参数:无
 * 出口参数:无
 * 说      明:主要工作都在事件处理函数中体现
 * 范      例:无
 *************************************************/
void WDT_OnTime()
{
```

```
static unsigned char Charge_Ready = 0;              //充满电标志位
static unsigned char REF_Mreasure_Ready = 0;        //等于 8 表明参考电阻已测完
static unsigned long R_REF_Sum = 0;                 //暂存参考电阻的累加值
    if(Charge_Ready == 0)                           //未充满电
    {
        Slope_Port_Charge();                        //充电
        Slope_R_Dect();                             //执行显示 LED 的任务
        Charge_Ready = 1;                           //充满电标志
    }
    else
    {
        //-----测量 8 次参考电阻值-----
        if(REF_Mreasure_Ready<8)                    //判断是否继续测量参考电阻值
        {
        Slope_Measure_REF();                        //测参考电阻值
        R_REF_Sum = R_REF_Sum + R_REF;              //累加电阻值
        if(REF_Mreasure_Ready == 7)    R_REF = R_REF_Sum>>3;
                                                    //测量完毕求出平均值
            REF_Mreasure_Ready ++ ;                 //测量次数累加
        }
        //-----得到参考电阻值后,开始循环测量传感器电阻值-----
        else
            Slope_Measure_SENS();                   //测完参考电阻才测传感器电阻
        Charge_Ready = 0;                           //测完一次,转入充电状态
    }
}
```

17.6.5　阻值分档函数 Slope_R_Dect()

拨盘电位器的分档判断函数,判断完档位以后,调用一系列显示控制函数,包括:

1) 在 LCD 的小 8 字段显示实测"传感器"电阻值。

2) 在 LCD 大 8 字段的最后 1 位,显示电阻分档值,注意本段代码采用了判别语句,"仅当显示内容有改变时,才更新显存"。此举可提高系统运行速度,避免无谓的刷频操作。

3) 根据分档值,控制 LED 灯柱亮灭。

```
/****************************************************
* 名    称:Slope_R_Dect()
* 功    能:对传感器电阻判断档位,调用 LED 显示程序
* 入口参数:无
* 出口参数:无
* 说    明:主要工作都在事件处理函数中体现
```

从零开启大学生电子设计之路
——基于 MSP430 LaunchPad 口袋实验平台

```
 *  范    例:无
 ***********************************************************/
void Slope_R_Dect()
{
    static unsigned int Rsens = 0;
    unsigned char Key_Last = 0;                    //用于判断是否数据有更新
    Key_Last = Key;
    //-----通过 10 kΩ 参考电阻,计算电阻绝对值,单位百欧 -----
    Rsens = (((unsigned long int)100) * (unsigned long int)R_SENS)/R_REF;
    //-----传感器电阻分档判断,5 kΩ 至 15 kΩ 之间,分 8 个档位-----
    if(Rsens <  = R_Class[0])        Key = 0;
    else if(Rsens <  = R_Class[1])    Key = 1;
    else if(Rsens <  = R_Class[2])    Key = 2;
    else if(Rsens <  = R_Class[3])    Key = 3;
    else if(Rsens <  = R_Class[4])    Key = 4;
    else if(Rsens <  = R_Class[5])    Key = 5;
    else if(Rsens <  = R_Class[6])    Key = 6;
    else if(Rsens <  = R_Class[7])    Key = 7;
    else                              Key = 8;
    //-----调用一系列显示任务 -----
    Display_RSENS(Rsens);                          //显示实际电阻值
    if(! (Key == Key_Last))                        //显示电阻分档值
    {
        LCD_DisplayDigit(LCD_DIGIT_CLEAR ,6);
        LCD_DisplayDigit(Key,6);
        HT1621_Reflash_Digit(6);
    }
    TCA6416A_LED(Key);                             //LED 灯柱显示
}
```

17.6.6　LED 控制函数 TCA6416A_LED()

调用 TCA6416A 库函数,实现对 LED 的控制,注意循环语句编写时是如何实现灯柱效果的。

```
/***********************************************************
 *  名     称:TCA6416A_LED()
 *  功     能:根据传感器电阻值,实现 LED 灯柱效果
 *  入口参数:无
 *  出口参数:无
 *  说     明:需要调用 I2C 和 TCA6416A 控制 LED
 *  范     例:无
```

```
*********************************************************/
void TCA6416A_LED(unsigned char num)
{
    unsigned char i = 0;
    for(i = 0;i<8;i++)
    {
        if(i<num)                        //判断当前需要点亮几盏灯
            PinOUT(i,0);                 //根据 LED 接法,I/O 低电平为点亮 LED
        else
            PinOUT(i,1);                 //根据 LED 接法,I/O 高电平为熄灭 LED
    }
}
```

17.6.7　字符显示函数 Display_SLOPE()

调用 LCD 显示库函数,在 LED 上显示固定不变的内容。

```
/************************************************************
 *  名      称:Display_SLOPE()
 *  功      能:在 LED 上显示固定不变的内容
 *  入口参数:无
 *  出口参数:无
 *  说      明:包括显示 SLOPE,2 个小数点,logo,kΩ 单位
 *  范      例:无
 *********************************************************/
void Display_SLOPE()
{
    //-----显示 S-----
    LCD_DisplayDigit(5,1);
    //-----显示 L-----
    LCD_DisplayDigit(0,2);
    LCD_ClearSeg(_LCD_2A);
    LCD_ClearSeg(_LCD_2B);
    LCD_ClearSeg(_LCD_2C);
    //-----显示 O-----
    LCD_DisplayDigit(0,3);
    //-----显示 P-----
    LCD_DisplayDigit(8,4);
    LCD_ClearSeg(_LCD_4C);
    LCD_ClearSeg(_LCD_4D);
    //-----显示 E-----
    LCD_DisplayDigit(8,5);
```

```
LCD_ClearSeg(_LCD_5B);
LCD_ClearSeg(_LCD_5C);
//-----显示小数点-----
LCD_DisplaySeg(_LCD_DOT4);
LCD_DisplaySeg(_LCD_DOT6);
//-----显示 logo-----
LCD_DisplaySeg(_LCD_TI_logo);
LCD_DisplaySeg(_LCD_QDU_logo);
//-----显示 kΩ-----
LCD_DisplaySeg(_LCD_k_OHOM);
LCD_DisplaySeg(_LCD_OHOM);
}
```

17.6.8　阻值显示函数 Display_RSENS()

实现对"传感器电阻值"的显示。由于通过 I²C 刷 LCD 的速度实在太慢,所以该函数中也对显示内容是否变化做了判断,避免无谓的刷屏。

从零开启大学生电子设计之路——基于 MSP430 LaunchPad 口袋实验平台

```
/ *************************************************
 * 名　　称:Display_RSENS()
 * 功　　能:在 LED 的小 8 字段上显示实测传感器电阻值
 * 入口参数:Rsens　　待显示的电阻值
 * 出口参数:无
 * 说　　明:哪位内容有改变才更新该位的显存
 * 范　　例:无
 ************************************************* /
void Display_RSENS(unsigned char Rsens)
{
    unsigned char i = 0;
    static unsigned char Digit[3] = {0};
    unsigned char Digit_Past[3] = {0};             //用于对比数值是否有改变
    for(i = 0;i<3;i++){
        Digit_Past[i] = Digit[i];
    }
    //-----拆分数字-----
    Digit[2] = Rsens/100;
    Digit[1] = (Rsens % 100)/10;
    Digit[0] = Rsens % 10;
    //-----判别数位的改变,并更新该位显存-----
    for(i = 0;i<3;i++)
    {
        if(!(Digit[i] == Digit_Past[i]))           //如果有变化
```

```
    {
        LCD_DisplayDigit(LCD_DIGIT_CLEAR ,i + 8);  //清除该 8 字段
        LCD_DisplayDigit(Digit[i],i + 8);          //写显存映射
        HT1621_Reflash_Digit(i + 8);               //仅更新该 8 字段的显存
    }
  }
}
```

17.6.9　实验效果

参考图 17.17,下载运行程序后,转动拨盘电位器,灯柱会有“伸缩”效果。

1) LCD 屏幕固定显示 logo 及 SLOPE 单词,kΩ 符号。

2) 小 8 字段显示的是实测传感器电阻值(10 kΩ 拨盘电位器＋串联 5.1 kΩ 的定值电阻)。

3) 大 8 字段的最后一位显示的是电阻分档值,同时也是 LED 灯柱的长度值。

注意: 手不要接触电路板的导电部分,那样会干扰 I^2C 通信。从表面上看,灯柱响应“迟钝”,实质是 I^2C 通信数据错误。

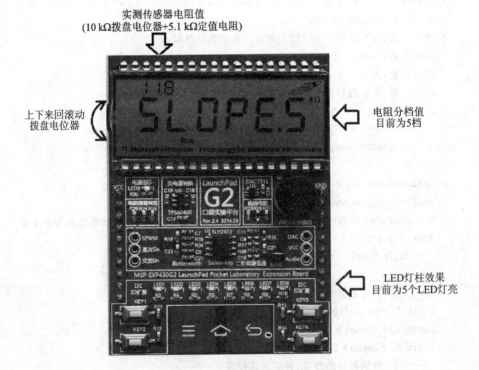

图 17.17　Slope ADC 实验效果

第 **18** 章

模/数转换器

18.1 概　述

很多初学者对模/数转换器(ADC)的理解只停留在分辨率这一参数上。我遇到很多学生,给他们 8 位的 Pipeline ADC 不屑一顾,对 12 位 SAR ADC 勉为其难,看到 16 位的 $\Sigma - \Delta$ 型 ADC 两眼放光。

其实,决定 ADC 价格的绝不仅仅是分辨率,甚至是分辨率所占比重甚少。在 ADC 选型和应用中,决定 ADC 价格的有分辨率、采样速率,是多通道实时同步采样还是分时复用,输入级是否单端,是伪差分还是全差分,模拟信号是单极性输入还是双极性输入,等等。本章围绕以下知识点科普模/数转换器的有关知识:

1) 分辨率与采样率的关系?

2) 需要多高的采样率?

3) 传说中的采样定理是什么?

4) 什么是频谱?

5) 什么是抗混叠滤波?

6) 什么是采样保持电路?

7) 多通道同步采样与分时复用的区别?

8) 如何用单极性 ADC 采集负电压?

9) 单端、伪差分和全差分输入是什么概念?

10) 如何校准 ADC?

18.2 分辨率和采样率

分辨率和采样率放在一起讨论的原因是,这两个参数基本上是矛盾的,分辨率高,采样率就难做高。不同的侧重点会有不同的 ADC 结构,分辨率高、采样率也高的 ADC 也是有的,但价格奇贵,当然还会有钱也买不到(国际禁运)。

在第 17 章介绍了 SAR 逐次逼近型和 Flash 并行比较型两种 ADC。对 SAR 型来说,位数越高,需要比较的次数就越多,速度就越慢。Flash 型的都超快,但是位数做高的代价太大。另有两种类型：Σ－Δ 型和 Pipeline 型，分别在提高分辨率和采样速度方面有特征设计。

1）Σ－Δ 型依靠过采样（远比采样定理的采样频率高）来提高分辨率。

2）Pipeline 型，顾名思义，流水线工作，把高位数 ADC 拆成几个低位数 ADC，兼顾位数与速度。

4 种类型 ADC 的分辨率和采样率关系如图 18.1 所示。分辨率排名为 Σ－Δ＞SAR＞Pipeline＞Flash，采样率排名为 Flash＞Pipeline＞SAR＞Σ－Δ。价格方面，Pipeline 和 Flash 较贵，Σ－Δ 和 SAR 便宜。

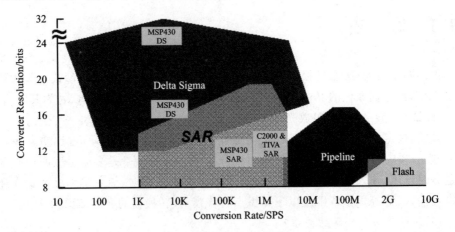

图 18.1　4 种类型 ADC 的分辨率和采样率

图 18.1 反映的是 4 种类型 ADC 的一般特点。实际上，ADC 的分辨率和采样率一直在不断提高，TI 公司的 12 位 Pipeline 型 ADC 的采样率已经能达到 3.6G。

18.3　ADC 采样

将模拟信号变成数字信号，如图 18.2 所示，初学者可以想象成把连续的线改成用点描出来。想法没错，这就是 ADC 采样所要干的。问题是，要用多密的点（采样率）才算把模拟信号的信息全部采集下来呢？

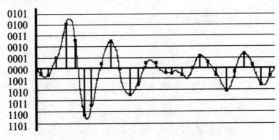

图 18.2　模拟信号的采样和量化

如图 18.3 所示,是把图 18.2 的模拟信号擦除以后剩下的离散信号。我们能根据图 18.3 靠描线的方法 100％ 还原图 18.2 吗?神仙也不行。要是采样点更密一些呢(采样率更高)?多密都不行。不行的原因是,方法错误。想起一个笑话:"X 总,您不能在家里电脑上 Ctrl＋C,然后到公司电脑上再 Ctrl＋V。不不,多贵的电脑都不行。"

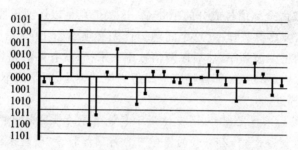

图 18.3　离散信号

要想用数字信号还原模拟信号,必须了解什么是采样定理和频谱。

18.4　采样定理

传说的采样定理是这样的:在进行模拟/数字信号的转换过程中,当采样频率 f_s 的最大值大于 $2f_{max}$(f_{max} 为最高频率),采样之后的数字信号可以完整地保留原始信号中的信息。最高频率 f_{max} 是指对信号傅里叶分解之后的最高谐波频率,绝不是我们常规理解的"重复频率"。

下面使用图 18.4 来帮助大家理解采样定理。

1) A 的采样频率 f_s 与信号频率 f_{max} 相等,采样的结果显然与原信号有出入。

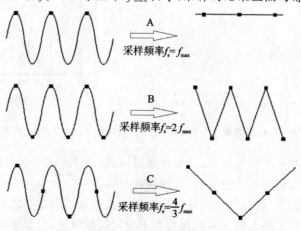

图 18.4　采样与欠采样

2) C 采样频率 f_s 提高到了采样的 $4f_{max}/3$,还是不行。

3) B 达到了采样定理规定的 2 倍采样频率,信号总算看起来"有点像"了。

"有点像"离采样定理号称的"完整保留原始信号"还差的远吧? 如果总想着连点成线,那永远也实现不了完整保留原始信号。采样定理的前提条件是原始信号的全部正弦频率分量都小于采样频率的 1/2。图 18.4 中 B 的采样结果的分析结果是 f_{max} 频率的正弦波占全部信号成分的 100%。这些信息足以还原出原正弦波。

现在回答"需要多高采样率"这个问题。首先必须对图 18.2 信号进行傅里叶分解,得到最高次的正弦波频率,然后以两倍频率去采样,就有办法完整还原模拟信号。这种还原方法不是像图 18.3 那样描点成线想当然的方法,而是用不同频率信号所占比率的频谱方法描述。

注:除了一般的采样定理外,还有适用于窄带信号的带通欠采样(bandpass sampling)。本文不再详细介绍,有兴趣的同学可自行网络搜索"带通采样定理"。

18.5　频谱分析

本节将通过对方波的时域和频域分析,来理解离散数字信号是如何还原模拟信号的。对图 18.5 所示的方波时域波形做傅里叶分解,可得:

$$f(t) = \frac{4}{\pi}\left(\sin t + \frac{1}{3}\sin 3t + \frac{1}{5}\sin 5t\cdots\right)$$

图 18.5 方波时序的频谱如图 18.6 所示,展现的是方波中不同谐波分量所占的比例,与傅里叶分解式一一对应,3 次谐波 ω_3 幅值为基波 ω_1 的 1/3,5 次谐波 ω_5 幅值为基波 ω_0 的 1/5,以此类推。

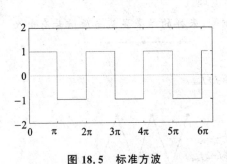

图 18.5　标准方波　　　　　图 18.6　方波频谱

当把这些谐波重新拼接起来,就能还原时域波形。图 18.7 展示的是不同频率合成出的方波效果。包含高次谐波越多,越接近方波。

从方波频谱例子可以看出,时域信号和频域信号是可以相互转换的,它们都是描述信号的方式。只是长久以来我们都习惯于使用时域描述,在数字信号处理中,频域分析用得更多。

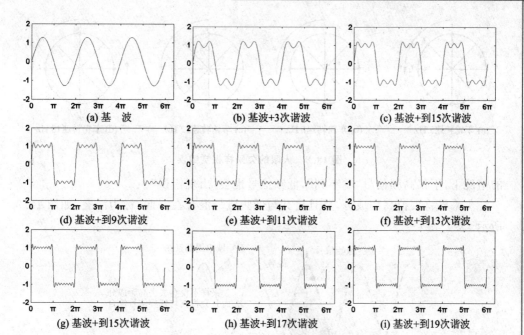

图 18.7 不同频率谐波合成的方波效果

18.6 抗混叠滤波

通过科普,了解什么是采样定理。也就是说,当我们要对一个信号进行 A/D 采样的时候,需要保证有足够高的采样频率。

但是,所有信号都不是"纯净的",都会傅里叶分解出极高的频率,只不过高频成分的幅值大小不同罢了,比如说方波,高频成分还不小。

通常,我们不想对那些"无用"的高频分量进行 A/D 采样,也没有能力对其采样。对于混杂高频信号的待测信号,就用低采样率 A/D 进行欠采样,"反正我也不想看高频信号",行吗?先不说结果,举个现实生活中的例子。

1) 人眼实际就是一个采样系统,采样频率约为 24 Hz,所以当每秒播放 30 张照片时,看起来就是动画,这就是电影的原理。

2) 如图 18.8(a)(b)(c)所示,车轮的转速在逐渐加快,但只要转速小于 12 Hz,人眼总能正确判断车轮旋转方向($t_0 \to t_1 \to t_2 \to t_3$),而且能看出车轮转速在增加。

3) 如图 18.8(d)所示,继续增加车轮转速到 18 Hz,这时情况完全改变了,按照 $t_0 \to t_1 \to t_2 \to t_3$ 的顺序,人的眼睛看到车轮是反转的。不仅如此,车轮的转速也变慢了,与图(b)6 Hz 时转速相同。

当螺旋桨飞机启动时,一开始,我们看着速度越转越快,然后突然开始反转,并且速度变慢。这就是欠采样的结果,是不是很神奇?这也回答了一个问题,即在欠采样

从零开启大学生电子设计之路——基于 MSP430 LaunchPad 口袋实验平台

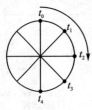
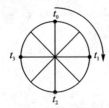
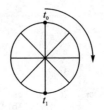
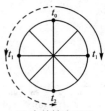

(a) 车轮转速3 Hz　　　(b) 车轮转速6 Hz　　　(c) 车轮转速12 Hz　　　(d) 车轮转速18 Hz

图 18.8　人眼的欠采样视觉错误

的情况下,不仅高频信号"看不到",低频信号也会"出现错误"。

欠采样将失掉高频成分,并且将其与低频成分混合在一起,称为混叠,如图 18.9 所示。

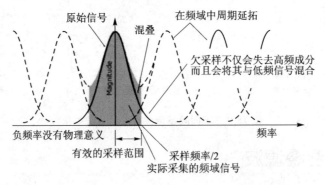

图 18.9　数字信号处理中的混叠

这里不去详细讨论图 18.9,而是构建一个波形,看看欠采样的效果如何。合成波形的成分如表 18.1 所列,使用 MATLAB 合成信号的时域波形如图 18.10 所示。

表 18.1　复合波形的参数

序　号	1	2	3	4	5
频率/Hz	1	5	10	50	100
幅值/mV	1 000	900	800	700	600

对图 18.10 信号用不同频率进行采样,观察频谱情况,如表 18.2 所列。如图 18.11 所示,256 Hz 采样时,可以完整还原信号的频谱,而 13 Hz 采样时,低频频谱也不正确了。

表 18.2　不同采样率下的频谱成分

序　号	1	2	3	4	5
采样频率	256	50	13	6	1
频谱成分/Hz	1,5,10,50,100	0,1,5,10	1,2,3,4,5	1,2	0

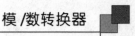

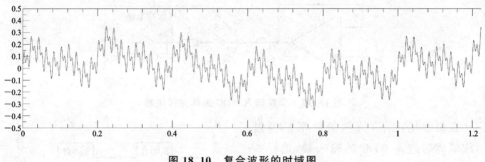

图 18.10　复合波形的时域图

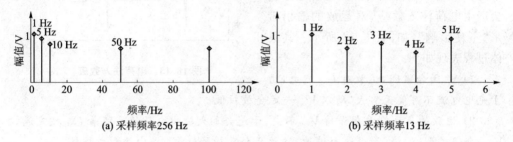

(a) 采样频率256 Hz　　　(b) 采样频率13 Hz

图 18.11　256 Hz 和 13 Hz 采样率下的频谱

　　什么是抗混叠滤波呢？就是提前把信号中的高频滤掉(超过采样频率 0.5 倍的部分)。在有些时候,即使没有专门去抗混叠滤波,也不会"天下大乱"。这是因为虽然信号中一定会有高频分量,但低通滤波也是无处不在的,只要采样率足够高,还是有可能"自动"抗混叠滤波的。

18.7　采样保持电路

　　现在使用 ADC 已经不需要外置一个采样保持芯片了,以至于初学者都不知道 ADC 中还存在过这么重要的单元。

　　除非是对纯直流信号进行采样,否则采样保持电路在 ADC 中必不可少。

　　1) 这是因为模拟信号是连续的,它不会停在那里等 ADC 采样转换完成再发生变化。

　　2) ADC 在开始采样到采样转换完成这段时间模拟信号已经发生了改变,那么究竟采样的是哪一个时刻的模拟信号呢？

　　3) 采样保持电路(sample and hold)用于解决这类问题。

　　为了简单起见,这里只分析单端输入 ADC 的采样保持电路。如图 18.12 所示:

　　1) 当 S_1 闭合 S_2 断开时,输入信号对采样电容 C_{SH} 充电,称为采样。

　　2) 当 S_1 断开 S_2 闭合时,采样电容 C_{SH} 上的电压维持不变供给内部 A/D 转换电路使用,称为保持。这就是采样保持电路的由来。

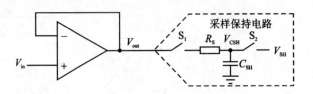

图 18.12 单端输入 ADC 采样保持电路

在很多情况下,待测信号都是经过运放隔离后进入 ADC 的输入端,这样一来,由 S_1、S_2、C_{SH} 构成的开关电容电路就会产生电荷注入效应,对运放的输出带来"不良影响",如图 18.13 所示。其具体过程表现如下:

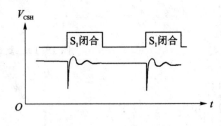

图 18.13 电荷注入效应

1) S_1 闭合瞬间,运放对 C_{SH} 充电,由于充电电流不可能无穷大,所以 V_{out} 一定会被拉低。

2) 运放的负反馈希望保持 V_{out} 不变,于是会加大输出电压值。随着 C_{SH} 被充满,V_{CSH} 会超过 V_{in} 的值,形成一个过冲,运放又会反馈降低 V_{CSH},由此形成振铃。

3) 振铃使采样时间必须延长,直到 V_{CSH} 电压波动小于 0.5LSB 时才能确保采样精度。

抗混叠低通滤波的引入可以缓解电荷注入效应。如图 18.14 所示:

1) RC 引入后,运放与开关电容电路隔离开,振铃现象可大大缓解。

2) 由于 V_{CSH} 电压与 V_{in} 永远有差值,为保证采样误差小于 0.5 LSB,S_1 闭合充电时间必须足够长。

3) RC 的引入会延长充电时间,所以 RC 取值应特别注意。

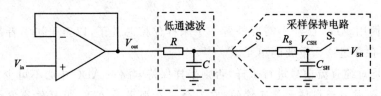

图 18.14 抗混叠滤波

18.8 同步采样与分时复用

不知道大家有没有注意到,大多数单片机都集成了 8 个以上的 ADC 通道,少数单片机有 DAC,而且就算有也就一两个通道。为什么会这样呢?

1) DAC 无法分时复用,多通道 DAC 就是"货真价值"的一个个完整的 DAC。

2) 如图 18.15 所示,大多数多通道 ADC 都是多通道分时复用结构,其内部实际只有一个 ADC,依靠增加模拟开关的方法轮流使用 ADC,所以有 10 个、8 个通道毫无问题。

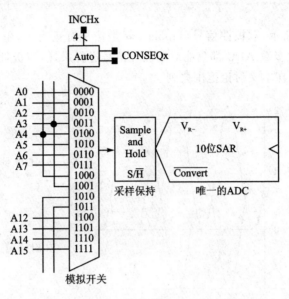

图 18.15 MSP430 单片机集成的 ADC10 模块局部

什么情况下适用于使用"廉价"的多通道分时复用 ADC 呢? 最重要的一点就是各通道的信号没有时间关联性。比如"同时"测量温度、压力,就可以使用分时复用 ADC。

同步采样 ADC 实际就是多个完整独立的 ADC。图 18.16 所示为三通道同步采样 ADC 的示意图。

1)每一组通道都有各自独立的采样保持电路和 ADC 模块。

2)3 个 ADC 模块共用控制电路和输入输出接口。

同步采样 ADC 可以完成以下两项特殊工作:

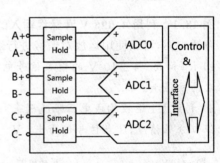

图 18.16 三通道同步采样 ADC 示意图

1)同时采集具有时间关联性的多组信号。例如,在交流电能计量中,需要同时对电流、电压进行采样,才能正确得出电流、电压波形的相位差,进而算出功率因数。

2)将 N 路 ADC 均匀错相位对同一信号进行采样,可以"实质上"提高 N 倍采样率(这与"等效采样"不同)。

在实际应用中,当由于各种原因难以获取高采样率 ADC 时,就可以使用多个 ADC 同步采样的方法来提高总的采样率。相比分立的多个 ADC,集成在一个芯片上的同步采样 ADC 在均匀错相位控制方面更简单(八成"吱一声"就行)。

18.9 单极性 ADC 采集双极性信号

如图 18.17 所示,双极性信号(bipolar)就是信号有正有负,单极性信号(unipolar)只有正。绝大多数 ADC 都只能对单极性信号进行采样,双极性 ADC 虽然也有,但是价格极高,不在本文讨论范围之列。

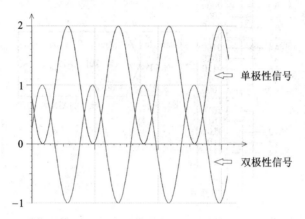

图 18.17 单极性信号和双极性信号

如何使用单极性 ADC 对双极性信号进行采样呢?有两种方法,下面举例说明。

18.9.1 运放法

例 18.1 利用 4.096 V 满量程输入的 ADC 采集−10～+10 V 的输入信号。

解决方案,可以使用运放对信号进行缩放和平移,如图 18.18 所示:

1) R_1 和 R_2 将±10 V 的输入信号电压按 1:5 分压,降低输入信号的幅值,A 点信号变为幅值±2 V。

2) 利用 U1 运放构成电压跟随器来对电阻分压网络进行隔离(高阻输入低阻输出),保证分压精度,B 点信号仍为±2 V。

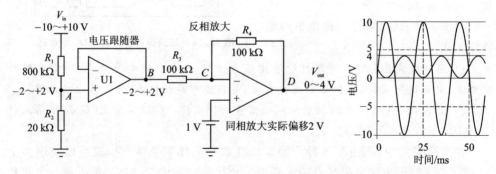

图 18.18 利用运放对信号进行缩放和平移

3）使用运放 U2 构成加减法电路,将 B 点信号反相,并对 B 点信号平移 2 V。最终 D 点的输出信号范围变为 0～4 V。

4）输入输出波形图中可以看到信号幅值缩小、反相并偏移 2 V。

18.9.2　电阻法

例 18.2　利用 **1.2 V 满量程输入的 ADC 采集−2.4～＋2.4 V 的输入信号。**

解决方案,可利用 3 个电阻分压网络对信号进行平移和缩放,如图 18.19 所示:

1）当 $V_{in}=0$ V 时,$R_1 \parallel R_3$ 与 R_2 分压比为 1:1,由 $V_{ref}=1.2$ V 可计算得 AIN ＝0.6 V。

2）当 $V_{in}=-2.4$ V 时,由电路中的“叠加原理”,单独 V_{ref} 作用,V_{in} 接地时,计算得 $AIN'=0.6$ V;单独 V_{in} 作用,V_{ref} 接地时,计算得 $AIN''=-0.6$ V。所以实际 AIN ＝$AIN'+AIN''=0$ V。

3）当 $V_{in}=2.4$ V 时,由电路中的“叠加原理”,单独 V_{ref} 作用,V_{in} 接地时,计算得 $AIN'=0.6$ V;单独 V_{in} 作用,V_{ref} 接地时,计算得 $AIN''=0.6$ V。所以实际 AIN＝$AIN'+AIN''=1.2$ V。

4）经 3 个电阻网络平移、缩放后的信号如图 18.19 所示。

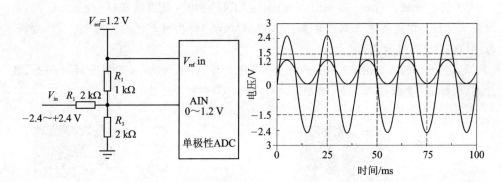

图 18.19　利用电阻网络对双极性信号进行平移

还剩一个问题:R_1、R_2、R_3 的取值(比值)是如何计算的呢? 计算原则:用叠加原理列方程组即可求得 R_1、R_2、R_3 的比例关系。

$$\begin{cases} \dfrac{R_3 /\!/ R_1}{R_3 /\!/ R_1 + R_2} \times V_{ref} + \dfrac{R_3 /\!/ R_2}{R_3 /\!/ R_2 + R_1} \times V_{in_{min}} = \text{ADC 采样下限电压} \\[3mm] \dfrac{R_3 /\!/ R_1}{R_3 /\!/ R_1 + R_2} \times V_{ref} + \dfrac{R_3 /\!/ R_2}{R_3 /\!/ R_2 + R_1} \times V_{in_{max}} = \text{ADC 采样上限电压} \end{cases}$$

对比运放平移法和电阻网络分压法,电阻分压法的成本要低,而且可以避免使用双电源,也不会引入运放的失调、温漂等问题。

18.10　单端、伪差分和全差分输入

ADC 有三种输入：单端输入、伪差分输入和全差分输入。图 18.20 所示为 ADC 三种输入的采样保持电路。

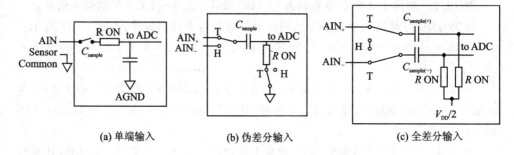

(a) 单端输入　　　　(b) 伪差分输入　　　　(c) 全差分输入

图 18.20　ADC 的三种输入的采样保持电路

这里不详细讨论三种输入的工作原理，只给出以下结论：

1) 单端输入(single-ended)：只有一个输入端口 AIN，无法抑制共模干扰。

2) 伪差分输入(pseudo-differential)：AIN_- 的输入范围很窄（一般 ± 0.2 V），所以虽有 AIN_- 但是基本上只能连在地上抑制"微弱"的共模干扰用。图 18.21(a) 所示为 ADS8319 应用示意图。

3) 全差分输入(fully-differential)：AIN_- 与 AIN_+ 的输入范围和特性一致，能抑制"大幅值"共模信号。图 18.21(b) 所示为 ADS8317 应用示意图。

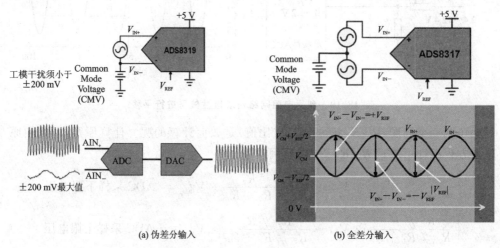

(a) 伪差分输入　　　　　　　　(b) 全差分输入

图 18.21　伪差分输入和差分输入示意图

全差分输入显然要优于伪差分和单端输入，一般 $\Sigma-\Delta$ 型 ADC 和 16 位以上的 SAR 型 ADC 会采用全差分输入。

18.11　ADC 校准

大多数 ADC 都自带内部基准,同时也能外接电压基准。但有少数 ADC 不带内部基准,还有少数不能接外部基准,这个要特别注意。

1) 基准可以"不准",但不能"不稳"。任何稳压基准都是有误差的,对于基准来说,稳定性比精度重要。

2) 标称 2.5 V 的稳压基准实际稳压值可能是 2.56 V,也可能是 2.45 V,但是稳压值不能随供电电压和温度改变(当然绝对不变是不可能的)。

"不准"的误差可以用软件校正。一般精度要求下,认为被采样电压与 A/D 转换值仍然是直线关系,如图 18.22 所示,则选两点做直线校正即可。高精度应用可以分段直线校正,下面举例说明如何两点校正。

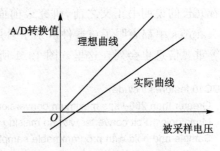

图 18.22　直线校准示意图

例 18.3　某 ADC 未经校准时,测得信号 V_1 为 0.3 V,测得信号 V_2 为 6.2 V。而实际 V_1 信号为 0 V,V_2 信号为 5 V。如果 V_3 信号被测得为 3 V,实际值是多少?

1) 假设 ADC 虽有误差,但仍然是线性的,那么总满足线性方程的基本关系式 $y=ax+b$。

2) 利用 V_1 和 V_2 的测量数据和实际数据将系数 a、b 系数求出,则可完成校正。

$$y = sx + b \Rightarrow \begin{cases} 0 = 0.3a + b \\ 5 = 6.2a + b \end{cases}$$

解得 $\begin{cases} a \approx 0.847 \\ b \approx -0.254 \end{cases} \Rightarrow y = 0.847x - 0.254$。

3) 将 $x=3$ V(被测得 3 V)代入方程,$y=2.287$ V(实际电压值)。

从零开启大学生电子设计之路——基于 MSP430 LaunchPad 口袋实验平台

第 19 章

ADC10

在 MSP430G2553 单片机中，集成了一个 10 位的 SAR 型 ADC。对于所有器件，在看冗长的说明书正文之前，研究最前面的器件 features 是大有益处的。一般在器件 features 中都表明了该器件区别于通用器件的"过人之处"，"拿得出手"的指标参数等重要信息也会列在这里。图 19.1 所示为 ADC10 模块的特征。

ADC10 features include:
- Greater than 200-ksps maximum conversion rate
- Monotonic 10-bit converter with no missing codes
- Sample-and-hold with programmable sample periods
- Conversion initiation by software or Timer_A
- Software selectable on-chip reference voltage generation (1.5 V or 2.5 V)
- Software selectable internal or external reference
- Up to eight external input channels (twelve on MSP430F22xx devices)
- Conversion channels for internal temperature sensor, V_{CC}, and external references
- Selectable conversion clock source
- Single-channel, repeated single-channel, sequence, and repeated sequence conversion modes
- ADC core and reference voltage can be powered down separately
- Data transfer controller for automatic storage of conversion results

图 19.1　ADC10 模块特征

总结图 19.1 中有用信息（与图 19.1 非一一对应）：

1) 8 通道，采样率 200 ksps，精度 10 位。

2) 带内部基准 1.5 V 或 2.5 V，也可外接基准电压。

3) 内置通道可直接对内部温度传感器、芯片供电电压和外部基准电压采样。

4) A/D 采样起始信号可软件触发，也可由 Timer_A 控制。

5) 包括单通道单次采样、单通道重复采样、多通道轮流采样、多通道重复采样 4 种转换模式。

6) 可单独关闭 ADC 和基准电压源以降低功耗。

7) 采样数据可自动存储在指定的存储空间中（这个功能比较独特）。

19.1　ADC10 的采样转换过程

图 19.2 所示为 ADC10 模块的采样及转换过程,对该时序图的分析可以帮助我们理解一些关键控制寄存器位存在的合理性。

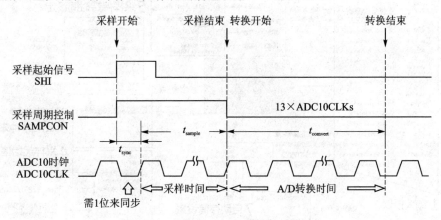

图 19.2　ADC10 模块的采样及转换过程

采样起始信号 SHI 控制一次完整的 A/D 转换过程。A/D 转换需要若干个时钟周期才能完成,具体可分成两个大的时间段,即采样过程和模/数转换过程。

1) 由于 SHI 信号和 ADC10CLK 信号不是同步信号,ADC10CLK 收到 SHI 命令的瞬间状态不定,所以需要延后一位来做同步(t_{sync})。

2) 采样时间 t_{sample} 是需要计算的,可通过 SAMPCON 设定为 4、8、16、64 个 ADC 10CLK 周期,以保证采样保持电容 C_{SH} 上所充电压与待测信号电压的误差小于 0.5LSB(采样保持电路原理请参考 18.7 节)。

3) 采样到足够小误差的电压后,就开始了模/数转换过程,SAR 型 ADC 需要若干次"比较"才能得到模/数转换结果,加上其他耗时,$t_{convert}$ 共需要 13 个 ADC10CLK 周期。

4) SHI 信号的来源有两类,一类是直接软件触发 ADC10SC 控制位,一类是由 Timer_A3 的三路 TAx 输出控制。另有 ISSH 标志位可对信号进行反相,以便配合 TAx 的输出逻辑。

5) ADC10CLK 的来源也有两类,一类是 ADC10 内部专用的 5 MHz 振荡器(近似值),另一类是大家熟知的 MCLK、SMCLK、ACLK。

19.2　使用 Grace 高级模式配置 ADC10

图 19.3 为 ADC 的高级 Grace 设置,下面结合这个图形化设置来解释 ADC 的功

能和寄存器。图中为了注释方便，挪动了部分设置框，相关功能被分成了 8 大部分。

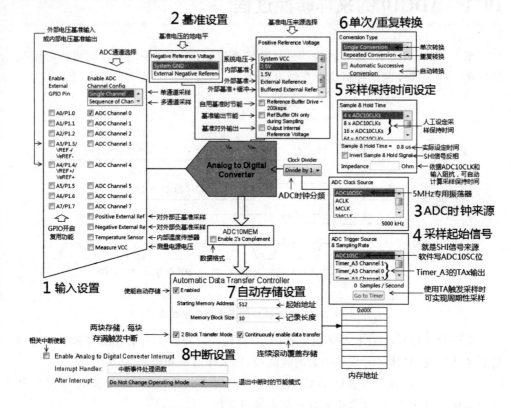

图 19.3 ADC10 模块的 Grace 高级设置

19.2.1 输入设置

图 19.4 所示为 ADC10 模块的输入设置部分。

1）GPIO 开启复用功能：ADC10 共有 8 个外部输入，且全部与 I/O 复用，所以首先需要使能 I/O 的复用功能。

2）A3 与 A4 的功能：A3 和 A4 通道兼做外部基准的输入，或内部基准的输出引脚。具体是作什么用，由基准设置里的几个寄存器来决定。

3）单通道采样（Single Channel）：Single Channel 模式下只能开启一个模拟采样通道。除了 8 个外部通道，在单片机内部，还有 4 个内部通道被连到了 ADC 上。可以实现对外部基准电压的正负端、温度传感器、单片机供电电压进行采样。

4）多通道采样（Sequence of Channel）：顾名思义，就是可以选择多个通道轮流进行采样。

5）对外部基准采样：如果外部基准的精度更高，则可用于校准内部基准的误差。

6）内部温度传感器：可用于测温，如果单片机自身功耗足够低几乎不发热，这个温度也可认为是环境温度。温度传感器需要校准才能使用，校准时需要另一个标准温度计。

从零开启大学生电子设计之路——基于 MSP430 LaunchPad 口袋实验平台

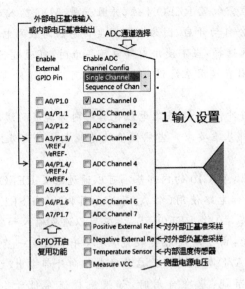

图 19.4　ADC10 模块的输入设置

7）测量电源电压：对单片机供电 V_{CC} 进行采样，可监测电池电压，以便掉电前（比如电池电能耗尽）及时做相应"动作"（关键数据存入 Flash 等）。V_{CC} 在内部被电阻分压为 $0.5V_{CC}$ 后才进入 ADC 通道。

19.2.2　基准设置

图 19.5 所示为 ADC10 模块的基准设置部分。

1）ADC10 内部集成有带隙电压基准，可以产生 1.5 V 或 2.5 V 两种基准电压。

2）带隙电压基准经过一个独立缓冲器能输出最大 1 mA 的电流（MSP430G2553 的数据）。

3）电压基准和缓冲器可分别关闭以实现节能。

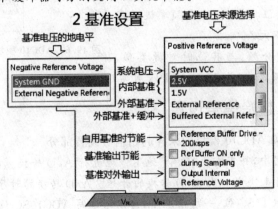

图 19.5　ADC10 模块的基准设置

4）开启内部基准需配置 REFON 位,并且如果 ADC 输入通道选择了内部温度传感器,内部基准也会自动开启,因为内部温度传感器的激励电压来自内部基准。

5）基准电压来源选择:当不使用内部电压基准时,可通过 SREFx 寄存器位来选择其他基准来源,可以直接用系统供电电压 V_{CC},可以选择外部基准,还可以对外部基准进行缓冲。

6）外部基准＋缓冲:对外部基准电压也启用内部集成的缓冲器可以使用"高阻"的外部基准,降低外部基准要求。当然代价就是耗电。外部基准足够"强壮"的情况下,无需开启缓冲器。

7）基准对外输出:ADC10 的内部基准可以通过配置 REFOUT 控制位来输出缓冲后的基准电压给外部电路使用(经 A3 和 A4 引脚)。当 SREF1 控制位为 1(选择外部基准作为 ADC 基准)时,REFOUT 无效,可以避免输入和输出冲突。

8）基准输出节能:由于缓冲器会耗电,所以并不需要一直开启它。配置 REF-BURST 位可以仅在 A/D 转换时才开启基准电压向外部输出(经 A3 和 A4 引脚)。

9）自用基准时节能:基准自用时,如果采样速率低于 50 ksps,也可以配置 ADC10SR 位间歇开启缓冲器,此举将节约 50% 的缓冲器功耗。由于缓冲器建立稳定电压需要时间,当大于 50 ksps 采样率时,只能一直开着缓冲器,而不能间歇使用。

19.2.3　ADC 时钟来源设置

图 19.6 所示为 ADC10 模块的时钟来源设置部分。

1）SAR 型 ADC 完成一次 A/D 转换是需要若干"步骤"的,所以需要独立的时钟 ADC10CLK。

2）ADC 时钟来源可选择常规的 MCLK、SMCLK、ACLK 或是专用 5 MHz 振荡器。

3）5 MHz 专用振荡器:ADC10 模块内部集成有专门的振荡器,频率约为 5 MHz,具体频率值受供电电压和温度影响,这个频率误差在 ADC 应用中影响不大。

4）ADC 时钟分频:与其他时钟源类似,ADC 时钟也有分频器,配置 ADC10DIVx 可实现 1～8 分频。

图 19.6　ADC10 模块的时钟来源设置

19.2.4　采样起始信号设置

图 19.7 所示为 ADC10 模块的采样起始信号设置部分。

1）在很多应用中,并不需要"玩命"地不停地进行 A/D 转换。因此,设计了采样起始控制信号 SHI 来决定一次 A/D 转换的开始。A/D 转换的时序参考图 19.2。

2）软件写 ADC10SC 位:一般情况下,可以通过写 ADC10SC 位来开始一次 A/D 转换,俗称"吱一声"。ADC10SC 写完后会自动复位,所以,只管置位即可。

从零开启大学生电子设计之路——基于 MSP430 LaunchPad 口袋实验平台

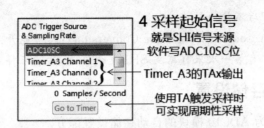

图 19.7   ADC10 模块的采样起始信号设置

3）Timer_A3 的 TAx 输出：有时候我们需要定时采样，这时就可以利用 TA 定时器的 TA0/1/2 输出来自动开启循环采样。

19.2.5   采样保持时间设置

图 19.8 所示为 ADC10 模块的采样保持时间的设置部分。

1）采样保持时间的设定是有讲究的。采样时间过短，采样保持电容 C_{SH} 上的充电电压达不到小于 0.5LSB。采样时间过长则硬生生的将高速 A/D 变成低速 A/D 了。

2）在 C_{SH} 一定的情况下，决定采样时间长短的因素是信号源阻抗的大小，也就是信号源对 C_{SH} 充电的限流电阻（信号源内阻）。显然阻抗越大，充电越慢，采样时间就必须越长，这样才能使采样误差小于 0.5LSB。

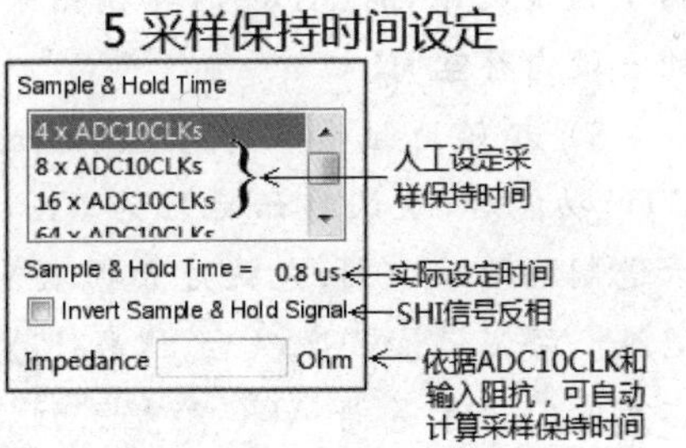

3）人工设定采样保持时间：结合 ADC10CLK 的频率和信号源阻抗，可人工将采样时间设定为 4/8/16/64 倍 ADC10CLK。

图 19.8   ADC10 模块的采样保持时间的设置

4）自动计算采样保持时间：在 Grace 中，可以通过在表单中填写信号源阻抗值自动计算并选择 ADC10CLK 的倍数。这个计算中会自动用到 ADC10CLK 的参数。

5）实际设定时间：Grace 中会自动显示设定好的采样保持"绝对时间"值。例如：Sample & Hold Time＝0.8 μs。

6）SHI 信号反相：为便于用 Timer_A3 的输出来控制采样，ISSH 控制位可以把 SHI 信号反相。

19.2.6   单次/重复转换设置

图 19.9 所示为 ADC10 模块的单次/重复转换设置部分。

1）单次转换（Sigle Conversion）：顾名思义，"咣一声"动一下。

2）重复转换（Repeated Conversion）：

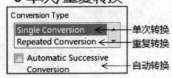

图 19.9   ADC10 模块的单次/重复转换设置

顾名思义,"吱一声"后不停地转换。

3) 自动转换(Automatic Successive Conversion):此功能开启后,多通道依次转换和重复转换时,只有第一次采样需要 SHI 发令信号,后续采样都不需要。

19.2.7　自动存储设置

图 19.10 所示为 ADC10 模块的自动存储设置部分。

1) 数据格式:配置 ADC10DF 位可以设置数据格式,ADC10DF＝0 时 10 位 A/D转换数据在 16 位内存中是右对齐存储,二进制原码格式。ADC10DF＝1 时 10 位A/D 转换数据在 16 位内存中是左对齐,二进制补码格式。举例:ADC10DF＝0 时,0 V测得数据 0x0000,满量程测得数据 0x03FF。ADC10DF＝1 时,0 V 测得数据0x8000,满量程测得数据 0x7FC0。由于 ADC10 实际不能测量负压,没必要启用补码,所以初学者搞不明白就直接用 ADC10DF＝0 模式即可。

2) ADC10 模块拥有另一项特殊功能,DTC(Data Transfer Controller):可在 CPU 不插手的情况下,将 ADC 的转换结果存入指定的一段内存空间。

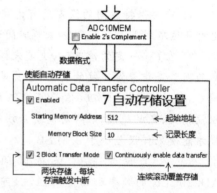

3) 起始地址和记录长度:Grace 中开启DTC 功能后,默认起始地址为 512,换算成十六进制就是 0200H,也就是数据 RAM 的起始地址。给定记录长度以后,这段 RAM 就会被占用专门用于存储 ADC 数据。注意 DTC 中地址是 16 位地址。

图 19.10　ADC10 模块的自动存储设置

4) 块存储选择:单块存储模式下,直到整块存满才会触发 ADC 中断。两块存储模式下,开辟的存储空间要大一倍,在记录满前一块时,会触发一次 ADC 中断,后一块记录满,又会触发一次 ADC 中断。这种设置有利于"连续滚动"读取数据。CPU查询只读寄存器标志位 ADC10B1 可知哪块目前被写满。

5) 连续滚动覆盖存储:ADC10CT 控制位置位后,块存储完毕后会自动循环覆盖存储。

19.2.8　中断设置

图 19.11 所示为 ADC10 模块的中断设置部分。

图 19.11　ADC10 模块的中断设置

1) 中断内函数命名：在 Grace 中开启 ADC10 中断使能后，可以写一个中断事件处理函数放在 ADC 中断子函数中，等 Grace 配置完，就可以在代码中找到该函数位置。

2) 退出中断时的节能模式：在 Grace 中，可选择不改变节能模式，或是退出中断时改为 LPM0/1/2/3/4 模式。

19.3　使用 Grace 寄存器模式配置 ADC10

图 19.12 所示为 ADC10 模块的 Grace 寄存器配置，每个寄存器位的功能已加中文注释。建议大家从头到尾看一遍各个控制位，遇到不明白干什么用的寄存器位，需要搜索说明书中的关键词。理解所有位的功能（是理解不需要记忆）再用 Grace 才能事半功倍。

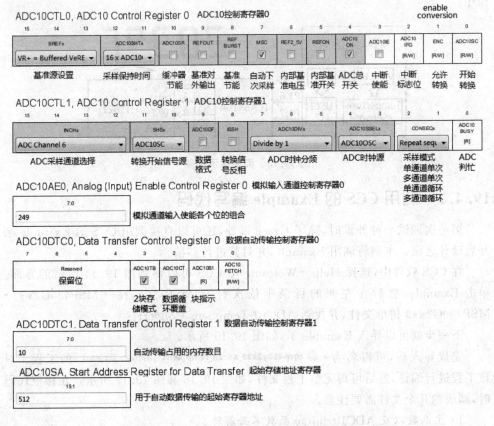

图 19.12　ADC10 模块的 Grace 寄存器配置

注意，单片机的说明书有两类：

1) 系列器件说明书，例如 MSP430x2xx 系列，是真正的原理说明书。这类说明书少则五六百页，多则上千页，且基本上全部为英文。

2）具体器件说明书，例如 MSP430G2553，仅说明具体型号器件的一些电气参数，并不讲解原理。这类说明书可能有中文的。

我见过的 100 个学生中就有 99 个都属于那种没有中文资料就活不了的，完全无视英文说明书的存在。万事开头难，其实真正入了"道"的人，更愿意看英文原版说明文，不仅更加准确，而且阅读起来更加"神清气爽"。

19.4　例程——温度传感器采样及显示

由于 ADC10 的功能选项比较多，很难编写统一的库函数，而借助 Grace，可以很容易地对特定需求的模/数转换进行配置。

如图 19.13 所示，本节将编写一个对内部温度传感器进行采样并在 LCD 显示的程序。

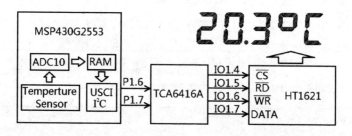

图 19.13　测温显示任务

19.4.1　利用 CCS 的 Example 编写代码

第一次调试一种外设时，除了 Grace 以外，还可以直接调用 CCS 的 Example 来开启设计之旅。本例将调用 Example，并对其进行移植。

在 CCS 软件中，选择 Help→Welcome to CCS 可以得到图 19.14 所示的界面。单击 Example，然后在左侧的目录中依次打开 MSP430ware→MSP430G2xx→MSP430G2xx3 树形文件，并找到 ADC10 TempSens Convert。

下一步就可以导入 Example 了，如图 19.15 所示。

完成导入后，可得名为 ◀ 🖳 **msp430g2x33_adc10_temp_sens** [Active - Debug] 的工程。对该工程进行编译，然后可得完整工程文件，如图 19.16 和图 19.17 所示。在移植代码时，画线的几个文件需要注意。

1）主函数以及 ADC10_init. c 函数不必解释。

2）在 CSL_init. c 中除了调用各模块的 init 函数外，还会有中断子函数在里面，不要漏掉。

3）在 System_init. c 中，可能会有开中断的代码（本例中没有）。

通过阅读程序，可知 Example 中程序工作原理如下：

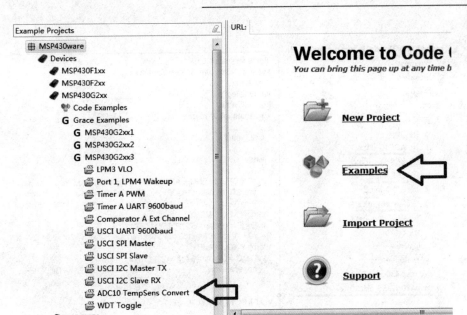

图 19.14　CCS 的 Example 导航

These are the steps to import the project, build the project, and debug the project.

Step 1:　 Import the example project into CCS

> Click on the link above to import the project. The imported project is available in the **Project Explorer** view, expand the project node to browse the imported source files. To modify source code, double clicks on the source file within the project to open the source file editor.

Step 2:　🔧 Build the imported project

图 19.15　导入 CCS 的 Example 工程

1) 在主循环中开启 ADC10 转换,然后休眠开总中断。

2) 等待 ADC10 转换完成后,进入中断运行唤醒 CPU 代码,执行后续代码。

3) 后续代码就是读出 A/D 转换值,换算成摄氏温度或华氏温度并赋值给 IntDegF 或 IntDegC(Example 中有效的是 IntDegC)。

将 Example 中有用的代码移植到一个主函数中。

```
#include <msp430.h>
long temp;
long IntDegF;
long IntDegC;
void ADC10_init(void);
void main()
```

从零开启大学生电子设计之路——基于 MSP430 LaunchPad 口袋实验平台

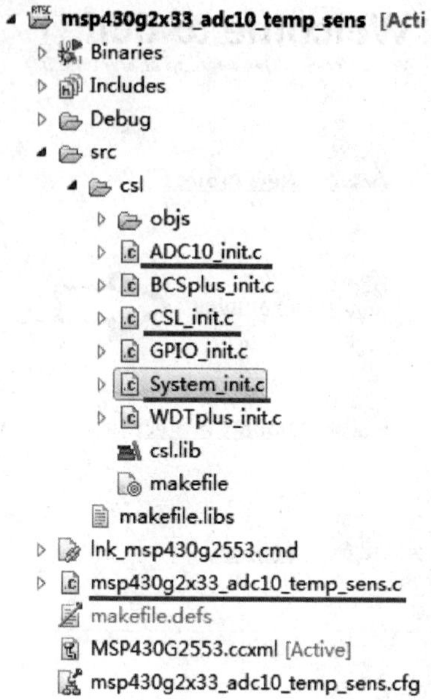

从零开启大学生电子设计之路——基于 MSP430 LaunchPad 口袋实验平台

```
msp430g2x33_adc10_temp_sens [Acti
  Binaries
  Includes
  Debug
  src
    csl
      objs
      ADC10_init.c
      BCSplus_init.c
      CSL_init.c
      GPIO_init.c
      System_init.c
      WDTplus_init.c
      csl.lib
      makefile
    makefile.libs
  lnk_msp430g2553.cmd
  msp430g2x33_adc10_temp_sens.c
  makefile.defs
  MSP430G2553.ccxml [Active]
  msp430g2x33_adc10_temp_sens.cfg
```

```c
#include <msp430.h>
#include <ti/mcu/msp430/csl/CSL.h>
long temp;
long IntDegF;
long IntDegC;
void main(int argc, char *argv[])
{
  CSL_init();

  while(1)
  {
    ADC10CTL0 |= ENC + ADC10SC   // Sampling and conversion start
    __bis_SR_register(CPUOFF + GIE);   // LPM0 with interrupts enabled
    // oF = ((A10/1024)*1500mV)-923mV)*1/1.97mV = A10*761/1024 - 468
    temp = ADC10MEM;
    IntDegF = ((temp - 630) * 761) / 1024;
    // oC = ((A10/1024)*1500mV)-986mV)*1/3.55mV = A10*423/1024 - 278
    temp = ADC10MEM;
    IntDegC = ((temp - 673) * 423) / 1024;
    __no_operation();                    // SET BREAKPOINT HERE
  }
}
void ADC10_ISR(void)
{
}
```

图 19.16　完整的 Example 工程

```c
#include <msp430.h>
/*
 *  ======== System_init ========
 *  Initialize MSP430 Status Register
 */
void System_init(void)
{
}
```

```c
#include <msp430.h>
/*
 *  ======== ADC10_init ========
 *  Initialize MSP430 10-bit Analog to
 *  Digital Converter
 */
void ADC10_init(void)
{
    ADC10CTL0 &= ~ENC;
    __delay_cycles(30000);
    ADC10CTL0 |= ENC;
}
```

```c
/*
 *  ======== CSL_init.c ========
 *
 *  . . .
 */

#include <msp430.h>

void CSL_init(void)
{
    WDTCTL = WDTPW + WDTHOLD;
    GPIO_init();
    BCSplus_init();
    ADC10_init();
    System_init();
    WDTplus_init();
}
extern void ADC10_ISR(void);
#pragma vector=ADC10_VECTOR
__interrupt void ADC10_ISR_HOOK(void)
{
    ADC10_ISR();
    __bic_SR_register_on_exit(LPM4_bits);
}
```

图 19.17　Example 工程中的文件

```
{
    ADC10_init();
    while(1)
    {
        ADC10CTL0 |= ENC + ADC10SC;          //Sampling and conversion start
        __bis_SR_register(CPUOFF + GIE);     //LPM0 with interrupts enabled
        temp = ADC10MEM;
        IntDegC = ((temp - 673) * 423) / 1024;
        __no_operation();                    //SET BREAKPOINT HERE
    }
}
void ADC10_init(void)
{
    ADC10CTL0 &= ~ENC;
    ADC10CTL0 = ADC10IE + ADC10ON + REFON + ADC10SHT_3 + SREF_1;
    ADC10CTL1 = CONSEQ_0 + ADC10SSEL_0 + ADC10DIV_3 + SHS_0 + INCH_10;
    __delay_cycles(30000);
    ADC10CTL0 |= ENC;
}
# pragma vector = ADC10_VECTOR
__interrupt void ADC10_ISR_HOOK(void)
{
    __bic_SR_register_on_exit(LPM4_bits);
}
```

下载代码并运行仿真,暂停状态 ▶ ⏸ 下,可以在变量窗口查看变量值,如图 19.18 所示。Temp 的值也就是 ADC 的采样值,为 767,换算后的温度值为 38℃(单击图 9.18 中圆圈位置可修改 Number Format 为 Decimal 十进制)。

实验中,如何改变单片机温度呢?比如,38℃ 是怎么实现的?最安全、最简单的方法就是把 LaunchPad 板放在笔记本的出风口,然后测得的温度就快速上涨了。

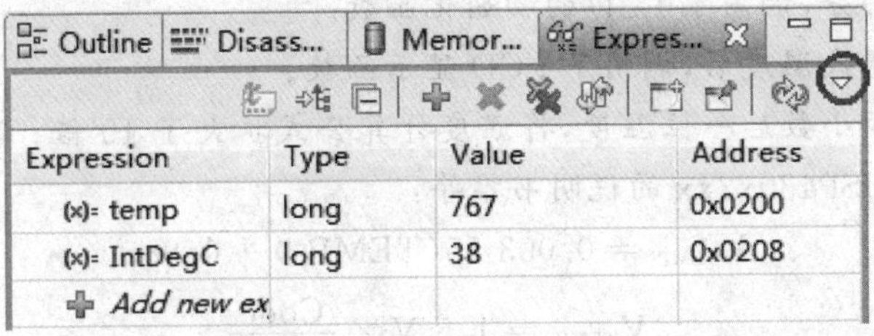

Expression	Type	Value	Address
(x)= temp	long	767	0x0200
(x)= IntDegC	long	38	0x0208
➕ Add new ex			

图 19.18　利用仿真器查看变量值

19.4.2　代码移植

Example 代码中,所测温度仅能用 CCS 仿真软件来查看,很不方便。下面对 Example 代码进行移植,并实现以下功能:

1）将温度显示值扩展一位小数。

2）温度值和温度符号用 LCD 实时显示。

19.4.3　变量与宏定义

如图 19.19 所示，想要用 LCD 显示功能，就必须包含 USCI_I2C、TCA6416A、LCD_128、HT1621 各 5 个 source 文件和 header 文件。如果要从头开始编写 LCD 显示代码，其工作量无疑是惊人的。编写库函数的目的就在于避免重复劳动。

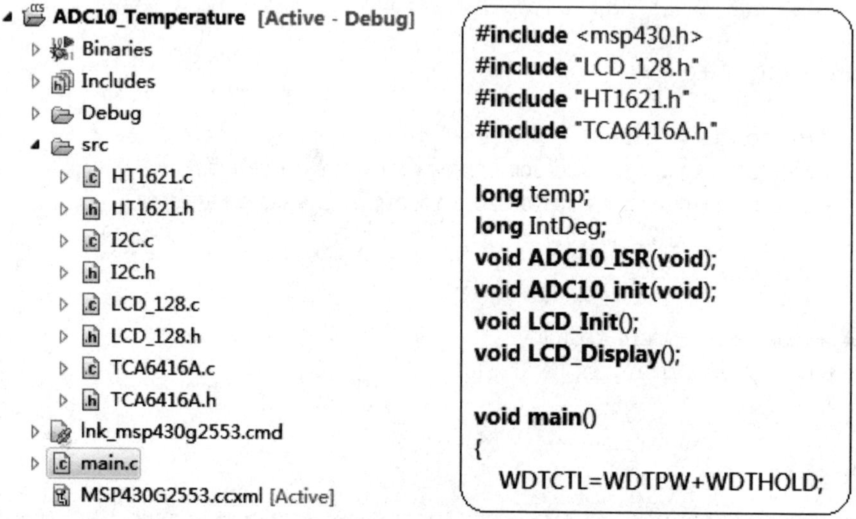

```
▲ 📁 ADC10_Temperature  [Active - Debug]
  ▷ 🔖 Binaries
  ▷ 📄 Includes
  ▷ 📂 Debug
  ▲ 📂 src
    ▷ [c] HT1621.c
    ▷ [h] HT1621.h
    ▷ [c] I2C.c
    ▷ [h] I2C.h
    ▷ [c] LCD_128.c
    ▷ [h] LCD_128.h
    ▷ [c] TCA6416A.c
    ▷ [h] TCA6416A.h
  ▷ 📄 lnk_msp430g2553.cmd
  ▷ [c] main.c
    📄 MSP430G2553.ccxml [Active]
```

```
#include <msp430.h>
#include "LCD_128.h"
#include "HT1621.h"
#include "TCA6416A.h"

long temp;
long IntDeg;
void ADC10_ISR(void);
void ADC10_init(void);
void LCD_Init();
void LCD_Display();

void main()
{
    WDTCTL=WDTPW+WDTHOLD;
```

图 19.19　LCD 显示功能的库函数引用

19.4.4　主函数部分

主函数从 Example 中移植得来，做了几点改动：

1）初始化部分，调用了 LCD 的初始化函数。

2）在测得摄氏温度后，调用了 LCD 显示函数。

3）为了显示小数后一位温度，将温度计算公式扩大了 10 倍。实际的摄氏温度计算公式可由 MSP430x2xx 的说明书推导：

$$V_{\text{TEMP}} = 0.003\ 55(\text{TEMP}_{\text{C}}) + 0.986$$

$$V_{\text{TEMP}} = 1.5\ \text{V} \times \frac{\text{Code}}{1\ 024}$$

式中，Code 为单片机 ADC10 的采样值；TEMP_{C} 为实际摄氏温度值。

```
void main()
{
    WDTCTL = WDTPW + WDTHOLD;
    ADC10_init();
```

从零开启大学生电子设计之路——基于 MSP430 LaunchPad 口袋实验平台

```
LCD_Init();
while(1)
{
    ADC10CTL0 |= ENC + ADC10SC;          //Sampling and conversion start
    _bis_SR_register(CPUOFF + GIE);      //LPM0 with interrupts enabled
    //-----ADC 转换完成中断唤醒 CPU 后才执行以下代码-----
    temp = ADC10MEM;                     //读取 AD 采样值
    IntDeg = temp * 4225/1024 - 2777;    //转换为摄氏度,并 10 倍处理
    //   IntDeg = - 123;                 //由于难以获得负温,可以直接给负值以
                                         //测试 LCD 显示是否正常
    LCD_Display();                       //调用 LCD 显示函数
}
}
```

19.4.5　初始化函数 LCD_Init()

LCD 的初始化由以下两部分组成:

1) 相关硬件的初始化,其中,I^2C 模块的初始化由 TCA6416A 初始化函数在内部已经完成了,LCD_128 库函数由 HT1621 初始化函数在内部引用了。

2) 预设不变的显示内容,包括组成摄氏度的符号(℃)和小数点。"℃"采用拆段的方法实现,比如 C 是由数字 0 拆掉 BC 段实现的。

```
/********************************************************
 * 名     称:LCD_Init()
 * 功     能:初始化 LCD 显示相关的硬件,并预设固定不变的显示内容
 * 入口参数:无
 * 出口参数:无
 * 说     明:预设显示内容包括摄氏度符号℃和小数点
 * 范     例:无
 ********************************************************/
void LCD_Init()
{
    TCA6146A_Init();
    HT1621_init();
    //-----显示固定不变的 LCD 段-----
    LCD_DisplaySeg(_LCD_TI_logo);
    LCD_DisplaySeg(_LCD_QDU_logo);
    LCD_DisplaySeg(_LCD_DOT2);            //温度小数点
    //-----减法构造"o"-----
    LCD_DisplayDigit(9,5);
    LCD_ClearSeg(_LCD_5D);
    LCD_ClearSeg(_LCD_5C);
```

从零开启大学生电子设计之路——基于 MSP430 LaunchPad 口袋实验平台

从零开启大学生电子设计之路——基于 MSP430 LaunchPad 口袋实验平台

```
//-----减法构造"C"-----
LCD_DisplayDigit(0,6);
LCD_ClearSeg(_LCD_6B);
LCD_ClearSeg(_LCD_6C);
}
```

19.4.6　温度显示函数 LCD_Displaly()

LCD 显示函数主要有以下几个部分：

1) 对负温度值进行处理。增减负号,负数取反。

2) 拆分数字并显示。

```
/*************************************************************
 *  名      称:LCD_Displaly()
 *  功      能:将温度值显示出来
 *  入口参数:无
 *  出口参数:无
 *  说      明:包括对负温度的处理、拆分数字等几部分
 *  范      例:无
 *************************************************************/
void LCD_Display()
{
        if( IntDeg > = 0)  LCD_ClearSeg(_LCD_1G);        //正温度,则清除负号
        else
        {
        IntDeg = - IntDeg;                              //负温度,则做绝对值处理
        LCD_DisplaySeg(_LCD_1G);                        //负温度,添加负号
        }
        //-----清除3位显示数字-----
        LCD_DisplayDigit(LCD_DIGIT_CLEAR,2);
        LCD_DisplayDigit(LCD_DIGIT_CLEAR,3);
        LCD_DisplayDigit(LCD_DIGIT_CLEAR,4);
        //-----拆分3位并显示数字-----
        LCD_DisplayDigit(IntDeg/100,2);
        LCD_DisplayDigit((IntDeg % 100)/10,3);
        LCD_DisplayDigit((IntDeg % 100) % 10,4);
        //-----更新缓存,真正显示-----
        HT1621_Reflash(LCD_Buffer);
}
```

19.4.7　初始化函数 ADC10_init()

直接从 CCS 的 Example 中移植的初始化代码,实际也可以从 Grace 中得到。

```
/****************************************************
 *  名      称:ADC10_init()
 *  功      能:初始化 ADC10 采集内部温度传感器,单次手动采样
 *  入口参数:无
 *  出口参数:无
 *  说      明:直接从 CCS 的 Example 中移植过来
 *  范      例:无
 ****************************************************/
void ADC10_init(void)
{
    ADC10CTL0 &= ~ENC;
    ADC10CTL0 = ADC10IE + ADC10ON + REFON + ADC10SHT_3 + SREF_1;
    ADC10CTL1 = CONSEQ_0 + ADC10SSEL_0 + ADC10DIV_3 + SHS_0 + INCH_10;
    __delay_cycles(30000);
    ADC10CTL0 |= ENC;
}
```

19.4.8　中断服务函数 ADC10_ISR_HOOK()

ADC 转换完成中断,该中断函数内只有一句唤醒 CPU 指令,配合主循环实现节能。这也是直接从 CCS 的 Example 中移植过来的。要了解并掌握中断唤醒的这种用法,在第 7 章也用到过。

```
/****************************************************
 *  名      称:ADC10_ISR_HOOK()
 *  功      能:ADC 转换完成后唤醒 CPU
 *  入口参数:无
 *  出口参数:无
 *  说      明:直接从 CCS 的 Example 中移植过来
 *  范      例:无
 ****************************************************/
#pragma vector = ADC10_VECTOR
__interrupt void ADC10_ISR_HOOK(void)
{
    _bic_SR_register_on_exit(LPM4_bits);
}
```

19.4.9　温度计显示效果

图 19.20 所示为正负温度显示效果,左图为实际测试温度,右图的负温度为直接代码中赋值模拟的。

图 19.20　正负温度显示效果

第 **20** 章

PWM 波形合成与双极性信号采样

20.1 概 述

本章介绍三个知识点：面积等效原理、有源滤波器和双极性信号的采样。

1) 基于面积等效原理，可以用 PWM 的方法合成任意波形。

2) 滤波器的设计是模拟电子技术中非常重要的内容，借助 TI 公司的 FilterPro 软件，可以很方便地设计所需的各种有源滤波器。

3) 用单极性 ADC 对双极性信号进行采样是初学者的"死穴"，本章将利用电阻分压法对合成的双极性正弦信号进行采样，在 CCS 中取出数据，在计算机中用 Excel 图表还原正弦波。

本章最后是对 PWM 波形合成实验的示波器波形进行讲解。

20.2 面积等效原理与 PWM 波形合成

面积等效原理：冲量相等而形状不同的窄脉冲加在具有惯性的环节上时，其效果基本相同。

1) 冲量即窄脉冲的面积。

2) 惯性环节即低通滤波。

3) 效果基本相同是指经滤波后输出波形基本相同。

如果把各输入波形用傅里叶变换分析，则其低频段非常接近，仅在高频略有差异。面积等效原理是 PWM 控制技术的理论基础。

20.2.1 SPWM 原理

图 20.1 所示为 PWM 等效波形的原理。

1) 图(a)展示的是利用占空比不变的 PWM 等效直流电压。

2) 如果占空比按一定规律变化，便可得到图(b)展示的等效正弦波。

3) 当然，占空比按别的规律变化就可以等效合成其他形状的波形。

4) 对于用 PWM 合成正弦波，有一个专门的词，叫 SPWM(Sinusoidal PWM)。

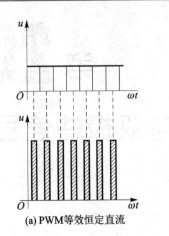 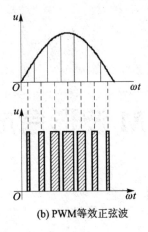

(a) PWM等效恒定直流　　　　(b) PWM等效正弦波

图 20.1　PWM 合成波形原理图

20.2.2　SPWM 的比较法

除了图 20.1(a)那样简单的、占空比不实时变化的 PWM 可以用计算的方法算出 PWM 电平翻转的准确时刻外,类似图 20.1(b)SPWM 那样的 I/O 电平控制时序,单片机是算不出来的。最主要的原因是实时性,等单片机计算出来,"黄花菜都凉了"。

对于实时性下面举个实际的例子。

1) 大家都用 Windows 操作系统,而 Windows 操作系统就不是一个实时操作系统。

2) 当单击网页或打开一个程序时,Windows 可能较长才响应。

3) 非实时性的延迟用于"娱乐",人们还是可以忍受的,但是对于工业控制就绝对不行了,因为延迟响应的后果可能是灾难性的。

在实际操作中,合成 SPWM 的方法有硬件比较器法和软件查表法。如图 20.2 所示:正弦信号输入比较器的同相端,三角波输入比较器的反相端,比较器的输出就是 SPWM。如果输入比较器同相端的不是正弦波,而是任意波形,那么得到的就是任意波形的等效 PWM。

由图 20.2 可以看出,如果想要软件计算 SPWM 时刻就必须对正弦波和三角波联立方程求解,并且这个方程组是没有解析解的。这就是前面说的,"等算出结果,黄花菜都凉了"的原因。

20.2.3　SPWM 的查表法

要想纯软件方法得到 SPWM,最常用方法是查表法。如果提前将正弦波形的幅值量化成 1 个数组,单片机只需按顺序读取数组中的数据来决定延时,就能生成 SPWM。

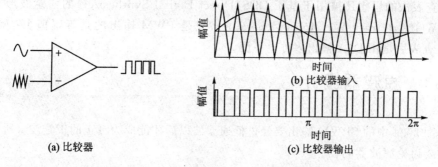

(a) 比较器　　　　　　　　　　　　(c) 比较器输出

图 20.2　硬件比较器法合成 SPWM 控制信号

举例说明,如图 20.3 所示,用 12 个 PWM 脉冲等效 1 个周期正弦波。

1) 利用 Timer_A 输出 PWM,占空比依次为

$$duty[N] = 0.5 + 0.5 \times \sin\left(\frac{1}{6}N\pi\right)$$

式中,0.5 为直流偏置。

2) 提前计算好数组的值:

$$duty[N] = \{50\%, 75\%, 93.75\%, 100\%, 93.75\%, 75\%, 50\%, 25\%, 6.25\%, \\ 0\%, 6.25\%, 25\%\}$$

3) 单片机的 Timer_A 模块在运行中依次循环读取 $duty[N]$ 的值作为占空比,就能得到图 20.3 等效的 SPWM 波形。

4) 图 20.3 中仅用了 12 个脉冲等效正弦波,增加等效正弦周期中脉冲的数目(采样点数),可以得到效果更好的正弦波。

5) 将 $duty[N]$ 乘以系数,可以调节等效正弦波的幅值。

6) 改变调用 duty 数组的时间间隔,可以调节等效正弦波的周期。

7) 预先算好的数组 $duty[N]$ 就是传说中的查表法中的"表"。查表的最大目的是避免复杂数学运算,使单片机能够实时地正确输出波形。

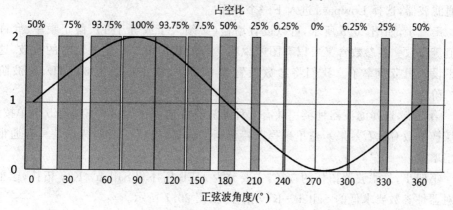

图 20.3　查表法原理

从零开启大学生电子设计之路——基于 MSP430 LaunchPad 口袋实验平台

查表法的思想还被用于基于 DDS(Direct Digital Synthesizer)的任意波形发生器 AWG(Arbitrary Waveform Generator),只是 PWM 输出的是等幅值 PWM,而 DDS 查表后是用 D/A 输出多种电平值。

20.3　滤波器设计

图 20.4 中的 SPWM 输出要经过低通滤波以后才能成为真正的正弦波。所以本节主要讨论滤波器的设计。

20.3.1　有源滤波器和无源滤波器

滤波的方法包括有源滤波和无源滤波两种,总结几条区别:

1) 有源滤波是指由运放等有源元件(当然也要用电容等无源器件)构成的滤波电路,常用于信息电子的低频滤波电路中。优点是负载不影响截止频率,缺点是不能用于高频滤波(因为缺乏足够高频的运放)。

2) 无源滤波是指仅由电感、电容、电阻等无源元件构成的滤波电路,常用于电源电路或信息电子的高频滤波电路里。优点是滤波频率范围宽,结构原理都很简单。缺点是截止频率会随负载变化。

滤波器的知识博大精深,精通滤波器设计绝对是一辈子有饭吃的手艺。这里主要介绍如何用 FilterPro 软件辅助设计有源滤波器。

20.3.2　FilterPro 软件的使用

在 TI 公司的主页上注册 my.Ti 账户,就可以免费下载和使用 FilterPro 软件。在 TI 网站,my.Ti 账户可以用来申请样片、下载软件等多项服务。

安装好软件以后,打开软件,如图 20.4 所示。

第一步,选择滤波器类型,分为低通、高通、带通、带阻、全通(移相)。这里只介绍低通滤波器,选择 Lowpass 进入下一个界面。

第二步,如图 20.5 所示,可以设置增益(必须大于或等于 1)、截止频率、允许过冲值等参数。各参数含义可以看图中说明。一般我们可以指定滤波器的阶数,这样就不设置阻带频率了。我们将参数设置为 0 增益,截止频率为 660 Hz,滤波阶数为二阶。

第三步,选择滤波器种类。共有 6 种滤波器可选,在图 20.6 右侧有 5 个单按钮,可切换参数对比看效果。这里选择巴特沃斯滤波器,巴特沃斯的特点是具有通带最平坦增益。

第四步,是滤波器拓扑的选择,主要分为 MFB 拓扑和 Sallen-Key 拓扑,这里选择对器件参数要求低的 Sallen-Key 拓扑,如图 20.7 所示。

最后,如图 20.8 所示,得到了滤波器参考设计,不要忘记选择电阻和电容的精

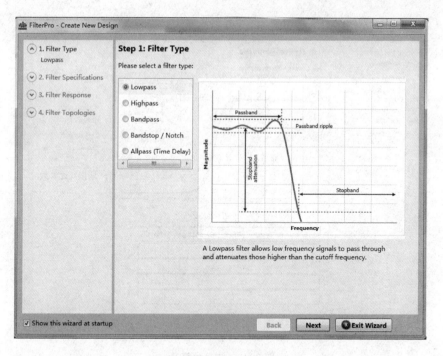

图 20.4　选择滤波器类型

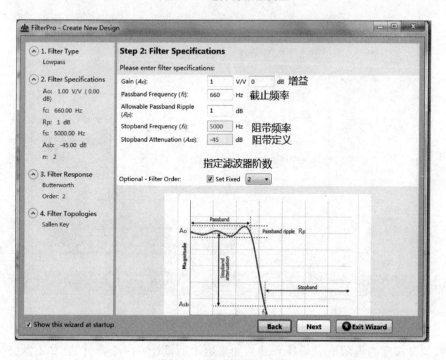

图 20.5　滤波器参数设置

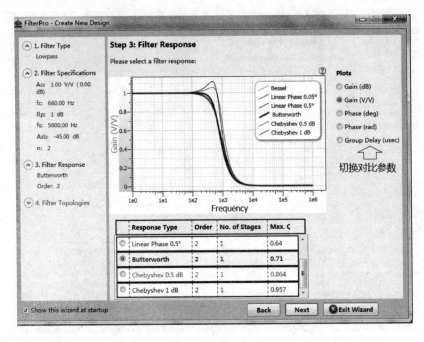

图 20.6　滤波器选择

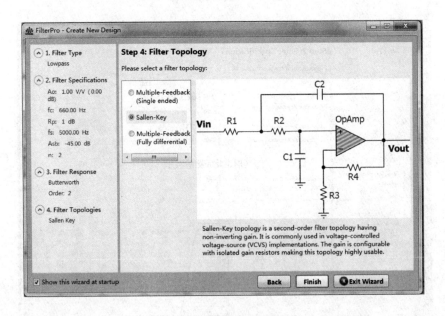

图 20.7　滤波器拓扑选择

度，默认是按理想电阻电容来计算的。如果给出的设计有一个器件，比如 C2，220 nF 电容暂时没有，则可以在"220 nF"上直接修改。软件会重新给出设计。

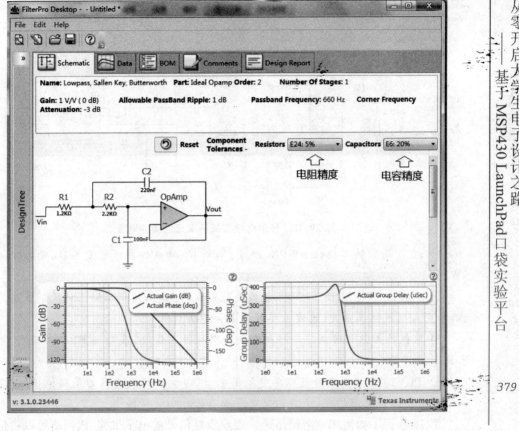

图 20.8　滤波器参考设计

　　将 C2 调整为 100 nF，回车后，软件自动修改其他 3 个器件值，给出新的设计，如图 20.9 所示。

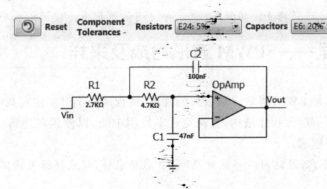

图 20.9　人工变更某一参数后，自动调整的设计

20.4　SPWM 滤波与采样硬件电路

图 20.10 为波形合成与采样单元的硬件电路。

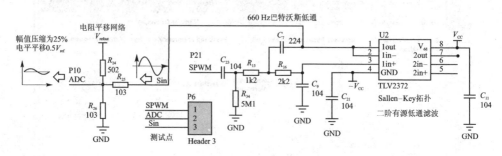

图 20.10　波形合成与采样单元的硬件电路

1) P2.1 输出的单极性 SWPM 经过 C_{23} 和 R_{34} 构成的高通滤波器后，变为双极性 SWPM。

2) 双极性 SWPM 经 TLV2372 构成的 660 Hz 截止频率二阶巴特沃斯低通滤波器后，变成双极性正弦波，滤波器参数由 FlierPro 计算。

3) 双极性正弦波经电阻平移网络成为单极性正弦波，最后进 P1.0 口进行 ADC 采样。

4) TLV2372 运放本身可以单电源供电，但由于输入滤波器的是双极性信号，所以运放需要正负电压供电，运放的负电压由 TPS60400 提供。

第 18 章讲了如何用电阻网络来实现双极性信号的电平平移，该网络可以将信号缩小为 25%，直流电平平移 $0.5V_{ref}$。

注： R_{34} 和 C_{23} 构成的高通滤波器由于截止频率极低（R_{34} 取值极大），仅起隔绝直流作用，不会对低频信号产生影响。R_{34} 看似可以没有，但是如果不接 R_{34}，C_{23} 上就无法充上直流电，起到隔绝直流的效果（除非每次测量前都用示波器探头碰一下）。

20.5　例程——SPWM 波形合成及采样

本章的重点是 PWM 等效合成波形的理论，例程部分不过多讲究花哨的代码，使用的是最普通的前后台程序结构，且避免过多使用中断，以便读者理解（没有中断的流水账程序最好理解）。

1) 后台程序：通过延时不停地对 ADC10 启动采样，将采样结果循环存入缓存数组中。

2) 前台程序：两个 TA 模块都用上，其中，TA1 用于输出 PWM，TA0 定时中断内读正弦表，修改 TA1 的 PWM 占空比。

20.5.1　宏定义及变量

本小节说明如下：

1）头三个宏定义用来设置输出波形的两个重要参数，频率和采样点数。

2）频率由 SIN_F 和 cSMCLK 系统时钟频率共同计算得来的。

3）采样点数表明是用多少个"点"合成一个完整的波形周期，当然点越多波形越"像"。

4）Table_Value[] 数组用来存放 ADC10 循环采样的数据。

5）正弦表很关键，什么样的正弦表就合成什么样的波形。给出了几种正弦表范例，每次只能用一个，注释掉其他的。

6）一定注意正弦表中的采样点数与 SIN_NUM 宏定义要一致！

```
＃include "MSP430G2553.h"
＃include "TA_PWM.h"                     //需调用以前编写的 PWM 库函数

＃define cSMCLK       12000000          //定义 SMCLK 为 12 MHz
＃define SIN_F        200               //定义输出正弦波频率为 200 Hz
＃define SIN_NUM      16                //定义正弦波查表采样点数
unsigned int table_Valu[64] = {0};      //存放 ADC10 采样数据

//----各种正弦表-----
const unsigned int sin_table[SIN_NUM] = {64,88,108,122,127,122,108,88,64,39,19,5,0,
5,19,39};
                                        //16 采样点正弦表
//const unsigned int sin_table[SIN_NUM] = {0,7,15,23,31,39,47,55,63,71,79,87,95,
//103,111,119};
                                        //16 采样点锯齿波表
//const unsigned int sin_table[SIN_NUM] = {32,44,54,61,63,61,54,44,32,19,9,2,0,2,9,
//19};
                                        //16 采样点幅值减半正弦表
//const unsigned int sin_table[SIN_NUM] = {0,10,20,30,40,50,60,70,80,90,100,110,
//120,110,100,90,80,70,60,50,40,30,20,10};
                                        //24 采样点三角波表
//const unsigned int sin_table[SIN_NUM] = {64,88,108,122,127,122,108,88,64,39,19,5,
//0,5,19,39,59,71,81,88,91,88,81,71,59,47,37,30,27,30,37,47};
                                        //32 采样点不等幅正弦表
```

20.5.2　后台程序 ADC10 采样

基本上就是流水账程序，很好理解，说明一些事项：

1）DCO 频率先被设置成了 12 MHz，但这种 DCO 时钟是混频时钟，时钟是抖

从零开启大学生电子设计之路——基于 MSP430 LaunchPad 口袋实验平台

动的。

2) 合成变化信号,以及对变化信号进行采样的场合,是不允许 CPU 工作在混频时钟下的,那意味着波形的频谱会掺杂时钟的抖动,这是大忌。

3) 所以,在配置 12 MHz DCO 后,用了一句代码"DCOCTL＝DCOCTL&0xE0;"将 MODx 混频控制位全部置 0 处理,这样 CPU 时钟就是稳定的了。这时的时钟频率当然也就不是 12 MHz,具体是多少,可以不用关心,肯定比 12 MHz 低一些。

```
void ADC10_WaveSample(unsigned char inch);
void Timer0_A_Init();
void Change_Duty();
void main(void)
{
    WDTCTL = WDTPW + WDTHOLD;          //Stop WDT
    //-----DCO 频率设定为 12 MHz
    BCSCTL1 = CALBC1_12MHZ;            //Set range
    DCOCTL = CALDCO_12MHZ;            //Set DCO step + modulation
    DCOCTL = DCOCTL&0xE0;            //关闭混频器,得到纯净频率
    P1DIR |= BIT6;                    //P1.6 将来作为示波器的同步信号
    //-----初始化 TA1 的 PWM 输出-----
    TA1_PWM_Init('S',1,'F',0);  //TA 时钟设为 ACLK,通道 1 超前 PWM 输出,通道 2 不作 TA 用
    TA1_PWM_SetPeriod(128);          //PWM 的周期为 128 个时钟
    //-----ADC10 初始化-----
    ADC10CTL0 = SREF_1 + ADC10SHT_3 + REF2_5V + REFON + REFOUT + ADC10ON;
    ADC10CTL1 = INCH_0 + CONSEQ_0;
    //-----定时器初始化-----
    Timer0_A_Init();
    _enable_interrupts();
    while(1)
    {
        ADC10_WaveSample(0);
        _nop();                    //可在这里设置断点,取出 table_Valu[]数组中的数据
    }
}
/*********************************************************
* 名     称:ADC10_WaveSample()
* 功     能:完成一次波形采样
* 入口参数:无
* 出口参数:无
* 说     明:共采样 64 个点
* 范     例:无
*********************************************************/
```

```
void  ADC10_WaveSample()
{
    int j = 0,i = 0;
    for( j = 0;j<64;j++ )              //循环采样 64 次
    {
        ADC10CTL0 |= ENC + ADC10SC;    //Sampling and conversion start
        for(i = 0;i<300;i++);          //延时采样
        table_Valu[j] = ADC10MEM;
    }
}
```

20.5.3　前台程序波形合成

SPWM 输出选择了 P2.1 口,所以需要将 TA_PWM.c 中 TA1.1 宏定义由 P2.2 修改为 P2.1。程序部分比较简单,主函数中已调用 TA1_PWM 库函数,自动生成 PWM。剩下就是配置 TA0,在 TA0 定时器中断里,循环用正弦表数组数据改写 TA1_PWM 的占空比。

```
/***********************************************************
 * 名      称:Timer0_A_Init()
 * 功      能:TA0 初始化
 * 入口参数:无
 * 出口参数:无
 * 说      明:TA0 用于定时改变 PWM 占空比,其实就是改变整个 SPWM 的频率
 * 范      例:无
 ***********************************************************/
void Timer0_A_Init()
{
    TA0CCTL0 = CCIE;                       //允许比较/捕获模块 0 的中断
    TA0CCR0 = cSMCLK/SIN_F/SIN_NUM;        //配置合适的查表定时时间
    TA0CTL = TASSEL_2 + MC_1;              //TA0 设为增计数模式,时钟 = SMCLK
    _EINT();                               //开全局总中断
}
/***********************************************************
 * 名      称:Timer0_A0()
 * 功      能:TA0 中断子函数
 * 入口参数:无
 * 出口参数:无
 * 说      明:定时中断内一般先关后开总中断操作
 * 范      例:无
 ***********************************************************/
```

```
#pragma vector = TIMER0_A0_VECTOR
__interrupt void Timer0_A0 (void)
{
    _disable_interrupts();
    Change_Duty();
    _enable_interrupts();
}
/ * * * * * * * * * * * * * * * * * * * * * * * * * * * * * * * * * * * * * * * *
 * 名　　称:Change_Duty()
 * 功　　能:TA0 定时事件处理函数
 * 入口参数:无
 * 出口参数:无
 * 说　　明:用正弦表定时改写 TA1 输出 PWM 的占空比
 * 范　　例:无
 * * * * * * * * * * * * * * * * * * * * * * * * * * * * * * * * * * * * * * * */
void Change_Duty()
{
    static int i = 0;
    unsigned int cnt = 0;
    if(i> = SIN_NUM)
    {
        i = 0;
        P1OUT` = BIT6;             //作为示波器的同步信号输出,便于示波器观测 SPWM 信号
    }
    cnt = (unsigned int)sin_table[i ++ ];
    TA1CCR1 = cnt;                //这里进行正弦波查表后,更改占空比
}
```

20.6　数据还原显示

在没有示波器的情况下,能观测数据波形吗? 只要有仿真器,什么数据都"看的到"。在 2.6.7 小节中介绍了用 CCS 的 Graph 功能观测数据波形的方法,但是对于观测 SPWM 等效波形并不适用。因为 SPWM 等效是经过低通滤波以后才得出"正弦波形",断点的引入会改变滤波器的工作状态。

如图 20.11 所示,可以将数据取出后,再用其他软件还原。

1) 程序代码编译通过以后,运行 CCS 的仿真功能并暂停(记住使用暂停而不是断点)。

2) 将 table_Value 数组添加到变量查看器里,得到 table_Value 的数据列表。

3) 根据图 20.11 中的提示,将数据类型改为 Decimal(十进制)。

4）在数据区域右击，在弹出的快捷菜单中选择 Select All，然后按 Ctrl＋C 快捷键就可以把数据复制到任何指定位置了。

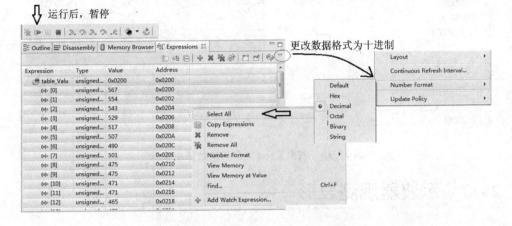

图 20.11　在 CCS 中仿真运行提取数据

有很多专业软件都可以还原波形，这里使用最普通的 Excel。将数据复制到 Excel 表中，如图 20.12 所示。我们仅需要框选部分的数据，将其复制到一旁，并构造与数据同样长度的 1～64 编号。

	A	B	C	D	E	F	G	H
1								
2	table_Valu	unsigned	0x0200	0x0200				
3		[0]	unsigned	567	0x0200		1	567
4		[1]	unsigned	554	0x0202		2	554
5		[2]	unsigned	543	0x0204		3	543
6		[3]	unsigned	529	0x0206		4	529
7		[4]	unsigned	517	0x0208		5	517
8		[5]	unsigned	507	0x020A		6	507
9		[6]	unsigned	490	0x020C		7	490
10		[7]	unsigned	501	0x020E		8	501
11		[8]	unsigned	475	0x0210		9	475
12		[9]	unsigned	475	0x0212		10	475
13		[10]	unsigned	471	0x0214		11	471
14		[11]	unsigned	471	0x0216		12	471
15		[12]	unsigned	465	0x0218		13	465
16		[13]	unsigned	475	0x021A		14	475
17		[14]	unsigned	479	0x021C		15	479
18		[15]	unsigned	487	0x021E		16	487
19		[16]	unsigned	497	0x0220		17	497
20		[17]	unsigned	505	0x0222		18	505
21		[18]	unsigned	519	0x0224		19	519
22		[19]	unsigned	529	0x0226		20	529
23		[20]	unsigned	541	0x0228		21	541

图 20.12　用 Excel 的图标功能还原数据

选中 1～64 编号和采样数据，单击"插入图表"就可以进入图表窗口。选择图 20.13 中的"XY 散点图"后，按提示就可以得到波形图了。至于如何通过波形图得到采样数据的有效值，以及直流偏移等信息，大家各显神通吧。

385

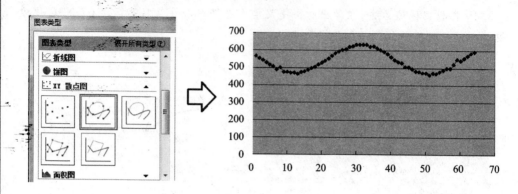

图 20.13　利用 Excel 的图表功能还原波形

20.7　示波器观测波形

本节内容将借助示波器带领大家更深入地认识 PWM 合成信号的原理。

20.7.1　PWM 合成正弦信号

如图 20.14 所示，MSP - EXP430G2 扩展板上预留了交流正弦信号和直流正弦信号的测试点，将示波器探头钩夹拔掉，探针可直接插在测试孔中。本节内容对示波器采集模式功能要求较高，要得到良好的显示效果，建议开启示波器的高分辨率采集模式或滤波器采集模式。

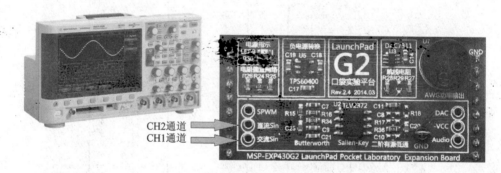

图 20.14　用示波器观测 SPWM 正弦信号

在程序中输入 16 采样点正弦表，频率设为 200 Hz：

```
#define   SIN_F        200              //定义输出频率为 200Hz
#define   SIN_NUM      16               //定义正弦波查表点数
const unsigned int sin_table[SIN_NUM] = {64,88,108,122,127,122,108,88,64,39,19,5,0,
                                         5,19,39};
```

示波器波形图如图 20.15 所示，并测量了频率、有效值、直流偏移三个参数。下面做一些定性分析：

1）频率 187.7 Hz。程序中设定的频率为 200 Hz，看似有些误差。但不要忘记，为了得到不抖动的 DCO 频率，程序代码中将 DCO 的 MODx 混频时钟位清零处理，所以实际单片机的时钟频率要小于 12 MHz，所以合成 SPWM 正弦波的频率也应该小于理论值 200 Hz。

2）信号 1 交流有效值为 564.2 mV，信号 2 交流有效值为 143.5 mV。两个信号的比值为 143.5/564.2＝0.2543，接近理论值 0.25。由于电阻网络的电阻用的是普通 5％电阻，误差在所难免。实际电阻网络的缩放比例可通过实验测定。

3）直流偏移值为 1.234 9 V，接近理论值 1.25 V。同样，由于电阻网络使用的是普通 5％电阻，实际使用电阻网络时，电阻值均可实测后续校准。

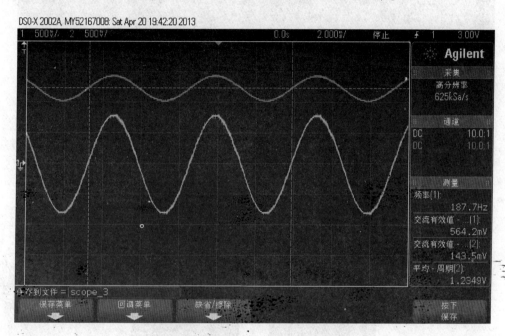

图 20.15　PWM 合成正弦波

20.7.2　改变正弦波幅值

其他参数不变，将正弦表所有值的大小减半时所得波形图如图 20.16 所示。

```
#define  SIN_F       200              //定义输出频率为 200 Hz
#define  SIN_NUM      16              //定义正弦波查表点数
const unsigned int sin_table[SIN_NUM] = {32,44,54,61,63,61,54,44,32,19,9,2,0,2,9,19};
```

对比原 PWM 合成正弦波，如图 20.17 所示，可以发现，正弦表取值减半的 PWM 合成正弦波，其幅值也基本减半；而直流偏移值，频率值几乎没有变化。

对比实验，验证了 PWM 面积等效原理和电阻网络缩放平移信号的可靠性。

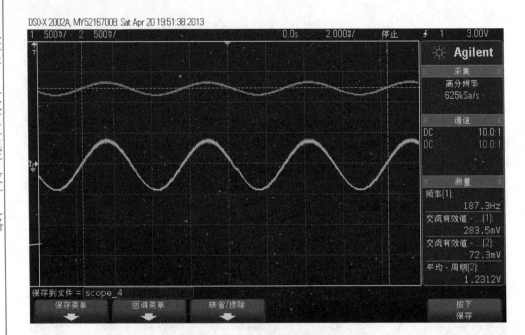

图 20.16　PWM 合成正弦波改变幅值

注：sin_table[]减半时出现小数，是按舍去处理的。

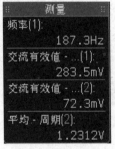

图 20.17　正弦表幅值减半的数据对比

20.7.3　改变正弦波频率

保持最初的正弦表值不变，分别将宏定义 SIN_F 设为 50、100 和 400，所得波形如图 20.18～图 20.20 所示。

```
#define   SIN_F        50//100//400        //依次定义输出频率为 50 Hz、100 Hz、400 Hz
#define   SIN_NUM      16                  //定义正弦波查表点数
const unsigned int sin_table[SIN_NUM] = {32,44,54,61,63,61,54,44,32,19,9,2,0,2,9,19};
```

注意：是测完一次改一次，不是同时写 50、100 和 400。

从零开启大学生电子设计之路
——基于 MSP430 LaunchPad口袋实验平台

389

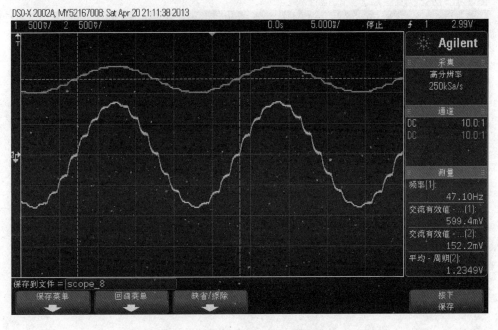

图 20.18 50 Hz 的 SPWM 波形

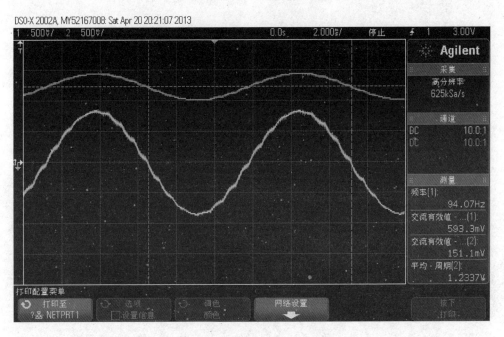

图 20.19 100 Hz 的 SWPM 正弦波

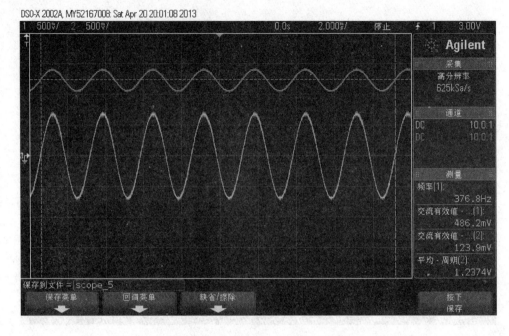

图 20.20　400 Hz 的 SWPM 正弦波

图 20.21 所示为 50 Hz、100 Hz、200 Hz、400 Hz 的数据对比图。

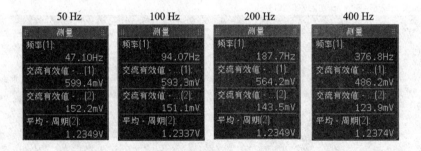

图 20.21　不同频率 SPWM 的数据对比

不同频率的 SPWM 对比可得以下结论：

1）4 个频率设定是精确的，基本上就是 1:2:4:8 的关系，调整 SPWM 频率的方法非常可靠和精确。

2）与理论频率的误差前面说过了，为了使 CPU 时钟为纯净频率，特意将 MODx 关掉，以致实际 CPU 频率达不到设定的 12 MHz。

3）4 种频率下，电阻网络的直流偏移值基本一致，缩放比例值分别为 0.254、0.255、0.254、0.253，基本一致，说明电阻网络平移缩放信号的方案是可靠的。

4）4 种频率下，SPWM 正弦波的有效值随频率递减，这是由于接了有源低通滤波器造成的,频率越高衰减越严重。但仔细分析数据发现,50 Hz 与 100 Hz 的幅值差别不大,而与 200 Hz、400 Hz 的幅值差别却很明显。

5)二阶有源低通滤波器的截止频率选择了 660 Hz(用 FilterPro 设计),该截止频率对于 50 Hz、100 Hz 来说,超过了 5 倍关系,所以滤波器对它们的影响很小(在工程实际中,5～10 倍就是远大于),而对 200 Hz 和 400 Hz 影响很大。

6)"甘蔗没有两头甜",如果仔细观察 SPWM 滤波后的波形,就会发现,50 Hz和 100 Hz 时波形不够平滑。这是为什么呢? 反推导一下 4 者的采样频率是多少。4 种SPWM 均由 16 个采样点的正弦表得来,所以它们的采样频率为 800 Hz、1 600 Hz、3 200 Hz、6 400 Hz(由 16 乘以 SWPM 频率得来)。

7)对于 660 Hz 的低通滤波器,200 Hz 的 SPWM 正弦波对应的采样频率 3 200 Hz差不多就是 5 倍的截止频率,相当于远大于,可认为会被完全滤波,所以 200 Hz 的SPWM 看起来非常平滑。400 Hz 的 SPWM 对应采样频率 6 400 Hz,滤波效果当然更好。

8)而 50 Hz、100 Hz SPWM 正弦波则可认为它们的采样频率成分没有被滤干净,看起来就会不平滑。

9)如何能使 50 Hz 下的 SPWM 也很平滑呢? 这就需要正弦表中的数据多于 16个,比如 64 个采样点的正弦表,这样采样频率就是 64×50 Hz=3 200 Hz。660 Hz的有源低通滤波器既不滤除 50 Hz 正弦波部分,又能把 3 200 Hz 的采样频率滤除,那么效果就很完美了。这其实就是 PWM 合成波形频率、采样频率、低通滤波器截止频率三者之间的选取原则。

20.7.4　PWM 合成三角波形

通过修改"正弦表"可以获得任意等效波形。这和 DDS 函数信号发生器原理类似,只不过 DDS 的输出是驱动 DAC,所以波形的效果更好,滤波压力要小得多。

三角波频率设置为 100 Hz,采样点设为 24 个。

```
#define  SIN_F      100          //定义输出三角频率为 100 Hz
#define  SIN_NUM    24           //定义正弦波查表点数
const unsigned int sin_table[SIN_NUM] = {0,10,20,30,40,50,60,70,80,90,100,110,120,
110,100,90,80,70,60,50,40,30,20,10}     //24 采样点三角波表
```

图 20.22 所示为通过 PWM 等效的三角波形图,对波形图数据进行一番快速分析:

1)合成波形的三角波信号的频率与合成 100 Hz 正弦波基本一致,约为 94 Hz。

2)电阻网络的缩放比为 117.4/461.1=0.254 6,与其他波形时基本一致。

3)电阻网络的直流偏置值为 1.232 4 V,与其他波形时基本一致。

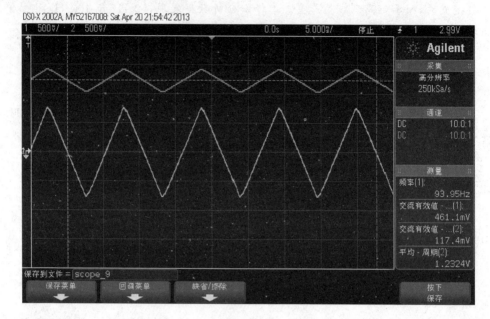

DSO-X 2002A, MY52167008: Sat Apr 20 21:54:42 2013

图 20.22　100 Hz 三角波

20.7.5　PWM 合成不等幅正弦波

不等幅正弦波的频率设置为 400 Hz,采样点设置为 32。

```
#define   SIN_F      400        //定义输出正弦波频率为 400 Hz
#define   SIN_NUM    32         //定义正弦波查表点数
const unsigned int sin_table[SIN_NUM] = {64,88,108,122,127,122,108,88,64,39,19,5,0,
5,19,39,59,71,81,88,91,88,81,71, 59,47,37,30,27,30,37,47};
                                          //一半高幅值,另一半低幅值正弦表
```

对数据进行快速分析:

1) 交替输出频率相同的两种幅值正弦波,如图 20.23 所示。

2) 合成波形的频率与合成 400 Hz 的正弦波基本一致,约为 375 Hz。

3) 电阻网络的缩放比为 69.51/271.69=0.255 8,与其他波形时基本一致。

4) 电阻网络的直流偏置值为 1.234 9 V,与其他波形时基本一致。

20.7.6　PWM 合成锯齿波

如果将"正弦表"改为"锯齿表",可得如图 20.24 所示锯齿波。

```
#define   SIN_F      200        //定义输出锯齿波频率为 200 Hz
#define   SIN_NUM    16         //定义正弦波查表点数
const unsigned int sin_table[SIN_NUM] = {64,88,108,122,127,122,108,88,64,39,19,5,0,
5,19,39};
```

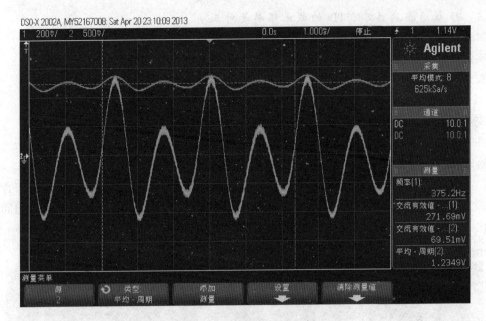

图 20.23　两种幅值的混合正弦波

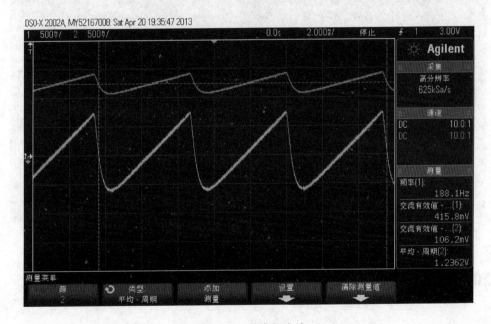

图 20.24　输出锯齿波

数据这里就不分析了,一如既往的标准。为什么图 20.24 的锯齿波看起来有点别扭呢?理论上,锯齿波应该同图 20.25 一样才对啊。

1) 在电子专业领域,未加任何说明的频率都特指正弦波频率,就像电流电压未加说明就特指有效值一样。

2) 低通滤波器 660 Hz 的截止频率是对正弦波而言的,对其他波形的滤波效果则要对波形做傅里叶分解,变成一系列不同频率正弦波分量来分别处理。

3) 图 20.22 中锯齿波的下降沿其实包含非常高频率的正弦波谐波分量,这部分在滤波器作用下衰减很快,所以各频率分量衰减后再重新组合起来,就还原不出包含高频正弦波的陡峭"边沿"了。

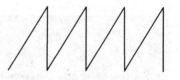

图 20.25　理想的锯齿波波形

方波的情况类似,方波的上升沿和下降沿也包含有极高频率的谐波,但是由于合成方波不需要引入低通滤波器,所以就毫无压力了。图 20.26 所示为本实验板相同代码合成 200 Hz 方波经 660 Hz 低通滤波后的波形图。

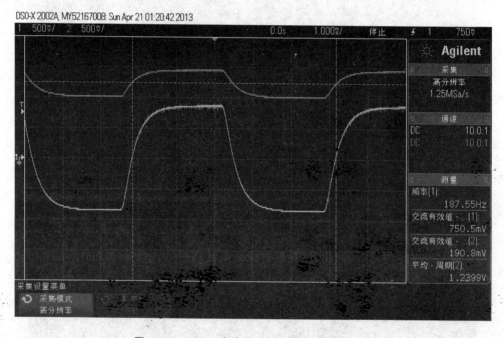

图 20.26　PWM 合成方波经低通滤波后的效果

20.8　小　结

编程并不是本章的重点,本章的重点是 PWM 等效波形原理,包含以下重要知识点:

1) 用 PWM 占空比的变化可以等效出信号幅值的变化。

2) 查表法是软件合成 PWM 的最简单也最有效的方法,与 DDS 原理类似。

3) 必须有低通滤波器才能实现最终的"等效"。

4）有源滤波器可以借助 FilterPro 等软件来设计。

5）等效信号的频率与 PWM 占空比的更新速度有关,同样多的采样点,更新的快,等效出的信号频率就高。

6）等效信号长的"好不好看",与采样点数目有关,采样点越多,滤波的压力就越小。

7）明白什么是工程上的"远大于",5～10 倍就是远大于,而不是数学上的∞,因为多留余量是要花真金白银的,不是用笔画几个 0 那么简单。至于是 5 倍还是 10 倍,取决于代价的大小:代价很小,取 10 倍;代价大,取 5 倍。

8）等效信号频率、采样频率、低通滤波器的截止频率最优设计就是能满足"工程上远大于"的要求(5～10 倍)。即采样频率≫低通滤波器的截止频率≫等效信号频率。

9）再次明确频率的概念,看到方波就该想到高频。

从零开启大学生电子设计之路——基于 MSP430 LaunchPad 口袋实验平台

第**21**章

DAC 与 AWG

21.1 概 述

作为重要模拟外设的 ADC,前面用两章的篇幅详细讲解了其原理和应用知识。DAC 也是重要的模拟器件,应该对其有所了解。MSP430G2553 单片机内部没有集成 DAC,为此我们专门在 MSP-EXP430G2 扩展板上设计了一块 DAC。DAC 有什么用呢?

下面举一个 AWG(Arbitrary Waveform Generator)的例子:

1) 如图 21.1 所示,在画图板上任意画一个函数波形。所谓函数波形就是一个横坐标只有一个纵坐标点与之对应。考虑到将来还能被认出来,这里选用了英文字母里能够构成函数波形的字母 WvM。

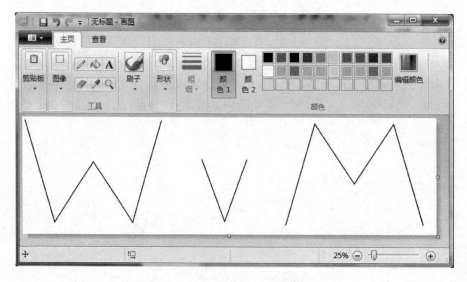

图 21.1 在画图板上画任意波形

2) 用 MSP-EXP430G2 扩展板上的 DAC 构造出该波形,如图 21.2 所示,这就是传说中:基于 DDS 直接数字频率合成原理的 AWG 任意波形发生器。

下面从 DAC 的控制入手,逐步揭示由 DAC 实现 AWG 的原理。

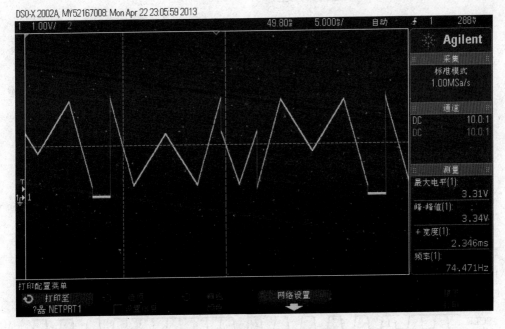

图 21.2　"WvM"字符示波器波形

21.2　数/模转换器 DAC7311/8311/8411

MSP – EXP430G2 扩展板上采用的 DAC 芯片视产品批次不同,可能为 DAC7311/8311/8411 中的一种。如图 21.3 所示,DAC7311/8311/8411 是 TI 公司推出的系列电阻串(R – String)型 DAC,分辨率分别为 12 位、14 位、16 位。

这三种 DAC 芯片不仅引脚兼容,针对 16 位的 DAC8411 编写的程序代码可以不经改动用于低位数的 DAC8311 和 DAC7311,所以下面仅对 DAC8411 进行说明。

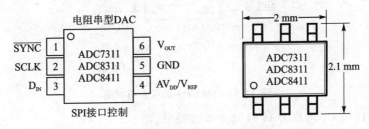

图 21.3　LaunchPad 扩展板上的 DAC 封装外形

21.2.1　DAC8411 控制原理

DAC8411 的帧数据格式如图 21.4 所示。

1) 最左边 2 位是节能模式选择,00 是正常工作,01、10、11 分别是接 1 kΩ 电阻到地、接 10 kΩ 电阻到地及高阻三种节能输出(功耗依次降低)。

2) 选择 00 模式让 DAC 正常工作,然后接 16 位 DAC 数据,最后 6 位发不发送没有影响。如果是 DAC7311 和 DAC8311 芯片,则后接 12 位或 14 位有效数据,多发几位没有影响,所以 DAC8411 的时序图其实兼容 DAC7311 和 DAC8311。

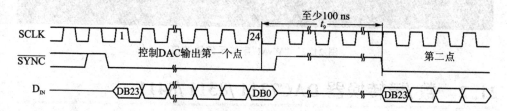

DB23																							DB0
PD1	PD0	D15	D14	D13	D12	D11	D10	D9	D8	D7	D6	D5	D4	D3	D2	D1	D0	X	X	X	X	X	X
节能		16位DAC数据																发送不发送都行					

图 21.4　DAC8411 的帧格式

DAC8411 的控制时序如图 21.5 所示,$\overline{\text{SYNC}}$也就是使能信号有效后,依次发送 24 位数据,然后 CS 禁止至少 100 ns 才能发送下次数据。对于用 G2 控制来说,100 ns 的时间已经接近最高时钟频率了,所以根本不用考虑延时等待的问题。

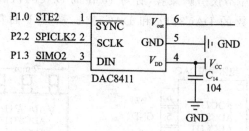

图 21.5　DAC8411 的控制时序

21.2.2　DAC8411 库函数

MSP - EXP430G2 扩展板上 DAC8411 的硬件连接如图 21.6 所示。

图 21.6　DAC8411 的控制引脚图

DAC8411 的库函数 DAC8411.c 非常简单。

```
/********************* DAC8411.c ********************/
#include "MSP430G2553.h"
//--------I/O宏定义----------
```

从零开启大学生电子设计之路
——基于 MSP430 LaunchPad 口袋实验平台

```c
#define SYNC_HIGH          P1OUT |= BIT0
#define SYNC_LOW           P1OUT &= ~BIT0
#define SCLK_HIGH          P2OUT |= BIT2
#define SCLK_LOW           P2OUT &= ~BIT2
#define DIN_HIGH           P1OUT |= BIT3
#define DIN_LOW            P1OUT &= ~BIT3
/*********************************************************
 * 名    称:DAC8411_Init()
 * 功    能:初始化 DAC8411
 * 入口参数:无
 * 出口参数:无
 * 说    明:就是初始化相关 I/O 的状态
 * 范    例:无
 *********************************************************/
void DAC8411_Init()
{
    //-----设置 I/O 为输出-----
    P1DIR |= BIT0 + BIT3;
    P2DIR |= BIT2;
    //-----设置 I/O 初始状态为高-----
    SCLK_HIGH;
    SYNC_HIGH;
}
/*********************************************************
 * 名    称:write2DAC8411(unsigned int Data)
 * 功    能:对 DAC8411 写 16 位数据
 * 入口参数:Data    待写入的数据
 * 出口参数:无
 * 说    明:共需发 18 位,前 2 位为 00,后 16 位是 DAC 量化数据
 * 范    例:无
 *********************************************************/
void write2DAC8411(unsigned int Data)
{
    unsigned int Temp = 0;
    unsigned char i = 0;
    Temp = Data;
    SYNC_LOW;                      //使能开始
    //-----发送 00,代表是非节能模式(节能就停止工作了)-----
    SCLK_HIGH;
    DIN_LOW;                       //数据 0
    SCLK_LOW;
    SCLK_HIGH;
    DIN_LOW;                       //数据 0
```

```
SCLK_LOW;
//-----依次发送 16 位数据-----
for(i = 0;i<16;i++)                //使用 DAC7311 和 DAC8311 时,i<14 即可
{
    SCLK_HIGH;
    //-----通过位与,判断最高位是 1 还是 0,已决定发什么数据-----
    if(Temp&BITF)      DIN_HIGH;
    else               DIN_LOW;
    SCLK_LOW;
    Temp = Temp<<1;                //左移 1 位,永远发最高位
}
SYNC_HIGH;                         //使能禁止,数据锁存入 DAC8411
}
```

DAC8411.h 文件中声明两个外部函数。

```
/********************** DAC8411.h **********************/
#ifndef DAC8411_H_
#define DAC8411_H_
extern void DAC8411_Init(void);
extern void write2DAC8411(unsigned int Data);
#endif /* DAC8411_H_ */
```

21.3　AWG 单元硬件原理图

图 21.7 所示为 AWG 单元的硬件原理图,关于跳线电阻的说明如下:

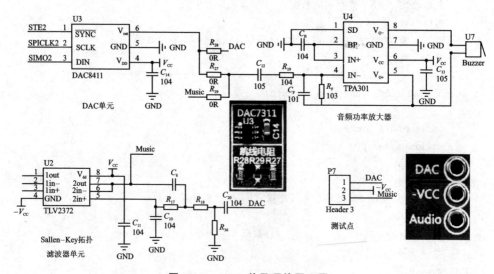

图 21.7　AWG 单元硬件原理图

1）跳线电阻 R_{27}：DAC 的输出可以由 0 Ω 跳线电阻 R_{27} 选择，直接输出给功放 TPA301。

2）跳线电阻 R_{28}：DAC 的输出可以由 0 Ω 跳线电阻 R_{28} 选择，进入 Sallen - Key 拓扑的二阶有源低通滤波器，滤波器参数可自行根据 FilterPro 软件计算后，焊上 C_8、C_{10}、R_{17}、R_{18}。

3）跳线电阻 R_{29}：低通滤波器输出信号可由 R_{29} 传输给功放 TPA301。

关于测试点的说明：

1）观测 DAC 输出信号，可焊上 R_{28}，直接检测 DAC 测试点。

2）有源滤波器运放的负压供电由 TPS60400 提供，可检测 $-V_{CC}$ 测试点。

3）DAC 输出经滤波后的信号可直接检测 Audio 测试点。

21.4　例程——任意波形发生器 AWG

本例程将针对本章开篇生成"WVM"形状的 AWG 波形发生器代码进行讲解。

21.4.1　宏定义和常量数组

TA 定时的定时值由三个宏定义值共同决定：

1）SYSCLK 系统时钟值。

2）AWG_FREQ 是合成信号的频率。

3）SAMPLENUM 为合成波形的采样点数。

常量数组 Data[]共由 1 144 个数据组成，相当于是"正弦表"。1 144 个数据由 1 072 个有效数据点加 72 个用于分割 WvM 波形的 0 数据组成。如何从任意波形中取出数据点，可见 21.6 节。

```
/ * * * * * * * * * * * * * * * * * * * * * * * *main. c* * * * * * * * * * * * * * * * * * * * * * * */
# include "MSP430G2553. h"
# include "DAC8411. h"
# define SYSCLK        12000000        //当前主时钟频率
# define AWG_FREQ      20              //AWG 信号频率
# define SAMPLENUM     1144            //采样点数
const unsigned int Data[SAMPLENUM] = {
57892,57373,56818,56307,55788,55233,54723,54203,53648,53138,52618,52063,51509,
50998,50479,49924,49413,48894,48339,47828,47309,46754,46243,45724,45169,44615,
44104,43584,43030,42519,41999,41445,40934,40415,39860,39349,38794,38275,37720,
37210,36690,36135,35625,35105,34550,34040,33520,32966,32455,31900,31381,30826,
30315,29796,29241,28730,28211,27656,27146,26626,26071,25517,25006,24486,23932,
23421,22902,22347,21836,21317,20762,20251,19732,19177,18622,18112,17592,17038,
16527,16007,15453,14942,14422,13868,13357,12802,12283,11728,11217,10698,10143,9633,
9113,8558,8048,7528,6973,6463,6304,6542,6780,7018,7255,7493,7731,7968,8162,8400,
```

8638,8875,9113,9351,9589,9826,10064,10302,10539,10777,11015,11253,11490,11728,
11966,12168,12406,12644,12882,13119,13357,13595,13833,14070,14308,14546,14783,
15021,15259,15497,15734,15928,16166,16404,16641,16879,17117,17354,17592,17830,
18068,18305,18543,18781,19019,19256,19494,19732,19934,20172,20410,20648,20885,
21123,21361,21598,21836,22074,22312,22549,22787,23025,23263,23500,23694,23932,
24169,24407,24645,24883,25120,25358,25596,25834,26071,26309,26547,26785,27022,
27260,27498,27700,27938,28176,28413,28651,28889,29127,29364,29602,29840,30078,
30315,30553,30791,31029,31266,31460,31698,31935,32173,32411,32649,32886,33124,
33362,33600,33837,34075,34313,34550,34788,35026,35264,35466,35704,35942,36179,
36417,36655,36893,37130,37324,37086,36849,36611,36373,36135,35898,35660,35422,
35228,34991,34753,34515,34278,34040,33802,33564,33327,33089,32851,32613,32376,
32138,31900,31662,31460,31222,30985,30747,30509,30271,30034,29796,29558,29320,
29083,28845,28607,28369,28132,27894,27656,27463,27225,26987,26749,26512,26274,
26036,25798,25561,25323,25085,24847,24610,24372,24134,23897,23694,23456,23219,
22981,22743,22505,22268,22030,21792,21554,21317,21079,20841,20604,20366,20128,
19890,19697,19459,19221,18983,18746,18508,18270,18032,17795,17557,17319,17082,
16844,16606,16368,16131,15928,15690,15453,15215,14977,14739,14502,14264,14026,
13789,13551,13313,13075,12838,12600,12362,12124,11931,11693,11455,11217,10980,
10742,10504,10267,10029,9791,9553,9316,9078,8840,8602,8365,8162,7924,7687,7449,
7211,6973,6736,6498,6304,6815,7334,7845,8400,8919,9430,9985,10504,11015,11570,
12089,12600,13155,13709,14229,14739,15294,15814,16324,16879,17399,17909,18464,
18983,19538,20049,20604,21123,21634,22188,22708,23219,23773,24293,24803,25358,
25878,26432,26943,27498,28017,28528,29083,29602,30113,30668,31187,31698,32252,
32807,33327,33837,34392,34911,35422,35977,36496,37007,37562,38081,38592,39147,
39701,40221,40732,41286,41806,42316,42871,43391,43901,44456,44976,45530,46041,
46596,47115,47626,48181,48700,49211,49765,50285,50796,51350,51870,52424,52935,
53490,54009,54520,55075,55594,56105,56660,57179,57690,58209,38433,38116,37685,
37245,36849,36373,35977,35545,35105,34709,34234,33837,33406,32966,32569,32094,
31698,31266,30826,30430,29954,29558,29127,28686,28290,27815,27419,26987,26547,
26151,25675,25279,24847,24407,24011,23536,23139,22708,22268,21871,21396,21000,
20568,20128,19732,19256,18860,18429,17988,17592,17117,16721,16289,15849,15453,
14977,14581,14150,13709,13313,12838,12441,12010,11570,11173,10698,10302,9870,9430,
9034,8558,8162,7731,7290,6894,6463,6859,7290,7687,8127,8558,8999,9430,9826,10267,
10698,11138,11570,11966,12406,12838,13278,13709,14105,14546,14977,15417,15849,
16245,16685,17117,17557,17988,18385,18825,19256,19697,20128,20524,20965,21396,
21836,22268,22664,23104,23536,23976,24407,24803,25244,25675,26115,26547,26943,
27383,27815,28255,28686,29083,29523,29954,30395,30826,31222,31662,32094,32534,
32966,33362,33802,34234,34674,35105,35501,35942,36373,36813,37245,37641,38081,5195,
5706,6225,6736,7290,7810,8321,8875,9395,9906,10460,10980,11534,12045,12600,13119,
13630,14185,14704,15215,15770,16289,16800,17354,17874,18429,18939,19494,20014,
20524,21079,21598,22109,22664,23183,23694,24249,24803,25323,25834,26388,26908,
27419,27973,28493,29003,29558,30078,30588,31143,31698,32217,32728,33283,33802,

34313,34867,35387,35898,36452,36972,37527,38037,38592,39111,39622,40177,40696,
41207,41762,42281,42792,43347,43866,44421,44931,45486,46006,46516,47071,47591,
48101,48656,49175,49686,50241,50796,51315,51826,52380,52900,53411,53965,54485,
54996,55550,56070,56580,57100,56897,56660,56422,56184,55946,55709,55471,55233,
55040,54802,54564,54326,54089,53851,53613,53375,53138,52900,52662,52424,52187,
51949,51711,51474,51271,51033,50796,50558,50320,50082,49845,49607,49369,49131,
48894,48656,48418,48181,47943,47705,47467,47274,47036,46798,46560,46323,46085,
45847,45609,45372,45134,44896,44659,44421,44183,43945,43708,43505,43267,43030,
42792,42554,42316,42079,41841,41603,41366,41128,40890,40652,40415,40177,39939,
39701,39508,39270,39032,38794,38557,38319,38081,37844,37606,37368,37130,36893,
36655,36417,36179,35942,35739,35501,35264,35026,34788,34550,34313,34075,33837,
33600,33362,33124,32886,32649,32411,32173,31935,31742,31504,31266,31029,30791,
30553,30315,30078,29840,29602,29364,29127,28889,28651,28413,28176,27973,27735,
27498,27260,27022,26785,26547,26309,26071,26115,26353,26591,26829,27066,27304,
27542,27780,27973,28211,28449,28686,28924,29162,29400,29637,29875,30113,30351,
30588,30826,31064,31301,31539,31777,31979,32217,32455,32693,32930,33168,33406,
33644,33881,34119,34357,34595,34832,35070,35308,35545,35739,35977,36215,36452,
36690,36928,37166,37403,37641,37879,38116,38354,38592,38830,39067,39305,39543,
39745,39983,40221,40459,40696,40934,41172,41410,41647,41885,42123,42360,42598,
42836,43074,43311,43505,43743,43981,44218,44456,44694,44931,45169,45407,45645,
45882,46120,46358,46596,46833,47071,47309,47511,47749,47987,48225,48462,48700,
48938,49175,49413,49651,49889,50126,50364,50602,50840,51077,51271,51509,51746,
51984,52222,52460,52697,52935,53173,53411,53648,53886,54124,54362,54599,54837,
55075,55277,55515,55753,55990,56228,56466,56704,56941,56783,56263,55709,55198,
54679,54124,53613,53094,52539,52028,51509,50954,50443,49889,49369,48814,48304,
47784,47230,46719,46199,45645,45134,44615,44060,43505,42994,42475,41920,41410,
40890,40335,39825,39305,38750,38240,37720,37166,36611,36100,35581,35026,34515,
33996,33441,32930,32411,31856,31346,30791,30271,29717,29206,28686,28132,27621,
27102,26547,26036,25517,24962,24451,23897,23377,22822,22312,21792,21237,20727,
20207,19653,19142,18622,18068,17513,17002,16483,15928,15417,14898,14343,13833,
13313,12758,12248,11728,11173,10619,10108,9589,9034,8523,8004,7449,6938,6419,5864,
5353,0,0,0,0,0,0,0,0,0,0,0,0,0,0,0,0,0,0,0,0,0,0,0,0,0,0,0,0,0,0,0,0,0,0,0,0,0,0,0,
0,0,0,0,0,0,0,0,0,0,0,0,0,0,0,0,0,0,0,0,0,0,0,0,0,0,0,0,0,0,0,0,0,0}

21.4.2　主函数部分

主函数只有初始化和休眠代码。

```
void Time0_A_Init();
void TA0_OnTime();
void main(void) {
    WDTCTL = WDTPW + WDTHOLD;
```

从零开启大学生电子设计之路——基于 MSP430 LaunchPad 口袋实验平台

```
  BCSCTL1 = CALBC1_12MHZ;                    /* Set DCO to12 MHz */
  DCOCTL = CALDCO_12MHZ;
  DAC8411_Init();
  Time0_A_Init();
  while(1)
  {
    _bis_SR_register(LPM0_bits);
  }
}
```

21.4.3　TA 定时相关函数

这部分函数的任务就是实现定时变更 DAC 的输出,以固定频率合成 AWG。想清楚 TACCR0(也就是 TA 定时)为什么是 SYSCLK/AWG_FREQ/SAMPLENUM。

```
/********************************************************
 * 名    称:Time0_A_Init()
 * 功    能:初始化 TA0
 * 入口参数:无
 * 出口参数:无
 * 说    明:就是初始化相关 I/O 的状态
 * 范    例:无
 ********************************************************/
void Time0_A_Init()
{
  TA0CCTL0 = CCIE;                        //允许比较/捕获模块 0 的中断
  TA0CCR0 = SYSCLK/AWG_FREQ/SAMPLENUM;    //设定 TA 定时周期
  TA0CTL = TASSEL_2 + MC_1;               //TA0 设为增计数模式,时钟 = SMCLK
  _enable_interrupts();                   //开全局总中断
}
/********************************************************
 * 名    称:Timer0_A0
 * 功    能:TACCR0 中断服务函数
 * 入口参数:无
 * 出口参数:无
 * 说    明:此中断源独占中断向量入口,无需判断
 * 范    例:无
 ********************************************************/
#pragma vector = TIMER0_A0_VECTOR
__interrupt void Timer0_A0 (void)
{
  TA0CCTL0 &= ~CCIE;                      //关闭比较/捕获模块 0 的中断
  TA0_OnTime();
  TA0CCTL0 = CCIE;                        //允许比较/捕获模块 0 的中断
}
```

```
/******************************************************
 * 名      称:TA0_OnTime()
 * 功      能:TA0 的定时事件处理函数
 * 入口参数:无
 * 出口参数:无
 * 说      明:无
 * 范      例:无
 ******************************************************/
void TA0_OnTime()
{
    static unsigned int i = 0;
    write2DAC8411(Data[i]);
    i++;
    if(i>SAMPLENUM) i = 0;
}
```

21.4.4　AWG 波形

滤波器的效果留待读者自行实验,本例中主要观察 DAC 直接输出的波形,以及经过功率放大器后的波形。为避免重负载影响 DAC 输出,注意去除蜂鸣器或跳线电阻 R_{27}。

1)图 21.8 所示为示波器通道 1 接 DAC 输出,通道 2 接功率放大器对地正输出。

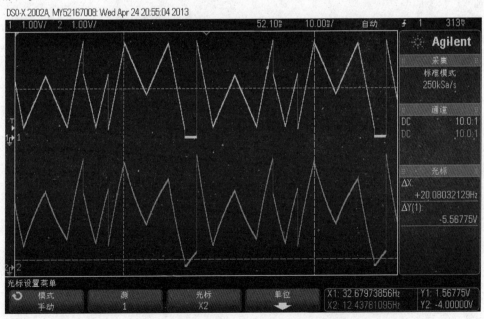

图 21.8　DAC 输出与功率放大器输出

2）图 21.9 所示为通道 1 接功率放大器对地正输出，通道 2 接功率放大器对地负输出。

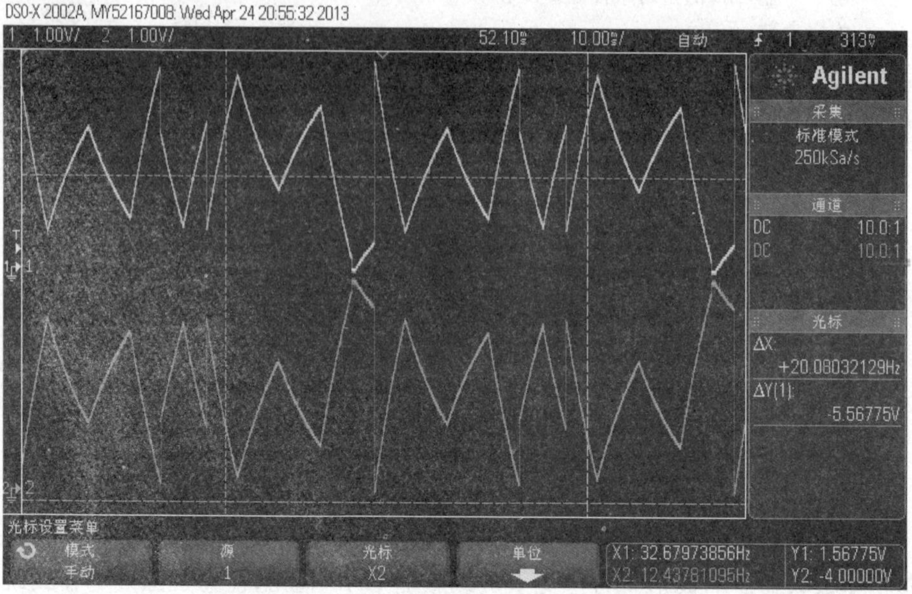

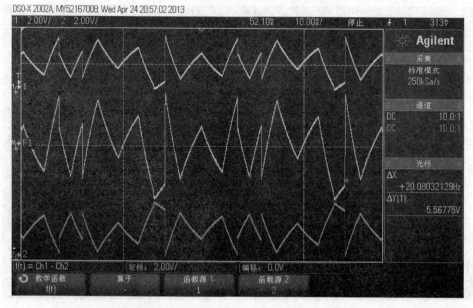

图 21.9　功率放大器正负对地输出

3）图 21.10 所示通道 1 接功率放大器对地正输出，通道 2 接功率放大器对地负输出，增加了 Math（紫色），显示的是两个信号的差。

图 21.10　功率放大器正负对地输出以及正负差

简单的波形分析：

1) 从图 21.8～图 21.10 中可以看出，AWG 信号的频率与软件设定值一致，都为 20 Hz(使用示波器光标测量，因为此时示波器已经难以自动分辨出正确周期了)。

2) 对于功率输出信号，明显地带有高通的特性(横线部分变成了斜线，整体波形变得更"锋利")。图 21.7 中，功放输入端串联了电容 C_{12}，构成了一个高通滤波器。

3) 功率输出的正负信号为一组差分信号，对地电压的幅值相反。

21.5　例程——基于 AWG 的音频播放

人本身就是模拟系统，除了能用眼睛看，还可以用声音听，用皮肤感知温度，这些都是模拟量。除了用示波器显示波形然后用眼睛看模拟信号这一"主流"途径外，利用喇叭"听"模拟信号也是一个选择。基于 AWG 的硬件电路，可以实现一个简单的音乐播放功能：

1) 读取 TF 卡中的数字音频数据流。由于 MSP430 的运算能力不适合音频解码等处理，所以从 TF 中读取的是无压缩的 wav 格式的音频文件。

2) 控制一个 DAC，基于 wav 文件的数据，构造 AWG 波形。

3) DAC 的输出可选择经二阶滤波器(留待读者自行设计滤波器参数)后输入给音频功率放大器。

4) 功率放大器可以驱动喇叭或无源蜂鸣器播放音频。扩展板上预留的安装孔可以直接插一个 0905 封装的蜂鸣器，需要更好的音质则可从安装孔引线外接喇叭。

21.5.1　程序分析

程序涉及两大任务，它们的实时性不同：

1) 以音频采样速率 11.025 kHz 为标准，定时用 DAC 输出 AWG 模拟信号，这个任务对时间要求严格，如果不是按 11.025 kHz 输出，声音听起来就会变调。

2) 从 TF 卡中源源不断地读取音频数据，此任务只需保证总的读取速率大于 11.025 kHz 即可，对于读取 TF 数据的具体时刻没有要求。

根据以上分析，设计程序结构方案如下：

1) 选取合适的 wav 格式音频文件(用音频编辑软件转换为单声道，采样率为 11 025 Hz)，存入 TF 卡中，在计算机上用 WinHex 软件查找到音频文件存放的扇区物理地址。

2) 初始化 TF 卡为 SPI 模式，依次读取音频所在各个扇区的数据。数据存入 64 字节 FIFO 中。这是后台程序。

3) SMCLK 设为 12 MHz，以 TA0 为定时器，TACCR0 定时值设为 1 088(定时频率 11.025 kHz)。

4) 在 TA0 定时中断的前台程序中，调用 DAC8411 库函数，按音频数据输出模拟波形。

5）模拟波形经滤波器（可选）后由 TPA301 功率放大后驱动喇叭/蜂鸣器。

21.5.2　查看文件的扇区地址

将 TF 卡插入读卡器连上计算机，打开 WinHex 软件，选择"工具"→"打开磁盘"，在"逻辑驱动器"中选择 TF 卡对应的驱动器，就可以查看存储器的扇区。如图 21.11 所示，找到"筷子兄弟——老男孩"这首歌的物理扇区地址为 532615。

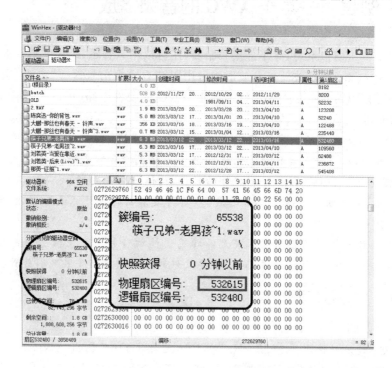

图 21.11　查找存储器中文件的物理扇区

21.5.3　程序的文件结构

图 21.12 所示为音频播放程序的文件结构。涉及多个文件，大多数已经是写过的库函数：

1）SD 卡库函数中，只有 SPI.c 需要部分改动，初始化等 5 个函数保留。

2）DAC8411 库函数本章刚刚讲解完毕。

3）软件 FIFO 的函数，以前写过 UART 的 FIFO，原理一致，这里可以再复习一遍。

4）主函数必须重新写。

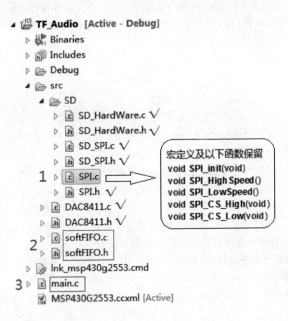

图 21.12 音频播放程序的文件结构

21.5.4 改写 SPI.c 文件

为什么要改写 SPI 驱动文件呢？在 MSP430 单片机中由于没有真正的中断优先级，所以也就无法中断嵌套。为了与驱动 DAC 的前台程序不冲突，SPI 通信必须使用查询等待的方法。

保留初始化等 5 个函数，其他删除。需要改写的函数有两个：SPI_RxFrame() 和 SPI_TxFrame()。改写的原则是不能使用中断，也不能关闭总中断。

```
/* * * * * * * * * * * * * * * * * * * * * * * * * * * * * * * * * * * *
* 名    称:SPI_RxFrame()
* 功    能:三线硬件 SPI 模式下,接收指定数目的字节
* 入口参数:* pBuffer   指向存放接收数据的数组
*          size   要接收的字节数
* 出口参数:0   当前硬件 SPI 在忙;   1   当前数据已发送完毕
* 说    明:使用该函数可以接收指定个数的一帧数据
* 范    例:SPI_RxFrame(CMD,6);       //接收 6 个字节,并依次放入 CMD 中
* * * * * * * * * * * * * * * * * * * * * * * * * * * * * * * * * * * */
unsigned char SPI_RxFrame(unsigned char * pBuffer, unsigned int size)
{
    unsigned int gie = __get_SR_register() & GIE;     //保存当前 全部 GIE 状态
    IFG2 &= ~UCA0RXIFG;                               //清除接收中断标志位
    while (size -- ){
```

```
        while (!(IFG2 & UCA0TXIFG)) ;                    //等待发送完毕
        UCA0TXBUF = 0xff;                                //发送空字节
        while (!(IFG2 & UCA0RXIFG)) ;                    //等待接收完毕
        * pBuffer ++ = UCA0RXBUF;
    }
    return 1;
}
/ * * * * * * * * * * * * * * * * * * * * * * * * * * * * * * * * * * * * * * * * *
 * 名      称:SPI_TxFrame()
 * 功      能:三线硬件 SPI 模式下,发送指定数目的字节缓存
 * 入口参数: * pBuffer   指向待发送的数组地址
 *            size   待发送的字节数
 * 出口参数:0   当前硬件 SPI 在忙;   1   当前数据已发送完毕
 * 说      明:使用该函数可以发送指定个数的一帧数据
 * 范      例:SPI_TxFrame(CMD,6);          //从 CMD 中取出并发送 6 个字节
 * * * * * * * * * * * * * * * * * * * * * * * * * * * * * * * * * * * * * * * */
unsigned char SPI_TxFrame(unsigned char * pBuffer, unsigned int size)
{
    unsigned int gie = __get_SR_register() & GIE;    //保存当前全部 GIE 状态
    while (size -- ){
        while (!(IFG2 & UCA0TXIFG)) ;                 //等待发送完毕
        UCA0TXBUF = * pBuffer ++ ;                    //写入待写字节
    }
    while (UCA0STAT & UCBUSY) ;                       //等待收发完毕
    UCA0RXBUF;                                        //空读 RXBUF,用于下一次写入信息
    __bis_SR_register(gie);                           //还原全部中断信息
    return 1;
}
```

21.5.5　软件 FIFO

软件 FIFO 的构架和原理都是一样的,这里再写一遍当做复习。只有一点需要注意,为避免与前台程序冲突,开关中断的操作被屏蔽了。

```
/ * * * * * * * * * * * * * * * * * * * softFIFO.c * * * * * * * * * * * * * * * * * * */
# include "MSP430G2553.h"
# include "softFIFO.h"
# define DISABLE_INT        _DINT()         / * 关中断 * /
# define RESTORE_INT        _EINT()         / * 开中断 * /
/ * * * * * * * * * * * * * * *以下宏定义与 FIFO 缓冲器有关 * * * * * * * * * * * * * * */
unsigned char FIFOBuff[FIFOBUFF_SIZE] = {0};        //定义缓冲队列数组(FIFO)
static unsigned int    FIFO_IndexW = 0;             //缓冲队列写入指针(头指针)
```

```
static unsigned int       FIFO_IndexR = 0;                  //缓冲队列读取指针(尾指针)
unsigned int              FIFO_Count = 0;                   //FIFO 中未读取数据的个数
/* ******************************************************
 * 名      称:Write_FIFO()
 * 功      能:将一次值压入相应键盘缓冲队列
 * 入口参数:value   数据
 * 出口参数:无
 ******************************************************/
void Write_FIFO(unsigned char value)
{
    if(FIFO_Count > = FIFOBUFF_SIZE) return;               //若缓冲区已满,则放弃本次值
    DISABLE_INT;
    FIFO_Count ++ ;                                        //次数计数增加
    FIFOBuff[FIFO_IndexW] = value;                         //从队列头部追加新的数据
    if ( ++ FIFO_IndexW > =   FIFOBUFF_SIZE)               //循环队列,如果队列头指针越界
    {
        FIFO_IndexW = 0;                                  //队列头指针回到数组起始位置
    }
    RESTORE_INT;
}
/* ******************************************************
 * 名      称:Read_FIFO()
 * 功      能:从缓冲队列内读取一次值
 * 入口参数:无
 * 出口参数:value   数据
 * 说      明:调用一次该函数,会自动删除缓冲队列里一个数据
 ******************************************************/
unsigned char Read_FIFO()
{
    unsigned char value = 0;
    if(FIFO_Count == 0)  return(0);                       //若无数据,则返回 0
    //DISABLE_INT;                                        //关闭中断
    FIFO_Count -- ;                                       //按键次数计数减 1
    value = FIFOBuff[FIFO_IndexR];                        //从缓冲区尾部读取一个数据
    if ( ++ FIFO_IndexR > = FIFOBUFF_SIZE)                //循环队列,如果队列尾指针越界
    {
        FIFO_IndexR = 0;                                  //队列尾指针回到数组起始位置
    }
    //RESTORE_INT;                                        //恢复中断允许
    return(value);
}
```

FIFO 头文件：

```
/********** softFIFO.h *******/
#ifndef SOFTFIFO_H_
#define SOFTFIFO_H_
#define FIFOBUFF_SIZE   256                      /*缓冲区大小,根据程序需要自行调整*/
extern unsigned char FIFOBuff[FIFOBUFF_SIZE];    //定义缓冲队列数组(FIFO)
extern unsigned int FIFO_Count = 0;              //FIFO 中数据个数
extern unsigned char Read_FIFO();
extern void Write_FIFO(unsigned char value);
#endif                                           /* SOFTFIFO_H_ */
```

21.5.6　主函数文件

主函数文件部分分为前台和后台两部分：

后台程序：主循环中读取 SD(TF)卡数据，存入 FIFO 中；如果 FIFO 存满，则等待 FIFO 有空时再存。

前台程序：TA0 定时中断内，读取 FIFO 数据，控制 DAC8411 输出模拟电压。

1. 宏定义与头文件

宏定义共有 4 个，每个都很重要：

1) WAV_SECTOR 是歌曲在 SD 卡中的存储物理扇区首地址，需要通过 winhex 软件读出。

2) SYSCLK 系统时钟，用于计算定时中断时间。

3) SAMPLE_FREQ 音频文件的采样率，可以通过音频编辑软件更改音频文件的采样率。采样率越高音质越好。

4) VOL_REDUCE 是音频幅值衰减系数，为了避免单片机做除法运算，衰减系数应该取 2、4、8、16 等值，这样移位操作即可。

```
#include "MSP430G2553.h"
#include "SD_HardWare.h"
#include "SD_SPI.h"
#include "SPI.h"
#include "DAC8411.h"
#include "softFIFO.h"
#define WAV_SECTOR    532615   /*TF 卡中歌曲存放物理扇区首地址 532615(老男孩)*/
#define SYSCLK        12000000 /* 系统时钟 */
#define SAMPLE_FREQ   11025    /* 音频文件的采样率 */
#define VOL_REDUCE    4        /* 取 2 的 N 次方,减少运算量 */
void Time0_A_Init();
```

```
char SD_Read_InFIFO(unsigned long sector);
void TA0_OnTime();
```

2. 主函数部分

主函数主要任务是设定系统时钟,初始化 SPI、SD 卡、DAC8411、TA0 四个硬件模块。主循环就是后台程序不停地读取 SD 卡内的数字音频。

```
void main()
{
    WDTCTL = WDTPW + WDTHOLD;
    BCSCTL1 = CALBC1_12MHZ;              //Set range
    DCOCTL = CALDCO_12MHZ;               //Set DCO step + modulation
    //-----初始化 SPI-----
    SPI_init();
    //-----初始化 SD-----
    SD_Init();
    DAC8411_Init();
    //-----初始化采样率定时器-----
    Time0_A_Init();
    while(1)
    {
        SD_Read_InFIFO(WAV_SECTOR);  //读取指定歌曲
    }
}
```

3. 读 SD 函数 SD_Read_InFIFO()

与前面章节的 SD 卡读库函数略有不同,在音乐播放的用途里,数据不是某个扇区的某个字节或一些字节,而是不停地依次读取整个扇区。对于不停地大量依次存储数据,又依次读取数据的用途,使用 FIFO 将事半功倍。

SD_Read_InFIFO()程序的前半部分与 SD 卡库读扇区函数中的基本一致,主要步骤:

1) 先发 6 个字节的 CMD 命令字,即(0x51,4 个字节 addr,0xff)。

2) 等待应答成功后,开始读取 512 个字节,并将字节保存到 FIFO 中。

3) 最后空读两次 CRC 校验位,将片选拉高即完成一个扇区读写。

这里给出需要注意的问题:

1) 设置了 sec 扇区偏移地址,这个是用来跳过歌曲伴奏部分的。由于"播放器"音质欠佳,播放伴奏部分会让听众失去耐心,所以最好是一上电就到歌曲的高潮部分,这样很快就能听出是什么歌曲。

2) 读到 SD 卡数据后,是往 FIFO 中保存,而不是像前面学过的 SD 卡库函数那样往普通数组里存。

3) 当 FIFO 写满后,主循环实际上就处于判断等待状态了。

```
/*********************************************************
 *  名    称:SD_Read_InFIFO(unsigned long sector)
 *  功    能:不停地读取 SD 卡数据
 *  入口参数:sector   头扇区地址
 *  出口参数:1   完成操作
 *  说    明:与 SD 卡库函数不同的是,本函数读取的数据是往 FIFO 里写的
 *  范    例:无
 *********************************************************/
char SD_Read_InFIFO(unsigned long sector)
 {
    unsigned char CMD[6] = {0};
    static unsigned long sec = 1750;              //预设"歌曲"读取偏移,跳过伴奏部分
    unsigned char retry = 0;
    unsigned char temp = 0;
    unsigned int i = 0;
    sector = (sector + sec )<<9;              //转成逻辑地址
    // = = = = =以下部分与 SD 卡库函数一致 = = = = =
    CMD[0] = 0x51;                            //SD_CMD17
    //------转换 32 位扇区地址-----
    CMD[1] = ((sector & 0xff000000) >>24);
    CMD[2] = ((sector & 0x00ff0000) >>16);
    CMD[3] = ((sector & 0x0000ff00) >>8);
    CMD[4] = sector & 0x000000ff;
    CMD[5] = 0xFF;                             //SD_SPI_CRC
    sec ++;                                   //扇区递增
    //-----将命令写入 SD 卡,最多 100 遍直到应答-----
      do
    {
        temp = Write_Command_SD(CMD);
        retry ++;
        if(retry == 100)
        {
          return(0);
        }
    } while(temp! = 0);
      while (SD_Read_Byte()! = 0xfe);        //应答正确
    // = = = = =以上部分和 SD 卡库函数一致,以下部分改为写数据到 FIFO = = = = =
    for(i = 0;i<512;i++ )
    {
        while(FIFO_Count> = FIFOBUFF_SIZE)
```

```
        _NOP();                               //FIFO 溢出,则等待 FIFO 中的数被取走
      Write_FIFO(SD_Read_Byte());             //将数据写入 FIFO
    }
    //-----空收循环冗余校验位-----
    SD_Read_Byte();                           //CRC - Byte
    SD_Read_Byte();                           //CRC - Byte
     SD_CS_High();                            //CS 片选禁止
    return(1);
  }
```

4. 前台程序部分

前台程序就是 TA0 定时器的初始化和中断子函数。注意,TA 的定时频率实际就是音频文件的采样率。

```
/********************************************************
 * 名       称:Time0_A_Init()
 * 功       能:初始化 TA0
 * 入口参数:无
 * 出口参数:无
 * 说       明:就是初始化相关 I/O 的状态
 * 范       例:无
 ********************************************************/
void Time0_A_Init()
{
  TA0CCTL0 = CCIE;                            //允许比较/捕获模块 0 的中断
  TA0CCR0 = SYSCLK/SAMPLE_FREQ;               //设定 TA 定时周期
  TA0CTL = TASSEL_2 + MC_1;                   //TA0 设为增计数模式,时钟 = SMCLK
  _enable_interrupts();                       //开全局总中断
}

/********************************************************
 * 名       称:Timer0_A0
 * 功       能:TACCR0 中断服务函数
 * 入口参数:无
 * 出口参数:无
 * 说       明:此中断源独占中断向量入口,无须判断
 * 范       例:无
 ********************************************************/
#pragma vector = TIMER0_A0_VECTOR
__interrupt void Timer0_A0 (void)
{
    TA0CCTL0 &= ~CCIE;                        //关闭比较/捕获模块 0 的中断
    TA0_OnTime();
```

从零开启大学生电子设计之路——基于 MSP430 LaunchPad 口袋实验平台

```
TA0CCTL0 = CCIE;                                    //允许比较/捕获模块 0 的中断
}
```

5. 事件处理函数 TA0_OnTime( )

事件处理函数内负责读取 FIFO,并进行构造 16 位数据(FIFO 为 8 位)、音频幅值衰减(通过 VOL_REDUCE)等任务。最终控制 DAC8411 输出模拟电压信号。

```
/*******************************************************
 *  名     称:TA0_OnTime()
 *  功     能:TA0 的定时事件处理函数
 *  入口参数:无
 *  出口参数:无
 *  说     明:无
 *  范     例:无
 *******************************************************/
void TA0_OnTime()
{
    unsigned int temp = 0,tempL = 0,tempH = 0;
    if(FIFO_Count ! = 0)
    {
        tempL = Read_FIFO();
        tempH = Read_FIFO();
        temp = ((tempH<<8) &0xff00)|(tempL &0x00ff);
        temp = temp + 0x8000;       //有符号数变为无符号数,这一步非常重要!
        write2DAC8411(temp/VOL_REDUCE); //将读取的音频数据写入 DAC,还原为模拟信号
    }
}
```

21.6　AWG 数据生成方法

本节有兴趣就看,没兴趣可以跳过。要实现 AWG,就需要把任意波形转化为数据点,然后构造"波形表",再基于查表法周期调用 DAC。有很多专业软件(如 Origin、MATLAB)和非专业的小软件可以实现对波形图数字化取点。本文中,采用的是一款小软件 GetData Graph Digitizer,该软件可免费试用 21 天,个人版注册价格为 30 美元。软件下载地址为 http://www. shareit. com/product. html? productid=204643&languageid=1。

21.6.1　波形取点

1. 设置网格

运行软件后按正常打开文件的方法打开图片文件,然后再设置网格属性,如

图 21.13 所示。

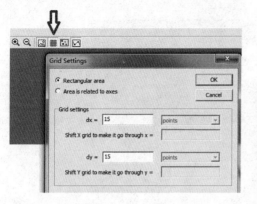
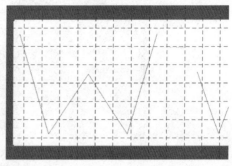

图 21.13　导入图片设置网格

2. 设置坐标原点与最大点

取点软件都需要设置 x、y 轴的坐标范围才能准确地采点。参考图 21.14，先单击 Default axes 按钮，代表选择图片文件的四个角为 Oxy 坐标的最大范围。

再单击 Adjust the scale 按钮，可以设定采样点的最大幅值（Ymax value），对于 16 位 DAC 的用途，应将最大采样点的幅值设计为 65 535。Xmax value 与采样点的数目有关，这里暂定 128。具体采样点数目还与另一项设置有关。

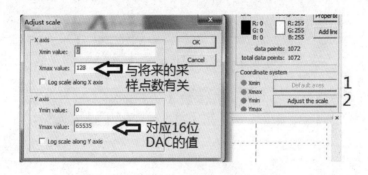

图 21.14　设置幅值和采样点

3. 取点操作

如图 21.15 所示，在 Digitize area 选项区设置采样区间。在 Grid settings 选项区内填写数字，数字越小，采样点就越多。填写 2 后，最终采样点约有 1 072 个。

图 21.16 所示为框选完成后的波形，代表采样的点用紫色。

4. 获取数据

选择 Setting→Options 命令可得到图 21.17 所示的数据设置界面，单击 Export to clipboard 进入剪贴板数据格式设置界面（相当于按组合键 Ctrl＋C）。在 Output

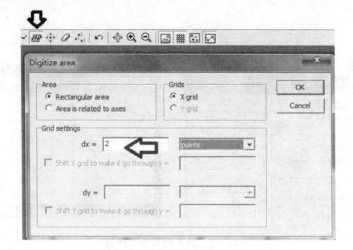

图 21.15　设置采样点密度

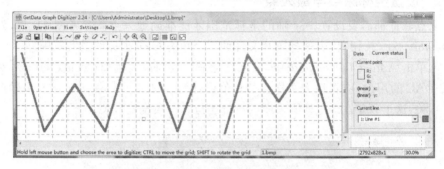

图 21.16　采样完成后的波形

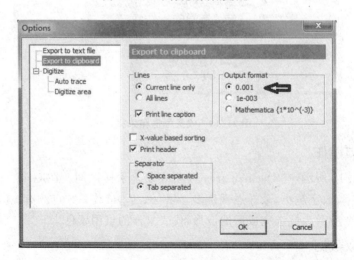

图 21.17　设置数据格式

format 选项区中单击 0.001 单选按钮,选择数字表示方法。

　　回到主界面,选择 Copy to Buffer 命令(如图 21.18 所示)就可以将数据复制到任何文本文档或表格里去了。

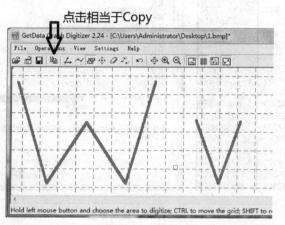

图 21.18　复制数据

21.6.2　数据点的批量处理

　　对成百上千个点数据进行处理,人工计算肯定是不行的。每个人都有各自的处理办法,本文抛砖引玉介绍一种方法。借助免费软件 WPS 表格和文字实现数据批量处理,软件下载地址为 http://www.wps.cn/。

　　1) 如图 21.19 所示,原始数据为小数,没法直接给单片机使用。

　　2) 如图 21.20 所示,选中幅值数据所在的 B 列,设置单元格格式,在数字选项卡中,将"小数位数"改为 0,完成数据的取整操作。

　　3) 如图 21.21 所示,将 A 列数据用下拉法变成序号,然后可利用图表功能观察幅值数据是否正确。如何使用图表在前面的章节已有介绍。

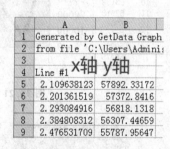

图 21.19　取点软件取出的原始数据

　　4) C 语言代码中数组的数据之间需要加逗号(,)才能用如图 21.22 所示。可以采用将空格批量查找替换逗号的办法进行。该操作一定要在 WPS 文字中完成,别的软件不保证能成功。

　　5) 单击"全部替换"按钮后,完成对 1 072 个数据点加逗号的任务,如图 21.23 所示。

　　6) 在 WPS 文字中选择全部 1 072 个数,复制并粘贴到 CCS 代码中,保持竖排即可,不用整理,如图 21.24 所示。记住,数组的格式一定是 16 位常量数组,这样才能在 ROM 中放下这么多数据。数据的末尾添加了 72 个 0 数据,用于给每个 WvM 波形以间隔。

从零开启大学生电子设计之路——基于 MSP430 LaunchPad 口袋实验平台

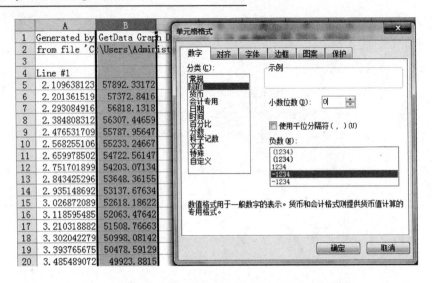

图 21.20　数据取整

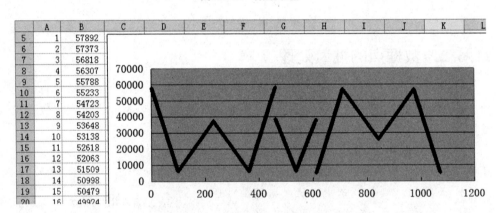

图 21.21　利用图表核对数据的准确性

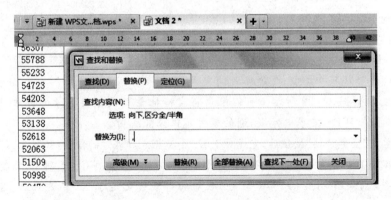

图 21.22　利用 WPS 文字编辑数据

图 21.23　批量添加数据分隔符

```
 8 const unsigned int Data[]={
 9     57892,
10     57373,
11     56818,
12     56307,
13     55788,
14     55233,
15     54723,
16     54203,
17     53648,
```

图 21.24　将数据放入 CCS 代码中

第**22**章

自校准 DCO

22.1 概　述

在电子产品中,一样的元件、一样的工艺生产出来的产品个体之间有差异是非常普遍的,对待这些差异的处理有三种方法：

1）差异不影响产品的最终性能：放心大胆地卖。

2）差异影响性能,到了用户手里就成废物：出厂前专人校准,校准后"外壳贴封条"、"电位器点胶",严防用户改动。

3）差异影响性能,但是能够自校准。

MSP430G2 系列单片机的 DCO 频率就属于第三种情况,在出厂前将 1 MHz、8 MHz、12 MHz、16 MHz 频率设定参数写入了 Info FlashA 段中,供用户调用,在第 4 章已有详细介绍。

DCO 是不是只能校准 1 MHz、8 MHz、12 MHz、16 MHz 几个频率点呢？当然不是,虽然出厂校准的具体方法不得而知,但用户自己也有办法校准 DCO 的任意频率,并将参数存入 Info Flash 中。

22.2　自校准 DCO 的原理

在 MSP430G2 系列单片机中,系统和片内外设时钟源可以来自数控振荡器 DCO、32.768 kHz 外部晶振或内部低频振荡器 VLO,三者中任意一个频率准确就能够校准其他两个的频率。

21.2.1　自测 DCO 准确频率

如图 22.1 所示,先来做一道小学数学运算题：

1）将 DCO 设定为 SMCLK 并作为 Timer_A 的时钟源。

2）将 32.768 kHz 外部晶振设为 ACLK 并作为 WDT 的时钟源。

3）把 WDT 定时器设定为 16 ms 中断一次,同时清零并开启 Timer_A 定时器。

当 16 ms WDT 定时中断到来时,Timer_A 的计数值为 25 535,请问 DCO 频率

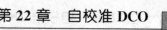

为多少？由于晶振 16 ms 定时是精确的，所以计算方法非常简单，如下公式：

$$f_{DCO} = 25\ 535/(16\ ms) \approx 1\ 596\ kHz \approx 1.6\ MHz$$

22.2.2　自测 VLO 准确频率

再做一道小学数学运算题。图 22.2 中所有参数设定都不变，只是把 ACLK 改为 VLO 提供，此时，Timer_A 定时值为 45 535，请问 VLO 实际频率是多少？

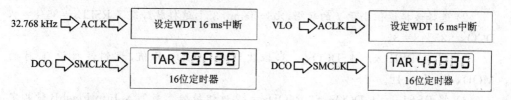

图 22.1　利用 32.768 kHz 晶振测量 DCO 频率　　图 22.2　校准 VLO 频率

基于上次 TAR 值 25 535 可以求得：

$$f_{VLO} = 32.768\ kHz \times (25\ 535/45\ 535) \approx 18.376\ kHz$$

22.2.3　DCO 的校验参数

无论是测量 DCO 实际频率还是测量 VLO 实际频率，都是"雕虫小技"，不值得专门用一章来讨论。本章的主要意图是仿照单片机出厂校验的过程，自编一段校验程序，自动将一系列 DCO 频率的设定参数存入 Info Flash B 段中。

复习一下 DCO 的设置方法，决定 DCO 的寄存器如图 22.3 灰色部分所示。

1）4 位 RSELx：16 个档位，每档频率步进约 35%（不靠谱），可看成粗调。

2）3 位 DCOx：8 个档位，每档频率步进约 8%（不靠谱），可看成细调。

3）5 位 MODx：32 个档位，每档步进 $\dfrac{DCO_{x+1} - DCO_x}{32}$，可看成微调。

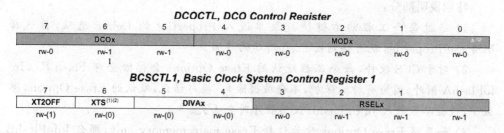

图 22.3　DCO 频率设定寄存器

RSELx 和 DCOx 共有 $16 \times 8 = 128$ 种组合，并不是太夸张，可以先校验 RSELx 和 DCOx 再校验 MODx。校验 DCO 任意频率 f 参数的过程采用下列方法：

1）将 MODx 固定设为 0，依次测定 RSELx 和 DCOx 的 128 种组合的 DCO 频率，按顺序存入数组 Temp[]。如图 22.4 所示，可以根据 Temp[i] 的角标"i"唯一对应 RSELx 和 DCOx 的值。

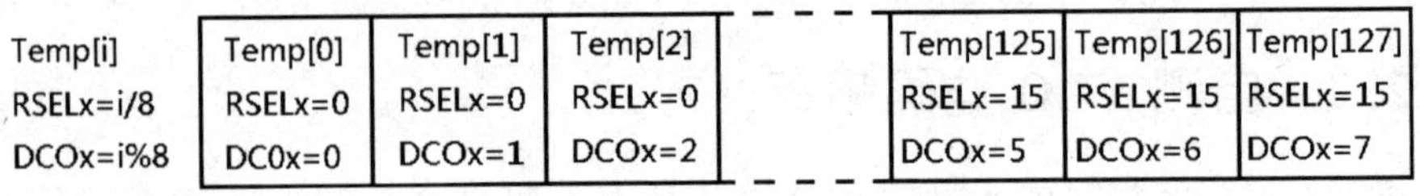

Temp[i] RSELx=i/8 DCOx=i%8	Temp[0] RSELx=0 DCOx=0	Temp[1] RSELx=0 DCOx=1	Temp[2] RSELx=0 DCOx=2		Temp[125] RSELx=15 DCOx=5	Temp[126] RSELx=15 DCOx=6	Temp[127] RSELx=15 DCOx=7

图 22.4 数组与 RSELx、DCOx 的对应关系

2）选择最接近但小于 f 的数据,比如 Temp[35],这样就知道了 RSELx=35/8=4,DCOx=35%8=3。

3）固定 RSELx=4、DCOx=3,依次增加 MODx 的值,找到最接近 f 时的 MODx 值,比如 12。

4）将 RSELx=4、DCOx=3、MODx=12 这组校验参数写入 Info FlashB 段指定位置。

22.3 例程——自校验 DCO

22.3.1 程序分析

自校验程序为典型的"按部就班"程序,将严格分以下几个步骤执行:

1）把任意多个待校准频率写进 const 数组,本例中写了 1~16 MHz 共 16 个。

2）测量 128 个"纯净"DCO 频率。

3）用穷举法,找出与 16 个待校准频率最接近的 16 个"纯净"频率。

4）基于 16 个"纯净"频率,找出最优的 16 个 MODx 值。

5）将校验值写入 InfoFlashB（模拟出厂校验参数写入 InfoFlashA 的效果）。

6）循环输出校验 DCO 频率,以供观测。

特别说明部分:

1）通过每个工程的右键快捷菜单进入 Properties 的 Debug 选项,再选择 MSP430 Properties 就可得到图 22.5 所示的界面。

2）对于 CCS 软件,每个工程默认的 Erase Options 会擦除全部 Flash 段（InfoFlashA 例外,因为有特殊保护,不会被擦除）。换句话说,默认的 Erase Options 参数下,校验参数放入 InfoFLashB 改写程序时会丢失。

3）如果将 Erase Options 改为选择 Erase main memory only,那么 InfoFlashB 中存储的自校验参数就不会丢失了,可以当出厂校验参数来用。

4）比较郁闷的是每一个工程的 Erase Options 都需要改写为 Erase main memory only,很不方便。最佳方案还是将校验参数放入 InfoFlashA 中。

从技术角度,当然可以把自校验参数写入 InfoFlashA 段首 32 字节（从 0x10C0~0x10DF）,同时保留段尾的出厂校验参数（0x10F8~0x10FF）,写代码时需要对

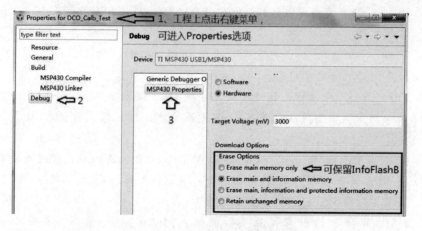

图22.5　CCS工程默认的擦写选项

InfoFlashA 解锁。这部分内容留待读者完全入门后，自行编写代码实现。写 InfoFlashA前记录好出厂校验参数以防万一。

下面对重要函数模块进行讲解。

22.3.2　变量和宏定义

```
#include "MSP430G2553.h"
#include "Flash.h"
#define CALDCO_MHz(x)    *(unsigned char *)(0x1080 + (x-1)*2)    /*读取 InfoFlashB */
#define CALBC1_MHz(x)    *(unsigned char *)(0x1080 + (x-1)*2 + 1)
#define CAL_NUM          16                /*待校验频率点总数*/
unsigned int Temp[128] = {0};   /*存放实测的128个不含小数分频MODx的"纯净"频率*/
unsigned char RSELx_DCOx_Winer[CAL_NUM] = {0}; /*存放校验出的SELx和DCOx值*/
unsigned char MODx_Winer[CAL_NUM] = {0};        /*存放校验出的MODx值*/
unsigned int InfoFlash_Data[CAL_NUM] = {0};   /*待写入infoB中的校验频率参数数组*/
unsigned int Ture_Freq[CAL_NUM] = {0};        /*方便仿真时查看实测频率值*/
        // -----待校正的频率,单位 KHz-----
const unsigned int Calibrate_Frequence[CAL_NUM] = {1000,2000,3000,4000,5000,6000,
                7000,8000,9000,10000,11000,12000,13000,14000,15000,16000};
```

1）宏定义 CALDCO_MHz(x) 和 CALBC1_MHz(x) 的作用是从 infoFlashB 中读取低字节和高字节的自校验参数。0x1080 是 InfoFlashB 段的首地址，存放了 1 MHz 的校验参数，通过计算可得到不同"频率"校验参数的 Flash 地址。特别注意 (x) 的写法，非常实用，实现宏定义"传参"操作。

2）使用 const 类型来定义"不变的数组"，烧录程序时将存入 ROM 而不是宝贵的 RAM。

3）Temp[] 和 Ture_Freq[] 存储的都是实际测量的频率值，按 MSPG2553 的

DCO 参数来说,频率最高可以达到 20 000 kHz 以上,所以,Temp[] 和 Ture_Freq[]需要是 16 位变量。

4) Temp[] 存储的是 128 个不带小数分频(MODx)的 DCO 频率,按 16 种 RSELx 和 8 种 DCOx 穷举得到。

5) Ture_Freq[] 存储的是最终校验完毕时,包含准确 MODx 后的 16 个实测频率,这个频率本来不需要单独存储下来,但是因为方便仿真调试时查看,还是保存在 RAM 中了。

6) RSELx_DCOx_Winer[] 和 MODx_Winer[] 数组里存的就是经过测量和判断后,认为是最适合的参数。其中 RSELx 和 DCOx 共用一个 8 位变量,低 3 位给 DCOx 用,高 4 位给 RSELx 用,最高位无意义。

7) 图 22.6 所示的出厂校验参数的格式,InfoFlash_Data[] 是将已确定的 RSELx、DCOx、MODx 拼接为与出厂校验参数兼容的 16 位数据。拼接方法为 RSELx 左移 8 位,DCOx 左移 5 位,MODx 为最低位,头 4 位默认为 1000。(如果想不明白,可参考图 22.3 DCO 频率设定寄存器。)

Word Address	Upper Byte	Lower Byte	Tag Address and Offset
0x10FE	CALBC1_1MHZ	CALDCO_1MHZ	0x10F6 + 0x0008
0x10FC	CALBC1_8MHZ	CALDCO_8MHZ	0x10F6 + 0x0006
0x10FA	CALBC1_12MHZ	CALDCO_12MHZ	0x10F6 + 0x0004
0x10F8	CALBC1_16MHZ	CALDCO_16MHZ	0x10F6 + 0x0002

图 22.6 出厂 DCO 校验参数

22.3.3 开始指示函数 Calibrate_Start()

这个函数就是利用 LaunchPad 板上的 LED 指示一下工作状态,直接看代码,不解释。

```
/**************************************************
 * 名    称:Calibrate_Start()
 * 功    能:红色 LED 亮,表明正在校验中
 * 入口参数:无
 * 出口参数:无
 * 说    明:DCO 校验的时间比较长,利用红灯指示可以方便调试程序
 * 范    例:无
 **************************************************/
void Calibrate_Start()              //步骤 1:红灯亮,表示正在校验 DCO
{
    P1DIR |= BIT0 + BIT6;
    P1OUT |=  BIT0;                 //红亮绿灭表示正在校验
    P1OUT &= ~BIT6;
}
```

从零开启大学生电子设计之路——基于 MSP430 LaunchPad 口袋实验平台

22.3.4 测频函数 Measure_Temp( )

这个函数的两个思想非常重要,一个是 DCO 校准原理,另一个是如何"活用"定时中断。

DCO 校准原理:

1) 以 32.768 kHz 晶振为时钟源的 WDT 定时器负责限定时间间隔。

2) 以 DCO 为时钟源的 TA 计数器在 WDT 定时区间计数,计数值将正比于 DCO 频率,这就是校准 DCO 的原理。

"活用"定时中断:

1) 其实最好懂的程序就是没有中断,主程序按部就班地一条一条执行。

2) 由于要在 WDT 定时中断中测量不同状态下的频率,按常规写法,中断事件处理函数将会变得晦涩难懂。

3) 通过使用 WDT 唤醒 CPU 的方法,可以避免被 WDT 定时中断牵着鼻子走。代码可以在主函数中完全实现按部就班。

4) WDT 定时中断子函数中只有一条代码:唤醒 CPU。

5) WDT 中断选择 1.9 ms(1/512 s)是精心计算过的,当 DCO 频率为 20 MHz 时,TAR 将会计数到 39 063,离溢出已经不远了。而 WDT 定时只有 4 个时长可选择,下一档就是 16 ms,肯定会溢出。

```
/******************************************************
 * 名      称:Measure_Temp()
 * 功      能:自动依次测定 128 种纯净 DCO 的频率,并存入 Temp[]数组
 * 入口参数:无
 * 出口参数:无
 * 说      明:纯净频率是指 MOD = 0 时的非混频
 * 范      例:无
 ******************************************************/
void Measure_Temp()                        //步骤 2:自动测量 128 个纯净频率
{
    unsigned long Freq_Temp = 0;
    unsigned char RSELx_DCOx_Num = 0;
    for(RSELx_DCOx_Num = 0;RSELx_DCOx_Num<128;RSELx_DCOx_Num ++)
    {
        DCO_Set_Freq(RSELx_DCOx_Num,0);
        //-----定时测频代码开始-----
        TA0CTL |= TACLR;                   //计数开始
        WDTCTL = WDT_ADLY_1_9;             //WDT 定时长度为精心选择过的
        _bis_SR_register(LPM0_bits);       //CPU 精确休眠 1.9 ms(1/512 s)
        WDTCTL = WDTPW + WDTHOLD;
```

```
        Freq_Temp = TA0R;        //读取计数,这个值就是 DCO 在 1/512 s 中断区间的脉冲数
        //-----定时测频代码结束-----
        Temp[RSELx_DCOx_Num] = ((Freq_Temp) * 512)/1000;        //计算 DCO 准确频率
    }
}
```

Measure_Temp()中调用了配置 DCO 的函数 DCO_Set_Freq(),里面涉及两个传入参数,其中第一个参数包含了 RSELx 和 DCOx 的信息,第二个传入的 MODx 信息。Measure_Temp()中,没用到 MODx,所以设为 0。

```
/ * * * * * * * * * * * * * * * * * * * * * * * * * * * * * * * * * * * * * * * *
 * 名    称:DCO_Set_Freq()
 * 功    能:根据传入参数,设定 DCO 频率
 * 入口参数:Num    Num 的 0～2 位表示 DCOx,3～6 位表示 RSELx
 *          modTemp    MODx 参数
 * 出口参数:无
 * 说    明:Num 参数身兼二职,包含 DCOx 和 RSELx 的信息
 * 范    例:DCO_Set_Freq(10,5),表示将 DCO 设定为 RSELx = 1,DCOx = 2,MODx = 5
 * * * * * * * * * * * * * * * * * * * * * * * * * * * * * * * * * * * * * * * */
void DCO_Set_Freq(unsigned char Num,unsigned char modTemp)
                                            //用参数设定 DCO 频率
{
    DCOCTL = ((Num % 8)<<5) + modTemp;        //数据拆分
    BCSCTL1 & = ~0x0F;
    BCSCTL1 |= Num/8;
    __delay_cycles(15000);                    //等待 DCO 频率稳定
}
```

而 WDT 定时中断只有一句唤醒 CPU 代码,完全变成主循环的"工具",丝毫不会影响主循环的执行顺序。

```
/ * * * * * * * * * * * * * * * * * * * * * * * * * * * * * * * * * * * * * * * *
 * 名    称:WDT_ISR()
 * 功    能:响应 WDT 定时中断服务
 * 入口参数:无
 * 出口参数:无
 * 说    明:程序内部只有 1 句唤醒 CPU 代码,这种写法即用到了 WDT 的定时功能,
 *          同时避免将大量代码写入中断服务函数中,影响程序的可读性
 * 范    例:无
 * * * * * * * * * * * * * * * * * * * * * * * * * * * * * * * * * * * * * * * */
#pragma vector = WDT_VECTOR
__interrupt void WDT_ISR(void)
{
```

```
    __bic_SR_register_on_exit(LPM0_bits );          //退出中断时,唤醒 CPU
}
```

22.3.5　比较函数 Find_RSELx_DCOx_Winer()

本函数的任务是找出与目标频率(1~16 MHz)最接近的 16 个 Temp[i]频率。RSELx_DCOx_Winer[]用来存储这 16 个 Temp[]的序号。通过这 16 个序号,就能算出对应的 RSELx 和 DCOx。筛选最优的"纯净"频率的原则是,取最接近待校验频率,但是小于待校验频率的 Temp[]。例如:

1) 校验 3 MHz,用 3 MHz 减去所有小于它的 Temp[],取差值最小的那个,比如是 Temp[23],那么就记下 RSELx_DCOx_Winer[2]=23。这里面表达的含义是:对于 3 MHz 的 DCO,RSELx 应设为 23/8=2,DCOx 应设为 23%8=7。

2) 校验 16 MHz,用 16 MHz 减去所有小于它的 Temp[],取差值最小的,比如是 Temp[112],那么就记下 RSELx_DCOx_Winer[15]=112。这里面表达的含义是:对于 16 MHz 的 DCO,RSELx 应设为 112/8=14,DCOx 应设为 112%8=0。

```
/ * * * * * * * * * * * * * * * * * * * * * * * * * * * * * * * * * * * * * * *
 * 名      称:Find_RSELx_DCOx_Winer()
 * 功      能:从 128 个 Temp[]中,找出与 16 个校验频率最接近的 Temp 的序号
 * 入口参数:无
 * 出口参数:无
 * 说      明:Temp 的序号里包含了 RSELx 和 DCOx 的取值信息
 * 范      例:无
 * * * * * * * * * * * * * * * * * * * * * * * * * * * * * * * * * * * * * * */
void Find_RSELx_DCOx_Winer() //步骤 3:从 128 个纯净频率中,找出最接近预设频率的那几个
{
    unsigned char i = 0;
    unsigned int Delta_Min = 0;
    unsigned int Delta_Now = 0;
    unsigned char Calibrate_Num = 0;
    for(Calibrate_Num = 0;Calibrate_Num<CAL_NUM;Calibrate_Num ++ )
    {
        Delta_Min = 65530;                    //第一次比较时,故意定一个大差值
        for(i = 0;i<128;i ++ )
        {
            //-----单方向取最小差值,一定要小于预设值-----
            if(Temp[i]<Calibrate_Frequence[Calibrate_Num])
            {
                Delta_Now = Calibrate_Frequence[Calibrate_Num] - Temp[i];
                if (Delta_Now<Delta_Min) //如果当前差值比"世界记录"还小时
                {
```

```
                    RSELx_DCOx_Winer[Calibrate_Num] = i;    //新 Winner 诞生
                    Delta_Min = Delta_Now;                  //取代前"世界记录"
                    }
                }
            }
        }
```

22.3.6 测频比较函数 Measure_MODx()

结合 Measure_Temp()和 Find_RSELx_DCOx_Winer(),不难理解 Measure_MODx()想干什么。

1) 在 MODx 和 DCOx 一定的基础上,依次改变 MODx,找出最接近预设频率的 MODx 值。

2) 注意一点,Find_RSELx_DCOx_Winer()只找比预设频率小而最接近的,Measure_MODx()无论大小,谁最接近预设频率,谁胜出。

3) 大家明白 Find_RSELx_DCOx_Winer()为什么一定要偏小吗?因为 MODx 的引入只会让频率越变越高,所以,一开始设定的"纯净"频率一定要偏小,这样才有办法用 MODx 再修正一次。

```
/*********************************************************
 * 名      称:Measure_MODx()
 * 功      能:基于已校验成功的 RSELx 和 DCOx,进一步校验出最合适的 MODx
 * 入口参数:无
 * 出口参数:无
 * 说      明:本函数将固定 RSELx 和 DCOx,穷举 32 种 MODx 的取值,然后判断最优的 MODx
 * 范      例:无
 *********************************************************/
void Measure_MODx() //步骤 4:在最近接的纯净频率基础上,穷举找到最优的 MODx 设置
{
    unsigned char mod_x = 0;
    unsigned long Freq_Temp = 0;
    unsigned int Delta_Now = 0;
    unsigned int Delta_Min = 0;
    unsigned char Calibrate_Num = 0;
    for(Calibrate_Num = 0;Calibrate_Num<CAL_NUM;Calibrate_Num++)
    {
        Delta_Min = 65530;                          //第一次比较时,故意定一个大差值
        //-----RSELx 和 DCOx 一定时,测量 mod_x 改变时的系列频率-----
        for(mod_x = 0;mod_x <32;mod_x++)
        {
```

```
        DCO_Set_Freq(RSELx_DCOx_Winer[Calibrate_Num],mod_x);
                                        //改变 mod_x 设置 DCO
    //-----定时测频代码开始-----
    TA0CTL |= TACLR;
    WDTCTL = WDT_ADLY_1_9;
    _bis_SR_register(LPM0_bits);          //CPU 精确休眠 1.9 ms(1/512 s)
    WDTCTL = WDTPW + WDTHOLD;
    Freq_Temp = TA0R;                     //读取"测频"值
    //-----定时测频代码结束-----
    Freq_Temp = ((Freq_Temp) * 512)/1000;  //计算 DCO 准确频率
    //-----与 Find_RSELx_DCOx_Winer()不同,这里的要求是正负差值最小-----
    if(Freq_Temp<Calibrate_Frequence[Calibrate_Num])
    {
Delta_Now = Calibrate_Frequence[Calibrate_Num] - (unsigned int) Freq_Temp;
    }
    else
    {
Delta_Now = (unsigned int) Freq_Temp - Calibrate_Frequence[Calibrate_Num];
    }
    if (Delta_Now<Delta_Min)              //如果当前差值比"世界纪录"还小
    {
        MODx_Winer[Calibrate_Num] = mod_x;    //新 Winner 诞生
        Ture_Freq[Calibrate_Num] = (unsigned int)Freq_Temp;
                                          //记录校验后的准确频率
        Delta_Min = Delta_Now;            //取代前"世界纪录"
    }
  }
 }
}
```

22.3.7　数据合成函数 Calculate_InfoFlash_Data()

参考图 22.7,仿照 InfoFlashA 段的出厂校验参数的格式,拼装出 InfoFlash_Data[i]。

```
/******************************************************
 * 名    称:Calculate_InfoFlash_Data()
 * 功    能:基于已校验成功的 RSELx、DCOx 和 MODx 封装待写入 Flash 的数据
 * 入口参数:无
 * 出口参数:无
 * 说    明:16 位数据的格式完全仿照出厂校验参数,最高 4 位固定 1000,然后依次为
            RSLEx、DCOx 和 MODx
 * 范    例:无
```

```
    *********************************************************/
void Calculate_InfoFlash_Data()        //步骤 5:将最合适的频率设定参数组合成校验数组
{
    unsigned char RSELx = 0;
    unsigned char DCOx = 0;
    unsigned char i = 0;
    for(i = 0;i<CAL_NUM;i++)
    {
        RSELx = RSELx_DCOx_Winer[i]/8;
        DCOx = RSELx_DCOx_Winer[i]%8;
        //-----出厂校准参数的 16 位格式为"1000_RSELx_DCOx_MODx"-----
        InfoFlash_Data[i] = 0x8000 + (RSELx<<8) + (DCOx<<5) + MODx_Winer[i];
    }
}
```

15	14	13	12	11	10	9	8	7	6	5	4	3	2	1	0
1	0	0	0		RSELx				DCOx				MODx		

高字节 BCSCTL1　　　　　　　　　　　　　　　　　低字节 DCOx

图 22.7　InfoFlash 的数据结构

22.3.8　写 Flash 函数 Write_InfoFlashB( )

借助在第 16 章编写的库函数,可以很容易将 16 位校验数组存入 InfoFlashB 中,不过有几个特别注意事项:

1) 本章的代码里改变了几百次 DCO 的频率,而擦写 Flash 时用的时钟频率必须是 $257\sim476$ kHz,所以,启用 Write_InfoFlashB( )函数时,一定在函数内部恢复"心中有数"的频率。

2) Flash_Init(3,'B')中的"3"代表对 1 MHz 的 DCO 频率 3 分频得到 333 kHz 的 Flash 擦写用时钟;"B"代表改写的是 InfoFlashB 段。

3) 其他有关 Flash 库函数的说明,见第 16 章。

```
#include "Flash.h"
/***************************************************
 * 名　　称:Write_InfoFlashB()
 * 功　　能:将打包好的 InfoFlash_Data[]数组,依次写入 InfoFlashB 段
 * 入口参数:无
 * 出口参数:无
 * 说　　明:确保所有 CCS 工程的 Erase Options 改为选择 Erase main memory only,
 *          只有这样,存在 InfoFlashB 的校验参数才不会因为烧录程序而丢失
 * 范　　例:无
```

```
**********************************************************/
void Write_InfoFlashB()                    //步骤6：将校验数组写入 InfoFlahB 段
{
    unsigned char i = 0;
    //-----写 Flash 前 DCO 时钟一定要重新确认一遍-----
    BCSCTL1 = CALBC1_1MHZ;                  /* Set DCO to 1 MHz */
    DCOCTL = CALDCO_1MHZ;
    Flash_Init(3,'B');                     //初始化 Flash
    Flash_Erase();                         //擦除 Info_B
    //-----把 InfoFlash_Data[CAL_NUM]存入 InfoFlashB-----
    for(i = 0;i<CAL_NUM;i++)
        Flash_Direct_WriteWord(i * 2,InfoFlash_Data[i]);     //不擦直接写
}
```

22.3.9　完成指示函数 Calibrate_Finish()

这个函数也超级简单，就是表明校验 DCO 参数成功，亮绿灯。

```
/**********************************************************
 * 名      称:Calibrate_Finish()
 * 功      能:绿色 LED 点亮表示 DCO 校验完成
 * 入口参数:无
 * 出口参数:无
 * 说      明:在程序运行中,一个恰当的 LED 指示往往能温暖人心
 * 范      例:无
 **********************************************************/
void Calibrate_Finish()                    //步骤7：绿灯亮,表示完成校验 DCO
{
    P1OUT |= BIT6;                         //绿灯亮红灯灭表示结束校验
    P1OUT & = ~BIT0;
}
```

22.3.10　测试函数 DCOTest()

该函数实现附加功能，目的是校验完成后，隔 3 s 循环读取 InfoFlashB，设定各频率的 DCO，输出到 P1.4 引脚（SMCLK 输出引脚）。

```
/**********************************************************
 * 名      称:DCOTest()
 * 功      能:间隔 3 s 循环读取 InfoFlashB 中的校验参数,并据此设定 DCO 频率
 * 入口参数:无
 * 出口参数:无
 * 说      明:可以用示波器和频率计接在 P1.4(SMCLK 输出口),实测 DCO 校验参数的准确性
```

```
 * 范　　例:无
 ****************************************************/
void DCOTest()                          //步骤 8:循环输出 DCO 各校验频率值,供观测
{
    unsigned char i = 1, freqCnt = 1;
    WDTCTL = WDT_ADLY_1000;             //WDT 中断设为 1 s 一次
    while(1)                            //相当于是主循环了,重复切换 DCO 并输出
    {
        if(i ++ > 2)                    //WTD 中断唤醒三次(即定时 3 s),切换一次频率
        {
            i = 1;
            if(freqCnt > CAL_NUM)       //范围控制(1~CAL_NUM)
                freqCnt = 1;
//-----仿照出厂校验参数 CALDCO_xMHz 和 CALBC1_xMHz 的形式设置 DCO 频率-----
            DCOCTL = CALDCO_MHz(freqCnt);
            BCSCTL1 = CALBC1_MHz(freqCnt);
            freqCnt ++ ;
        }
        _bis_SR_register(LPM0_bits);    //等待 1 s 的 WDT 中断唤醒
    }
}
```

DCOTest()中,调用了两个宏定义:CALDCO_MHz(x) 和 CALBC1_MHz(x),类似于出厂校验参数 CALDCO_xMHz 和 CALBC1_xMHz。

22.3.11　主函数部分

由于完全没有中断跳转带来的影响,本程序的主循环非常"规整",按部就班执行代码即可。

1) 将 P1.4 设为输出 SMCLK,这样可以全程用示波器和频率计观测 DCO。

2) TA 设为 SMCLK 输入,不分频,为增计数。

3) 按顺序执行前面依次讲解的每个函数。

```
void main(void)
{
    WDTCTL = WDTPW + WDTHOLD;                //关狗
//-----在 P1.4 上输出 SMCLK,这样可以全程用示波器和频率计观测 DCO----
    P1SEL |= BIT4;
    P1DIR |= BIT4;
//-----初始化 TA,开启 WDT 中断使能-----
    TA0CTL = TASSEL_2 + MC_2 + TACLR;        //SMCLK 时钟源,增计数开始
    IE1 |= WDTIE;                            //开启 WDT 中断
```

```
_enable_interrupts();                    //等同_ENT,开启总中断
//-----开始 DCO 频率校验,只运行一遍-----
Calibrate_Start();                       //步骤 1:红灯亮,表示正在校验 DCO
Measure_Temp();                          //步骤 2:自动测量 128 个纯净频率
Find_RSELx_DCOx_Winer(); //步骤 3:从 128 个纯净频率中,找出最接近预设频率的那几个
Measure_MODx();            //步骤 4:在最近接的纯净频率基础上,穷举找到最优的 MODx 设置
Calculate_InfoFlash_Data();     //步骤 5:将最合适的频率设定参数组合成校验数组
Write_InfoFlashB();             //步骤 6:将校验数组写入 InfoFlahB 段
Calibrate_Finish();             //步骤 7:绿灯亮,表示完成校验 DCO
//-----完成 DCO 校验,从 Flash 中定时取出校准值,从 P1.4 输出供测试-----
DCOTest();                      //步骤 8:循环输出 DCO 各个校验频率值,供观测
}
```

22.4　DCO 校验实验

22.4.1　实验内容

　　DCO 的校验实验并不需要借助扩展板,单块 G2 板就可以完成。通过观测板上的两个 LED,可以知晓校验是否完成(红灯表示校验进行中,绿灯表示校验完成)。

　　借助程序中的 DCOTest() 函数,用示波器和带频率计功能的函数信号发生器同时连在 P1.4 上监测 DCO 频率,并拍摄了视频。部分频率的视频截图如图 22.8 所示。

图 22.8　DCO 校验频率测量视频的部分截图

　　注:每运行一次校验程序,就会把 InfoFlashB 段重新校验擦写一次(擦写寿命为 1 万次)。所以,学会本校验程序后,就该给单片机换个程序了!

从零开启大学生电子设计之路——基于 MSP430 LaunchPad 口袋实验平台

435

22.4.2　实验数据

校准频率的效果好到"惊天地泣鬼神"。全部 16 种频率的校验数据如表 22.1 所列，误差基本在 1% 以内，4 MHz、8 MHz、12 MHz 的精度优于 0.1%。

由于校验环境与使用环境一致（校验前后供电电压、温度、湿度都没有变化），自校验的误差比出厂校验的误差要小很多，也很正常。

注：频率值由视频截取，最后 3 位会有抖动，表 22.1 中数据为随机截图。

表 22.1　实测校准频率

理论频率/MHz	实测频率/MHz	相对误差/%
1.000 00	1.006 83	0.683 00
2.000 00	1.997 79	−0.110 50
3.000 00	2.971 22	−0.959 33
4.000 00	4.003 44	0.086 00
5.000 00	5.017 96	0.359 20
6.000 00	5.935 97	−1.067 17
7.000 00	6.953 45	−0.665 00
8.000 00	7.998 88	−0.014 00
9.000 00	8.945 09	−0.610 11
10.00 00	9.997 69	−0.023 10
11.000 0	10.990 5	−0.086 36
12.000 0	11.999 4	−0.005 00
13.000 0	13.038 7	0.297 69
14.000 0	13.949 9	−0.357 86
15.000 0	15.033 4	0.222 67
16.000 0	16.020 8	0.130 00

22.4.3　观测 DCO 的混频抖动

由于 DCO 不靠设置 MODx 得到的"纯净频率"只有 128 种，远不能满足应用要求，所以要想得到精确频率就必须依靠混频得到"小数分频"。小数分频的后果就是频率是抖动的，原理已经多次介绍过了。如图 22.9 所示，示波器上观测的结果是除了正中央触发位置波形没有重影，其余越偏离触发点，重影越明显。如果了解示波器的原理，就能明白其中的原因，细节问题这里就不解释了。

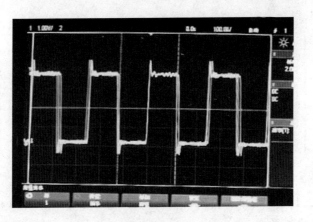

图 22.9　观测混频时钟的抖动

22.5　借助 CCS 分析数据

前面曾经说过，对于学习单片机，最重要的并不是有块扩展了一堆外设、带超大彩屏的开发板，而是仿真器。即使不借助 MSP‑EXP430G2 扩展板，我们仍然可以做很多单片机实验，比如 22.4 节的"DCO 校验实验"。

22.5.1　获取数据

1）Debugger 仿真运行一段时间，直到 G2 板上的绿灯亮起，表明校验完成，如图 22.10 所示。

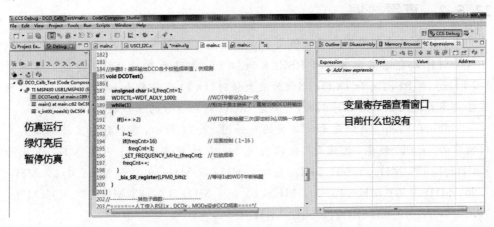

图 22.10　仿真运行一段时间后暂停

2）用组合键 Ctrl+C 复制想要查看的变量名称，单击 ➕ *Add new expressio* 添加要查看的变量，添加后如图 22.11 所示。

从零开启大学生电子设计之路——基于 MSP430 LaunchPad 口袋实验平台

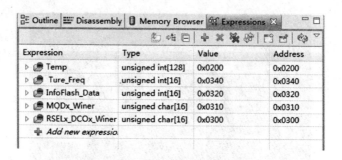

图 22.11　添加想要观测的变量

3）如图 22.12 所示，单击圆圈内的倒三角，打开子菜单就可以根据需要改变数值的进制，以方便观察。

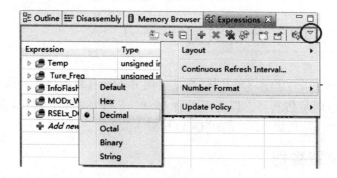

图 22.12　改变数值的进制

22.5.2　查看数据

1）128 个纯净频率测得的数值是多少？如图 22.13 所示。这里节选部分数据，可以得到什么有用信息呢？当 RSELx 和 DCOx 都设为 0 时，DCO 的最低频率是 107 kHz。当 RSELx 和 DCOx 都设为最大值时，DCO 的频率为 19.539 MHz。当然这些频率都是用自己的程序测的，并不是 MCU 内部自带的出厂数据。

2）Ture_Freq[] 数组是干什么用的？如图 22.14 所示，这个数组里放的就是自校验后的"自测"频率，也就是"自以为是"的实际频率。从 1～16 MHz 依次为 1 MHz、1.999 MHz、3.001 MHz、4.001 MHz、5 MHz、6.005 MHz、6.99 MHz、7.982 MHz、9.03 MHz、10.001 MHz、10.991 MHz、11.983 MHz、12.996 MHz、13.987 MHz、15.024 MHz、16.018 MHz。

3）对比准备写入 Flash 的数据 InfoFlash_Data[] 和实际 InfoFlashB 段的数据是否一致。在 Memory Browser 的输入框中填入 InfoFlashB 首地址 0x1080，即可显示内存的数据。数据格式选择 Hex 16 Bit - Ti Style Hex。如图 22.15 所示，8745、88CD……是不是感觉很不错？

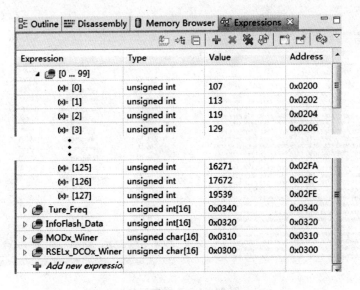

图 22.13 观测 128 个纯净频率值

Expression	Type	Value	Address
▷ 📁 Temp	unsigned int[128]	0x0200	0x0200
⊿ 📁 Ture_Freq	unsigned int[16]	0x0340	0x0340
(x)= [0]	unsigned int	1000	0x0340
(x)= [1]	unsigned int	1999	0x0342
(x)= [2]	unsigned int	3001	0x0344
(x)= [3]	unsigned int	4001	0x0346
(x)= [4]	unsigned int	5000	0x0348
(x)= [5]	unsigned int	6005	0x034A
(x)= [6]	unsigned int	6990	0x034C
(x)= [7]	unsigned int	7982	0x034E
(x)= [8]	unsigned int	9030	0x0350
(x)= [9]	unsigned int	10001	0x0352
(x)= [10]	unsigned int	10991	0x0354
(x)= [11]	unsigned int	11983	0x0356
(x)= [12]	unsigned int	12996	0x0358
(x)= [13]	unsigned int	13987	0x035A
(x)= [14]	unsigned int	15024	0x035C
(x)= [15]	unsigned int	16018	0x035E

图 22.14 校验后"自认为"的实际频率

4）出厂 DCO 校验参数是什么？如图 22.16 所示，选择 Window→Show View→Registers 命令，打开寄存器查看窗口。然后找到 Calibration_Data 的值，稍作计算，出厂 1 MHz、8 MHz、12 MHz、16 MHz 的校验参数依次为 0x86CF、0x8D92、0x8E9D、0x8F98。表 22.2 对比出厂校验参数与自校验参数，两者是有一定差距的。原因前面说了，DCO 的频率与供电电压和温度都有关系，"现场校准"的效果肯定是更好些。

从零开启大学生电子设计之路——基于 MSP430 LaunchPad 口袋实验平台

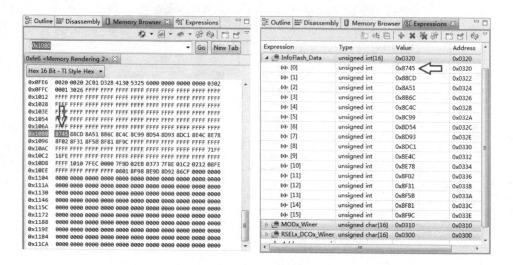

图 22.15　查看内存数据

表 22.2　出厂校验参数与自校验参数对比

频率点/MHz	1	8	12	16
出厂校验参数	0x86CF	0x8D92	0x8E9D	0x8F98
自校验参数	0x8745	0x8D93	0x8F02	0x8F9C

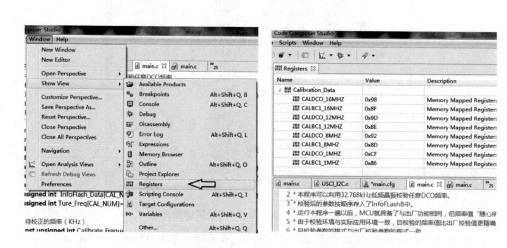

图 22.16　查看寄存器窗口操作

22.6 常见问题解答

22.6.1 校验 DCO 参数有什么用?

太有用了,比如需要一个 11.059 MHz 的时钟,可以将校验频率扩大到 17 个,修改宏定义,在 Calibrate_Frequence 数组中添加 11 059 这个频率点(下画线部分为代码改动的部分)。

```
……
#define      CAL_NUM          17                    /* 待校验频率点总数 */
……
const unsigned int Calibrate_Frequence[CAL_NUM] = {1000,2000,3000,4000,5000,6000,
         7000,8000,9000,10000,11000,12000,13000,14000,15000,16000,11059};
```

校验参数会自 InfoFlashB 的首地址 0x1080 依次存储,校验完成后:

1) 地址 0x1080+0×2=0x1080 存储的就是 1 MHz 对应的校验参数。

2) 地址 0x1080+1×2=0x1082 存储的就是 2 MHz 对应的校验参数。

3) 地址 0x1080+15×2=0x109E 存储的就是 16 MHz 对应的校验参数。

4) 地址 0x1080+16×2=0x10A0 存储的就是 11.059 MHz 对应的校验参数。

只要确保所有 CCS 工程的 Erase Options 改为选择 Erase main memory only,存储在 InfoFlashB 的校验参数就不会丢失,在任意程序应用中,都可以通过以下代码将 DCO 频率设置为 11.059 MHz。

```
#define CALDCO_MHz(x)  *  (unsigned char * )(0x1080 + (x−1) * 2)  //读取 InfoFlash 低字节
#define CALBC1_MHz(x)  *  (unsigned char * )(0x1080 + (x−1) * 2 + 1)  //读取 InfoFlash 高字节
……
DCOCTL = CALDCO_MHz(17);                  //11.059 2 被存在了 InfoFlashB 的第 17 个字上
BCSCTL1 = CALBC1_MHz(17);
```

22.6.2 如何将校验参数写入 InfoFlashA?

把校验参数写入 InfoFlashA 是一劳永逸的办法,但是对初学者来说,写 InfoFlashA 是非常"危险"的举动,所以正文中仅用写 InfoFlashB 来替代。这里也不提供代码,只谈谈思路。

写 InfoFlashA 和 InfoFlashB 的区别主要有三个:

1) 内存地址不一样。InfoFlashA 的首地址是 0x10C0,InfoFlashB 的首地址是 0x1080。

2) InfoFlashA 有一个特殊的写保护标志位,解锁其他段仅需 FCTL3＝FWKEY,而解锁 InfoFlashA 需要 FCTL3＝FWKEY+LOCKA,LOCKA 置 1 表示

循环切换解锁/锁定状态,LOCKA 置 0 没有意义。其他有关 LOCKA 的信息见说明书。

3) 如果希望保留出厂校验数据,应选择先备份 InfoFlashA 段尾(0x10F8～0x10FF 共 8 字节)内容到 RAM、最后再恢复的方法操作。自校验参数则可写入 InfoFlashA 段首,两者不冲突。Flash 的备份写操作详见第 16 章。

22.6.3 什么是"纯净"频率? 什么是 MODx 混频?

DCO 频率由三个参数设定,形象一点说,就是粗调 RSELx,细调 DCOx,微调 MODx。其中,微调 MODx 将会引入混频,用示波器看就是抖动的。因此,这里把 MODx＝0,仅由粗调 RSELx、细调 DCOx 配置的 DCO 频率,称之为"纯净"频率,共 128 种组合。"纯净"频率用示波器看是不抖动的。

MODx 混频的原理在第 4 章有介绍,这里复习一下。DCO 并不是真的有"微调"功能,而是靠两种"纯净"频率轮流输出的办法来得到微调频率。MODx 用于设定两种"纯净"频率在 32 个脉冲中所占的比例,比如图 22.17 就是两种纯净频率各占 50% 的情形。

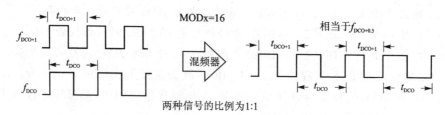

图 22.17 混频原理

22.6.4 为什么要先把 128 个"纯净"频率测出来?

一般而言,如果一个设备有粗调、细调和微调旋钮的话,最简单的就是先确定粗调值,再细调,最后微调。但对于 DCO 校验来说,粗调 RSELx 却没有办法单独先确定下来。参考图 22.18,RSELx 的权重仅仅是 DCOx 权重的 4 倍左右,而 DCOx 可设定值范围达到 0～7。

参考图 22.18,举例说明:

1) A 点(RSELx＝1;DCOx＝1)频率一定比 B 点(RSELx＝1;DCOx＝0)高。

2) 虽然 C 属于 RSELx＝0,但 C 点(RSELx＝0;DCOx＝7)的频率比 A 和 B 的频率都高。

所以,我们必须穷举所有 128 种 RSELx 和 DCOx 的组合。为什么 MODx 可以先不考虑呢? 这是因为 DCOx 的权重是 32 倍的 MODx,MODx 的范围仅为 0～31。举例说明:

1) RSELx＝1,DCOx＝1,MODx＝1 时的频率一定比 RSELx＝1,DCOx＝1,

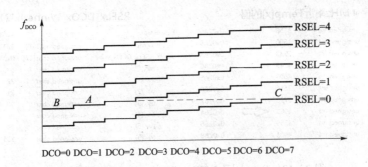

图 22.18　RSELx 与 DCOx 关系图表

MODx=0 的频率高。

2）RSELx=1，DCOx=1，MODx=0 时的频率一定比 RSELx=1，DCOx=0，MODx=31 的频率高。

22.6.5　为什么 Temp[ ]频率不能超过待校验的频率？

这是因为当粗调和细调完成后，就该 MODx 微调了，MODx 只能把频率越变越高，所以 Temp[ ]不能超过待校验的频率。

22.6.6　休眠代码 _bis_SR_register(LPM0_bits)有什么用？

这句代码等同于宏定义 LPM0（CPU 休眠），之所以写成这种"复杂"形式，是因为在 CCS 软件中，_bis_SR_register()会自动改变字体和颜色，更醒目，而 LPM0 只显示为普通代码。

"WDTCTL=WDT_ADLY_1_9；"和"_bis_SR_register(LPM0_bits)；"两句代码表达的含义是 CPU 精确延时 1.9 ms(1/512 s)后再执行下一条语句。这样做的好处是不让中断影响代码的连贯性，可读性强，可以认为 main()函数是完全按顺序执行的。

22.6.7　数组 RSELx_DCOx_Winer[Calibrate_Num]存的是什么？

比如，RSELx_DCOx_Winer[3]，里面储存的是 4 MHz 对应的 Temp[i]的角标"i"的值。再比如，通过 CCS 来看 Temp[ ]数组值。如图 22.19 所示，目测判断 3 961 kHz 对应的 Temp[90]是否最接近 4 MHz？这时再看 RSELx_DCOx_Winer[3]存的数是多少？果然是 90，你们懂的。

"RSELx_DCOx_Winer[3]=90"包含了什么信息？它说明，想要把 DCO 设置为 4 MHz，应当 RSELx=90/8=11，DCOx=90%8=2(%是取余数的意思)。

从零开启大学生电子设计之路——基于 MSP430 LaunchPad 口袋实验平台

444

4 MHz附近Temp[x]的值

(x)= [83]	unsigned int	3358		0x02A6
(x)= [84]	unsigned int	3600		0x02A8
(x)= [85]	unsigned int	3938		0x02AA
(x)= [86]	unsigned int	4249		0x02AC
(x)= [87]	unsigned int	4673		0x02AE
(x)= [88]	unsigned int	3555		0x02B0
(x)= [89]	unsigned int	3735		0x02B2
(x)= [90]	unsigned int	3961	⇐	0x02B4
(x)= [91]	unsigned int	4259		0x02B6
(x)= [92]	unsigned int	4601		0x02B8

RSELx_DCOx_Winner[x]的值

Expression	Type	Value		Address
▷ 📁 Temp	unsigned int[128]	0x0200		0x0200
▲ 📁 RSELx_DCOx_Winer	unsigned char[17]	0x0300		0x0300
(x)= [0]	unsigned char	53		0x0300
(x)= [1]	unsigned char	72		0x0301
(x)= [2]	unsigned char	81		0x0302
(x)= [3]	unsigned char	90	⇐	0x0303
(x)= [4]	unsigned char	93		0x0304
(x)= [5]	unsigned char	99		0x0305
(x)= [6]	unsigned char	105		0x0306

图 22.19　Temp[]和 RSELx_DCOx_Winer[]寄存器的值

附　录

MSP – EXP430G2 口袋平台原理图包括附图 1～附图 11 几部分电路。

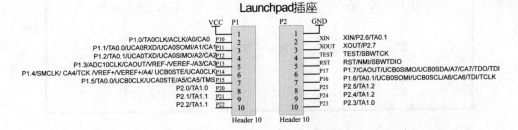

MSP-EXP430G2 口袋实验平台Rev.2.1

附图 1　LaunchPad 插座电路

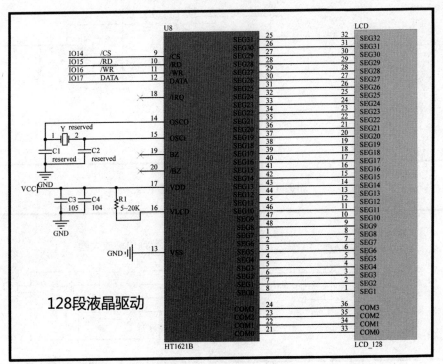

附图 2　128 段液晶驱动电路

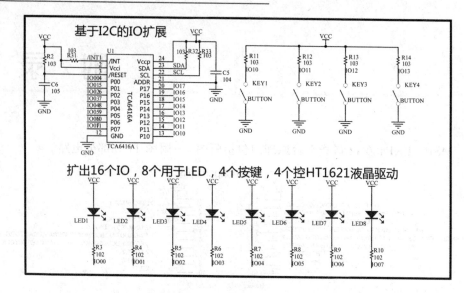

附图 3　基于 I²C 扩展 I/O 的按键和 LED 灯柱电路

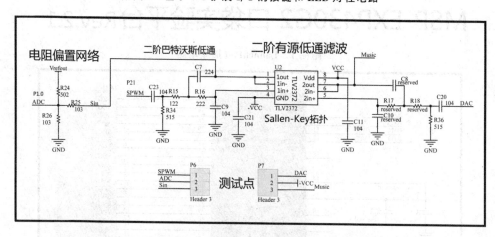

附图 4　有源滤波及电阻偏置电路

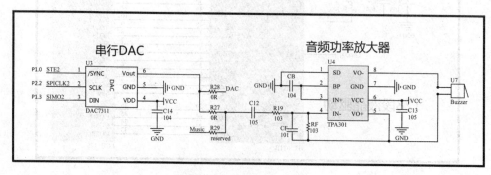

附图 5　DAC 及音频功放电路

从零开启大学生电子设计之路——基于 MSP430 LaunchPad 口袋实验平台

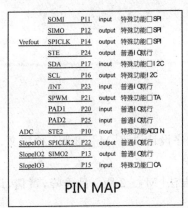

附图 6　I/O 功能图

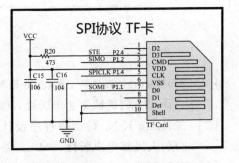

附图 7　TF 卡电路

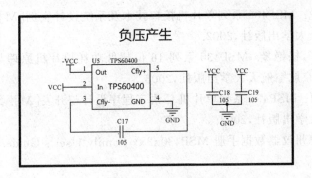

附图 8　负压产生电路

447

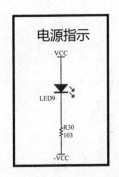

附图 9　电源指示电路

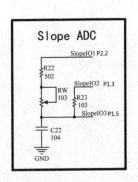

附图 10　积分型 ADC 电路

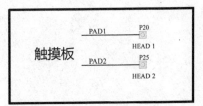

附图 11　触摸按键电路

参 考 文 献

[1] （美）Kernighan B W，Ritchie D M. C 程序设计语言[M]. 2 版. 徐宝文，李志，译. 北京：机械工业出版社，2004.

[2] （美）King K N. C 语言程序设计：现代方法[M]. 2 版. 吕秀峰，黄倩，译. 北京：人民邮电出版社，2010.

[3] 谢凯，赵建. MSP430 系列单片机系统工程设计与实践[M]. 北京：机械工业出版社，2009.

[4] 魏小龙. MSP430 系列单片机接口技术及系统设计实例[M]. 北京：北京航空航天大学出版社，2002.

[5] 沈建华，杨艳琴. MSP430 系列 16 位超低功耗单片机原理与实践[M]. 北京：北京航空航天大学出版社，2008.

[6] 胡大可. MSP430 系列单片机 C 语言程序设计与开发[M]. 北京：北京航空航天大学出版社，2003.

[7] 美国德州仪器数据手册 MSP430x2xx Family User's Guide. 2013.